国家自然科学基金项目·管理科学与工程系列丛书

合作对策论理论基础

孟凡永　张　强　谭春桥　著

科学出版社

北　京

内 容 简 介

　　根据当前合作对策论的研究现状,将局中人间的合作关系划分为 5 类:分别为经典合作对策、具有联盟结构的合作对策、具有联盟限制的合作对策、具有联盟结构的限制合作对策及多选择合作对策。基于此,构造本书的章节。重点列出各类合作对策模型上的主要单值分配指标及核心的研究成果。为说明各分配指标的合理性,对每一种分配指标提供公理化探讨。同时,配以算例分析,来说明各分配指标的具体求解。通过对本书的学习,读者可以比较系统全面地了解和掌握当前关于合作对策论的研究现状,包括各种合作对策模型的提出,各合作对策模型上的分配指标,特别是单值分配指标和核心。希望本书能够帮助读者更好地掌握合作对策论的原理及主要研究内容。

　　本书可作为应用数学专业、经济学专业、管理学专业等本科生及研究生的教材或专业参考书。

图书在版编目(CIP)数据

　　合作对策论理论基础/孟凡永,张强,谭春桥著. —北京:科学出版社,2016

　ISBN 978-7-03-049290-6

　Ⅰ.①合… Ⅱ.①孟… ②张… ③谭… Ⅲ.①合作对策–研究 Ⅳ. ①O225

　中国版本图书馆 CIP 数据核字(2016) 第 150139 号

責任编辑: 徐　倩／責任校对: 郑金红
責任印制: 霍　兵／封面设计: 蓝正设计

科 学 出 版 社 出版
北京东黄城根北街 16 号
邮政编码: 100717
http://www.sciencep.com

新科印刷有限公司 印刷
科学出版社发行　各地新华书店经销

*

2016 年 6 月第 一 版　开本: 720×1000　1/16
2016 年 6 月第一次印刷　印张: 17
字数: 348 000

定价: 98.00 元
(如有印装质量问题, 我社负责调换)

前　　言

对策论 (game theory), 也称博弈论, 是研究理性决策主体的行为发生直接相互作用时的决策以及决策均衡问题的一门学科, 是研究理性的决策者之间冲突与合作的理论, 是 "交互的决策论". 1944 年, 冯–诺依曼 (Von Neumann) 和摩根斯坦恩 (Morgenstern) 合作的《博弈论与经济行为》[1] (*Theory of Games and Economic Behavior*) 一书的出版, 标志着博弈论作为一门独立的学科被人们所认识. 人们习惯上将局中人是合作还是竞争分为: 合作对策论与非合作对策论. 合作对策论研究的代表性人物主要有: Shapley[2,3]、Gillies[4]、Aumann[5,6] 等; 非合作对策论研究的代表性人物主要有: Nash[7–10]、Selten[11]、Harsanyi[12] 等.

本书致力于介绍合作对策方面的有关研究成果. 随着社会经济技术的快速发展, 企业与企业、党派与党派、国家与国家, 甚至人与人之间的竞争日趋激烈. 为了攫取更大利益, 赢得竞争优势, 他们之间存在合作的可能性和必要性. 20 世纪 50 年代合作对策论得到了快速发展, 许多数学家、经济学家和社会学家致力于合作对策的理论研究, 取得了丰硕成果, 被广泛应用于社会生产生活的各个领域. 合作对策理论的核心问题是合作收益的分配, 它关系到局中人的根本利益, 也是局中人参与合作的根本目的. 因此, 合作收益分配的合理性、公平性和公正性至关重要. 从一定意义上讲, 合作收益的分配关系到合作是否能够形成及合作的稳定性. 2012 年诺贝尔经济学奖获得者 Shapley[2] 于 1953 年提出的 Shapley 值对推动合作对策解的研究具有里程碑的意义, 被认为是合作对策理论中最重要的分配指标之一. 许多学者至今仍致力于 Shapley 值的研究.

同其它学科一样, 合作对策也是不断发展和日趋完善的. 随着社会经济的发展, 人们间的交往越来越频繁, 并日趋复杂化, 使得合作对策在现实生活中的应用受到越来越多的限制. 为加强对策论在现实生活中的应用, 新的合作对策模型被提出. 无论理论方面还是应用方面, 对策论都得到了极大发展. 目前, 合作对策大体可分为经典合作对策、具有联盟结构的合作对策、可行联盟上的合作对策、多选择合作对策等. 每一类合作对策都代表了现实生活中的一种合作方式.

基于上述分类, 本书将运用公理化的方法来系统深入地介绍各类合作对策模型目前的主要分配指标 (重点探讨合作模型上的单值解), 探讨各分配指标间的关系. 以期帮助读者更全面的掌握合作对策理论的基本思想, 培养读者运用合作对策理论思考和解决实际问题的能力. 对策论作为运筹学的一个分支, 同其它社会学科一样具有很强的两面性, 既需要一定的数学知识, 又需要有管理和经济方面的学习背景.

为此, 本书注重对策论理论研究方面的逻辑性、严谨性. 同时, 尽量减少定理的详细证明过程, 并通过列举实例的方法帮助大家理解各种合作对策模型.

本书尽量介绍各种合作对策模型及它们在国内外的最新研究成果. 为此, 我们查阅了大量参考文献, 做了很多努力, 但由于水平有限, 难免存在不足, 欢迎大家批评指正.

本书研究得到国家自然科学基金项目 (编号: 71571192, 71201089) 的支持, 特此表示感谢!

目　　录

第1章　经典合作对策

在现实生活中, 存在各种各样的合作组织. 各合作组织间由于各种各样的原因, 其合作形式又不尽相同. 本章简要论述经典合作对策 (即各局中人间可以自由合作, 形成联盟并获得收益) 上的一些基本概念和原理. 本章内容是后续章节的基础.

1.1　基 本 概 念

在合作对策中, 参与合作的主体通常称为 "局中人". 不同的合作组织, 局中人的含义不同, 如联合国组织中的局中人是各个国家; 某企业集团的局中人是各合作公司; 某科研团队中的局中人是各科研人员. 此外, 各局中人为合作而形成的团体称为 "联盟". 如联合国组织中的五大常任理事国, 就是一个联盟. 在合作对策中评价联盟的具体指标值称为 "收益". 收益既可以指钱、物等具体物品, 也可以指局中人的自豪感、满足感等抽象事物.

按联盟收益是否可以转移来分, 合作对策分为效用可转移合作对策和效用不可转移合作对策. 本书主要对前者内容展开叙述. 经典合作对策主要基于两点假设: 1) 参与合作的局中人在参与合作之前就清楚地知道不同联盟的收益; 2) 局中人要么将自己所拥有的某一资源完全参与到某一联盟中, 要么不参与, 不存在其它情形.

本书所讨论的合作对策是指有限局中人的合作对策, 局中人集合通常记为 $N = \{1, 2, \cdots, n\}$. 局中人集合 N 上所有联盟组成的集合表示为 $P(N)$. 为简单起见, 局中人通常用小写字母表示, 如 i、j 等. 局中人集合 N 上联盟通常用大写字母表示, 如 S、T 等. 为方便, 本书以 $v(i)$, $S \cup i$, $S \cup ij$ 分别代替 $v(\{i\})$, $S \cup \{i\}$, $S \cup \{i, j\}$. 以 $S \backslash T$ 表示两个集合 S, T 的差. 对任意 $S \in P(N)$, 其基数用相应的小写字母 s 表示.

定义 1.1　有限局中人集合 N 上具有效用可转移的合作对策 (cooperative games with transferable utility) 或简称 TU-合作对策, 是一个二元组 (N, v), 其中 v: $P(N) \rightarrow \mathrm{R}$ 是一个集函数, 满足:

(i) $v(\varnothing) = 0$;

(ii) 对任意 $S, T \in P(N)$ 满足 $S \cap T = \varnothing$, 得到 $v(S \cup T) \geqslant v(S) + v(T)$.

集函数 v 称为合作对策的特征函数, 也称为支付函数或收益函数. 集函数 v 满足 (ii) 的合作对策称为超可加合作对策. 对 N 上的合作对策, 在不引起混淆的情形下, 简记为 v, 即合作对策 v 是指局中人集合为 N, 特征函数为 v 的合作对策. 为论述方便, 将 N 上所有经典合作对策记为 $G(N)$.

定义 1.2 令 $v \in G(N)$, 对任意 $S, T \in P(N)$, 有 $v(S \cup T) + v(S \cap T) \geqslant v(S) + v(T)$, 则称 v 为凸合作对策 (convex cooperative games 或 supermodular cooperative games).

定义 1.3 令 $v \in G(N)$ 且 $S \subseteq N \backslash i$, 称 $v(S \cup i) - v(S)$ 为局中人 i 对联盟 S 的边际贡献.

定义 1.4 令 $v \in G(N)$, 如果对任意 $S \subseteq N \backslash i$, 有 $v(S \cup i) - v(S) = v(i)$, 则称局中人 i 是合作对策 v 上的一个哑元; 如果对任意 $S \subseteq N \backslash i$, 有 $v(S \cup i) - v(S) = 0$, 则称局中人 i 是合作对策 v 上的一个零元.

定义 1.5 令 $v \in G(N)$ 和 $i, j \in N$, 如果对任意 $S \subseteq N \backslash ij$, 有 $v(S \cup i) = v(S \cup j)$, 则称局中人 i, j 关于 v 对称 (或可替代).

定义 1.6 令 $v \in G(N)$ 和 $S \in P(N)$, 如果 $v(T) = v(S \cap T)$, 对任意 $T \in P(N)$ 成立, 则称 S 是 v 上的一个支撑 (carrier).

关于支撑有下面两个重要性质:

(i) 设 S 是 $v \in G(N)$ 的一个支撑, 则任意 $S \subseteq S' \subseteq N$, S' 也是 v 的一个支撑. 这是因为, 任意 $T \in P(N)$, 有 $v(S' \cap T) = v(S \cap (S' \cap T)) = v(S \cap T) = v(T)$.

(ii) 设 S 是 $v \in G(N)$ 的一个支撑, 则任意 $i \notin S$, 有 $v(T \cup i) = v(S \cap (T \cup i)) = v(S \cap T) = v(T)$, 其中 $T \in P(N)$.

性质 (ii) 说明支撑之外的每个局中人都是零元.

对合作对策 $w, v \in G(N)$, 定义 $P(N)$ 上的特征函数 $w + v$ 如下:

$$(w + v)(S) = w(S) + v(S) \quad \forall S \in P(N).$$

容易验证 $w + v$ 也是特征函数, 即 $w + v$ 也是一个合作对策.

定义 1.7 对任意 $T \in P(N)$ 满足 $T \neq \varnothing$, 若 u_T 满足:

$$u_T(S) = \begin{cases} 1 & T \subseteq S \in P(N), \\ 0 & \text{否则}, \end{cases}$$

则称 u_T 是定义在 T 上的一个一致对策.

由一致对策的定义知, 对任意 $S \subseteq N \backslash i$ 及 $i \notin T$, $u_T(S \cup i) - u_T(S) = 0$. 即局中人 i 是一致对策 u_T 上的一个零元.

1.2 核 心

本小节主要介绍经典合作对策上的核心, 其在合作对策解的研究中占有重要地位.

定义 1.8　令 $v \in G(N)$, 若 n 维向量 $x = (x_1, x_2, \cdots, x_n)$ 满足

$$\begin{cases} v(N) = \sum_{i=1}^{n} x_i, \\ x_i \geqslant v(i) \quad i = 1, 2, \cdots, n, \end{cases}$$

则称 x 为 v 的一个分配 (imputation), 其中 x_i 表示局中人 i 所得的收益 $(i = 1, 2, \cdots, n)$. 合作对策 v 上分配的全体记为 $E(v)$.

由分配的定义知, 每个局中人合作所得收益不少于其单干的收益 $x_i \geqslant v(i), (i = 1, 2, \cdots, n)$ (即个人理性) 且所有局中人的收益之和等于全联盟的收益, $v(N) = \sum_{i=1}^{n} x_i$ (即有效性). 因此, 合作对策 v 上的分配指满足个人理性和有效性的全体 n 维向量 x 组成的集合.

定义 1.9　令 $v \in G(N)$. 设 $x = (x_1, x_2, \cdots, x_n)$ 和 $y = (y_1, y_2, \cdots, y_n)$ 是合作对策 v 上的两个分配. 若对非空联盟 $S \in P(N)$, 有

$$\begin{cases} v(S) \geqslant \sum_{i \in R} x_i, \\ x_i > y_i \quad \forall i \in S, \end{cases}$$

则称 x 关于 S 优超 y, 记为 $x \succ_S y$, 简称分配 x 优超 y.

由分配优超的定义知, 联盟 S 中的局中人更希望按照 x 进行分配, 而不是 y, 即联盟 S 中的局中人的收益可以在分配 y 的基础上得到改善. 为了进一步刻画合作对策上局中人的收益分配问题. 1953 年, Gillies[4] 引入核心 (core) 的概念.

定义 1.10　令 $v \in G(N)$ 中不被任何分配优超的分配的全体称为 v 的核心, 记为 $C(N, v)$.

核心是合作对策中任何局中人都不能通过努力而使得自己的收益得到改善的分配的集合.

定理 1.1　对合作对策 $v \in G(N)$, n 维向量 $x = (x_1, x_2, \cdots, x_n) \in C(N, v)$ 当且仅当下式成立:

$$\begin{cases} \sum_{i \in N} x_i = v(N), \\ \sum_{i \in S} x_i \geqslant v(S) \quad \forall S \in P(N). \end{cases}$$

由定理 1.1 不难得到, 合作对策 $v \in G(N)$ 上的核心 $C(N, v)$ 可表示为:

$$C(N, v) = \left\{ x \in \mathrm{R}^n \,\middle|\, \sum_{i \in S} x_i \geqslant v(S), \quad \forall S \in P(N), \quad \sum_{i \in N} x_i = v(N) \right\}.$$

即核心是 R^n 上的有界闭凸集. 人们不仅要问: 是不是每一个合作对策都存在属于核心的分配呢? 答案是否定的. Bondareva[13] 和 Shapley[14] 指出核心非空是建立在平衡对策 (balanced games) 基础上的.

定义 1.11   令 $\Gamma = \{S_1, S_2, \cdots, S_m\}$, 其中 $S_k(k = 1, 2, \cdots, m)$ 是局中人集合 N 上的非空集合, 称 Γ 为合作对策 $v \in G(N)$ 上的平衡集, 若 Γ 满足以下条件:

$$\sum_{k:i \in S_k} y_k = 1 \quad \forall i \in N,$$

其中, $y_k \geqslant 0, (y_1, y_2, \cdots, y_m)$ 称为 Γ 的平衡向量, y_k 称为平衡系数.

定义 1.12 $v \in G(N)$ 称为平衡对策, 如果对 v 上的平衡集 Γ 的每一个平衡向量 $(y_1, y_2, \cdots, y_m)$, 有 $\sum_{S_k \in \Gamma} y_k v(S_k) \leqslant v(N)$.

定理 1.2   令 $v \in G(N)$, 核心 $C(N, v) \neq \varnothing$ 的充要条件是合作对策 v 为平衡对策.

对给定的一个合作对策, 判断是否是均衡对策比较复杂. 为此, 1971 年Shapley[3] 给出了判断核心非空的一个充分条件, 大大简化了合作对策核心非空的判断.

定理 1.3   设合作对策 $v \in G(N)$ 是凸的, 则其核心 $C(N, v) \neq \varnothing$.

另一个与核心联系比较紧密的解的概念称之为稳定集 (stable sets). 1944 年, 冯–诺依曼和摩根斯坦恩首次提出稳定集的概念.

定义 1.13   设 V 是合作对策 $v \in G(N)$ 的一些分配的集合, 即 $V \subseteq E(v)$.

(i) 如果任意 $x, y \in V$, x 与 y 之间没有优超关系, 则称 V 是内部稳定的 (inner stable).

(ii) 如果任意 $y \in E(v) \backslash V$, 都存在 $x \in V$, 使 $x \succ y$, 则称 V 是外部稳定的 (external stable).

如果 V 既是内部稳定的又是外部稳定的, 则称 V 是合作对策 v 的稳定集.

由稳定集的定义知, 不同的稳定集一定互不包含, 而且稳定集既是极大的内部稳定集, 又是极小的外部稳定集. 下面两个定理给出了稳定集和核心的关系.

定理 1.4   设合作对策 $v \in G(N)$ 的稳定集 $V \neq \varnothing$, 则 $C(N, v) \subseteq V$.

证明   略[3].

定理 1.5   设合作对策 $v \in G(N)$ 是凸的, 则核心 $C(N, v)$ 是 v 的唯一稳定集.

下面, 简要介绍核心的存在唯一性公理体系.

定义 1.14   令 $v \in G(N)$, 任意 $S \in P(N) \backslash \varnothing$, n 维向量 $x \in \{y \in R^n | x(N) \leqslant$

$v(N)$}. 对 S 和 x 的缩减对策 $(S, v_{S,x})$ 定义为

$$
v_{S,x}(T) = \begin{cases}
0 & T = \varnothing, \\
v(N) - x(N\backslash S) & T = S, \\
\max_{W \subseteq N\backslash S} \left(v(T \cup W) - x(W) \right) & \text{其它}.
\end{cases}
$$

定义 1.15　设 σ 是 $G(N)$ 上的解, $v \in G(N)$ 及任意 $S \in P(N)\backslash\varnothing$.

(i) 若任意 $x \in \sigma$, 有 $(S, v_{S,x}) \in G(N)$ 和 $x^S \in \sigma(S, v_{S,x})$, 则称 σ 具有缩减对策性;

(ii) 设 $n \geqslant 2$, $x \in E(v)$. 若 $(S, v_{S,x}) \in G(N)$ 和 $x^S \in \sigma(S, v_{S,x})$, $x \in \sigma(N, v)$, 则称 σ 具有逆缩减对策性, 其中 x^S 表示 x 在联盟 S 上的限制, 即 $x^S \in \mathrm{R}^s$ 且任意 $i \in S$, $x_i^S = x_i$.

定理 1.6　核心是 $G(N)$ 上满足个人理性、有效性、缩减对策性和逆缩减对策性的唯一解.

证明　首先证明核心满足定理 1.6 中的性质. 由定理 1.1 易知, 核心满足个人理性和有效性.

缩减对策性: 由定义 1.14 知, $(S, v_{S,x}) \in G(N)$. 由 $x \in C(N, v)$, 对任意 $S \in P(N)\backslash\varnothing$ 得

$$
v_{S,x}(S) = v(N) - x(N\backslash S) = x(N) - x(N\backslash S) = x(S).
$$

此外, 对任意 $T \subset S$, 有

$$
\begin{aligned}
v_{S,x}(T) - x(T) &= \max_{W \subseteq N\backslash S} \left(v(T \cup W) - x(W) \right) - x(T) \\
&= \max_{W \subseteq N\backslash S} \left(v(T \cup W) - x(W \cup T) \right) \\
&\leqslant 0;
\end{aligned}
$$

逆缩减对策性: 由 $x \in E(v)$ 得 $x(N) = v(N)$. 下证, 对任意 $T \in P(N)\backslash\varnothing$, $x(T) \geqslant v(T)$. 对任意 $T \in P(N)\backslash\{\varnothing, N\}$, 不妨设 $i \in T$. 令 $S = (N\backslash T) \cup i$, 则

$$
x(i) \geqslant v_{S,x}(i) = \max_{W \subseteq N\backslash S} \left(v(i \cup W) - x(W) \right) \geqslant v(T) - x(T\backslash i).
$$

得 $x(T) \geqslant v(T)$.

唯一性: 设 σ 是 $G(N)$ 上满足上述性质的解. 当 $n = 1$ 时, 由个人理性和有效性得 $\sigma(N, v) = E(v) = C(N, v)$.

假设当 $n = k$ 时, $\sigma(N, v) = C(N, v)$. 下证, 当 $n = k+1$ 时, $\sigma(N, v) = C(N, v)$. 对任意 $x \in \sigma(N, v)$, 由个人理性和有效性得 $x \in E(v)$. 由缩减对策性, 对任意 $S \in P(N)\backslash\varnothing$, $x^S \in \sigma(S, v_{S,x})$. 由假设得 $x^S \in \sigma(S, v_{S,x}) = C(S, v_{S,x})$. 由逆缩减对

策性得 $x \in C(N, v)$, 故 $\sigma(N,v) \subseteq C(N, v)$. 此外, 由存在性的证明知, $C(N, v)$ 满足上述性质, 故 $C(N, v) \subseteq \sigma(N,v)$. 即 $\sigma(N,v) = C(N, v)$. 证毕.

更多关于核心公理体系的研究请参考文献 [15].

此外, 1964 年 Aumann 和 Maschler[16] 引入谈判集的定义. 1965 年 Davis 和 Maschler[17]; 1969 年 Sehmeidler[18] 分别从联盟收益关于分配超出值的角度定义了合作对策上的核 (kernel) 和核仁 (nucleolus) 的概念, 其中, 核仁弥补了核心和稳定集都可能不存在的缺陷, 而且这种解是由唯一的一个分配构成. 需要指出的是: 核仁这种解的合理性和公平性值得进一步探讨. 1990 年 Sprumont[19] 引入合作对策上人口单调分配机制 (Population monotonic allocation schemes) 的概念.

定义 1.16   令 $v \in G(N)$, 若向量 $x = (x_i(S))_{i \in S, S \in P(N)}$ 满足:

(i) $\sum\limits_{i \in S} x_i(S) = v(S) \quad \forall S \in P(N)$,

(ii) $x_i(S) \leqslant x_i(T)$, $i \in S, S, T \in P(N)$, s.t.$S \subseteq T$,

则称 $x = (x_i(S))_{i \in S, S \in P(N)}$ 为 v 上的一个人口单调分配机制.

1.3 Shapley 函数

前面介绍的合作对策上解的概念, 要么有无数个解, 要么解为空集, 要么局中人对解的公平合理性不满意. 对局中人来说, 上面所介绍的解更多提供的是在理论方面的参考, 局中人还是很难知道自己在某一合作中的具体收益. 为此, 1953 年 Shapley[2] 从公理化角度定义了合作对策上的 Shapley 值, 其满足良好的性质和相对简单的可操作性, 使得这一解的概念在对策论中的许多问题上得到广泛应用, 被认为是合作对策上最重要的解.

对于一个 n 人合作对策 $v \in G(N)$, 一种很自然的支付方法就是, 根据各局中人对各联盟的边际贡献把联盟总的支付分配给各个局中人, 即

$$
\begin{aligned}
x_1 &= v(1),\\
x_2 &= v(1,2) - v(1),\\
x_3 &= v(1,2,3) - v(1,2),\\
&\cdots\cdots\\
x_n &= v(N) - v(N\backslash n).
\end{aligned}
$$

容易验证: $\sum\limits_{i \in N} x_i = v(N)$, 由合作对策 v 的超可加性知 $x_i \geqslant v(i)(i = 1,2,\cdots,n)$, 即 $x \in E(v)$. 但是这里的分配与局中人的编号次序有关, 例如, 若把局中人 n, $n-1,\cdots,2,1$ 分别记为 $1', 2', \cdots, (n-1)', n'$, 那么按上面的思想就得到一个新的分配:

$$x_1' = v(n),$$
$$x_2' = v(n, n-1) - v(n),$$
$$\cdots\cdots$$
$$x_{n-1}' = v(N\backslash 1) - v(N\backslash 12),$$
$$x_n' = v(N) - v(N\backslash 1).$$

对于局中人的其它编号次序, 也可按这种方法得到相应的分配. 由于 n 个局中人的不同编号次序共有 $n!$ 种, 因此这样的分配也有 $n!$ 个. 作为对每个局中人 "平均" 贡献大小的衡量, 取这 $n!$ 个分配的平均值, 得

$$Sh_i(N, v) = \frac{1}{n!} \sum_\pi \left(v(S_\pi^i \cup i) - v(S_\pi^i) \right) \quad \forall i \in N, \tag{1.1}$$

其中, 求和是对 $1, 2, \cdots, n$ 的所有排列 π 进行的, 排列 π 也可以看成是 N 到 N 的一个双射, S_π^i 表示在排列 π 中排在 i 之前的那些局中人构成的联盟, 即 $S_\pi^i = \{j | \pi^{-1}j < \pi^{-1}i\}$, 其中 πk 表示 k 在映射 π 下的相 $(k = 1, 2, \cdots, n)$. 显然有

$$\begin{cases} \sum_{i=1}^n Sh_i(N, v) = v(N), \\ Sh_i(N, v) \geqslant v(i) \quad \forall i \in N. \end{cases}$$

即 $\varphi(N, v) = (\varphi_1(N, v), \varphi_2(N, v), \cdots, \varphi_n(N, v)) \in E(v)$.

若把满足 $S_\pi^i = S$ 的排列 π 归为同一类, 则该类所含排列共有 $s!(n-s-1)!$ 个, 由式 (1.1) 知, 对任意 $i = 1, 2, \cdots, n$, 有

$$Sh_i(N, v) = \sum_{S \subseteq N\backslash i} \frac{s!(n-s-1)!}{n!} (v(S \cup i) - v(S)) \quad \forall i \in N. \tag{1.2}$$

式 (1.2) 就是著名的 Shapley 函数的表达式, 由于其在合作对策中的重要性, 有必要对其满足的一些性质作简要介绍.

定义 1.17　令 $v \in G(N)$. ϕ 称为 v 上的一个 Shapley 函数, 若其满足下列三条公理:

有效性 (E1): 对 v 的任意支撑 S, 有 $\sum_{i \in S} \phi_i(N, v) = v(S)$.

对称性 (S): 对局中人集合 N 上的任意排列 π 及任意 $i \in N$, 有 $\phi_{\pi i}(\pi N, \pi v) = \phi_i(N, v)$.

可加性 (A): 对任意 $w, v \in G(N)$ 及任意 $S \in P(N)$, 有 $(u+v)(S) = u(S)+v(S)$, 则

$$\phi_i(N, v + w) = \phi_i(N, v) + \phi_i(N, w) \quad \forall i \in N.$$

定理 1.7 令 $v \in G(N)$, 函数 ϕ 是 v 上的 Shapley 函数当且仅当对任意 $i \in N$, 有 $\phi_i(N,v) = Sh_i(N,v)$.

证明 由式 (1.2) 易知, 存在性显然成立; 下证, 唯一性.

对任意 $v \in G(N)$, 易知, v 可表示为 $v = \sum\limits_{\varnothing \neq T \subseteq N} c_T u_T$, 其中, 常数 $c_T = \sum\limits_{S \subseteq T} (-1)^{t-s} v(S)$, u_T 是定义在 T 上的一致对策.

由可加性 (A), 只需证明, 对任意一致对策 u_T, $\phi(N,u_T) = Sh(N,u_T)$ 即可. 由有效性 (E1) 和对称性 (S) 易知: $\phi_i(u_T) = \begin{cases} 1/t & i \in T, \\ 0 & i \notin T. \end{cases}$ 另一方面, 由式 (1.2) 易知, 对任意 $i \in N$, 有 $\phi_i(N,u_T) = Sh_i(N,u_T)$. 证毕.

不同于定义 1.17, 1985 年 Young[20] 通过引入强单调性, 探讨了 Shapley 函数的存在唯一性公理.

强单调性 (SM): 令 $w,v \in G(N)$ 及 ϕ 为 $G(N)$ 上的一个解. 若对任意 $S \in P(N)$ 满足 $i \notin S$, 有 $v(S \cup i) - v(S) \geqslant w(S \cup i) - w(S)$. 则 $\phi_i(N,v) \geqslant \phi_i(N,w)$.

定理 1.8 令 $v \in G(N)$ 及 $G(N)$ 上的解 ϕ, 则 $\phi = Sh$ 当且仅当 ϕ 满足有效性 (E1)、对称性 (S) 和强单调性 (SM).

证明 略.

后来, Hart 和 Mas-Colell[21] 进一步探讨了 Shapley 函数的另一个公理体系. 令 $v \in G(N)$ 及 ϕ 为 $G(N)$ 上的一个解. 对任意 $T \subseteq N$, 定义缩减对策 $\left(T, v_T^\phi\right)$ 如下:

$$v_T^\phi(S) = v\left((N \backslash T) \cup S\right) - \sum_{j \in N \backslash T} \phi_j\left((N \backslash T) \cup S, v\right) \quad \forall S \subseteq T.$$

一致性公理 (CON): 设 ϕ 是 $G(N)$ 上的一个解. 对任意 $v \in G(N)$ 及任意 $T \subseteq N$, 有

$$\phi_i(N,v) = \phi_i(T, v_T^\phi) \quad \forall i \in T.$$

标准 2 人合作对策 (S-2): 设 ϕ 是 $G(N)$ 上的一个解. 对任意 2 人合作对策, 有

$$\phi_i(\{i,j\},v) = v(i) + \frac{1}{2}\left(v(i,j) - v(i) - v(j)\right).$$

定理 1.9 令 $v \in G(N)$ 及 ϕ 为 $G(N)$ 上的一个解, 则 $\phi = Sh$ 当且仅当 ϕ 满足一致性公理 (CON) 和标准 2 人合作对策 (S-2).

证明 略.

Shapley 函数的一些简单性质:

(i) 令 $v \in G(N)$, 若局中人 i,j 是对称的, 则 $Sh_i(N,v) = Sh_j(N,v)$.

(ii) 令 $v \in G(N)$, 若局中人 i 是 v 上的一个哑元 (零元), 则 $Sh_i(N,v) = v(i)(Sh_i(N,v) = 0)$.

定理 1.10　设合作对策 $v \in G(N)$ 是凸的, 则 $Sh(N,v) = \{Sh_i(N,v)\}_{i \in N} \in C(N,v)$.

证明　由核心的定义易知, $C(N,v)$ 是一个凸集. 另一方面, 由 Shapley 函数的表达式 (1.2) 易知, Shapley 值是核心中 $n!$ 个元素的凸组合, 故 $Sh(N,v) \in C(N,v)$. 证毕.

定理 1.11　设合作对策 $v \in G(N)$ 是凸的, 则 $Sh(N,v) = \{Sh_i(N,v)\}_{i \in N}$ 是一个人口单调分配机制.

证明　由 Shapley 函数的表达式 (1.2) 易知, 定义 1.16 中的条件 (i) 显然成立; 对条件 (ii) 的证明采用递推法.

假设 $T = S \cup j$, 满足 $j \notin S$. 对任意 $i \in S$, 有

$$Sh_i(S, v_S) = \sum_{R \subseteq S \setminus i} \frac{r!(s-r-1)!}{s!} \left(v(R \cup i) - v(R) \right),$$

其中, $v_S(R) = \begin{cases} v(R) & R \subseteq S, \\ 0 & \text{否则}. \end{cases}$

另一方面, 对任意 $i \in S$, 有

$$\begin{aligned} Sh_i(T, v_T) &= \sum_{H \subseteq T \setminus i} \frac{h!(t-h-1)!}{t!} \left(v(H \cup i) - v(H) \right) \\ &= \sum_{R \subseteq T \setminus \{i,j\}} \left(\frac{r!(t-r-1)!}{t!} \left(v(R \cup i) - v(R) \right) \right. \\ &\quad \left. + \frac{(r+1)!(t-r-2)!}{t!} \left(v(R \cup ij) - v(R \cup j) \right) \right), \end{aligned}$$

其中, $v_T(R) = \begin{cases} v(R) & R \subseteq T, \\ 0 & \text{否则}. \end{cases}$

由 v 的凸性得到: $v(R \cup i) - v(R) \leqslant v(R \cup ij) - v(R \cup j)$. 又

$$\frac{r!(t-r-1)!}{t!} + \frac{(r+1)!(t-r-2)!}{t!} = \frac{r!(s-r-1)!}{s!}.$$

故, $Sh_i(S, v_S) \leqslant Sh_i(T, v_T)$, 对任意 $i \in S$ 成立. 由递推法, 易知条件 (ii) 成立. 证毕.

1959 年, Harsanyi[22] 利用联盟值划分的思想得到 Shapely 函数的另一等价表示形式. 对于合作对策 $v \in G(N)$ 上的每一个非空联盟 T 采用如下划分方法: 对任意 $T \in P(N)$: (i) 若 $t = 1$, 则 $d_T(v) = v(T)$; (ii) 若 $t > 1$, 则 $d_T(v) = \dfrac{v(T) - \displaystyle\sum_{S \subseteq T, S \neq T} s d_S(v)}{t}$.

定理 1.12　令 $v \in G(N)$ 和 $v = \sum\limits_{\varnothing \neq T \subseteq N} c_T u_T$. 则

(i) 对任意 $T \in P(N) \setminus \varnothing, td_T(v) = c_T$;

(ii) 对任意 $i \in N, Sh_i(N, v) = \sum\limits_{i \in T : T \subseteq N} d_T(v).$

证明　由定理 1.7 得到: 对任意 $i \in N, Sh_i(N, v) = \sum\limits_{i \in T \subseteq N} \dfrac{c_T}{t}.$ 故只需证明

$d_T(v) = \dfrac{c_T}{t}$, 对任意 $T \in P(N) \setminus \varnothing$, 采用归纳法证明: 当 $t = 1$ 时, 结论显然成立; 假设对任意 $S \subseteq T$ 且 $S \neq T$, 结论成立. 当 $S = T$ 时, 由 $v(T) = \sum\limits_{S \subseteq T} c_S$ 得到:

$$td_T(v) = v(T) - \sum_{S \subseteq T, S \neq T} sd_S(v) = v(T) - \sum_{S \subseteq T, S \neq T} c_S = c_T.$$

证毕.

此外, 1972 年 Owen[23] 探讨了 Shapely 函数与多线性扩展间的关系. 后来, Hart 和 Mas-Colell[21] 利用广义边际贡献的思想, 定义了一个势函数, 证明了势函数与 Shapely 函数间的关系.

令 $F: G(N) \to \mathbb{R}$ 的一个实值函数. 对任意 $v \in G(N)$, 局中人 $i \in N$ 的边际贡献定义为

$$D^i F(N, v) = F(N, v) - F(N \setminus i, v_{N \setminus i}),$$

其中, $v_{N \setminus i}$ 表示 v 限制在 $N \setminus i$ 上的合作对策.

令函数 $F: G(N) \to \mathbb{R}$ 满足 $F(\varnothing, v) = 0$ 和 $\sum\limits_{i \in N} D^i F(N, v) = v(N)$, 则称 F 为一个位势函数.

定理 1.13　对任意 $v \in G(N)$. 在 v 上存在唯一位势函数 F 满足:

$$D^i F(N, v) = Sh_i(N, v) \quad \forall i \in N.$$

证明　略.

1.4　Banzhaf 函数

1965 年, Banzhaf[24] 基于同样的思考, 定义了合作对策上另一个重要解的概念 Banzhaf 值.

为了刻画 Banzhaf 值, 首先引入下面的公理:

2-有效性 (2-E): 对合作对策 $v \in G(N)$, 设 $i, j \in N$, 记局中人 $p = \{i, j\}$, 则 $\phi_i(N, v) + \phi_j(N, v) = \phi_p(N^p, v_p)$, 其中 $N^p = N \setminus \{i, j\} \cup p$, 对任意 $S \subseteq N^p \setminus p, v_p(S) = v(S)$ 且 $v_p(S \cup p) = v(S \cup ij).$

零元性 (N): 令 $v \in G(N)$, 若局中人 i 是一个零元, 则 $\phi_i(N, v) = 0$.

定义 1.18 $G(N)$ 上的 Banzhaf 函数指满足: 2-有效性 (2-E), 零元性 (N), 对称性 (S) 和可加性 (A) 的向量函数.

定理 1.14 令 $v \in G(N)$, 则存在唯一的 Banzhaf 函数 Ba, 其中:

$$Ba_i(N, v) = \sum_{S \subseteq N \setminus i} \frac{1}{2^{n-1}} (v(S \cup i) - v(S)) \quad \forall i \in N. \tag{1.3}$$

证明 由式 (1.3) 易知, Banzhaf 函数 Ba 满足定义 1.18 中的性质. 下证, 唯一性.

设 ϕ 是 v 上满足定义 1.18 中性质的一个解. 类似于定理 1.7, 由可加性 (A) 只需证明, 对任意一致对策 u_T, $\phi(N, u_T) = Ba(N, u_T)$ 即可.

采用数学归纳法, 当 $t \leqslant 2$ 时, 由 2-有效性 (2-E) 和对称性 (S) 易知:

$$\phi_i(u_T) = \begin{cases} 1/2^{t-1} & i \in T, \\ 0 & i \notin T. \end{cases}$$

假设当 $t \leqslant t$ 时, 上式成立. 当 $t = t+1$ 时, 对任意两个不同的局中人 $i, j \in T$, 记局中人 $p = \{i, j\}$. 由假设知: $\phi_p((u_T)_p) = 1/2^{t-1}$. 由对称性 (S) 和 2-有效性 (2-E) 得到: $\phi_i(u_T) = 1/2^{t+1-1}$. 即对任意 $T \in P(N) \setminus \varnothing$, 有

$$\phi_i(u_T) = \begin{cases} 1/2^{t-1} & i \in T, \\ 0 & i \notin T. \end{cases}$$

证毕.

1988 年 Lehrer[25] 利用二人联盟超可加公理和 Dubey 和 Shapley[26] 给出的 D-公理探讨了 Banzhaf 函数的存在唯一性.

二人联盟超可加性 (2PSA): 对合作对策 $v \in G(N)$, 设 $i, j \in N$, 记局中人 $p = \{i, j\}$, 则 $\phi_i(N, v) + \phi_j(N, v) \leqslant \phi_p(N^p, v_p)$, 其中 N^p 和 v_p 如 2-有效性 (2-E) 所示.

D-公理 (DA): 对任意 $w, v \in G(N)$,

$$\phi(N, v \wedge w) + \phi(N, v \vee w) = \phi(N, v) + \phi(N, w).$$

哑元性 (N): 令 $v \in G(N)$, 若局中人 i 是一个哑元, 则 $\phi_i(N, v) = v(i)$.

定理 1.15 令 ϕ 是 $G(N)$ 上的一个函数, 则 $\phi = Ba$ 当且仅当对任意 $v \in G(N)$, ϕ 满足: 哑元性 (N)、对称性 (S)、二人联盟超可加性 (2PSA) 和 D-公理 (DA).

证明 略.

上述两个关于 Banzhaf 函数的公理体系都是直接或间接用到了可加性. 同 Young[20] 关于 Shapley 函数公理体系的探讨类似, Nowak[27] 通过引入边际贡献性来代替可加性, 研究了 Banzhaf 函数的另一公理体系.

边际贡献性 (MC): 令 $w, v \in G(N)$ 及 ϕ 为 $G(N)$ 上的一个解. 若对任意 $S \in P(N)$ 满足 $i \notin S$, 有 $v(S \cup i) - v(S) = w(S \cup i) - w(S)$, 则 $\phi_i(N, v) = \phi_i(N, w)$.

定理 1.16 令 ϕ 是 $G(N)$ 上的一个函数, 则 $\phi = Ba$ 当且仅当对任意 $v \in G(N)$, ϕ 满足: 2-有效性 (2-E)、哑元性 (N)、对称性 (S) 和边际贡献性 (MC).

证明 略.

此外, 1975 年 Owen[28] 探讨了多线性扩展与 Banzhaf 函数间的关系.

1.5 Solidarity 值

1994 年, Nowak 和 Radzik[29] 介绍了经典合作对策中另一个重要解的概念——Solidarity 值. 该分配指标既考虑了公平原则, 又结合了 "团结" 的思想. 其具体表达式如下:

$$So_i(N, v) = \sum_{i \in S \subseteq N} \frac{(s-1)!(n-s)!}{n!} A^v(S) \quad \forall i \in N, \tag{1.4}$$

其中, $A^v(S) = \dfrac{1}{s} \sum\limits_{j \in S} (v(S) - v(S \backslash j))$ 表示联盟 S 中局中人的平均边际贡献.

为说明 Solidarity 值的必要性, Nowak 和 Radzik 给出了下面兄弟间合作的例子.

例 1.1 局中人 1、2 和 3 是三兄弟, 且他们生活在一起. 若局中人 1 和 2 合作可得一个单位的收益, 即 $v(1, 2) = 1$. 局中人 3 是一个残疾人, 没有任何劳动能力, 不会对局中人 1 和 2 有任何帮助, 即 $v(1, 2, 3) = 1$. 其它联盟收益为 0. 在此情形下, 他们各自收益的 Shapley 值是: $(Sh_1(N, v), Sh_2(N, v), Sh_3(N, v)) = (1/2, 1/2, 0)$. 而他们各自收益的 Solidarity 值是: $(So_1(N, v), So_2(N, v), So_3(N, v)) = (7/18, 7/18, 4/18)$.

从上例中可以看出, 在有些情形下, Solidarity 值似乎比 Shapley 值更可取. 为刻画 Solidarity 值的公理体系, Nowak 和 Radzik 定义了一个新的局中人概念, 即平均零元局中人 (A-null player).

定义 1.19 令 $v \in G(N)$, 局中人 i 称为平均零元局中人, 如果对任意 $i \in S \subseteq N$, 有 $A^v(S) = 0$.

有效性 (E2): 令 $v \in G(N)$, $\sum\limits_{i \in N} \phi_i(N, v) = v(N)$;

平均零元性 (AN): 令 $v \in G(N)$, 若局中人 i 是一个平均零元, 则 $\phi_i(N, v) = 0$.

定义 1.20　$G(N)$ 上的 Solidarity 函数指满足: 有效性 (E2), 平均零元性 (AN), 对称性 (S) 和可加性 (A) 的向量函数.

为证明 Solidarity 值的存在唯一性, Nowak 和 Radzik 重新定义了合作对策上的基, 为与传统一致对策相区别, 在此我们称之为拟一致对策. 即对任意 $T \in P(N)\backslash\varnothing$, 拟一致对策 γ_T 定义如下:

$$\gamma_T(S) = \begin{cases} \dfrac{t!(s-t)!}{s!} & T \subseteq S, \\ 0 & \text{否则.} \end{cases} \tag{1.5}$$

引理 1.1　对任意 $T \in P(N)\backslash\varnothing$, 拟一致对策 γ_T 具有如下性质:

(i) $\gamma_T(T) = 1$;

(ii) 若 $T \subset S$, 不失一般性, 设 $S = T \cup E$ 满足 $E \subseteq N\backslash T$ 且 $E \neq \varnothing$. 则

$$\gamma_T(S) = \frac{1}{s}\sum_{i\in S}\gamma_T(S\backslash i) \tag{1.6}$$

且任意 $i \notin T$ 是一个平均零元.

证明　由式 (1.5) 易知, (i) 成立. 对于 (ii), 得到:

$$\gamma_T(S) - \frac{1}{s}\sum_{i\in S}\gamma_T(S\backslash i) = \frac{t!(s-t)!}{s!} - \frac{1}{s}\sum_{i\in E}\gamma_T(S\backslash i)$$
$$= \frac{t!e!}{s!} - \frac{1}{s}\sum_{i\in E}\frac{t!(s-t-1)!}{(s-1)!}$$
$$= 0.$$

此外, 对任意 $i \notin T$ 及 $S \in P(N)$ 满足 $i \in S$. 若 $T \not\subset S$ 易知 $A^{\gamma_T}(S) = 0$. 若 $T \subseteq S$, 由式 (1.6) 同样得到 $A^{\gamma_T}(S) = 0$. 即 i 是一个平均零元. 证毕.

引理 1.2　$\{\gamma_T\colon T \in P(N)\backslash\varnothing\}$ 是 $G(N)$ 上的一个基, 即对任意 $v \in G(N)$, 存在常数 $\{\lambda_T\colon T \in P(N)\backslash\varnothing\}$ 满足 $v = \sum\limits_{T\in P(N)\backslash\varnothing}\lambda_T\gamma_T$.

证明　令 $K = 2^n - 1$, 易知 $G(N)$ 是一个 K 维线性空间. 令 $S_1, S_2, \cdots, S_K$ 是 $N\backslash\varnothing$ 上一个包含所有非空子集的固定序满足: $n = s_1 \geqslant s_2 \geqslant \cdots \geqslant s_K = 1$.

此外, 令 $A = (a_{ij})_{K\times K}$, 其中 $a_{ij} = \gamma_{S_i}(S_j)$, $i, j = 1, 2, \cdots, K$. 由式 (1.5) 知, A 是一个上三角矩阵且主对角元素均为 1, 即 A 的行列式不为零. $\{\gamma_{S_i}\colon i = 1, 2, \cdots, K\}$ 是 $G(N)$ 的 K 个线性独立的对策, 即 $\{\gamma_T\colon T \in P(N)\backslash\varnothing\}$ 是 $G(N)$ 上的一个基. 证毕.

定理 1.17　$G(N)$ 上存在唯一的 Solidarity 函数.

证明　由式 (1.4) 易知, 存在性成立. 下证, 唯一性. 对任意 $v \in G(N)$, 令 f 是 v 上满足定义 1.20 中所给性质的一个解. 由可加性 (A) 和引理 1.2, 只需证明, 对任

意 $T \in P(N) \backslash \varnothing, \gamma_T$ 上的唯一性即可. 由引理 1.1、有效性 (E2) 和对称性 (S) 得到:

$$f_i(N, \gamma_T) = \begin{cases} \dfrac{(t-1)!(s-t)!}{n!} & i \in T, \\ 0 & \text{否则.} \end{cases}$$

证毕.

由凸合作对策的定义知, 对任意 $S, T \in P(N)$ 满足 $S \subseteq T$, 有 $v(T) - v(T \backslash i) \geqslant v(S) - v(S \backslash i)$, 其中 $i \in S$. 基于此, 我们进一步定义平均单调对策如下:

定义 1.21 令 $v \in G(N)$, 对任意 $S, T \in P(N)$ 满足 $S \subseteq T$, 有

$$\frac{1}{t} \sum_{j \in T} v(T) - v(T \backslash j) \geqslant \frac{1}{s} \sum_{i \in S} (v(S) - v(S \backslash i)),$$

则称 v 为平均单调合作对策 (average monotonic cooperative games).

定理 1.18 设合作对策 $v \in G(N)$ 是平均单调的, 则 $So(N, v) = \{So_i(N, v)\}_{i \in N}$ 是一个人口单调分配机制.

证明 由 Solidarity 函数的表达式 (1.4) 易知, 定义 1.16 中的条件 (i) 显然成立; 条件 (ii) 的证明采用递推法.

假设 $T = S \cup j$, 满足 $j \notin S$. 则对任意 $i \in S$, 有

$$So_i(S, v_S) = \sum_{i \in R \subseteq S} \frac{(r-1)!(s-r)!}{s!} A^v(R),$$

其中, $A^v(R) = \dfrac{1}{r} \sum_{p \in R} (v(R) - v(R \backslash p)), v_S(R) = \begin{cases} v(R) & R \subseteq S, \\ 0 & \text{否则.} \end{cases}$

另一方面, 对任意 $i \in S$, 有

$$So_i(T, v_T) = \sum_{i \in R \subseteq T} \frac{(r-1)!(t-r)!}{t!} A^v(R)$$

$$= \sum_{i \in R \subseteq T \backslash \{j\}} \left(\frac{(r-1)!(t-r)!}{t!} A^v(R) + \frac{r!(t-r-1)!}{t!} A^v(R \cup j) \right),$$

其中, $A^v(R) = \dfrac{1}{r} \sum_{p \in R} (v(R) - v(R \backslash p)), v_T(R) = \begin{cases} v(R) & R \subseteq T, \\ 0 & \text{否则.} \end{cases}$

由 v 的平均单调性得 $A^v(R) \leqslant A^v(R \cup j)$, 又有

$$\frac{(r-1)!(t-r)!}{t!} + \frac{r!(t-r-1)!}{t!} = \frac{(r-1)!(s-r)!}{s!},$$

故 $So_i(S, v_S) \leqslant So_i(T, v_T)$, 对任意 $i \in S$ 成立. 由递推法易知, 条件 (ii) 成立. 证毕.

定理 1.19　若合作对策 $v \in G(N)$ 是平均单调的, 则

$$So(N,v) = \{So_i(N,v)\}_{i \in N} \in C(N,v).$$

证明　由定理 1.18 得证. 证毕.

例 1.2　今有三家生产相同产品的企业, 记为 1, 2, 3, 即局中人集合 $N=\{1, 2, 3\}$. 如果它们彼此之间相互竞争, 都很难增加既得收益. 各企业为了消除相互竞争所带来的不利影响, 它们决定合作. 若已知它们所形成联盟的收益 (单位: 千万元)分别为: $v(i) = 1(i = 1, 2, 3), v(1,2) = 3, v(1,3) = 5, v(2,3) = 6, v(1,2,3) = 10$.

该合作对策的核心为:

$$C(N,v) = \{ \mathrm{x} = (x_1, x_2, x_3) | x_i \geqslant 1, x_1 + x_2 \geqslant 3, x_1 + x_3 \geqslant 5,$$
$$x_2 + x_3 \geqslant 6, x_1 + x_2 + x_3 = 10, i = 1, 2, 3\}.$$

各局中人所得收益的 Shapley 值分别为: $Sh_1(N,v) = 8/3$, $Sh_2(N,v) = 19/6$, $Sh_3(N,v) = 25/6$;

各局中人所得收益的 Banzhaf 值分别为: $Ba_1(N,v) = 11/4$, $Ba_2(N,v) = 13/4$, $Ba_3(N,v) = 17/4$.

各局中人所得收益的 Solidarity 值分别为: $So_1(N,v) = 56/18$, $So_2(N,v) = 59/18$, $So_3(N,v) = 65/18$.

由凸合作对策的定义易知: $C(N,v) \neq \varnothing$ 且各局中人所得收益的 Shapley 值、Solidarity 值所组成的向量分别属于核心.

从上例中不难发现, 局中人关于不同分配指标的收益不同. 具体采用哪种分配指标, 要以实际问题而定. 一般而言, 强调个人的贡献时, 可以考虑采用 Shapley 值, 适用于市场经济社会. 而在一些社会团体中, 不强调个人的贡献, 而是强调团体的贡献时, 可以考虑采用 Solidarity 值. 此外, 当不仅强调个人的贡献, 而且局中人间合作机会均等的情形下, 可采用 Banzhaf 值.

1.6　小　　结

局中人的 Shapley 值指其所得收益等于其对所有联盟边际贡献的期望值, 联盟权重与联盟的势指标有关; 局中人的 Banzhaf 值指其所得收益等于其对所有联盟边际贡献的均值, 联盟有相同的权重 $1/2^{n-1}$. 即 Shapley 值和 Banzhaf 值的区别在于, 权重系数不同. 无论是 Shapley 值, 还是 Banzhaf 值都是基于联盟形成的概率给出的, 故它们都可以看作是合作对策上的概率值, 每个局中人的收益就是在联盟形成概率的不同假设下得到的期望值. 即 Shapley 函数和 Banzhaf 函数是下列概率

分配指标 [30] 的两种特殊情形.

$$P_i(N, v) = \sum_{R \subseteq N \setminus i} p_r^n \left(v(R \cup i) - v(R) \right) \quad \forall i \in N,$$

其中, p_r^n 是一个概率分布, 对任意 $R \subseteq N \setminus i$, 满足 $p_r^n > 0$, $p_r^n = p_r^{n+1} + p_{r+1}^{n+1}$ 且 $p_0^1 = 1$.

据此, 可以定义概率平均分配指标如下:

$$P_i(N, v) = \sum_{i \in R \subseteq N} p_r^n A^v(R) \quad \forall i \in N,$$

其中, p_r^n 如上式所示, $A^v(R)$ 如式 (1.4) 所示. 对应不同的概率分布, 得到不同平均分配值.

此外, 合作对策上的 τ 值、平均主义解、平均字典序解、比例值、边际有效解等也是合作对策上一些比较重要的解的概念, 具体定义参考文献 [31-36].

需要说明的是: 本章只介绍了关于 Shapley 值、Banzhaf 值、Solidarity 值存在及唯一性证明的部分公理体系. 除此之外, 还可以通过其它公理系统得到相应分配指标的存在唯一性证明. 一般来说, 各分配指标都存在两类公理体系: 一类是基于可加性或线性性质的公理体系; 另一类是基于边际贡献性或单调性的公理体系.

第 2 章 具有联盟结构的合作对策

经典合作对策是合作对策论中最早提出的一类合作对策模型, 其理论体系的研究也最为完善. 随着合作对策理论的发展, 人们发现经典合作对策模型对于局中人可以自由结合形成联盟并获得收益的假设, 在许多实际合作问题中并不成立. 在某些情形下, 局中人为在合作过程中获得更多收益, 他们往往会形成一些小联盟, 并通过制定一些行为规范来约束各局中人的行动. 在参与合作时, 他们往往以一个局中人的姿态呈现. 即要么同时参与合作, 要么同时都不参与合作. 各小联盟内部的局中人不能单独与其它小联盟中的局中人合作, 但小联盟内部的局中人可以自由结合形成联盟, 即所谓联盟结构.

本章将主要展开对具有联盟结构的合作对策的探讨, 包括一些基本概念, 分配指标及它们满足的性质. 需要指出的是, 此类合作对策上的分配通常分为两部分: 联盟间的分配和联盟内部的分配. 基于联盟间分配和联盟内部分配方式的不同组合往往得到不同解的概念.

2.1 基 本 概 念

众所周知, 在一些合作对策中诸如经济团体和军事同盟, 各局中人结合形成一些小联盟, 得到对全体局中人集合的一个划分. 人们称此类合作模型为具有联盟结构的合作对策, 并展开对此类合作对策中局中人所得收益的理论研究. 正如 Hart 和 Kurz[37] 所指出的那样, 局中人之间进行合作形成联盟, 是为了增加在总收益中的话语权, 增加分配份额而采取的策略, 联盟被局中人作为一种讨价还价的工具.

例 2.1 设 $N = \{1, 2, \cdots, n\}(n \geqslant 3)$, 令 $N_1 = \{1\}, N_2 = \{2, \cdots, n\}$, 假设合作对策 v 定义如下:

$$v(S) = \min\{|S \cap N_1|, |S \cap N_2|\} \quad \forall S \subseteq N,$$

为说明局中人结成小联盟的必要性, 假设局中人 1 是某雇主, N_2 中的局中人为工人. 根据式 (1.2), 得雇主的 Shapley 值为: $Sh_1(N, v) = (n-1)/n$; N_2 中工人的 Shapley 值为: $Sh_i(N, v) = 1/n(n-1)(i = 2, \cdots, n)$; 由于 $v(N_2) = 0$, 所以工人不能对该分配提出异议. 但是, 如果工人形成一个劳动协会 (Union), 作为一个个体与雇主进行谈判. 此时可看作是 N_1 和 N_2 之间的合作对策, 记为 $(\hat{N}, \hat{v})$, 其中 $\hat{N} = \{N_1, N_2\}, \hat{v}(\varnothing) = \hat{v}(N_1) = \hat{v}(N_2) = 0, \hat{v}(N) = 1$. 显然, 此时各局中人的 Shapley 值分别为:

$Sh_{N_1}(\hat{N}, \hat{v}) = Sh_{N_2}(\hat{N}, \hat{v}) = 1/2.$ 由此可以看出, 当劳动协会形成之后, 工人可以在谈判中处于更有利的地位, 分配到更多的收益.

首先, 介绍具有联盟结构合作对策中的一些基本概念.

定义 2.1   有限局中人集合 $N = \{1, 2, \cdots, n\}$ 上的一个联盟结构是一个二元组 (N, Γ), 其中 $\Gamma = \{B_1, B_2, \cdots, B_m\}, 1 \leqslant m \leqslant n$, 满足:

(i) $B_k \cap B_l = \varnothing, \forall k, l \in \{1, 2, \cdots, m\}, k \neq l$;

(ii) $\bigcup_{k=1}^{m} B_k = N$.

在不引起混淆的情形下, 通常简记为 Γ. 各小联盟 B_k $(k = 1, 2, \cdots, m)$ 称为优先联盟. 为与经典合作对策相区别, 通常用 (N, v, Γ) 表示有限局中人集合 N 上具有联盟结构 $\Gamma = \{B_1, B_2, \cdots, B_m\}(1 \leqslant m \leqslant n)$ 的一个合作对策, 简称为一个具有联盟结构的合作对策. 此类合作对策的全体表示为: $G(N, \Gamma)$. 记 $M = \{1, 2, \cdots, m\}$, 表示联盟结构 Γ 中小联盟的个数.

为叙述方便, 记 (N, Γ) 中所形成联盟的全体为 $P(N, \Gamma)$, 其中, $P(N, \Gamma) = \{S \subseteq N | S = T \cup Q, \forall T \subseteq B_k, \forall k \in M, Q = \bigcup_{l \in H} B_l, \forall H \subseteq M \backslash k\}$. 例如, 记 $N = \{1, 2, 3, 4, 5\}$, 若 $\Gamma = \{B_1, B_2\}$, 其中 $B_1 = \{1, 2, 3\}, B_2 = \{4, 5\}$, 则 Γ 是该局中人集合上的一个联盟结构, 且 $P(N, \Gamma) = \{\varnothing, N, \{1\}, \{2\}, \{3\}, \{4\}, \{5\}, \{1, 2\}, \{1, 3\}, \{2, 3\}, \{1, 2, 3\}, \{4, 5\}, \{1, 2, 3, 4\}, \{1, 2, 3, 5\}, \{1, 4, 5\}, \{2, 4, 5\}, \{3, 4, 5\}, \{1, 2, 4, 5\}, \{1, 3, 4, 5\}, \{2, 3, 4, 5\}\}$.

定义 2.2   令 $(N, v, \Gamma) \in G(N, \Gamma)$, 若对任意 $R \subseteq M$, 有 $v^B(R) = v(\bigcup_{l \in R} B_l)$, 则称 v^B 是关于 Γ 的一个商对策, 记为 (M, v^B).

定义 2.3   令 $(N, v, \Gamma) \in G(N, \Gamma)$, 若对任意 $S \subseteq B_k$ $(k \in M)$, 有 $v_{B_k}(S) = v(S)$, 否则, $v_{B_k}(S) = 0$, 则称 v_{B_k} 是 v 在 B_k 上的一个限制对策.

2.2   Owen 值

Aumann 和 Drèze[38] 较早关注具有联盟结构合作对策上解的研究. 但他们的研究模型还较为简单, 将各优先联盟看成是独立的个体, 相互间没有合作关系. 基于 Shapley 函数, Aumann 和 Drèze 定义了各局中人关于所在优先联盟上的 Shapley 函数. 虽然, Aumann 和 Drèze 的研究还不能被看成是真正意义上的联盟结构合作对策的解, 但它开了研究联盟结构合作对策的先河, 为纪念他们所做的贡献, 人们通常称他们所定义的解为 A-D 值.

不同于 Aumann 和 Drèze 所研究的模型, 1977 年, Owen[39] 基于不同优先联盟间具有合作关系的假设, 展开对具有联盟结构合作对策的研究, 这是真正意义上对此类合作对策解的探讨. Owen 同样基于经典合作对策上的 Shapley 函数, 定义了具有联盟结构合作对策上的 Owen 值, 其原理是: 联盟内部及优先联盟间均按照

Shapley 值进行分配, 即各优先联盟作为一个局中人进行合作, 并按 Shapley 值在联盟结构上关于商对策进行分配; 然后将各优先联盟的 Shapley 值在联盟内部对所属局中人按 Shapley 值分配. 为此, Owen 给出了 Owen 值的具体表达式如下:

$$
\begin{aligned}
Ow_i(N,v,\varGamma) = \sum_{H\subseteq M\setminus k} \sum_{S\subseteq B_k\setminus i} & \frac{h!(m-h-1)!}{m!} \frac{s!(b_k-s-1)!}{b_k!} \Big(v(S\cup Q\cup i) \\
& - v(S\cup Q) \Big) \qquad \forall i\in N,
\end{aligned}
\tag{2.1}
$$

其中, $Q = \bigcup_{l\in H} B_l$, h 表示 H 的势指标.

为探讨 Owen 值在此类合作对策中的合理性, 有必要对其满足的一些性质作简要介绍. 令 f 是 $G(N,\varGamma)$ 上的一个联盟值, 类似于 Shapley 函数满足的公理体系, Owen[38] 给出了如下性质:

有效性 (EFF): 令 $(N,v,\varGamma) \in G(N,\varGamma)$, $v(N) = \sum_{i\in N} f_i(N,v,\varGamma)$;

零元性 (NP): 令 $(N,v,\varGamma) \in G(N,\varGamma)$. 若对任意 $S \in P(N,\varGamma)$ 满足 $i\notin S$ 及 $S\cup i \in P(N,\varGamma)$, 有 $v(S\cup i) = v(S)$, 则 $f_i(N,v,\varGamma) = 0$;

联盟内的对称性 (SC): 令 $(N,v,\varGamma) \in G(N,\varGamma)$. 若对任意 $i,j \in B_k$ 及 $S \in P(N,\varGamma)$ 满足 $S\cup i, S\cup j \in P(N,\varGamma)$ 且 $i,j\notin S$, 有 $v(S\cup i) = v(S\cup j)$, 则

$$
f_i(N,v,\varGamma) = f_j(N,v,\varGamma).
$$

商对策上的对称性 (SQ): 若对任意 $H \subseteq M\setminus\{k,l\}$, 有 $v^B(H\cup k) = v^B(H\cup l)$, 则

$$
\sum_{i\in B_k} f_i(N,v,\varGamma) = \sum_{i\in B_l} f_j(N,v,\varGamma).
$$

可加性 (ADD): 令 $(N,w,\varGamma), (N,v,\varGamma) \in G(N,\varGamma)$, 则

$$
f(N,v+w,\varGamma) = f(N,v,\varGamma) + f(N,w,\varGamma).
$$

定理 2.1　记 $f: G(N,\varGamma) \to \mathrm{R}^n$, 则 f 是满足有效性 (EFF)、零元性 (NP)、联盟内的对称性 (SC)、商对策上的对称性 (SQ) 和可加性 (ADD) 的唯一联盟值, 且 $f = Ow$.

证明　由式 (2.1) 易知, 存在性成立. 下证唯一性. 令 f 是 $G(N,\varGamma)$ 上满足定理 2.1 中性质的一个联盟值.

类似于 Shapley 函数的唯一性证明. 对任意 $(N,v,\varGamma) \in G(N,\varGamma)$, 不难得到: v 可表示为 $v = \sum_{\varnothing\neq T\in P(N,\varGamma)} c_T u_T$, 其中 $c_T = \sum_{S\subseteq T, S\in P(N,\varGamma)} (-1)^{t-s} v(S)$, u_T 是定义

在 T 上的一致对策, $c_T = \sum_{H \subseteq R} (-1)^{r-h} \left(\sum_{A \subseteq D} (-1)^{d-a} v(A \cup Q) \right)$, $Q = \cup_{l \in H} B_l$ 和
$T = D \bigcup_{l \in R \subseteq M \setminus k} B_l$ 满足 $\varnothing \neq D \in B_k$.

由可加性 (ADD), 只需证明, 对任意一致对策 u_T, $f(N, u_T, \Gamma)$ 的唯一性即可. 不失一般性, 设 $M' = \{k \in M | B_k \cap T \neq \varnothing\}$, 记 $B'_k = B_k \cap T$, $k \in M'$.

对于一致对策 u_T, 定义一致商对策 u_T^B 如下:

$$u_T^B(H) = \begin{cases} 1 & M' \subseteq H, \\ 0 & M' \not\subseteq H, \end{cases}$$

其中, $H \subseteq M$.

由零元性 (NP) 得到: 对任意 $k \notin M'$, $f_k(M, u_T^B) = 0$; 对任意 $k \in M'$, 由有效性 (EFF) 和商对策上的对称性 (SQ) 得到: $\sum_{i \in B'_k} f_i(N, u_T, \Gamma) = \frac{1}{m'}$, 其中, m' 表示 M' 的势指标, 即

$$\sum_{i \in B'_k} f_i(N, u_T, \Gamma) = \begin{cases} 0 & k \notin M', \\ \dfrac{1}{m'} & k \in M'. \end{cases}$$

此外, 对任意 $i \notin T$, 由零元性 (NP) 得到: $f_i(N, u_T, \Gamma) = 0$; 对任意 $i \in T$, 不失一般性, 设 $i \in B'_k$. 由有效性 (EFF) 和联盟内的对称性 (SC) 得到: $f_i(N, u_T, \Gamma) = \frac{1}{m'b'_k}$, 即

$$f_i(N, u_T, \Gamma) = \begin{cases} 0 & i \notin T, \\ \dfrac{1}{m'b'_k} & i \in B'_k. \end{cases}$$

证毕.

由定义 1.15 与定理 2.1 知, Shapley 函数与 Owen 值公理体系的不同在于: 对称性公理需要在优先联盟间及优先联盟内部局中人间同时成立, 这是由联盟结构的存在造成的.

此外, 1989 年 Peleg[40] 通过联盟上的有效性 (QEFF) 代替定理 2.1 中联盟上的对称性 (SQ) 给出了 Owen 值存在唯一性的公理体系; 1992 年 Winter[41] 将 Hart 和 Mas-Colell[21] 关于 Shapley 函数的一致性公理 (CON) 推广到具有联盟结构的合作对策上, 并建立了基于一致性公理 (CON) 的 Owen 值存在唯一性的公理体系; 1999 年 Hamiache[42] 利用有效性 (EFF)、无关局中人的独立性 (IIP)、非负性 (P)、相关一致性 (AC)、联盟内的对称性 (SC) 和可加性 (ADD) 给出了 Owen 值存在唯一性的公理体系; 2007 年 Khmelnitskaya 和 Yanovskaya[43] 将 Young[20] 关于 Shapley 函数的公理——边际贡献性, 应用到具有联盟结构的合作对策上, 并利用所定义的具

有联盟结构合作对策上的边际贡献性 (Ma) 代替定理 2.1 中的可加性 (ADD) 和零元性 (NP), 建立了 Owen 值存在唯一性的公理体系; 2008 年 Albizuri[44] 没有考虑有效性, 而是通过建立新的公理, 探讨了 Owen 值存在唯一性的三个公理体系, 分别是: ① 联盟结构等价性 (CSE)、无关局中人的独立性 (IIP)、哑元性 (DP)、联盟内的对称性 (SC)、联盟上的对称性 (SQ) 和可加性 (ADD); ② 联盟结构等价性 (CSE)、无关局中人的独立性 (IIP)、联盟上的有效性 (QEFF)、联盟内的对称性 (SC) 和可加性 (ADD); ③ 联盟结构等价性 (CSE)、联盟内的对称性 (SC)、哑元性 (DP)、中间对策性 (IGP) 和可加性 (ADD).

1992 年 Winter[45] 将 Hart 和 Mas-Colell[21] 关于势函数与 Shapley 函数的关系推广到具有联盟结构的合作对策上, 探讨了势函数与 Owen 值间的关系.

令 $F: G(N, \Gamma) \to \mathrm{R}$ 是一个实值函数. 对任意 $(N, v, \Gamma) \in G(N, \Gamma)$, 局中人 $i \in N$ 的边际贡献定义为:

$$D^i F(N, v, \Gamma) = F(N, v, \Gamma) - F(N \backslash i, v_{N \backslash i}, \Gamma | N \backslash i),$$

其中, $\Gamma | N \backslash i$ 表示限制 $N \backslash i$ 上关于 Γ 的联盟结构, $v_{N \backslash i}$ 表示限制在 $(N \backslash i, \Gamma | N \backslash i)$ 上的特征函数.

令函数 $F: G(N, \Gamma) \to \mathrm{R}$ 满足: (i) 若 $i \in B_k = \{i\}$ 或 $N = \{i\}$, $F(N \backslash i, v_{N \backslash i}, \Gamma | N \backslash i) = 0$; (ii) $\sum_{i \in N} D^i F(N, v, \Gamma) = v(N)$; (iii) 对任意 $B_k \in \Gamma$, $\sum_{i \in B_k} D^i F(N, v, \Gamma) = D^k F(M, v^B)$, 则称 F 为 $G(N, \Gamma)$ 上的一个势函数.

定理 2.2 对任意 $(N, v, \Gamma) \in G(N, \Gamma)$, 存在唯一的势函数 F 满足:

$$D^i F(N, v, \Gamma) = Ow_i(N, v, \Gamma) \quad \forall i \in N.$$

证明 略.

类似的, 感兴趣的读者可以考虑将 Harsanyi 用联盟值划分的思想推广到具有联盟结构的合作对策上, 从而得到 Owen 值的表示方法; 此外, 将 Owen 提出的关于 Shapley 函数与多线性扩展间的关系, 推广到具有联盟结构的合作对策上, 从而得到 Owen 值的另一种表示方法. 通过上面的探讨, 从不同角度考察 Owen 值, 进一步加深对 Owen 值的理解. 以期具有不同知识背景的读者能推广对 Owen 值的应用.

2.3　Banzhaf-Owen 值

不同于 Owen 值, Banzhaf-Owen 值是基于经典合作对策上的 Banzhaf 函数得到的分配指标. 其原理是: 联盟内部及优先联盟间均按照 Banzhaf 值进行分配. 即各优先联盟作为一个局中人进行合作, 并按 Banzhaf 值在联盟结构上关于商对策进行分配; 然后将各优先联盟的 Banzhaf 值在联盟内部对所属局中人按 Banzhaf 值分配. 为此, Owen[46] 给出了 Banzhaf-Owen 值的具体表达式如下:

$$Bo_i(N, v, \Gamma) = \sum_{H \subseteq M \setminus k} \sum_{S \subseteq B_k \setminus i} \frac{1}{2^{m-1}} \frac{1}{2^{b_k-1}} \left(v(S \cup Q \cup i) - v(S \cup Q) \right) \quad \forall i \in N, \quad (2.2)$$

其中, $Q = \bigcup_{l \in H} B_l$.

记 Γ^n 表示 $M = \{1, 2, \cdots, n\}$, 即在 Γ^n 上有 n 个优先联盟, 每一个局中人形成一个优先联盟. $N^p = N \setminus \{i, j\} \cup p$, 其中 $p = \{i, j\}$. 即表示在 N^p 上有 $n-1$ 个局中人, Γ^{n-1} 是 N^p 上的一个联盟结构, 即在 Γ^{n-1} 上有 $n-1$ 个优先联盟, 每一个局中人形成一个优先联盟. v^p 表示关于 $(N, v, \Gamma) \in G(N, \Gamma)$ 的缩减对策, 即对任意 $S \subseteq N^p$, $v^p(S) = v(S)$, 否则, $v^p(S) = 0$.

令 f 是 $G(N, \Gamma)$ 上的一个联盟值. 为更好地理解该分配指标, 下面让我们简要论述 Alonso-Meijide 等 [47] 给出的关于 Banzhaf-Owen 值的一个公理体系.

联盟 2-有效性 (C2-EFF): 令 $(N, v, \Gamma) \in G(N, \Gamma)$. 对任意 $i, j \in N$, 记 $p = \{i, j\}$,

$$f_i(N, v, \Gamma^n) + f_j(N, v, \Gamma^n) = f_p(N^p, v^p, \Gamma^{n-1});$$

联盟哑元性 (CDP): 若 i 是 $(N, v, \Gamma) \in G(N, \Gamma)$ 上的一个哑元, 则

$$f_i(N, v, \Gamma^n) = v(i);$$

联盟对称性 (CSC): 若 i, j 在 $(N, v, \Gamma) \in G(N, \Gamma)$ 上是对称的, 即对任意 $S \subseteq N$, 满足 $i, j \notin S$, 有 $v(S \cup i) = v(S \cup j)$, 则

$$f_i(N, v, \Gamma^n) = f_j(N, v, \Gamma^n).$$

联盟边际贡献等价性 (CCE): 令 $(N, w, \Gamma), (N, v, \Gamma) \in G(N, \Gamma)$. 若存在局中人 i, 对任意 $S \subseteq N$, 满足 $i \notin S$, 有 $v(S \cup i) - v(S) = w(S \cup i) - w(S)$, 则

$$f_i(N, v, \Gamma^n) = f_i(N, w, \Gamma^n).$$

联盟个体独立性 (CIN): 令 $(N, v, \Gamma) \in G(N, \Gamma)$ 且 $B_k \in \Gamma$. 对任意两个不同的局中人 $i, j \in B_k$, 有

$$f_i(N, v, \Gamma) = f_i(N, v, \Gamma_{-j}),$$

其中, $\Gamma_{-j} = \{B_l \in \Gamma : l \neq k\} \cup \{B_k \setminus j, \{j\}\}$.

1-商对策性 (1-Q): 令 $(N, v, \Gamma) \in G(N, \Gamma)$ 且 $\{i\} = B_k \in \Gamma$, 则

$$f_i(N, v, \Gamma) = f_k(M, v^B).$$

引理 2.1　联盟值 $f\colon G(N,\Gamma)\to \mathrm{R}^n$ 满足: 联盟 2-有效性 (C2-EFF)、联盟哑元性 (CDP)、联盟对称性 (CSC)、联盟边际贡献等价性 (CCE) 当且仅当 $f = Ba$, 即

$$f_i(N,v,\Gamma^n) = Ba_i(v) \quad \forall i\in N, \tag{2.3}$$

其中, $Ba_i(v)$ 如式 (1.3) 所示.

证明　请参考文献 [47].

定理 2.3　Banzhaf-Owen 值是 $G(N,\Gamma)$ 上满足联盟 2-有效性 (C2-EFF)、联盟哑元性 (CDP)、联盟对称性 (CSC)、联盟边际贡献等价性 (CCE)、联盟个体独立性 (CIN) 和 1-商对策性 (1-Q) 的唯一联盟值.

证明　存在性. 由引理 2.1 知, 联盟 2-有效性 (C2-EFF)、联盟哑元性 (CDP)、联盟对称性 (CSC)、联盟边际贡献等价性 (CCE) 成立.

联盟个体独立性 (CIN), 由式 (2.2) 易知:

$$
\begin{aligned}
Bo_i(N,v,\Gamma_{-j}) &= \sum_{H\subseteq M'\backslash k}\sum_{S\subseteq B_k\backslash\{i,j\}} \frac{1}{2^m}\frac{1}{2^{b_k-2}}\left(v(S\cup Q\cup i) - v(S\cup Q)\right)\\
&= \sum_{H\subseteq M\backslash k}\sum_{S\subseteq B_k\backslash i} \frac{1}{2^{m-1}}\frac{1}{2^{b_k-1}}\left(v(S\cup Q\cup i) - v(S\cup Q)\right)\\
&\quad - Bo_i(N,v,\Gamma),
\end{aligned}
$$

其中, $M' = \{1,2,\cdots,m,m+1\}$.

联盟边际贡献等价性 (CCE): 由式 (2.2) 得到:

$$
\begin{aligned}
Bo_i(N,v,\Gamma) &= \sum_{H\subseteq M\backslash k}\sum_{S\subseteq B_k\backslash i}\frac{1}{2^{m-1}}\frac{1}{2^{b_k-1}}\left(v(S\cup Q\cup i) - v(S\cup Q)\right)\\
&= \sum_{H\subseteq M\backslash k}\frac{1}{2^{m-1}}\left(v(Q\cup i) - v(Q)\right)\\
&= \sum_{H\subseteq M\backslash k}\frac{1}{2^{m-1}}\left(v^B(H\cup k) - v^B(H)\right)\\
&= Bo_k(M,v^B).
\end{aligned}
$$

唯一性. 用反证法. 假设存在两个不同的 Banzhaf-Owen 值满足联盟个体独立性 (CIN) 和 1-商对策性 (1-Q), 记为: Bo^1 和 Bo^2. 令 $\Gamma = \{B_1, B_2, \cdots, B_m\}$, 则当 $m = n$ 时, 由引理 2.1 易知: $Bo^1 = Bo^2 = Ba$. 假设 $\Gamma = \{B_1, B_2, \cdots, B_m\}(m < n)$ 是满足 $Bo^1 \neq Bo^2$ 的最大划分联盟, 即当 $\Gamma = \{B_1, B_2, \cdots, B_m, B_{m+1}\}$, 有 $Bo^1 = Bo^2$. 由 $Bo^1 \neq Bo^2$, 不妨设 $Bo_i^1(N,v,\Gamma) \neq Bo_i^2(N,v,\Gamma)$, 其中 $i \in N$ 满足 $i \in B_k$.

下面分两种情形证明: 当 $b_k = 1$ 时, 由 1-商对策性 (1-Q) 得

$$Bo_i^1(N,v,\Gamma) = Bo_k(M,v^B) = Bo_i^2(N,v,\Gamma).$$

此与 $Bo_i^1(N,v,\Gamma) \neq Bo_i^2(N,v,\Gamma)$ 矛盾.

当 $b_k > 1$ 时, 则对任意 $j \in B_k \backslash i$, 由联盟个体独立性 (CIN) 得

$$Bo_i^1(N,v,\Gamma) = Bo_i^1(N,v,\Gamma_{-j}),$$

$$Bo_i^2(N,v,\Gamma) = Bo_i^2(N,v,\Gamma_{-j}).$$

由假设知 $Bo_i^1(N,v,\Gamma_{-j}) = Bo_i^2(N,v,\Gamma_{-j})$. 故 $Bo_i^1(N,v,\Gamma) = Bo_i^2(N,v,\Gamma)$. 此与 $Bo_i^1(N,v,\Gamma) \neq Bo_i^2(N,v,\Gamma)$ 矛盾.

综上得到, 原假设不成立. 证毕.

2.4 对称 Banzhaf 值

后来, 基于经典合作对策上的 Banzhaf 函数和 Shapley 函数, Alonso-Meijide 等 [48] 定义了对称 Banzhaf 值. 其分配原理是, 联盟内部按照 Shapley 值进行分配, 优先联盟间按 Banzhaf 值进行分配, 即各优先联盟作为一个局中人进行合作, 并按 Banzhaf 值在联盟结构上关于商对策进行分配; 然后将各优先联盟的 Banzhaf 值在联盟内部对所属局中人按 Shapley 值分配, 其具体表达式如下所示:

$$Bs_i(N,v,\Gamma) = \sum_{R \subseteq M \backslash k} \sum_{T \subseteq B_k \backslash i} \frac{1}{2^{m-1}} \frac{t!(b_k-t-1)!}{b_k!} (v(Q \cup T \cup i) - v(Q \cup T)) \quad \forall i \in N,$$

$$(2.4)$$

其中, $Q = \bigcup_{l \in H} B_l$.

令 f 是 $G(N,\Gamma)$ 上的一个联盟值. 为证其存在性和唯一性, Alonso-Meijide 等 [48] 定义了联盟上的全幂性如下:

联盟上的全幂性 (CP): 令 $(N,v,\Gamma) \in G(N,\Gamma)$, 有

$$\sum_{i \in N} f_i(N,v,\Gamma) = \frac{1}{2^{m-1}} \sum_{k \in M} \sum_{R \subseteq M \backslash k} (v^B(R \cup k) - v^B(R)).$$

由式 (2.4) 不难得到: 对称 Banzhaf 值是满足零元性 (NP)、联盟内的对称性 (SC)、商对策上的对称性 (SQ)、可加性 (ADD) 和联盟上的全幂性 (CP) 的唯一联盟值 [48].

下面, 我们介绍 Alonso-Meijide 等 [48] 给出的对称 Banzhaf 值的另一公理体系.

优先联盟上的均衡贡献性 (BCU): 令 $(N,v,\Gamma) \in G(N,\Gamma)$ 且 $B_k \in \Gamma$. 对任意两个不同的局中人 $i,j \in B_k$, 有

$$f_i(N,v,\Gamma) - f_i(N,v,\Gamma_{-j}) = f_j(N,v,\Gamma) - f_j(N,v,\Gamma_{-i}),$$

其中, Γ_{-i} 和 Γ_{-j} 如联盟个体独立性 (CIN) 所示.

商对策性 (QP): 令 $(N, v, \Gamma) \in G(N, \Gamma)$. 对任意 $B_k \in \Gamma$ 有

$$\sum_{i \in B_k} f_i(N, v, \Gamma) = f_k(M, v^B).$$

定理 2.4　对称 Banzhaf 值是 $G(N, \Gamma)$ 上满足优先联盟上的均衡贡献性 (BCU) 和商对策性 (QP) 的唯一联盟 Banzhaf 值.

证明　存在性. 优先联盟上的均衡贡献性 (BCU), 由式 (2.4) 得到:

$$Bs_i(N, v, \Gamma) = \sum_{R \subseteq M \setminus k} \sum_{T \subseteq B_k \setminus \{i,j\}} \frac{1}{2^{m-1}} \frac{(t+1)!(b_k - t - 2)!}{b_k!}$$
$$\times (v(Q \cup T \cup j \cup i) - v(Q \cup T \cup j))$$
$$+ \sum_{R \subseteq M \setminus k} \sum_{T \subseteq B_k \setminus \{i,j\}} \frac{1}{2^{m-1}} \frac{t!(b_k - t - 1)!}{b_k!} (v(Q \cup T \cup i) - v(Q \cup T))$$

和

$$Bs_i(N, v, \Gamma_{-j}) = \sum_{R \subseteq M' \setminus k} \sum_{T \subseteq B_k \setminus \{i,j\}} \frac{1}{2^{m'-1}} \frac{t!(b_k - t - 2)!}{(b_k - 1)!} (v(Q \cup T \cup i) - v(Q \cup T))$$
$$= \sum_{R \subseteq M \setminus k} \sum_{T \subseteq B_k \setminus \{i,j\}} \frac{1}{2^m} \frac{t!(b_k - t - 2)!}{(b_k - 1)!} (v(Q \cup T \cup i) - v(Q \cup T))$$
$$+ \sum_{R \subseteq M \setminus k} \sum_{T \subseteq B_k \setminus \{i,j\}} \frac{1}{2^m} \frac{t!(b_k - t - 2)!}{(b_k - 1)!}$$
$$\times (v(Q \cup T \cup j \cup i) - v(Q \cup T \cup j)).$$

故

$$Bs_i(N, v, \Gamma) - Bs_i(N, v, \Gamma_{-j})$$
$$= \sum_{R \subseteq M \setminus k} \sum_{T \subseteq B_k \setminus \{i,j\}} \frac{1}{2^{m-1}} \frac{t!(b_k - t - 2)!}{(b_k - 1)!} \left(\frac{t+1}{b_k} - \frac{1}{2}\right) (v(Q \cup T \cup j \cup i) - v(Q \cup T \cup j))$$
$$+ \sum_{R \subseteq M \setminus k} \sum_{T \subseteq B_k \setminus \{i,j\}} \frac{1}{2^{m-1}} \frac{t!(b_k - t - 2)!}{(b_k - 1)!} \left(\frac{b_k - t - 1}{b_k} - \frac{1}{2}\right) (v(Q \cup T \cup i) - v(Q \cup T)).$$

由 $\frac{1}{2^{m-1}} \frac{t!(b_k - t - 2)!}{(b_k - 1)!} \left(\frac{t+1}{b_k} - \frac{1}{2}\right) = -\frac{1}{2^{m-1}} \frac{t!(b_k - t - 2)!}{(b_k - 1)!} \left(\frac{b_k - t - 1}{b_k} - \frac{1}{2}\right)$, 得

$$Bs_i(N, v, \Gamma) - Bs_i(N, v, \Gamma_{-j})$$

$$= \sum_{R \subseteq M \backslash k} \sum_{T \subseteq B_k \backslash \{i,j\}} W \left(v(Q \cup T \cup j \cup i) - v(Q \cup T \cup j) - v(Q \cup T \cup i) + v(Q \cup T) \right).$$

其中, $W = \dfrac{1}{2^{m-1}} \dfrac{t!(b_k - t - 2)!}{(b_k - 1)!} \left(\dfrac{t+1}{b_k} - \dfrac{1}{2} \right).$

同理可得

$$Bs_j(N, v, \Gamma) - Bs_j(N, v, \Gamma_{-i})$$
$$= \sum_{R \subseteq M \backslash k} \sum_{T \subseteq B_k \backslash \{i,j\}} W \left(v(Q \cup T \cup j \cup i) - v(Q \cup T \cup j) - v(Q \cup T \cup i) + v(Q \cup T) \right).$$

即 $Bs_i(N, v, \Gamma) - Bs_i(N, v, \Gamma_{-j}) = Bs_j(N, v, \Gamma) - Bs_j(N, v, \Gamma_{-i})$.

由式 (2.4) 易知, 商对策性 (QP) 成立.

唯一性. 用反证法. 假设存在两个不同的对称 Banzhaf 值满足优先联盟上的均衡贡献性 (BCU) 和商对策性 (QP), 记为: Bs^1 和 Bs^2. 令 $\Gamma = \{B_1, B_2, \cdots, B_m\}$, 则当 $m = n$ 时, 由引理 2.1 易知: $Bs^1 = Bs^2 = Ba$. 假设 $\Gamma = \{B_1, B_2, \cdots, B_m\}$ $(m < n)$ 是满足 $Bs^1 \neq Bs^2$ 的最大划分联盟. 即当 $\Gamma = \{B_1, B_2, \cdots, B_m, B_{m+1}\}$ 时, 有 $Bs^1 = Bs^2$.

由商对策性 (QP) 得

$$\sum_{i \in B_k} Bs_i^1(N, v, \Gamma) = Ba_k(M, v^B) = \sum_{i \in B_k} Bs_i^2(N, v, \Gamma) \tag{2.5}$$

(i) 当 $b_k = 1$ 时, 易知 $Bs_i^1(N, v, \Gamma) = Bs_i^2(N, v, \Gamma)$.

(ii) 当 $b_k > 1$ 时, 则对任意 $j \in B_k \backslash i$. 由优先联盟上的均衡贡献性 (BCU) 得

$$Bs_i^1(N, v, \Gamma) - Bs_i^1(N, v, \Gamma_{-j}) = Bs_j^1(N, v, \Gamma) - Bs_j^1(N, v, \Gamma_{-i}),$$

$$Bs_i^2(N, v, \Gamma) - Bs_i^2(N, v, \Gamma_{-j}) = Bs_j^2(N, v, \Gamma) - Bs_j^2(N, v, \Gamma_{-i}).$$

由假设得 $Bs_i^1(N, v, \Gamma) - Bs_i^2(N, v, \Gamma) = Bs_j^1(N, v, \Gamma) - Bs_j^2(N, v, \Gamma)$, 即

$$Bs_i^1(N, v, \Gamma) - Bs_i^2(N, v, \Gamma) = c_{B_k},$$

其中, c_{B_k} 是一个常数.

由式 (2.5) 得到: 对任意 $i \in N$, $Bs_i^1(N, v, \Gamma) = Bs_i^2(N, v, \Gamma)$. 证毕.

2.5   改进 Banzhaf 值

2002 年 Amer 等 [49] 介绍了具有联盟结构合作对策上的另一分配指标: 改进 Banzhaf 值. 其分配原理是: 联盟内部按照 Banzhaf 指标分配, 优先联盟间按 Shapley

指标分配. 即各优先联盟作为一个局中人进行合作, 并按 Shapley 指标在联盟结构上关于商对策进行分配; 然后将各优先联盟的 Shapley 值在联盟内部对所属局中人按 Banzhaf 指标分配. 其具体表达式如下所示:

$$Sb_i(N,v,\Gamma) = \sum_{R \subseteq M \backslash k} \sum_{T \subseteq B_k \backslash i} \frac{r!(m-r-1)!}{m!} \frac{1}{2^{b_k-1}} \left(v(Q \cup T \cup i) - v(Q \cup T) \right) \quad \forall i \in N,$$

(2.6)

其中, $Q = \bigcup_{l \in H} B_l$.

令 f 是 $G(N, \Gamma)$ 上的一个联盟值. 基于上述联盟值公理体系的论述, 引入如下性质展开对改进 Banzhaf 值存在唯一性的证明.

商对策有效性 (Q-EFF): 令 $(N, v, \Gamma) \in G(N, \Gamma)$, $v(N) = \sum_{k \in M} f_k(M, v^B)$;

商对策对称性 (QS): 令 $(N, v, \Gamma) \in G(N, \Gamma)$, 若对任意 $H \subseteq M \backslash \{k, l\}$, 有 $v^B(H \cup k) = v^B(H \cup l)$, 则

$$f_k(M, v^B) = f_l(M, v^B);$$

限制 2-有效性 (R2-EFF): 令 $(N, v, \Gamma) \in G(N, \Gamma)$. 对任意 $B_k \in \Gamma$ 满足 $i, j \in B_k$, 记 $p = \{i, j\}$,

$$f_i(N, v, \Gamma) + f_j(N, v, \Gamma) = f_p(N^p, v^p, \Gamma),$$

其中, N^p, v^p 如联盟 2-有效性 (C2-EFF) 所示.

定理 2.5　改进 Banzhaf 值是 $G(N, \Gamma)$ 上满足商对策有效性 (Q-EFF)、商对策对称性 (QS)、限制 2-有效性 (R2-EFF)、零元性 (NP)、联盟内的对称性 (SC) 和可加性 (ADD) 的唯一联盟值.

证明　由式 (2.6) 易知存在性成立; 下证, 唯一性.

由可加性 (ADD) 和定理 2.1 的唯一性证明知. 只需在任意一致对策 u_T 上, 有 $f(N, u_T, \Gamma) = Sb(N, u_T, \Gamma)$ 即可. 不失一般性, 设 $M' = \{k \in M | B_k \cap T \neq \varnothing\}$, 记 $B_k' = B_k \cap T$, $k \in M'$.

对一致对策 u_T, 定义一致商对策 u_T^B 如下:

$$u_T^B(H) = \begin{cases} 1 & M' \subseteq H, \\ 0 & M' \not\subseteq H, \end{cases}$$

其中, $H \subseteq M$.

由零元性 (NP) 得到: 对任意 $k \notin M'$, $f_k(M, u_T^B) = 0$; 对任意 $k \in M'$, 由商对策有效性 (Q-EFF) 和商对策对称性 (SQ) 得到: $f_k(M, u_T^B) = \dfrac{1}{m'}$, 其中 m' 表示 M'

的势指标, 即

$$f_k(M, u_T^B) = \begin{cases} 0 & k \notin M', \\ \dfrac{1}{m'} & k \in M'. \end{cases}$$

此外, 对任意 $i \notin T$, 由零元性 (NP) 得到: $f_i(N, u_T, \Gamma) = 0$; 对任意 $i \in T$, 不失一般性, 设 $i \in B'_k$. 当 $b'_k = 1$ 时, 得

$$f_k(M, u_T^B) = f_i(N, u_T, \Gamma) = \frac{1}{m'} = \frac{1}{m'2^{1-1}}.$$

假设, 当 $1 \leqslant b'_k = d < b_k$ 时, 有

$$f_i(N, u_T, \Gamma) = \frac{1}{m'2^{d-1}}.$$

当 $b'_k = d + 1$ 时, 不失一般性, 设 $j \in B'_k \backslash i$. 记 $p = \{i, j\}$ 且 $B''_k = B'_k \backslash \{i, j\} \cup p$, 则 $b''_k = d$. 由假设知

$$f_p(N^p, u_T^p, \Gamma) = \frac{1}{m'2^{d-1}}.$$

由限制 2-有效性 (R2-EFF) 知

$$f_i(N, u_T, \Gamma) + f_j(N, u_T, \Gamma) = f_p(N^p, u_T^p, \Gamma).$$

由联盟内的对称性 (SC) 得

$$f_i(N, u_T, \Gamma) = f_j(N, u_T, \Gamma).$$

故 $f_i(N, u_T, \Gamma) = \dfrac{1}{m'2^{d+1-1}} = \dfrac{1}{m'2^{b'_k-1}}$, 即 $f(N, u_T, \Gamma) = Sb(N, u_T, \Gamma)$. 证毕.

2.6 联盟 Solidarity 值

前面所给的联盟值都是基于局中人自身的边际贡献得到的, 此类分配指标强调个人的贡献. 不同于上述联盟分配指标, Calvo 和 Gutiérrez[50] 基于经典合作对策上的 Solidarity 值, 探讨了具有联盟结构合作对策上的联盟 Solidarity 值. 其分配原理为: 联盟内部按照 Solidarity 指标分配, 优先联盟间按 Shapley 指标分配. 即各优先联盟作为一个局中人进行合作, 并按 Shapley 指标在联盟结构上关于商对策进行分配; 然后将各优先联盟的 Shapley 值在联盟内部对所属局中人按 Solidarity 指标分配. 为叙述方便, 记此联盟值为 $\Pi^{Sh,So}$.

对任意给定的联盟结构 $\Gamma = \{B_1, B_2, \cdots, B_m\}$ $(1 \leqslant m \leqslant n)$, 任意 $S \in B_k$ 满足 $B_k \in \Gamma$. 定义一个新的联盟结构 $\Gamma|_S = \{B_1, \cdots, B_{k-1}, S, B_{k+1}, \cdots, B_m\}$. 为探

讨新联盟结构下各联盟的收益值, Owen(1977) 给出了商对策在新联盟结构 $\Gamma|_S$ 上的关系式如下所示:

$$v_{\Gamma|_S}^B(R) = v(\textstyle\bigcup_{l \in R} B_l \backslash S') \quad \forall R \in M,$$

其中, $S' = B_k \backslash S$ 和 $M = \{1, 2, \cdots, m\}$.

Owen 进一步定义了在新联盟结构 $\Gamma|_S$ 下优先联盟 S 的收益值如下:

$$v_k(S) = Sh_k(M, v_{\Gamma|_S}^B) \quad \forall S \subseteq B_k, \tag{2.7}$$

其中, $Sh_k(M, v_{\Gamma|_S}^B)$ 是基于联盟结构 $\Gamma|_S$ 的商对策 $v_{\Gamma|_S}^B$ 关于 k 的 Shapley 值. 在此意义下, Owen 值可等价表示为:

$$Ow_i(N, v, \Gamma) = Sh_i(B_k, v_k) \quad \forall k \in M, i \in B_k. \tag{2.8}$$

基于前面关于 Owen 值的论述, 其它联盟值亦可进行类似分析, 并得到相应的表示方法. 下面给出 Calvo 和 Gutiérrez[50] 所定义的联盟 Solidarity 值如下:

$$\Pi_i^{Sh, So}(N, v, \Gamma) = So_i(B_k, v_k) \quad \forall k \in M, i \in B_k, \tag{2.9}$$

其中, v_k 如式 (2.7) 所示, $So_i(B_k, v_k)$ 表示局中人 i 在 B_k 上关于 v_k 的 Solidarity 值.

基于 Hart 和 Mas-Colell[21] 所定义的经典合作对策上的一致性公理, Winter[45] 将其推广到具有联盟结构的合作对策上. Calvo 和 Gutiérrez[50] 通过一个例子说明联盟 Solidarity 值不满足 Winter 所给的具有联盟结构合作对策上的一致性公理. 为此, Calvo 和 Gutiérrez 考虑了一种特殊情形, 并提出了联盟一致性公理. 但需要指出的是, 从第一章中关于 Shapley 值和 Solidarity 值的唯一性证明知, 它们所对应合作对策的构成基础是不一样的. 因此, Calvo 和 Gutiérrez 所列例子的合理性值得商榷. 类似于 Owen 值, 不难得到式 (2.9) 可等价表示为:

$$
\begin{aligned}
&\Pi_i^{Sh, Sl}(N, v, \Gamma) \\
&= \sum_{k \in H \subseteq M} \sum_{i \in S \subseteq B_k} \frac{(h-1)!(m-h)!}{m!} \frac{(s-1)!(b_k-s)!}{b_k!} IA^v(S \cup Q) \quad \forall i \in N, \tag{2.10}
\end{aligned}
$$

其中, $Q = \bigcup_{l \in H \backslash k} B_l$, $IA^v(S \cup Q) = \frac{1}{s} \sum_{j \in S} (v(S \cup Q) - v(S \cup Q \backslash j))$, h 表示 H 的势指标.

类似于联盟 Solidarity 值, 下面我们考虑基于 Calvo 和 Gutiérrez[50] 列出的另一分配指标 $\Pi^{So, So}$. 分配原理是: 联盟内部按 Solidarity 指标分配, 优先联盟间按 Solidarity 指标分配, 即各优先联盟作为一个局中人进行合作, 并按 Solidarity 指标在联盟结构上关于商对策进行分配; 然后将各优先联盟的 Solidarity 值在联盟内部对所属局中人按 Solidarity 指标分配.

为探讨联盟值 $\Pi^{So,So}$, 需重新定义 $\Gamma|_S$ 下优先联盟 S 的收益值

$$v_k(S) = So_k(M, v^B_{\Gamma|_S}) \quad \forall S \subseteq B_k, \tag{2.11}$$

其中, $So_k(M, v^B_{\Gamma|_S})$ 是基于联盟结构 $\Gamma|_S$ 上商对策 $v^B_{\Gamma|_S}$ 关于 k 的 Solidarity 值.

类似于联盟 Solidarity 值得到:

$$\Pi^{So,So}_i(N, v, \Gamma) = So_i(B_k, v_k) \quad \forall k \in M, i \in B_k, \tag{2.12}$$

其中, v_k 如式 (2.11) 所示, $So_i(B_k, v_k)$ 如式 (2.9) 所示.

由式 (2.12) 和式 (2.8) 易知, 联盟值 $\Pi^{So,So}$ 与 Owen 值之间的区别是由 Solidarity 值和 Shapley 值引起的. 为此关于联盟值 $\Pi^{So,So}$ 公理体系的探讨, 读者很容易联想到, Solidarity 值和 Shapley 值公理体系的区别. 依此类推, 联盟值 $\Pi^{So,So}$ 与 Owen 值公理体系的差异. 令 f 是 $G(N, \Gamma)$ 上的一个联盟值. 为此, 我们只需将平均零元进行稍加改动即可.

联盟平均零元性 (CANP): 令 $(N, v, \Gamma) \in G(N, \Gamma)$. 若对任意 $i \in S \in P(N, \Gamma)$ 满足 $S \backslash i \in P(N, \Gamma)$, 有 $A^v(S) = 0$, 则 $f_i(N, v, \Gamma) = 0$.

定理 2.6 联盟值 $\Pi^{So,So}$ 是 $G(N, \Gamma)$ 上满足有效性 (EFF)、联盟平均零元性 (CANP)、联盟内的对称性 (SC)、商对策上的对称性 (SQ) 和可加性 (ADD) 的唯一联盟值.

证明 由式 (2.12) 易知, 联盟值 $\Pi^{So,So}$ 满足定理 2.6 中所给的性质. 下证, 唯一性. 令 f 是满足上述公理体系的一个联盟值. 对任意 $(N, v, \Gamma) \in G(N, \Gamma)$, 不难得到: v 可表示为 $v = \sum\limits_{\varnothing \neq T \in P(N, \Gamma)} \lambda_T \gamma_T$, 其中 λ_T 是一个不等于 0 的实数, $T \in P(N) \backslash \varnothing$. 由可加性 (ADD) 知, 只需证明 $f(N, \gamma_T, \Gamma)$ 的唯一性. 设 $M' = \{k \in M | B_k \cap T \neq \varnothing\}$, 记 $B'_k = B_k \cap T, k \in M'$.

对于一致对策 u_T, 定义拟一致商对策 γ^B_T 如下:

$$\gamma^B_T(H) = \begin{cases} \dfrac{m'!(h-m')!}{h!} & M' \subseteq H, \\ 0 & M' \not\subseteq H, \end{cases}$$

其中, m' 表示 M' 的势指标, $H \subseteq M$.

由联盟平均零元性 (CANP) 得, 对任意 $k \notin M'$, $f_k(M, \gamma^B_T) = 0$; 对任意 $k \in M'$, 由有效性 (EFF) 和商对策上的对称性 (SQ) 得

$$\sum_{i \in B'_k} f_i(N, u_T, \Gamma) = \frac{(m'-1)!(m-m')!}{m!}.$$

即

$$\sum_{i\in B'_k} f_i(N,u_T,\Gamma) = \begin{cases} 0 & k\notin M', \\ \dfrac{(m'-1)!(m-m')!}{m!} & k\in M'. \end{cases}$$

此外, 对任意 $i\notin T$, 由联盟平均零元性 (CANP) 得 $f_i(N,\gamma_T,\Gamma)=0$; 对任意 $i\in T$, 不失一般性, 设 $i\in B'_k$. 由有效性 (EFF) 和联盟内的对称性 (SC) 得

$$f_i(N,u_T,\Gamma) = \frac{(m'-1)!(m-m')!}{m!}\frac{(b'_k-1)!(b_k-b'_k)!}{b_k!}.$$

即

$$f_i(N,u_T,\Gamma) = \begin{cases} 0 & i\notin T, \\ \dfrac{(m'-1)!(m-m')!}{m!}\dfrac{(b'_k-1)!(b_k-b'_k)!}{b_k!} & i\in B'_k. \end{cases}$$

证毕.

类似于联盟 Solidarity 值, 不难得到 $\Pi^{So,So}$ 可等价表示为

$$\Pi^{So,So}_i(N,v,\Gamma)$$
$$= \sum_{k\in H\subseteq M}\sum_{i\in S\subseteq B_k} \frac{(h-1)!(m-h)!}{m!}\frac{(s-1)!(b_k-s)!}{b_k!} CIA^v(S\cup Q) \quad \forall i\in N, \quad (2.13)$$

其中, $Q=\bigcup_{l\in H\setminus k} B_l$, $CIA^v(S\cup Q)=\dfrac{1}{s}\sum_{j\in S}(IA^v(S\cup Q)-IA^v(S\cup Q\setminus j))$ 满足:

$$IA^v(S\cup Q) = \frac{1}{h}\left(\sum_{l\in H\setminus k}(v(Q\cup S)-v(Q\cup S\setminus B_l))+v(Q\cup S)-v(Q)\right)$$

其中, h 表示 H 的势指标.

2.7 2-步 Shapley 值

不同于上述指标的分配原理, Kamijo[51] 采用联盟内部与联盟结构上局中人所得收益分别计算的方法, 定义了 2- 步 Shapley 值. 该分配指标的原理是: 局中人关于所在联盟的收益等于每个局中人的 Shapley 值; 局中人关于联盟结构的收益等于商对策 Shapley 值与他们所在优先联盟收益差的平均值. 局中人的总收益等于上述两部分收益之和. 其具体表达式如下所示:

$$Ka_i(N,v,\Gamma) = \frac{Sh_k(M,v^B)-v(B_k)}{b_k}+Sh_i(B_k,v|_{B_k}) \quad \forall i\in N, \quad (2.14)$$

其中, $i \in B_k$, $Sh_k(M, v^B)$ 表示优先联盟 B_k 关于商对策 v^B 在 M 上的 Shapley 值, $Sh_i(B_k, v|_{B_k})$ 表示 v 限制在优先联盟 B_k 上时, 局中人 i 关于限制对策 $v|_{B_k}$ 的 Shapley 值.

令 f 是 $G(N, \Gamma)$ 上的一个联盟值. 为探讨 2-步 Shapley 值的存在唯一性, Kamijo[51] 引入如下两个新的公理.

联盟零元 (CNP): 令 $(N, v, \Gamma) \in G(N, \Gamma)$. 若 $i \in B_k$ 是 (N, v, Γ) 所对应经典合作对策 $v \in G(N)$ 上的一个零元, 且 $k \in M$ 是关于商对策 v^B 在 M 上的一个哑元, 则 $f_i(N, v, \Gamma) = 0$.

内部等价性 (IE): 令 $(N, v, \Gamma) \in G(N, \Gamma)$. 若 $i, j \in B_k$ 关于限制对策 $v|_{B_k}$ 在优先联盟 B_k 上是对称的, 则 $f_i(N, v, \Gamma) = f_j(N, v, \Gamma)$.

定理 2.7 2-步 Shapley 值 Ka 是 $G(N, \Gamma)$ 上满足有效性 (EFF)、联盟零元 (CNP)、内部等价性 (IE)、商对策上的对称性 (SQ) 和可加性 (ADD) 的唯一联盟值.

证明 由经典合作对策上 Shapley 函数的性质和式 (2.14) 易知, 存在性成立; 下证, 唯一性. 类似于 Owen 值的唯一性证明, 由可加性 (ADD) 知. 只需证明, 对任意 $T \in P(N, \Gamma) \backslash \varnothing$, 联盟值 f 关于一致对策 u_T 的唯一性即可. 不失一般性, 设 $M' = \{k \in M | B_k \cap T \neq \varnothing\}$, 记 $B_k' = B_k \cap T$, $k \in M'$. u_T^B 是如定理 2.1 中所定义的商对策. 由联盟零元 (CNP), 商对策上的对称性 (SQ) 和有效性 (EFF), 对任意 $k \notin M'$ 和任意 $i \in B_k$, 得到 $f_i(N, v, \Gamma) = 0$. 当 $k \in M'$ 时, 由商对策上的对称性 (SQ) 和有效性 (EFF) 得到: $\sum\limits_{i \in B_k} f_i(N, v, \Gamma) = \dfrac{1}{m'}$. 对局中人在联盟内部的收益分两种情形考虑.

(1) 当 $m' \geqslant 2$ 时, 对任意 $k \in M'$, $i, j \in B_k$ 关于限制合作对策 $u_T|_{B_k}$ 是对称的, 由内部等价性 (IE) 得到:

$$f_i(N, u_T, \Gamma) = \frac{1}{m'} \frac{1}{b_k} \quad \forall i \in B_k.$$

(2) 当 $m' = 1$ 时, 令 $M' = \{k\}$. 对任意 $i \notin B_k \backslash T$, 由联盟零元 (CNP) 得到: $f_i(N, u_T, \Gamma) = 0$; 对任意 $i \in T$, 由于 $i, j \in T$ 关于限制合作对策 $u_T|_{B_k}$ 是对称的, 由内部等价性 (IE) 得到:

$$f_i(N, u_T, \Gamma) = \frac{1}{t} \quad \forall i \in T.$$

证毕.

2.8   比例联盟值

类似于 2-步 Shapley 值, Alonso-Meijide 和 Carreras[52] 探讨了具有联盟结构

单调合作对策上的另一个分配指标: 比例联盟值. 该分配指标的原理是: (i) 优先联盟的收益等于优先联盟关于商对策在联盟结构上的 Shapley 值; (ii) 在优先联盟内部局中人按照他们在对应原合作对策 (即没有联盟结构) 中 Shapley 值所占比重分享 (i) 中得到的优先联盟 Shapley 值. 具体表达式如下所示:

$$
AC_i(N,v,\varGamma) = \begin{cases} Sh_k(M,v^B)\dfrac{Sh_i(N,v)}{\displaystyle\sum_{j\in B_k} Sh_j(N,v)} & k\text{不是}M\text{上关于}v^B\text{的一个零元,} \\ \\ 0 & \text{否则,} \end{cases} \quad \forall i \in N
$$

$$(2.15)$$

其中, $Sh(N,v)$ 表示 $(N,v,\varGamma)\in G(N,\varGamma)$ 所对应的原合作对策 $v\in G(N)$ 的 Shapley 函数.

在这里, $k\in M$ 称为商对策 v^B 在 M 上的一个零元, 若对任意 $R\in M\backslash k$, $v^B(R)=v^B(R\cup k)$.

为进一步探讨所给分配指标在实际问题中的应用理论基础, Alonso-Meijide 和 Carreras[52] 探讨了所给比例联盟值的两个公理体系. 令 f 是 $G(N,\varGamma)$ 上的一个联盟值.

商对策非负性 (QNN): 令 $(N,v,\varGamma)\in G(N,\varGamma)$ 和 $k\in M$, 则对任意 $k\in M$, $f_k(M,v^B)\geqslant 0$.

联盟 Shapley 值性 (CSP): 令 $(N,v,\varGamma)\in G(N,\varGamma)$. 若对 N 上的联盟结构 $\varGamma$ 满足 $m=n$, 则 $f(M,v^B)=Sh(N,v)$.

强零元性 (SNP): 令 $(N,v,\varGamma)\in G(N,\varGamma)$ 和 $B_k\in\varGamma$ 满足 $i\in B_k$, 则 $f_i(N,v,\varGamma)=0$ 当且仅当 i 是 N 上关于原合作对策 $v\in G(N)$ 的一个零元或 k 是关于商对策 v^B 在 M 上的一个零元.

原对策上的对称性 (OGS): 令 $(N,v,\varGamma)\in G(N,\varGamma)$ 和 $B_k\in\varGamma$ 满足 $i,j\in B_k$. 若 i 和 j 关于原合作对策 $v\in G(N)$ 对称, 即对任意 $S\in P(N)$ 满足 $i,j\notin S$, 有 $v(S\cup i))=v(S\cup j)$, 则 $f_i(N,v,\varGamma)=f_j(N,v,\varGamma)$.

加权可加性 (WA): 令 $(N,v,\varGamma),(N,w,\varGamma)\in G(N,\varGamma)$ 是单调合作对策, 则

$$h(N,v+w,\varGamma)=h(N,v,\varGamma)+h(N,w,\varGamma),$$

对所有 $i\in N$, 若 $i\in B_k\in\varGamma$,

$$
h_i(N,v,\varGamma) = \begin{cases} f_i(N,v,\varGamma)\dfrac{\displaystyle\sum_{j\in B_k} f_j(N,v,\varGamma^n)}{f_k(M,v^B)} & k\text{不是}M\text{上关于}v^B\text{的一个零元,} \\ f_i(N,v,\varGamma^n) & \text{否则.} \end{cases}
$$

对于 $h(N,w,\varGamma)$ 和 $h(N,v+w,\varGamma)$ 有类似的定义.

联盟比例性 (CP): 令 $(N, v, \Gamma) \in G(N, \Gamma)$ 和 $B_k \in \Gamma$ 满足 $i, j \in B_k$, 则

$$f_i(N, v, \Gamma)f_j(v, \Gamma^n) = f_j(N, v, \Gamma)f_i(v, \Gamma^n),$$

其中, Γ^n 表示联盟结构上有 n 个优先联盟, 即每个局中人形成一个联盟.

定理 2.8 比例联盟值 AC 是 $G(N, \Gamma)$ 上满足有效性 (EFF)、强零元性 (SNP)、原对策上的对称性 (OGS)、商对策上的对称性 (SQ) 和加权可加性 (WA) 的唯一联盟值.

证明 略.

定理 2.9 比例联盟值 AC 是 $G(N, \Gamma)$ 上满足商对策非负性 (QNN)、联盟 Shapley 值性 (CSP)、商对策性 (QP) 和联盟比例性 (CP) 的唯一联盟值.

证明 由式 (2.15) 不难得到, 存在性成立; 下证, 唯一性. 假设 f^1 和 f^2 是满足定理 2.9 中所给性质的两个不同联盟值.

情形 1. 若局中人 i 是 (N, v, Γ) 上的一个零元. 不失一般性, 设 $i \in B_k$. 若存在 $j \in B_k$ 不是零元, 由联盟 Shapley 值性 (CSP) 和联盟比例性 (CP) 得到:

$$f_i^q(N, v, \Gamma)Sh_j(N, v) = f_j^q(N, v, \Gamma)Sh_i(N, v), \quad q = 1, 2.$$

由 $Sh_i(N, v) = 0$ 得到: $f_i^1(N, v, \Gamma) = f_i^2(N, v, \Gamma) = 0$. 若不存在 $j \in B_k$ 满足 j 不是零元, 则 B_k 中的所有局中人都是零元. 由商对策性 (QP) 和联盟 Shapley 值性 (CSP) 得到:

$$\sum_{i \in B_k} f_i^q(N, v, \Gamma) = f_k^q(M, v^B) = Sh_k(M, v^B) = 0, \quad q = 1, 2.$$

由商对策非负性 (QNN) 得到:

$$f_i^1(N, v, \Gamma) = f_i^2(N, v, \Gamma) = 0 \quad \forall i \in B_k.$$

情形 2. 由商对策性 (QP) 和联盟 Shapley 值性 (CSP) 得到:

$$\sum_{i \in B_k} f_i^1(N, v, \Gamma) = f_k^1(M, v^B) = Sh_k(M, v^B) = f_k^2(M, v^B) = \sum_{i \in B_k} f_i^2(N, v, \Gamma).$$

$$(2.16)$$

由 $f^1 \neq f^2$ 知, 存在 $i \in N$, 使得 $f_i^1(N, v, \Gamma) \neq f_i^2(N, v, \Gamma)$. 不失一般性, 设 $i \in B_k$. 由 $f_i^1(N, v, \Gamma) \neq f_i^2(N, v, \Gamma)$, 不妨设 $f_i^1(N, v, \Gamma) > f_i^2(N, v, \Gamma)$. 由式 (2.16) 知, 存在 $j \in B_k$ 满足 $f_j^1(N, v, \Gamma) < f_j^2(N, v, \Gamma)$. 由情形 1 知, i, j 不是零元. 由联盟 Shapley 值性 (CSP) 和联盟比例性 (CP) 得到:

$$f_i^q(N, v, \Gamma)Sh_j(N, v) = f_j^q(N, v, \Gamma)Sh_i(N, v), \quad q = 1, 2.$$

即

$$\frac{f_i^1(N,v,\varGamma)}{f_i^2(N,v,\varGamma)} = \frac{f_j^1(N,v,\varGamma)}{f_j^2(N,v,\varGamma)}.$$

此于 $f_i^1(N,v,\varGamma) > f_i^2(N,v,\varGamma)$ 和 $f_j^1(N,v,\varGamma) < f_j^2(N,v,\varGamma)$ 矛盾. 综上所述, 原命题不成立. 即 $f^1 = f^2$. 证毕.

2.9　核　　心

不同于上述单一分配指标, 即每个局中人关于上述联盟值的收益是唯一的. 本小节将主要介绍具有联盟结构合作对策上的核心. 单一分配指标的优点是局中人能够准确了解到各自的收益, 缺点是局中人无法确定相应分配指标是否是占优解. 基于经典合作对策上核心的定义, Pulido 等 [53] 探讨了具有联盟结构合作对策上的核心.

定义 2.4　令 $(N, v, \varGamma) \in G(N, \varGamma)$, 若 n 维向量 $x = (x_1, x_2, \cdots, x_n)$ 满足

$$\begin{cases} v(N) = \displaystyle\sum_{i=1}^n x_i, \\ x_i \geqslant v(i) \quad i = 1, 2, \cdots, n, \end{cases}$$

则称 x 为 $(N, v, \varGamma)$ 上的一个分配 (imputation), 其中 x_i 表示局中人 i 所得的收益 $(i = 1, 2, \cdots, n)$. 合作对策 $(N, v, \varGamma)$ 上分配的全体记为 $I(N, v, \varGamma)$.

由经典合作对策上分配的定义知, 具有联盟结构合作对策上的分配同样满足: 个人理性, 即 $x_i \geqslant v(i)$, $i = 1, 2, \cdots, n$; 有效性, 即 $v(N) = \displaystyle\sum_{i=1}^n x_i$.

定义 2.5　令 $(N, v, \varGamma) \in G(N, \varGamma)$. $C(N, v, \varGamma)$ 称为 $(N, v, \varGamma)$ 的核心, 若对任意 n 维向量 $x = (x_1, x_2, \cdots, x_n) \in C(N, v, \varGamma)$ 下式成立:

$$\begin{cases} \displaystyle\sum_{i \in N} x_i = v(N), \\ \displaystyle\sum_{i \in S} x_i \geqslant v(S) \quad \forall S \in P(N, \varGamma). \end{cases}$$

由定义 2.5 不难得到, 合作对策 $(N, v, \varGamma) \in G(N, \varGamma)$ 上的核心 $C(N, v, \varGamma)$ 可表示为:

$$C(N, v, \varGamma) = \left\{ x \in \mathrm{R}^n \,\middle|\, \sum_{i \in S} x_i \geqslant v(S) \quad \forall S \in P(N, \varGamma), \sum_{i \in N} x_i = v(N) \right\}. \quad (2.17)$$

定义 2.6 令 $(N, v, \Gamma) \in G(N, \Gamma)$. 若对任意 $S, T \in P(N, \Gamma)$, 有

$$v(S) + v(T) \leqslant v(S \cup T) + v(S \cap T),$$

则称 v 为联盟强凸对策, 其中 $S \cup T$, $S \cap T \in P(N, \Gamma)$.

定理 2.10 令 $(N, v, \Gamma) \in G(N, \Gamma)$. 若 v 是联盟强凸的, 则 $C(N, v, \Gamma) \neq \varnothing$.

证明 类似于经典合作对策上核心非空的证明. 令 $\Gamma = \{B_1, B_2, \cdots, B_m\}$, 重新排列 (N, Γ) 中局中人的顺序得到: $\pi\Gamma = \{\pi B_1, \pi B_2, \cdots, \pi B_m\}$ 满足 $\pi B_1 = \{i_1, i_2, \cdots, i_{b_1}\}$, $\pi B_2 = \{i_{b_1+1}, i_{b_1+2}, \cdots, i_{b_1+b_2}\}, \cdots, B_m = \{i_{\sum\limits_{k=1}^{m-1} b_k+1}, i_{\sum\limits_{k=1}^{m-1} b_k+2}, \cdots, i_n\}$. 令

$$x_1 = v(i_1),$$
$$\cdots\cdots$$
$$x(i_{b_1+1}) = v(\pi B_1 \cup i_{b_1+1}) - v(\pi B_1),$$
$$\cdots\cdots$$
$$x(i_n) = v(N) - v(N\setminus i_n).$$

易知 $\sum\limits_{i \in N} x_i = v(N)$.

对任意 $S \in P(N, \Gamma)$, 不失一般性, 假设 $S = T\bigcup_{l \in R \subseteq M\setminus k} B_l$, 其中 $T \subseteq B_k$. 若 $T \subset B_k$, 则

$$N\setminus S = (B_k\setminus T)\bigcup_{l \in M\setminus\{R\cup k\}} B_l = (i_j^k, i_{j+1}^k, \cdots, i_{j+t}^k)\bigcup_{l \in M\setminus\{R\cup k\}} B_l,$$

其中, $(i_j^k, i_{j+1}^k, \cdots, i_{j+t}^k) = B_k\setminus T$ 满足 $1 \leqslant j$ 和 $j + t \leqslant b_k$.

令 $H = (i_1^k, \cdots, i_j^k)\bigcup_{l \in R \subseteq M\setminus k} B_l$, 其中 $(i_1^k, \cdots, i_j^k) \subseteq B_k$. 有 $S \cup H = S \cup i_j^k$ 和 $S \cap H = H\setminus i_j^k$.

由 v 的联盟强凸性得到:

$$\sum_{i \in S} x_i - v(S) \geqslant \sum_{i \in S \cup i_j^k} x_i - v(S \cup i_j^k).$$

若 $T = B_k$, 则 $S = \bigcup_{l \in R \subseteq M} B_l$ 满足 $k \in R$ 和 $N\setminus S = \bigcup_{l \in M\setminus R} B_l$.

令 $H = i_1^q\bigcup_{l \in M\setminus R} B_l$, 其中 $i_1^q \in B_q(q \in M\setminus R)$, 则 $S \cup H = S \cup i_1^q$ 和 $S \cap H = H\setminus i_1^q$. 由 v 的联盟强凸性得到:

$$\sum_{i \in S} x_i - v(S) \geqslant \sum_{i \in S \cup i_1^q} x_i - v(S \cup i_1^q).$$

重复此过程并满足 $H \in P(N, \Gamma)$ 得到 $\sum\limits_{i \in S} x_i \geqslant v(S)$. 故 $x = (x_i)_{i \in N} \in C(N, v, \Gamma) \neq \varnothing$. 证毕.

定理 2.11　令 $(N, v, \Gamma) \in G(N, \Gamma)$. 若 v 是联盟强凸的, 则 $\{Ow_i(N, v, \Gamma)\}_{i \in N}$ $\in C(N, v, \Gamma)$.

证明　由式 (2.1) 和定理 2.10 知, 函数 Ow 是核心 $C(N, v, \Gamma)$ 中 $m! \sum_{k \in M} b^k!$ 个元素的凸组合. 由式 (2.17) 知, $C(N, v, \Gamma)$ 是一个凸集. 故 $\{Ow_i(N, v, \Gamma)\}_{i \in N} \in C(N, v, \Gamma)$. 证毕.

类似于经典合作对策上核心的公理体系, 下面让我们给出具有联盟结构合作对策上关于核心的如下论述. 首先, 让我们介绍如下概念.

设 $\Gamma = \{B_1, B_2, \cdots, B_m\}$ 为 N 上的一个联盟结构, 对任意 $S \in P(N, \Gamma) \backslash \varnothing$, 不失一般性, 设 $S = T \cup Q$, 其中 $T \subseteq B_k, Q = \bigcup_{l \in H} B_l$ 满足 $k \in M = \{1, 2, \cdots, m\}$ 和 $H \subseteq M \backslash k$. 记 $\Gamma|_S = \{T, B_l, l \in H\}$. 即 $\Gamma|_S$ 为限制在 S 上的联盟结构. 例如, $N = \{1, 2, 3, 4, 5\}, \Gamma = \{B_1, B_2\}$ 满足 $B_1 = \{1, 2, 3\}, B_2 = \{4, 5\}$. 若 $S = \{1, 2, 3, 4\}$, 则 $\Gamma|_S = \{B_1, \{4\}\}$.

定义 2.7　令 $(N, v, \Gamma) \in G(N, \Gamma)$ 及任意 $S \in P(N, \Gamma) \backslash \varnothing$. n 维向量 $x \in \{y \in R^n | x(N) \leqslant v(N)\}$. 对 S 和 x 的缩减对策 $(S, v_{S,x})$ 定义为:

$$v_{S,x}(T) = \begin{cases} 0 & T = \varnothing, \\ v(N) - x(N \backslash S) & T = S, \\ \max_{R \subseteq I, W \subseteq B_k \backslash E}(v(W \cup T \bigcup_{l \in R} B_l) & \\ \quad -x(W \bigcup_{l \in R} B_l)) & T \subset P(N, \Gamma), \end{cases}$$

其中, $S = E \cup Q$ 满足 $E \subseteq B_k, Q = \bigcup_{l \in H} B_l, k \in M = \{1, 2, \cdots, m\}$ 和 $H \subseteq M \backslash k$, $I = M \backslash \{H \cup k\}$.

定义 2.8　设 σ 是 $G(N, \Gamma)$ 上的一个解, $(N, v, \Gamma) \in G(N, \Gamma)$ 及任意 $S \in P(N, \Gamma) \backslash \varnothing$.

(i) 若任意 $x \in \sigma$, 有 $(S, v_{S,x}, \Gamma|_S) \in G(v, \Gamma)$ 和 $x^S \in \sigma(S, v_{S,x}, \Gamma|_S)$, 则称 σ 具有联盟缩减对策性;

(ii) 设 $n \geqslant 2, x \in I(N, v, \Gamma)$. 若 $(S, v_{S,x}, \Gamma|_S) \in G(v, \Gamma)$ 和 $x^S \in \sigma(S, v_{S,x}, \Gamma|_S)$, 有 $x \in \sigma(N, v, \Gamma)$, 则称 σ 具有联盟逆缩减对策性,

其中 x^S 表示 x 在联盟 S 上的限制, 即 $x^S \in R^s$ 且任意 $i \in S, x_i^S = x_i$.

定理 2.12　核心是 $G(N, \Gamma)$ 上满足个人理性、有效性、联盟缩减对策性和联盟逆缩减对策性的唯一解.

证明　首先证明核心满足定理 2.12 中的性质. 由定义 2.5 易知, 核心满足个人理性和有效性.

联盟缩减对策性: 由定义 2.7 知, $(S, v_{S,x}, \Gamma|_S) \in G(v, \Gamma)$. 由 $x \in C(N, v, \Gamma)$, 对任意 $S \in P(N, \Gamma) \backslash \varnothing$, 不妨设 $S = E \cup Q$ 满足 $E \subseteq B_k, Q = \bigcup_{l \in H} B_l$,

$k \in M = \{1, 2, \cdots, m\}$ 和 $H \subseteq M \backslash k$ 得到:

$$v_{S,x}(S) = v(N) - x(N \backslash S) = x(N) - x(N \backslash S) = x(S).$$

此外, 对任意 $T \subset S$, 有

$$v_{S,x}(T) - x(T) = \max_{R \subseteq I, W \subseteq B_k \backslash E} \left(v(W \cup T \bigcup_{l \in R} B_l) - x(W \bigcup_{l \in R} B_l) \right) - x(T)$$
$$= \max_{R \subseteq I, W \subseteq B_k \backslash E} \left(v(W \cup T \bigcup_{l \in R} B_l) - x(W \cup T \bigcup_{l \in R} B_l) \right)$$
$$\leqslant 0,$$

其中, $I = M \backslash \{H \cup k\}$.

即对任意 $T \subset S$, 有 $v_{S,x}(T) \leqslant x(T)$. 即 $x^S \in C(S, v_{S,x}, \varGamma|_S)$.

联盟逆缩减对策性: 由 $x \in I(N, v, \varGamma)$ 得到: $x(N) = v(N)$. 下证, 对任意 $T \in P(N, \varGamma) \backslash \{\varnothing, N\}, x(T) \geqslant v(T)$.

情形 1. 若 $T = Q$ 满足 $Q = \bigcup_{l \in H} B_l$. 令 $S = B_k \bigcup_{l \in M \backslash H} B_l$, 其中 $k \in H$. 得到:

$$x(B_k) \geqslant v_{S,x}(B_k) = \max_{R \subseteq I} \left(v(B_k \bigcup_{l \in R} B_l) - x(\bigcup_{l \in R} B_l) \right)$$
$$\geqslant v(B_k \bigcup_{l \in H \backslash k} B_l) - x(\bigcup_{l \in H \backslash k} B_l),$$

其中, $I = \{k \in M | B_k \cap S = \varnothing, k \in M\}$.

即, $x(T) \geqslant v(T)$.

情形 2. 若 $T = U \cup Q$ 满足 $U \subset B_k \backslash \varnothing$ 和 $Q = \bigcup_{l \in H} B_l$, 其中 $k \in M$ 和 $H \subseteq M \backslash k$. 由 $U \subset B_k \backslash \varnothing$, 不妨设 $i \in U \subset B_k$. 令 $S = U \bigcup_{l \in M \backslash \{H \cup k\}} B_l$, 则

$$x(U) \geqslant v_{S,x}(U) = \max_{R \subseteq I} \left(v(U \bigcup_{l \in R} B_l) - x(\bigcup_{l \in R} B_l) \right) \geqslant v(U \bigcup_{l \in H} B_l) - x(\bigcup_{l \in H} B_l),$$

其中, $I = \{k \in M | B_k \cap S = \varnothing, k \in M\}$, 即 $x(T) \geqslant v(T)$.

综上所述, $x \in C(N, v, \varGamma)$. 唯一性证明类似于定理 1.6. 证毕.

此外, Pulido 和 Sánchez-Soriano[53] 定义了具有联盟结构合作对策上的韦伯 (Weber) 集. 并进一步探讨了凸联盟结构合作对策上核心和韦伯集间的关系. 类似于经典合作对策上人口单调分配机制的概念, 我们很容易将其推广到具有联盟结构的合作对策上.

定义 2.9 令 $(N, v, \varGamma) \in G(N, \varGamma)$, 若向量 $x = (x_i(S))_{i \in S, S \in P(N, \varGamma)}$ 满足:

(i) $\sum_{i \in S} x_i(S) = v(S)$ $\forall S \in P(N, \varGamma)$,

(ii) $x_i(S) \leqslant x_i(T), i \in S, S, T \in P(N, \varGamma)$, s.t. $S \subseteq T$,

则称 $x = (x_i(S))_{i \in S, S \in P(N, \varGamma)}$ 为 $(N, v, \varGamma)$ 上的一个联盟人口单调分配机制.

定理 2.13 设 $(N, v, \varGamma) \in G(N, \varGamma)$ 是联盟强凸的, 则 $Ow(N, v, \varGamma) = \{Ow_i(N, v, \varGamma)\}_{i \in N}$ 是一个联盟人口单调分配机制.

2.10　Owen 配置解

以上分配指标都是基于 Owen 定义的合作对策模型, 要求联盟结构 $\varGamma$ 是局中人集合 N 的一个划分, 即 $B_k \cap B_l = \varnothing, \forall k, l \in M$ 满足 $k \neq l$, 且 $\bigcup_{k=1}^{m} B_k = N$. 2006 年, Albizuri 等 [54] 探讨了一种更为一般的合作对策模型. 为与 Owen 所介绍的联盟结构相区别, 作者将其称为 "联盟配置": 即 $B = \{B_1, B_2, \cdots, B_m\}$ 是局中人集合 N 上的一族联盟, 满足 $\bigcup_{k=1}^{m} B_k = N$. 对任意 $i \in N$, 记 $B^i = \{B_l \in B: i \in B_l\}$. 由联盟配置概念的描述知, 其不再要求不同联盟的交集为空集. 令 $G(v, B)$ 表示所有具有联盟配置的合作对策.

基于所给联盟配置, Albizuri 等 [54] 研究了该合作对策模型上的两个分配指标 Owen 配置解和对偶 Owen 配置解, 其中 Owen 配置解的具体表达式如下:

$$Al_i(N, v, B) = \sum_{B_l \in B^i} \sum_{H \subseteq M \setminus M^i} \sum_{S \subseteq B_l \setminus i} \frac{h!(m-h-1)!}{m!} \frac{s!(b_k - s - 1)!}{b_k!} \Big(v(S \cup Q \cup i)$$
$$- v(S \cup Q) \Big) \qquad \forall i \in N, \tag{2.18}$$

其中, $M = \{1, 2, \cdots, m\}$, $M^i - \{l \in M: i \in B_l\}$ 和 h 表示 H 的势指标.

同时, Albizuri 等 [54] 进一步探讨了 Owen 配置解的一个公理体系. 首先, 给出如下符号表示.

令 $i, j \in N$. 给定 $(N, v, B) \in G(v, B)$, $v_{i \setminus j}$ 表示定义在 $N \setminus j$ 上的对策, 定义为:

$$v_{i \setminus j}(S) = \begin{cases} v(S) & i \notin S, \\ v(S \cup j) & i \in S. \end{cases}$$

此外, 对给定的联盟配置 B 满足 $B^i \cap B^j = \varnothing$, $B_{i \setminus j}$ 表示在局中人集合 $N \setminus j$ 上的联盟配置, 其中 $B_{i \setminus j} = (B \setminus B^j) \cup \{(B_l \setminus j) \cup i : B_l \in B^j\}$, 即在 $v_{i \setminus j}$ 和 $B_{i \setminus j}$ 上, 局中人 i 和 j 合并为一个局中人 i.

称局中人 $i, j \in N$ 关于 $(N, v, B) \in G(v, B)$ 是双面的, 如果

(i) $v(S \cup j) = v(S \cup i)$　$\forall S \subseteq N$;

(ii) 若 $S \cup i \in B^i$, 则 $S \cup j, S \cup ij \notin B^j$　　$\forall S \subseteq N \setminus \{i, j\}$.

合并性 (M): 如果 $i, j \in N$ 关于 $(N, v, B) \in G(v, B)$ 是双面的, 且 $B^i \cap B^j = \varnothing$, 则对任意 $p \in N \setminus \{i, j\}$, 有 $f_p(N, B, v) = f_p(N, B_{i \setminus j}, v_{i \setminus j})$.

对任意 $B_l \in B$, 若 $i \in B_l$, 则称 i 是联盟 B_l 的一个代表. 因此, 对给定的配置联盟 B 共有 $\sum_{B_l \in B} b_l$ 个代表. 令 $R_B(N)$ 表示所有置换向量 $(\pi_1, \cdots, \pi_m)$ 组成的集合, 满足: (i) $\pi_i \in \sum B_l, l \in M$, 且 (ii) $j \neq i$ 和 $\pi_j \in \sum B_l$, 则 $\pi_i \notin \sum B_l$, 其中

$\sum B_l$ 表示联盟 B_l 上的所有置换. 对任意 $\alpha \in R_B(N)$ 表示 $\sum_{B_l \in B} b_l$ 个代表的一个置换, 则对任意 $i \in N$ 重复 m^i 次, 且任意联盟 $B_l \in B$ 中的局中人关于置换向量 α 依次出现. 相应的置换表示为 R_α. 例如, 若 $N = \{1, 2, 3\}$ 且 $B = \{\{1, 2, 3\}, \{2, 3\}, \{1\}\}$, 则 $\alpha = \{1, 231, 23\}$ 表示 B 上的一个置换 $R_\alpha = \{\{1\}, \{2, 3, 1\}, \{2, 3\}\}$. 需要指出的是, 对 $R_B(N)$ 上不同的元素, 可能对应着相同的置换, 如 $\alpha' = \{123, 1, 23\}$, 则 $R_\alpha = R_{\alpha'}$. 记 $R_\alpha(i)$ 为 i 关于置换向量 α 第一次出现之前的其它元素第一次出现组成的集合, 则局中人 i 关于 α 的边际贡献定义为

$$C_i(R_\alpha, v) = v(R_\alpha(i) \cup i) - v(R_\alpha(i)).$$

则式 (2.18) 可等价表示为:

$$Al_i(N, v, B) = E_{P_B}(C_i(v, \cdot)) \quad \forall i \in N, \tag{2.19}$$

其中, P_B 表示 $R_B(N)$ 上的均匀概率分布. 故式 (2.19) 可进一步等价表示为

$$Al_i(N, v, B) = \frac{1}{|R_B(N)|} \sum_{\alpha \in R_B(N)} [v(R_\alpha(i) \cup i) - v(R_\alpha(i))] \quad \forall i \in N, \tag{2.20}$$

其中, $|R_B(N)|$ 表示 $R_B(N)$ 中置换向量的个数.

定理 2.14　Owen 配置解 Al 是 $G(v, B)$ 上满足有效性 (EFF)、零元性 (NP)、联盟内的对称性 (SC)、商对策上的对称性 (SQ), 可加性 (ADD) 和合并性 (M) 的唯一联盟值.

证明　由式 (2.18) 知, Owen 配置解 Al 满足前 5 个性质.

合并性 (M): 令 $i, j \in N$ 关于 $(N, v, B) \in G(v, B)$ 是双面的. 对任意 $\alpha \in R_B(N)$, 存在 $\alpha' \in R_{B_{i \setminus j}}(N \setminus j)$, 即用 i 来代替 j. 由于 $|R_B(N)| = |R_{B_{i \setminus j}}(N \setminus j)|$, 由式 (2.20) 只需证明, 对任意 $\alpha \in R_B(N)$ 和任意 $p \in N \setminus \{i, j\}$, 有 $C_p(R_\alpha, v) = C_p(R_{\alpha'}, v_{i \setminus j})$.

情形 1. 若 $j \in R_\alpha(p)$, 则

$$v(R_\alpha(p)) = v((R_\alpha(p) \setminus j) \cup i) = v_{i \setminus j}(R_{\alpha'}(p)),$$

$$v(R_\alpha(p) \setminus p) = v((R_\alpha(p) \setminus \{p, j\}) \cup i) = v_{i \setminus j}(R_{\alpha'}(p) \setminus p).$$

故 $C_p(R_\alpha, v) = C_p(R_{\alpha'}, v_{i \setminus j})$.

情形 2. 若 $j \notin R_\alpha(p)$, 则 $R_\alpha(p) = R_{\alpha'}(p)$. 因此, $v(R_\alpha(p) \setminus p) = v_{i \setminus j}(R_{\alpha'}(p) \setminus p)$ 和 $v(R_\alpha(p)) = v_{i \setminus j}(R_{\alpha'}(p))$, 即 $C_p(R_\alpha, v) = C_p(R_{\alpha'}, v_{i \setminus j})$.

唯一性: 令 f 是满足上述性质的一个解. 唯一性证明, 对 $\sum_{\substack{B_l, B_k \in B \\ B_l \neq B_k}} |B_l \cap B_k|$ 采用数学归纳法. 当 $\sum_{\substack{B_l, B_k \in B \\ B_l \neq B_k}} |B_l \cap B_k| = 0$ 时, B 是局中人集合 N 上的一个联盟结构.

由定理 2.1 易知此时, f 是唯一的. 假设, 当 $\sum\limits_{\substack{B_l,B_k\in B\\B_l\neq B_k}}|B_l\cap B_k|\leqslant r$ 时, f 是唯一的.

下证, 当 $\sum\limits_{\substack{B_l,B_k\in B\\B_l\neq B_k}}|B_l\cap B_k|=r+1$ 时, f 的唯一性.

(i) 若存在 $i\neq p$ 满足 $i\in B_l\cap B_k$, 其中 $B_l\neq B_k$. 令 $j\notin N$, 记 w 为定义在 $N\cup j$ 上的对策. 对任意 $S\subseteq N\cup j$, 满足

$$w(S)=\begin{cases}v(S)&j\notin S,\\v((S\backslash j)\cup i)&j\in S.\end{cases}$$

考虑配置联盟 $B'=(B\backslash B_l)\cup\{(B_l\backslash i)\cup j\}$. 易知 $i,j\in N$ 关于 $(N\cup j,w,B')$ 是双面的.

由于 $w_{i\backslash j}=v$ 和 $B'_{i\backslash j}=B$, 利用合并性 (M), 得到:

$$f_p(N,v,B)=f_p(N,w_{i\backslash j},B'_{i\backslash j})=f_p(N\cup j,w,B').$$

而 $\sum\limits_{\substack{B_l,B_k\in B'\\B_l\neq B_k}}|B_l\cap B_k|=r$, 由数学归纳法得到: $f_p(N,v,B)$ 是唯一的.

(ii) 若不存在 $i\neq p$ 满足 $i\in B_l\cap B_k$, 其中 $B_l\neq B_k$. 由 $\sum\limits_{\substack{B_l,B_k\in B\\B_l\neq B_k}}|B_l\cap B_k|>0$,

则 $p\in B_l\cap B_k$, 其中 $B_l\neq B_k$. 因此, 对任意 $i\in N\backslash p$, 由 (i) 得到: $f_i(N,v,B)$ 是唯一的. 由有效性得到: $f_p(N,v,B)$ 是唯一的. 证毕.

对偶 Owen 配置解的原理、公理体系和表达式类似于 Owen 配置解, 唯一的不同是: $R'_\alpha(i)$ 为 i 关于置换向量 α 最后一次出现之前的其它元素组成的集合.

2.11　小　　结

由 Owen 值、Banzhaf-Owen 值、对称 Banzhaf 值和改进 Banzhaf 值表达式知, 它们都是基于经典合作对策上的 Shapley 值和 Banzhaf 值关于边际贡献权重系数的不同组合得到的. 类似于经典合作对策, 定义具有联盟结构合作对策上的联盟概率分配指标如下:

$$P_i(N,v,\Gamma)=\sum_{H\subseteq M\backslash k}\sum_{S\subseteq B_k\backslash i}p_h^m q_s^{b_k}(v(S\cup Q\cup i)-v(S\cup Q))\quad\forall i\in N,\quad(2.21)$$

其中, $Q=\bigcup_{l\in H}B_l$, p_h^m 是 M 上的一个概率分布, 对任意 $H\subseteq M\backslash k$, 满足 $p_h^m>0$, $p_h^m=p_h^{m+1}+p_{h+1}^{m+1}$ 且 $p_0^1=1$; $q_s^{b_k}$ 是 B_k 上的一个概率分布, 对任意 $S\subseteq B_k\backslash i$, 满足 $q_s^{b_k}>0$, $q_s^{b_k}=q_s^{b_k+1}+q_{s+1}^{b_k+1}$ 且 $q_0^1=1$.

由上述联盟概率分配指标的表达式知, Shapley 和 Banzhaf 势权重系数是 p_r^n 和 $q_s^{b_k}$ 的两种特殊情形, 即上述四个联盟值是该联盟概率分配指标的四种特殊情形. 此外, 上述联盟概率值又称为联盟概率半值或联盟概率对称值. 更多关于具有联盟结构上概率指标的探讨可参考文献 [55, 56].

此外, 可进一步定义具有联盟结构合作对策上的联盟概率平均分配指标如下:

$$PA_i(N, v, \Gamma) = \sum_{k \in H \subseteq M} \sum_{i \in S \subseteq B_k} p_h^m q_s^{b_k} CIA^v(S \cup Q) \quad \forall i \in N \qquad (2.22)$$

其中, 符号含义同式 (2.13) 和式 (2.21) 所示.

由式 (2.22) 知, 联盟 Solidarity 值只是联盟概率平均分配指标一种特殊情形. 类似于上述联盟分配指标, 感兴趣的读者可依次定义新的联盟 Solidarity 值.

关于其它类型的联盟值, 我们也可以定义相应的联盟概率分配指标. 除本章介绍的联盟分配指标外还有许多其它联盟分配解, 如扩展 Owen 值 [57], 一致分享函数 [58], 加权联盟值 [59], 概率联盟值 [60], 核、核仁、谈判集 [61], 可加解 [62] 等.

感兴趣的读者可根据 Owen[23,28] 关于 Shapely 函数与多线性扩展、Banzhaf 函数与多线性扩展间的关系, 探讨联盟值与多线性扩展间的关系, 来进一步加深对联盟值的理解. 为避免过于复杂的理论推导, 本章只进行了有关分配指标最基本的推导证明. 对分配指标公理体系研究感兴趣的读者可以参见相关文献.

第 3 章　具有联盟限制的合作对策

具有联盟结构的合作对策指局中人为获得更多收益, 具有共同利益基础的局中人会形成一些小联盟, 在参与合作时, 以一个局中人的姿态呈现. 即局中人要么同时参与合作, 要么都不参与合作, 是一种主动行为. 但在现实生活中, 由于局中人在技术、分工、伦理、政治、历史等方面的原因, 并不是所有联盟都可以形成. 人们通常称此类合作对策为: 可行联盟上的合作对策. 可行联盟上的合作对策指某些局中人由于种种原因, 不能形成联盟的合作对策. 关于此类合作对策的探讨比较复杂, 主要是借助图论知识, 探讨各种特殊可行联盟上的合作对策. 比较常见的有: 交流结构, 析取结构, 合取结构, 拟阵, 反拟阵, 凸几何, 扩展系统等.

3.1　交流结构上的合作对策

3.1.1　Myerson 值

Myerson[63] 是较早注意到现实生活中的许多合作问题, 不能被已有合作模型刻画. 为了推广合作对策理论在现实经济生活中的应用, Myerson[63] 将图理论应用到合作对策中, 并通过建立联盟与图之间的关系, 探讨了具有交流结构的合作对策. 为刻画此类限制合作对策, 让我们首先回顾以下基本概念.

局中人集合 N 上的一个图是指 N 中不同局中人组成的无序对集合, 并用他们间的链接来表示这种无序对, 即 $\underline{i,j}$ 表示局中人 i 和 j 间的链接. 由链接的概念易知 $\underline{i,j} = \underline{j,i}$. 此外, g^N 表示局中人集合 N 上的完全图, 即 $g^N = \{\underline{i,j} | i, j \in N, i \neq j\}$. 由图和联盟间的关系易知, 局中人集合 N 上的完全图对应经典合作对策. 记 GR 为局中人集合 N 上的所有图. 对任意图 $g \in GR$, $g \backslash \underline{i,j} = \{\underline{k,l} \in g, \underline{k,l} \neq \underline{i,j}\}$.

对任意 $g \in GR$, $S \subseteq N$ 满足 $i, j \in S$. 称局中人 i 和 j 在 S 上关于图 g 相连, 若 $i = j$ 或存在 i 和 j 间的一条链, 即存在序列 $(k_0, k_1, \cdots, k_p)$ 满足 $i = k_0$, $j = k_p$, $p \geqslant 1$, $k_l \in S$ 和 $\underline{k_{l-1}, k_l} \in g$, $l = 1, 2, \cdots, p$. 用 S/g 表示联盟 S 按照图 g 进行的划分, 即 $S/g = \{\{i | i \text{ 和 } j \text{ 在 } S \text{ 上关于图 } g \text{ 相连}\}, j \in S\}$. 例如 $N = \{1, 2, 3, 4, 5\}$ 和 $g = \{\underline{1,2}, \underline{1,4}, \underline{2,4}, \underline{3,4}\}$, 则 $\{1, 2, 3\}/g = \{\{1, 2\}, \{3\}\}$ 和 $N/g = \{\{1, 2, 3, 4\}, 5\}$.

定义 3.1　一个具有交流结构的合作对策对应于一个三元组 (N, v, g), 其中 $v \in G(N)$, (N, g) 表示局中人集合 N 上的一个交流无向图.

记 $CS(N)$ 为所有具有交流结构的合作对策.

为探讨交流结构合作对策上的分配指标, Myerson[63] 给出了如下性质:

元组有效性 (CEFF): 记 f: $CS(N) \to \mathbf{R}^n$. 对任意 $(N, v, g) \in GR(N)$, $f_i(N, v, g)$ 表示局中人 i 关于图 g 的收益, 满足:

$$\sum_{i \in S} f_i(N, v, g) = v(S) \quad \forall S \in N/g.$$

公平分配制度 (FAR): 令 f: $GR(N) \to \mathbf{R}^n$ 的一个向量函数. 对任意 $(N, v, g) \in GR(N)$ 及任意 $\underline{i, j} \in g$, 有

$$f_i(N, v, g) - f_i(N, v, g\backslash\underline{i, j}) = f_j(N, v, g) - f_j(N, v, g\backslash\underline{i, j}).$$

为进一步探讨合作对策与图间的关系. Myerson 引入图函数的概念, 并利用图函数来表示图. 对任意 $g \in GR$, 若 S 在 N 上关于图 g 联通, 则称之为图 g 的一个元组. 在 S 上的图 g 称为嵌入子图 (S, g), 用 ESG 表示所有嵌入子图集合, 即 ESG=$\{(S, g)| \ g \in GR, S \in N/g\}$.

集合 $W \subseteq \mathbf{R}^s$ 称为完备的当且仅当任意 $A \in W$, $B \in \mathbf{R}^s$, 若对任意 $i \in N$, 有 $A_i \geqslant B_i$, 则 $B \in W$.

令 ∂ 是一个有界算子. 对任意 $W \subseteq \mathbf{R}^s$ 知, ∂W 是有界的. 一个对策上的图函数是一个定义在 ESG 上的集值函数 w, 满足: 对任意 $(S, g) \in$ ESG, $w(S, g)$ 是一个闭集, 且是 $\mathbf{R}^s$ 上的一个完备非平凡子集, 即 $w(S, g) \neq \varnothing$, $\mathbf{R}^s$. 对任意特征函数, 对策 $v \in G(N)$ 存在一个相应的图函数对策 w, 其中, 对任意 $(S, g) \in$ ESG,

$$w(S, g) = \left\{ r \in \mathbf{R}^s | \sum_{i \in S} r_i \leqslant v(S) \right\}.$$

对任意 $(N, v, g) \in GR(N)$ 及任意 $S \in N/g$, 若元组有效性表达式用下式替换, 得到:

$$(f_i(N, v, g))_{i \in S} = \partial w(S, g), \tag{3.1}$$

则特征函数对策 v 转化为一个相应的图函数对策 w.

定理 3.1　对任意图函数对策 w, 存在唯一的分配规则 f: $GR(N) \to \mathbf{R}^n$ 满足式 (3.1) 和公平分配制度 (FAR).

证明　对任意图 $g \in GR$, 令 $|g|$ 表示图 g 上链接的个数. 注意到, 若 $\underline{i, j} \in g$, 则

$$\sum_{g_1 \subseteq g, \underline{i, j} \in g_1} (-1)^{|g|+|g_1|}(f_i(N, v, g_1) - f_i(N, v, g_1\backslash\underline{i, j}))$$

$$= \sum_{g_1 \subseteq g} (-1)^{|g|+|g_1|} f_i(N, v, g_1)$$

$$= f_i(N, v, g) - \sum_{g_1 \subset g} (-1)^{|g|+|g_1|+1} f_i(N, v, g_1).$$

故 f 满足公平分配制度当且仅当

$$f_i(N, v, g) - \sum_{g_1 \subset g} (-1)^{|g|+|g_1|+1} f_i(N, v, g_1)$$

$$= f_j(N, v, g) - \sum_{g_1 \subset g} (-1)^{|g|+|g_1|+1} f_j(N, v, g_1) \quad \forall g \in GR, \forall i, j \in g \qquad (3.2)$$

成立.

由于式 (3.2) 两边都不依赖于链接 i, j, 故上式对所有链接的局中人成立当且仅当对所有相连的局中人成立. 因此, 公平分配制度进一步等价于:

对任意 $g \in GR$ 及任意 $S \in N/g$, 存在 $d(S, g)$, 满足:

$$f_i(N, v, g) - \sum_{g_1 \subset g} (-1)^{|g|+|g_1|+1} f_i(N, v, g_1) = d(S, g) \quad \forall i \in S. \qquad (3.3)$$

对给定的式 (3.3), 式 (3.1) 成立当且仅当:

$$d(S, g) = \max \left\{ x \middle| \left(x + \sum_{g_1 \subset g} (-1)^{|g|+|g_1|+1} f_i(N, v, g_1) \right)_{i \in S} \in w(S, g) \right\}$$
$$\forall (S, g) \in \mathrm{ESG} \qquad (3.4)$$

成立.

由于 $w(S, g)$ 是封闭的, 且是 $\mathbf{R}^s$ 上一个完备非平凡子集, 因而 $\max\{x|(x + r_i)_{i \in S} \in w(S, g)\}$ 是唯一确定的.

因此, $f: GR(N) \to \mathbf{R}^n$ 满足定理中的条件当且仅当 f 由下列方程确定:

$$t_i(N, v, g) = \sum_{g_1 \subset g} (-1)^{|g|+|g_1|+1} f_i(N, v, g_1), t_i(\varnothing) = 0; \qquad (3.5)$$

$$d(S, g) = \max \left\{ x \middle| (x + t_j(N, v, g_1))_{j \in S} \in w(S, g) \right\}; \qquad (3.6)$$

$$f_i(N, v, g) = t_i(N, v, g) + d(S, g), \qquad (3.7)$$

其中, $g \in GR, S \in N/g$ 和 $i \in S$.

式 (3.5)∼ 式 (3.7) 可以通过增加 $|g|$ 的个数得到, 且该解是关于 w 的唯一分配规则. 证毕.

定理 3.2　对任意 $(N, v, g) \in GR(N)$, 存在唯一的分配规 $f: GR(N) \to \mathbf{R}^n$ 满足元组有效性 (CEFF) 和公平分配制度 (FAR).

证明 由 $w(S, g) = \left\{ r \in \mathrm{R}^s \middle| \sum_{i \in S} r_i \leqslant v(S) \right\}$ 和定理 3.1, 易知结论成立. 证毕.

定理 3.3 对任意 $(N, v, g) \in GR(N)$, 具有元组有效性 (CEFF) 和公平分配制度 (FAR) 的唯一分配规则, 满足 $f(N, v, g) = Sh(N, v, g)$. 特别的, $f(N, v, g^N) = Sh(N, v)$.

证明 由定理 3.2 知, 唯一性成立. 下证, 存在性.

元组有效性: 对任意 $g \in GR$ 及任意 $S \in N/g$, 定义合作对策 ζ_S 如下:

$$\zeta_S(T) = \sum_{R \in (T \cap S)/g} v(R) \quad \forall T \subseteq N.$$

此时, 对任意两个在 T 上关于 g 相连的局中人在 N 上关于 g 也是相连的. 故,

$$T/g = \bigcup_{S \in N/g} (T \cap S)/g.$$

因此, $v^g = \sum_{S \in N/g} \zeta_S$. 由 $\zeta_S(T) = \zeta_S(T \cap S)$, 得到 S 是 ζ_S 的一个支撑. 此时, 对任意 $S \in N/g$ 和任意 $T \in N/g$:

$$\sum_{i \in S} Sh_i(N, \zeta_T) = \begin{cases} \zeta_T(N) & S = T, \\ 0 & S \cap T = \varnothing. \end{cases}$$

因此, 由 Sh 的线性性质, 若 $S \in N/g$, 则

$$\sum_{i \in S} Sh_i(N, v, g) = \sum_{T \in N/g} \sum_{i \in S} Sh_i(N, \zeta_T) = \zeta_S(N) = \sum_{R \in S/g} v(R).$$

公平分配制度 (FAR): 由 Shapley 函数的表达式知:

$$Sh_i(N, v) = \sum_{S \subseteq N} \alpha_i^s v(S),$$

其中, $\alpha_i^s = \begin{cases} \dfrac{(s-1)!(n-s)!}{n!} & i \in S, \\ \dfrac{s!(n-s-1)!}{n!} & i \notin S. \end{cases}$

令 $b_{ij}^s = \alpha_i^s - \alpha_j^s$. 若 $\{i, j\} \subseteq S$, 则 $b_{ij}^s = 0$. 此外, 若 $\{i, j\} \not\subset S$, 则 $S/g = S/(g \backslash \underline{i, j})$. 因此,

$$Sh_i(N, v, g) - Sh_j(N, v, g) = \sum_{S \subseteq N} b_{ij}^s \sum_{T \in S/g} v(T) = \sum_{S \subseteq N} b_{ij}^s \sum_{T \in S/(g \backslash \underline{i, j})} v(T)$$
$$= Sh_i(N, v, g \backslash \underline{i, j}) - Sh_j(N, v, g \backslash \underline{i, j}).$$

证毕.

后来, Myerson[64] 利用定义的均衡贡献性质代替公平分配制度, 给出了交流结构合作对策上 Shapley 函数存在唯一性的另一公理体系; 此外, Borm 等 [65] 在探讨交流结构合作对策上的另一分配指标时, 利用元组有效性、可加性、多余弧性质和交流能力性质证明了交流结构合作对策上 Shapley 函数的存在唯一性.

对任意 $(N, v, g) \in GR(N)$, $v^g \in G(N)$ 定义为:

$$v^g(S) = \sum_{T \in S/g} v(T) \quad \forall S \subseteq N.$$

由 Harsanyi 分解易知, 对任意 $(N, v, g) \in GR(N)$, v^g 可表示为: $v^g = \sum_{S \in N/g} c_S^g u_S$, 其中,

$$c_S^g = \begin{cases} \sum_{T \in Q(S)} c_S & S \text{ 是链接的}, Q(S) = \{T \subseteq S | Ex(S) \subseteq T\} \text{ 和} \\ & Ex(S) = \{i \in S | S \backslash i \text{ 是链接的}\}, \\ 0 & \text{否则}. \end{cases}$$

则交流结构合作对策上的 Shapley 函数可表示为:

$$Sh_i(N, v, g) = \sum_{S \in N/g: i \in S} \frac{c_S^g}{s} \quad \forall i \in N.$$

类似于经典合作对策上核心的定义, 不难得到: 交流结构合作对策 (N, v, g) 上的核心 $C(N, v, g)$ 可表示为:

$$C(N, v, g) = \{x \in \mathbf{R}^n | x(N) = v^g(N), x(S) \geqslant v^g(S), \quad \forall S \subseteq N\}.$$

对任意 $(N, v, g) \in CS(N)$, (N, v, g) 称为定义在图 g 上的凸合作对策, 若对任意 $S, T \subseteq N$, 得到:

$$v^g(S) + v^g(T) \leqslant v^g(S \cup T) + v^g(S \cap T).$$

由经典合作对策上 Shapley 函数与核心的关系易知: 若 (N, v, g) 是凸的, 则 (N, v, g) 上的 Shapley 函数 $Sh(N, v, g) \in C(N, v, g)$.

3.1.2　位置解

1992 年, Borm 等 [65] 探讨了 Myerson 所定义的交流结构合作对策上的另一分配函数: 位置解. Myerson 探讨的交流结构合作对策上的 Shapley 函数 (也称为 Myerson 值) 是基于交流结构上的点 (即局中人) 间的关系, 被 Borm 等 [65] 称为

"点对策". Borm 等所探讨的交流结构合作对策上的位置解, 是基于交流结构上的弧, 因此称为"弧对策". 在给出位置解之前, 首先让我们回顾一些基本概念.

为论述方便, 任意 $(N, v, g) \in CS(N)$ 是 0-规范的, 即对任意 $i \in N$, $v(i)=0$, 且任意 $g \in GR$ 是无平行弧和无圈图. 对任意给定的 $g \in GR$, N/g 决定 N 上的构成元件, 其中, $S \in N/g$ 称为 N 上的一个元件当且仅当 S 上的所有局中人是交流的, 且不存在联盟 S 满足 $S' \subset S$, 使得 S' 上的所有局中人是交流的. 类似的, 可定义子联盟 S 上的交流结构 $(S, g(S))$, 其中 $g(S) = \{\underline{i,j} \in g | i, j \in S\}$. 记为 S/g. 对任意给定的 $v \in G(N)$, 每一个 $T \subseteq N$ 及 $L \subset \{\underline{i,j} \in g | i, j \in N\}$, 定义 $\theta_v(S, L) = \sum_{T \in S/L} v(T)$, 满足 $\theta_v(\varnothing, L) = \theta_v(S, \varnothing) = 0$.

为与 Myerson 所探讨的交流结构合作对策相区别, Borm 等分别给出了所谓点对策与弧对策的定义如下:

定义 3.2　令 $(N, v, g) \in CS(N)$. 点对策 (N, θ_v^g) 关于 (N, v, g) 定义为:

$$\theta_v^g(S) = \theta_v(S, g) \quad \forall S \in P(N).$$

由定义 3.2 易知, (N, θ_v^g) 上对应于 Shapley 函数的 Myerson 值可表示为: $Sh(N, \theta_v^g)$.

定义 3.3　令 $(N, v, g) \in CS(N)$. 弧对策 (g, θ_v^N) 关于 (N, v, g) 定义为:

$$\theta_v^N(L) = \theta_v(N, L) \quad \forall L \subseteq g.$$

此外, 位置解 $Bo : CS(N) \to \mathbf{R}^n$ 定义为:

$$Bo_i(N, v, g) = \sum_{a \in g_i} \frac{1}{2} Sh_a(g, \theta_v^N) \quad \forall i \in N, \tag{3.8}$$

其中, $g_i = \{\{i, j\} \in g | j \in N\}$ 表示局中人 i 是端点的所有弧组成的集合, $Sh_a(g, \theta_v^N)$ 是弧 a 关于弧对策 (g, θ_v^N) 的 Shapley 值.

例 3.1　对给定的 $(N, v, g) \in CS(N)$, 令 $N=\{1, 2, 3\}$, $g=\{\{1, 3\}, \{2, 3\}\}$ 和 $v = u_{\{1,2\}}$, 其中 $u_{\{1,2\}}$ 是关于联盟 $\{1, 2\}$ 的一致对策. 则点对策 (N, θ_v^g) 定义为:

$$\theta_v^g(S) = \begin{cases} 1 & S = N, \\ 0 & \text{否则}. \end{cases}$$

得到: 局中人的 Myerson 值 $Sh(N, \theta_v^g) = \left(\dfrac{1}{3}, \dfrac{1}{3}, \dfrac{1}{3} \right)$.

此外, 弧对策 (g, θ_v^N) 定义为:

$$\theta_v^N(L) = \begin{cases} 1 & L = g, \\ 0 & \text{否则}. \end{cases}$$

故 $Sh_{a_1}(g, \theta_v^N) = Sh_{a_2}(g, \theta_v^N) = \dfrac{1}{2}$, 其中 $a_1 = \{1, 3\}$ 和 $a_2 = \{2, 3\}$.

得到局中人的位置解: $Bo(N, v, g) = \left(\dfrac{1}{4}, \dfrac{1}{4}, \dfrac{1}{2}\right)$.

由例 3.1 知, 局中人的位置解等于它们所属弧的条数, 即 $Bo_i(N, v, g) = |g_i|$, 其中 $|g_i|$ 表示 g_i 中弧的条数. 此外, 从该例中发现局中人的 Myerson 值不等于它们的位置解. 需要说明的是: 即使图 g 是一个完全图, (N, v, g) 是一个经典合作对策, 局中人的 Myerson 值也不一定等于它们的位置解.

例 3.2　对给定的 $(N, v, g) \in CS(N)$. 令 $N = \{1, 2, 3\}$, $g = \{\{1, 2\}, \{1, 3\}, \{2, 3\}\}$ 和 $v = u_{\{1,2\}}$, 其中 $u_{\{1,2\}}$ 是关于联盟 $\{1, 2\}$ 的一致对策. 则 $\theta_v^g = v$, 且

$$\theta_v^N(L) = \begin{cases} 1 & a_1 \in L \text{ 或} \{a_2, a_3\} \subseteq L, \\ 0 & \text{否则}, \end{cases}$$

其中, $a_1 = \{1, 2\}$, $a_2 = \{1, 3\}$, $a_3 = \{2, 3\}$.

故 $Sh(N, \theta_v^g) = \left(\dfrac{1}{2}, \dfrac{1}{2}, 0\right)$, 而 $Bo(N, v, g) = \left(\dfrac{5}{12}, \dfrac{5}{12}, \dfrac{2}{12}\right)$, 其中 $Sh_{a_1}(g, \theta_v^N) = \dfrac{2}{3}$, $Sh_{a_2}(g, \theta_v^N) = Sh_{a_3}(g, \theta_v^N) = \dfrac{1}{6}$, 和 $\theta_v^g(S) = \begin{cases} 1 & S = N, \\ 0 & \text{否则}. \end{cases}$

得到局中人的 Myerson 值: $Sh(N, \theta_v^g) = \left(\dfrac{1}{3}, \dfrac{1}{3}, \dfrac{1}{3}\right)$.

此外, 弧对策 (g, θ_v^N) 定义为:

$$\theta_v^N(L) = \begin{cases} 1 & L = g, \\ 0 & \text{否则}. \end{cases}$$

故 $Sh_{a_1}(g, \theta_v^N) = Sh_{a_2}(g, \theta_v^N) = \dfrac{1}{2}$, 其中 $a_1 = \{1, 3\}$ 和 $a_2 = \{2, 3\}$.

得到: $Bo(N, v, g) = \left(\dfrac{1}{4}, \dfrac{1}{4}, \dfrac{1}{2}\right)$.

令 $f: CS(N) \to \mathbf{R}^n$. 为说明位置解的合理性, Borm 等[65] 进一步探讨了位置解的公理体系.

C-可加性 (CADD), 对任意 $(N, v, g), (N, w, g) \in CS(N)$, 得到:

$$f(N, v + w, g) = f(N, v, g) + f(N, w, g).$$

令 $(N, v, g) \in CS(N)$. 弧 a 称为多余的, 若对任意 $L \subseteq g$ 满足 $a \notin L$, 有 $f(N, L) = f(N, L \cup a)$.

多余弧性质 (SAP): 令 $(N, v, g) \in CS(N)$. 若弧 a 是多余的, 则

$$f(N, v, g) = f(N, v, g \backslash a).$$

引理 3.1 位置解 $Bo : CS(N) \to \mathbf{R}^n$ 满足元组有效性 (CEFF), C-可加性 (CADD) 和多余弧性质 (SAP).

证明 由式 (3.8), 易知 C-可加性 (CADD) 成立.

元组有效性 (CEFF): 令 $(N, v, g) \in CS(N)$. 对任意 $S \in N/g$, 有

$$
\begin{aligned}
\sum_{i \in S} Bo_i(N, v, g) &= \sum_{i \in S} \sum_{a \in g_i} \frac{1}{2} Sh_a(g, \theta_v^N) \\
&= \sum_{a \in g(S)} Sh_a(g, \theta_v^N) \\
&= \sum_{a \in g(S)} Sh_a(g(S), \theta_v^N) \\
&= \theta_v^N(g(S)) \\
&= v(S).
\end{aligned}
$$

第三个等式由 Shapley 函数和下式

$$
f(N, L \cup a) - f(N, L) = f(N, (L \cap g(S)) \cup a) - f(N, L \cap g(S))
$$

得到, 其中 $L \subseteq g$ 和 $a \in g(S)$.

多余弧性质 (SAP): 令 $a \in g$ 是一个多余弧. 弧 a 关于对策 (g, θ_v^N) 是一个零元, 故 $Sh_a(g, \theta_v^N) = 0$. 此外, 对任意 $b \in g \backslash a$, 有 $Sh_b(g, \theta_v^N) = Sh_b(g \backslash a, \theta_v^N)$. 因此, $Bo(N, v, g) = Bo(N, v, g \backslash a)$. 证毕.

令 $(N, v, g) \in CS(N)$. (N, v, g) 称为弧匿名的, 若存在函数 $\sigma : \{1, 2, \cdots, |g|\} \to \mathbf{R}$, 对任意 $L \subseteq g$,

$$
f(N, L) = \sigma(|L|). \tag{3.9}
$$

度性质 (DRP): 分配规则 $f : CS(N) \to \mathbf{R}^n$ 称为具有度性质, 若对任意弧匿名对策 (N, v, g), 存在一个度向量 $d(N, g) = (d_i(N, g))_{i \in N}$, 满足:

$$
f(N, v, g) = \alpha d(N, g) \quad \forall \alpha \in \mathbf{R}.
$$

引理 3.2 令 $(N, v, g) \in CS(N)$. 则 (N, v, g) 是弧匿名的当且仅当:

$$
f(N, L \backslash a) = f(N, L \backslash b) \quad \forall L \subseteq g,
$$

满足 $a, b \in L$.

引理 3.3 位置解 $Bo : CS(N) \to \mathbf{R}^n$ 满足度性质 (DRP).

证明 令 $(N, v, g) \in CS(N)$ 是弧匿名的. 若 $g = \varnothing$, 则

$$
Bo_i(N, v, g) = d_i(N, g) = 0 \quad \forall i \in N.
$$

若 $g \neq \varnothing$, 令 $a \in g$. 由 (g, θ_v^N) 是对称对策得到: $Sh_a(g, \theta_v^N) = \frac{1}{|g|} \theta_v^N(g) = \frac{1}{|g|} f(|g|)$, 其中, f 满足式 (3.9).

故,

$$Bo_i(N, v, g) = \sum_{a \in g_i} \frac{1}{2} Sh_a(g, \theta_v^N) = \sum_{a \in g_i} \frac{1}{2} \frac{f(|g|)}{|g|} = \frac{1}{2} \frac{f(|g|)}{|g|} |g_i| = \frac{1}{2} \frac{f(|g|)}{|g|} d_i(N, g).$$

证毕.

定理 3.4　位置解 $Bo : CS(N) \to \mathbf{R}^n$ 是满足元组有效性 (CEFF), C-可加性 (CADD), 多余弧性质 (SAP) 和度性质 (DRP) 的唯一分配规则.

证明　由引理 3.1 和引理 3.3 知存在性成立. 下证, 唯一性. 只需证明 $f = Bo$. 对任意 $(N, v, g) \in CS(N)$, 令 g 是一个无圈交流图. 由 C-可加性 (CADD) 和 $\{u_S | s \geqslant 2\}$ 是 0-规范对策 $G(N)$ 的一组基. 为此只需证:

$$f(N, \beta u_S, g) = Bo(N, \beta u_S, g),$$

其中, $\beta \in \mathrm{R}$. 为方便, 令 $w = \beta u_S$.

情形 1. 没有元组 $C \in N/g$, 满足 $S \subseteq C$, 则对任意 $L \subseteq g$, $f(N, L) = 0$. 此外, 由于每一个弧都是多余的. 由多余弧性质得到: $f(N, w, g) = f(N, w, \varnothing)$. 由弧匿名性和度性质 (DRP) 得到:

$$f_i(N, w, \varnothing) = \alpha d_i(N, \varnothing) = 0 \quad \forall i \in N,$$

其中, $\alpha \in R$. 故 $f = Bo$.

情形 2. 若存在元组 $C \in N/g$, 满足 $S \subseteq C$, 则 $(C, g(C))$ 是一棵树, 且存在唯一集 $H(S) \subset C$ 定义为 $H(S) = \cap \{T | S \subset T \subset C, (T, g(T))$ 是一个连接图$\}$. $H(S)$ 称为 S 的链接厅 [66].

易知:

$$\theta_w(N, L) = \begin{cases} \beta & g(H(S)) \subset L, \\ 0 & \text{否则}. \end{cases}$$

因此,

$$Sh_a(g, \theta_w^N) = \begin{cases} \dfrac{\beta}{|g(H(S))|} & a \in g(H(S)), \\ 0 & \text{否则}. \end{cases} \tag{3.10}$$

即

$$Bo(N, w, g) = \sum_{a \in g_i \cap g(H(S))} \frac{1}{2} \frac{\beta}{|g(H(S))|} = \frac{d_i(N, g(H(S)))}{2|g(H(S))|} \beta = \frac{d_i(N, g(H(S)))}{\sum\limits_{j \in N} d_j(N, g(H(S)))} \beta$$

$$\forall i \in N.$$

此外, 由式 (3.10) 得: 任意 $a \notin g(H(S))$ 是多余弧. 故,

$$f(N, w, g) = f(N, w, g(H(S))).$$

由引理 3.2 知, $(N, w, g(H(S)))$ 是弧匿名的, 即

$$\theta_w(N, L\backslash a) = \theta_w(N, L\backslash b) = 0 \quad \forall L \subseteq g(H(S)), \quad \forall a, b \in L.$$

因此, 由度性质知, 存在 $\alpha \in R$ 满足:

$$f_i(N, w, g(H(S))) = \alpha d_i(N, g(H(S))) \quad \forall i \in N. \tag{3.11}$$

特别的,

$$f_i(N, w, g(H(S))) = 0 \quad \forall i \in N \backslash H(S).$$

由元组有效性 (CEFF) 得到:

$$\sum_{i \in C} f_i(N, w, g(H(S))) = \sum_{i \in H(S)} f_i(N, w, g(H(S))) = w(C) = \beta.$$

由式 (3.11) 得到: $\alpha = \dfrac{\beta}{\displaystyle\sum_{i \in H(S)} d_i(N, g(H(S)))}$.

综上得到: $f = Bo$. 证毕.

此外, 2005 年 Slikker[67] 利用元组有效性 (CEFF) 和总均衡威胁性 (BTT) 得到位置解存在唯一的一个公理体系.

Borm 等 [65] 探讨了弧合作对策的分解形式. 令 $(N, v, g) \in CS(N)$ 是一个无圈交流结构合作对策, 且 (g, θ_v^N) 是相应的弧合作对策, 则 θ_v^N 可表示为:

$$\theta_v^N = \sum_{L \subseteq g\backslash\varnothing} c_v(L) u_L,$$

其中, u_L 是弧一致对策, 定义为:

$$u_L(L') = \begin{cases} 1 & L \subseteq L' \subseteq g, \\ 0 & \text{否则}, \end{cases}$$

且

$$c_v(L) = \sum_{L' \subseteq L} (-1)^{|L| - |L'|} \theta_v^N(L').$$

定理 3.5　令 $(N, v, g) \in CS(N)$ 是一个无圈交流结构合作对策, 则

$$c_v(L) = \sum_{S \in M(L)} c_S,$$

其中, $L \subseteq g \backslash \varnothing$ 和 $M(L) = \{S \subseteq N \backslash \varnothing | H(S) \neq \varnothing, L = A(H(S))\}$.

证明　令 $L \subseteq g \backslash \varnothing$. 则

$$
\begin{aligned}
c_v(L) &= \sum_{L' \subseteq L} (-1)^{|L|-|L'|} \sum_{C \in N/L'} v(C) \\
&= \sum_{L' \subseteq L} (-1)^{|L|-|L'|} \sum_{C \in N/L'} \sum_{S \subseteq N \backslash \varnothing} c_S u_S(C) \\
&= \sum_{L' \subseteq L} (-1)^{|L|-|L'|} \sum_{C \in N/L'} \sum_{S \subseteq C \backslash \varnothing} c_S \\
&= \sum_{S \subseteq N \backslash \varnothing} c_S \sum_{L' \subseteq L} \sum_{C \in N/L' : S \subseteq C} (-1)^{|L|-|L'|} \\
&= \sum_{S \subseteq N \backslash \varnothing} c_S \sum_{L' \subseteq L} |\{C \in N/L' : S \subseteq C\}| (-1)^{|L|-|L'|} \\
&= \sum_{S \subseteq N \backslash \varnothing : H(S) \neq \varnothing} c_S \sum_{L' : A(H(S)) \subseteq L' \subseteq L} (-1)^{|L|-|L'|} \\
&= \sum_{S \in M(L)} c_S,
\end{aligned}
$$

其中, 最后一个等式由下式得到:

$$
\begin{aligned}
\sum_{L' : A(H(S)) \subseteq L' \subseteq L} (-1)^{|L|-|L'|} &= \sum_{k=|A(H(S))|}^{|L|} (-1)^{|L|-k} C_{|L|-|A(H(S))|}^{k-|A(H(S))|} \\
&= (-1)^{|L|-|A(H(S))|} \sum_{k=0}^{|L|-|A(H(S))|} (-1)^k C_{|L|-|A(H(S))|}^k \\
&= \begin{cases} 1 & |L| = |A(H(S))|, \\ 0 & \text{否则}. \end{cases}
\end{aligned}
$$

证毕.

3.1.3　Banzhaf 函数

2006 年, Alonso-Meijide 和 Fiestras-Janeiro[68] 探讨了具有交流结构合作对策上的 Banzhaf 函数, 表示如下:

$$AF(N, v, g) = Ba(N, v, g), \tag{3.12}$$

其中, $Ba(N,v,g)$ 表示 N 上关于 v/g 的 Banzhaf 函数.

例如, 在例 3.1 中, 不难得到局中人的 Banzhaf 值为: $AF(N,v,g) = \left(\dfrac{1}{4}, \dfrac{1}{4}, \dfrac{1}{4} \right)$.

令 $f: CS(N) \to \mathbf{R}^n$. 作者通过定义相应的性质, 给出了交流结构合作对策上 Banzhaf 函数存在唯一性的 3 个公理体系. 首先, 让我们回顾一下作者建立的性质 如下:

稳定性 (STP): f 满足稳定性, 若对任意 $(N,v,g) \in CS(N)$ 和任意 $\underline{i,j} \in g$, 有

$$f_i(N,v,g) \geqslant f_i(N,v,g \backslash \underline{i,j}) \text{和} f_j(N,v,g) \geqslant f_j(N,v,g \backslash \underline{i,j}).$$

均衡贡献性 (BCG): f 满足均衡贡献性, 若对任意 $(N,v,g) \in CS(N)$ 和任意 $i,j \in N$, 有

$$f_i(N,v,g) - f_i(N,v,g_{-j}) = f_j(N,v,g) - f_j(N,v,g_{-i}),$$

其中, $g_{-i} = \{\underline{p,q} \in g, p,q \neq i\}$ 和 $g_{-j} = \{\underline{p,q} \in g, p,q \neq j\}$.

孤立性 (ISO): f 满足孤立性, 若对任意 $(N,v,g) \in CS(N)$ 和任意孤立局中人 $i \in N$, 有 $f_i(N,v,g) = v(i)$.

注释: $i \in N$ 称为孤立局中人, 若对任意 $j \in N \backslash i, \underline{i,j} \notin g$.

成对融合性 (PMER): f 满足成对融合性, 若对任意 $(N,v,g) \in CS(N)$ 和任 意 $i,j \in N$ 满足 $\underline{i,j} \in g$, 有 $f_i(N,v,g) + f_j(N,v,g) = f_p(N^p, v_p, g^p)$, 其中 N^p, v_p 如 1.4 节所示, g^p 表示在 N^p 上的交流结构.

元组全幂性 (CTP): f 满足元组全幂性, 若对任意 $(N,v,g) \in CS(N)$ 和任意 $S \in N/g$, 有

$$\sum_{i \in S} f_i(N,v,g) = \frac{1}{2^{s-1}} \sum_{i \in S} \sum_{\substack{T \subseteq S \\ i \in T}} \left(\sum_{R \in T/g} v(R) - \sum_{R \in (T \backslash i)/g} v(R) \right).$$

定理 3.6 Banzhaf 函数 $AF: CS(N) \to \mathbf{R}^n$ 是满足孤立性 (ISO), 成对融合性 (PMER) 和公平分配制度 (FAR) 的唯一分配规则.

证明 由 Shapley 函数和 Banzhaf 函数间的关系, 易知 AF 满足公平分配制度 (FAR). 由 AF 的表达式 (3.12) 易知孤立性 (ISO) 成立. 下证, 成对融合性 (PMER).

由经典合作对策上 Banzhaf 函数的 2-有效性得到:

$$AF_i(N,v,g) + AF_j(N,v,g) = Ba_i(N,v,g) + Ba_j(N,v,g) = Ba_p(N^p, v^p, g^p).$$

故,

$$Ba_p(N^p, v^p, g^p) = AF_p(N^p, v^p, g^p).$$

唯一性. 对图 g 上链接的条数采用数学归纳法证明. 令 f 是满足定理 3.6 中性质的一个分配规则. 考虑 $(N, v, \varnothing)$. 此时, 在图 g 上没有任何链接, 每一个局中人都是孤立的. 由孤立性 (ISO) 得到:

$$f_i(N, v, g) = AF_i(N, v, g) = v(i) \quad \forall i \in N, \tag{3.13}$$

其中, $g = \varnothing$.

假设, 当图 g 上有 $l(l \leqslant n-1)$ 条链接时, $f = AF$ 成立. 下证, 当图 g 上有 $l+1$ 条链接时 $f = AF$ 成立. 对任意局中人 i, 若 i 是孤立的, 由孤立性 (ISO) 得到: $f_i(N, v, g) = AF_i(N, v, g) = v(i)$. 若存在 $j \in N \backslash i$, 满足 $\underline{i, j} \in g$. 由假设和公平分配制度 (FAR) 得到:

$$\begin{aligned} f_i(N, v, g) - f_j(N, v, g) &= f_i(N, v, g \backslash \underline{i, j}) - f_j(N, v, g \backslash \underline{i, j}) \\ &= AF_i(N, v, g \backslash \underline{i, j}) - AF_j(N, v, g \backslash \underline{i, j}) \\ &= AF_i(N, v, g) - AF_j(N, v, g). \end{aligned}$$

由成对融合性 (PMER) 得到:

$$\begin{aligned} f_i(N, v, g) + f_j(N, v, g) &= f_p(N^p, v^p, g^p) \\ &= AF_p(N^p, v^p, g^p) \\ &= AF_i(N, v, g) + AF_j(N, v, g). \end{aligned}$$

故, $f_i(N, v, g) = AF_i(N, v, g)$. 证毕.

定理 3.7 Banzhaf 函数 AF: $CS(N) \to \mathbf{R}^n$ 是满足元组全幂性 (CTP) 和公平分配制度 (FAR) 的唯一分配规则. 此外, 对任意 $(N, v, g) \in CS(N)$, 若 g 是一个完全图, v 是超可加的, 且满足稳定性 (STP).

定理 3.8 Banzhaf 函数 AF: $CS(N) \to \mathbf{R}^n$ 是满足元组全幂性 (CTP) 和均衡贡献性 (BCG) 的唯一分配规则.

定理 3.7 和定理 3.8 的证明请参考文献 [68], 具体证明步骤留给读者.

3.1.4 平均树解

2008 年, Herings 等 [69] 探讨了无圈交流结构合作对策上的平均树解. 其基本思想是首先考虑无圈交流结构的各个构成元组; 然后将每个元组转化为有向树. 局中人关于其所在所有有向树的平均边际贡献作为局中人收益的分配指标即平均树解. 需要说明的是: 平均树解是关于 Borm 等所谓的点对策上的分配指标.

对任意 $K \subseteq N$, 关于图 g 的所有链接子集记为 $C^g(K)$. 此外, 联盟 K 上关于图 g 的所有元组记为 $C_m^g(K)$.

Myerson 的公平分配制度 (FAR) 是指对于两个有直接链接关系的局中人, 若将两者的链接关系去掉, 它们面临相同的损失. 换句话说: 将两个没有链接关系的局中人, 添加直接链接关系. 则它们将增加相同的收益. Herings 等 [69] 后来指出公平分配制度 (FAR) 有一定的局限性. 假设局中人 i, j 没有直接链接关系, 当增加链接 $\underline{i, j}$ 时, 不应该只考虑局中人 i, j 收益的变化, 而是同时考虑它们各自所在元组中所有局中人收益的改变. 为此, Herings 等定义了元组公平分配制度 (CFAR).

元组公平分配制度 (CFAR): 令 f 是无圈交流结构合作对策 (N, v, g) 上的一个解. 对任意链接 $\underline{i, j}$, 有

$$\frac{1}{c^i} \sum_{p \in C^i} \left(f_p(N, v, g) - f_p(N, v, g \backslash \underline{i, j}) \right) = \frac{1}{c^j} \sum_{p \in C^j} \left(f_p(N, v, g) - f_p(N, v, g \backslash \underline{i, j}) \right),$$

其中, C^i 表示包含 i 而去掉 $\underline{i, j}$ 后得到的元组, 即 $C^i = \{C \backslash \underline{i, j} : C \in N/g\} \cup \{i\}$. 对 C^j 的含义类似于 C^i, 表示包含 j 而去掉 $\underline{i, j}$ 得到的元组.

定理 3.9 记 $(N, v, g) \in CS(N)$ 是一个无圈交流结构合作对策, 则存在 (N, v, g) 上的唯一解 f 满足元组有效性 (CEFF) 和元组公平分配制度 (CFAR).

证明 对给定的无圈交流结构合作对策 (N, v, g), 记 $|g|$ 为图 g 上链接的数目, $|C_m^g(N)|$ 表示 (N, g) 上元组的个数. 由于 g 是一个无圈交流结构, 故 $|g| + |C_m^g(N)| = n$. 由元组有效性 (CEFF) 得到:

$$\sum_{i \in C} f_i(N, v, g) = v(C) \quad \forall C \in N/g, \tag{3.14}$$

且

$$\sum_{p \in C^i} f_p(N, v, g \backslash \underline{i, j}) = v(C^i), \sum_{p \in C^j} f_p(N, v, g \backslash \underline{i, j}) = v(C^j) \quad \forall \underline{i, j} \in g(C).$$

由元组公平分配制度 (CFAR) 得到:

$$\frac{1}{c^i} \sum_{p \in C^i} \left(f_p(N, v, g) - v(C^i) \right) = \frac{1}{c^j} \sum_{p \in C^j} \left(f_p(N, v, g) - v(C^j) \right). \tag{3.15}$$

由于 $|g|$ 个式 (3.14) 和 $|C_m^g(N)|$ 个式 (3.15) 是线性独立的. 故 f 是唯一的. 证毕.

一个有向图可用一个二元组表示为 (N, D), 其中 N 是顶点集, D 是有向边集, 即 $D = \{(i, j) | i, j \in N, i \neq j\}$. 若 $(i, j) \in D$, 则顶点 j 称为顶点 i 的继承者; 顶点 i 称为顶点 j 的上级. 顶点 j 称为顶点 i 的下级, 若存在有向边 $(i_h, i_{h+1}) \in D$, $h = 1, 2, \cdots, k$, 满足 $i_1 = i$ 和 $i_{k+1} = j$. 顶点 i 的所有下级记为: $C_D(i)$ 且 $C_D'(i) = C_D(i) \cup \{i\}$. 对任意 $C \subseteq N$, $(C, D(C))$ 称为 (N, D) 在 C 上的有向子图. 一个有向图 (N, D) 称为一棵树, 若存在唯一的顶点 i 在有向图 D 上没有上级 (称为树根),

且在有向图 (N, D) 上存在从顶点 i 到任意其它顶点的唯一一条有向边. 记 $(N, \overline{D})$ 为有向图 (N, D) 所对应的无向图, 即 $\overline{D} = \{\{i, j\} | (i, j) \in D\}$. 一个有向图 (N, D) 称为一个森林, 若对 $(N, \overline{D})$ 的每一个元组 C, 有向子图 $(C, D(C))$ 构成一棵树. 当有向图 (N, D) 是一个森林时, 对顶点 i 的下级 j 有 $C'_D(j) \subseteq C_D(i)$.

对 N 上的无向图 g, 令 $C \in N/g$. 则对 C 上的每一个顶点 $i \in C$ 可按下列方式得到一棵唯一的树 $T(i)$: 对任意 $j \in C \backslash i$, 选取 $(C, g(C))$ 中从顶点 i 到顶点 j 的唯一一条路径, 然后将该条路径上的所有无向边变为有向边, 满足任意有序对的第一个顶点为有向边的发点. 记 $g_{T(i)}(j) = \{p \in C | (j, p) \in T(i)\}$ 为树 $T(i)$ 上关于顶点 j 的所有继承者组成的集合, 则 $g_{T(i)}(j) \subseteq C_D(i)$.

注意到: 对任意无循环结构子图 $(C, g(C))$, 有 c 棵不同的树, 每一个顶点对应一棵树. 记 T_g^C 为 C 上由无向图 g 生成的所有树.

基于上述思想, Herings 等 [69] 给出了无圈交流结构合作对策上平均树解的具体表达式:

$$
\begin{aligned}
AT_j(N, v, g) &= \frac{1}{c} \sum_{i \in C} t_j^i(N, v, g) \\
&= \frac{1}{c} \sum_{i \in C} \left(v(C'_{T(i)}(j)) - \sum_{p \in g_{T(i)}(j)} v(C'_{T(i)}(p)) \right) \quad \forall j \in C, \quad (3.16)
\end{aligned}
$$

其中, $C \in N/g$.

由 $C'_{T(i)}(j)$ 的含义不难得到: $\sum_{p \in C'_{T(i)}(j)} t_p^i(N, v, g) = v(C'_{T(i)}(j))$. 即局中人 j 和其关于树 $T(i)$ 的所有下级的收益之和等于联盟 $C'_{T(i)}(j)$ 的收益值.

例 3.3　记无圈交流结构合作对策 (N, v, g) 定义为: $N = \{1, 2, 3\}$, $v(1, 2) = 1$, $v(2, 3) = v(N) = 2$, $v(S) = 0$, $S \in P(N) \backslash \{\{1, 2\}, \{2, 3\}, N\}$ 和 $g = \{\underline{1, 2}, \underline{2, 3}\}$. 则图 g 是链接的, 且只有一个元组. 由图 g 得到: 三棵树分别为 $T(1) = \{(1, 2), (2, 3)\}$, $T(2) = \{(2, 1), (2, 3)\}$ 和 $T(3) = \{(3, 2), (2, 1)\}$. 由式 (3.16) 得到:

$$
t^1(N, v, g) = (0, 2, 0), t^2(N, v, g) = (0, 2, 0), t^3(N, v, g) = (0, 1, 1).
$$

故, $AT(N, v, g) = \frac{1}{3}(0, 2, 0) + \frac{1}{3}(0, 2, 0) + \frac{1}{3}(0, 1, 1) = (0, 5/3, 1/3)$.

定理 3.10　记 $(N, v, g) \in CS(N)$ 是一个无圈交流结构合作对策, 则平均树解 AT 在 (N, v, g) 上满足元组有效性 (CEFF) 和元组公平分配制度 (CFAR).

证明　对无圈交流结构合作对策 (N, v, g), 令 $C \in N/g$. 由于局中人 i 在 C 上是树 $T(i)$ 的树根, 得到 $C'_{T(i)}(i) = C$. 对任意 $i \in C$, 有

$$
\sum_{p \in C} t_p^i(N, v, g) = \sum_{p \in C'_{T(i)}(j)} t_p^i(N, v, g) = v(C'_{T(i)}(j)) = v(C).
$$

因此,

$$\sum_{p \in C} AT_p(N, v, g) = \sum_{p \in C} \frac{1}{c} \sum_{i \in C} t_p^i(N, v, g) = \frac{1}{c} \sum_{i \in C} \sum_{p \in C} t_p^i(N, v, g) = \frac{1}{c} \sum_{i \in C} v(C) = v(C),$$

得到元组有效性 (CEFF).

元组公平分配制度 (CFAR): 假设从元组 $C \in N/g$ 中删除链接 $\underline{i, j}$. 由元组有效性 (CEFF) 得到:

$$\sum_{p \in C^i} AT_p(N, v, g \backslash \underline{i, j}) = v(C^i) \text{和} \sum_{p \in C^j} AT_p(N, v, g \backslash \underline{i, j}) = v(C^j).$$

下面, 计算 $AT(N, v, g)$. 对于元组 $C \in N/g$ 和链接 $\underline{i, j}$, 由 $t^p(N, v, g)$ 的定义得到:

$$\sum_{p' \in C^j} t_{p'}^p(N, v, g) = v(C^j), \tag{3.17}$$

其中, $p \in C^i$.

另一方面, 对任意 $p \in C^j$, 有

$$\sum_{p' \in C^j} t_{p'}^p(N, v, g) = v(C) - v(C^i). \tag{3.18}$$

由式 (3.17), 类似得到:

$$\sum_{p' \in C^i} t_{p'}^p(N, v, g) = v(C^i) \text{和} \sum_{p' \in C} t_{p'}^p(N, v, g) = v(C).$$

对于 C^i 知, 有 c^i 个式 (3.17); 对于 C^j, 有 c^j 个式 (3.18). 因此,

$$\sum_{p \in C^j} AT_p(N, v, g) = \frac{1}{c} \left(c^i v(C^j) + c^j \left(v(C) - v(C^i) \right) \right).$$

由 $c^j + c^i = c$, 得到:

$$\sum_{p \in C^j} \left(AT_p(N, v, g) - AT_p(N, v, g \backslash \underline{i, j}) \right) = \frac{1}{c} \left(c^i v(C^j) + c^j \left(v(C) - v(C^i) \right) \right) - v(C^j)$$

$$= \frac{c^j}{c} \left(v(C) - v(C^i) - v(C^j) \right).$$

同理得到:

$$\sum_{p \in C^i} \left(AT_p(N, v, g) - AT_p(N, v, g \backslash \underline{i, j}) \right) = \frac{c^i}{c} \left(v(C) - v(C^i) - v(C^j) \right).$$

即平均树解 AT 满足元组公平分配制度 (CFAR). 证毕.

推论 3.1   记 $(N, v, g) \in CS(N)$ 是一个无圈交流结构合作对策, 则平均树解 AT 是 (N, v, g) 上满足元组有效性 (CEFF) 和元组公平分配制度 (CFAR) 的唯一分配规则.

类似于无圈交流结构合作对策上的 Myerson 解和位置解. 平均树解 AT 可表示为:

$$AT_i(N, v, g) = \sum_{S \in N/g: i \in S} c_S^g \frac{1 + P_S^g(i)}{s + \sum_{j \in S} P_S^g(j)} \quad \forall i \in N,$$

其中, $P_S^g(i) = \sum_{p \in N \setminus S: i, p \in g} c^p$ 满足 $i \in S$, 表示通过联盟 S 中局中人 i 相连的联盟 S 外的局中人的数目. 具体证明过程请参考文献 [69].

此外, 当特征函数具有超可加性时, 作者证明了平均树解属于核心, 而 Myerson 解、位置解和 Banzhaf 函数得不到这一结论. Herings 等 [70] 进一步将关于无循环交流结构合作对策上的平均树解的研究推广到所有具有交流结构的合作对策上, 并证明了具有链接凸性的交流结构合作对策上的平均树解属于核心. van den Nouweland 等 [71] 研究了超图交流结构合作对策上的 Myerson 解和位置解, 并分别探讨了它们的公理体系.

3.2   允许结构上的合作对策

本节主要探讨另一种具有特殊联盟限制的合作对策: 允许结构上的合作对策. 根据允许结构的要求不同分为: 合取结构上的合作对策 [72] 和析取结构上的合作对策 [73].

由 3.1 节知, 交流结构上的合作对策强调局中人间的链接关系, 对于有直接链接关系的两个局中人关于此链接是同等重要的, 没有考虑局中人间的先后关系. 允许结构上的合作对策则强调局中人间的先后关系, 后参与合作的局中人必须得到前面局中人的允许. 对于后参与合作的局中人必须得到所有前面局中人的允许才能参与合作的情形称为合取结构上的合作对策; 对于后参与合作的局中人至少得到一个前面局中人的允许才能参与合作的情形称为析取结构上的合作对策.

3.2.1   合取允许结构

下面, 我们首先考虑合取结构上的合作对策. 在给出一些基本符号、概念之前, 先让我们回顾一下合取结构上合作对策的一个实际背景. Roth[74] 给出了一个买卖背景的合作对策问题: 假定有一个物品持有者 (卖者, 局中人 1) 对该物品要价 10 元; 有两个潜在购买者, 购买者 1 (局中人 2) 愿意出价 20 元; 而购买者 2 (局中人

3) 愿意出价 30 元. 若将此问题转化为一个合作对策问题, 则得到: $N=\{1, 2, 3\}$, $v(1)=10$, $v(1, 2)=20$, $v(1,3)=v(N)=30$, $v(\varnothing)=v(2)=v(3)=v(2, 3)=0$. 当用各局中人的 Shapley 值来表示它们各自可能的收益时得到: $Sh_1(N,v) = 21\frac{2}{3}$, $Sh_2(N,v) = 1\frac{2}{3}$ 和 $Sh_3(N,v) = 6\frac{2}{3}$. 基于上例, Gilles 等 [72] 进一步指出: 若局中人 1 只有使用权, 而局中人 2 拥有产权. 则上述问题可进一步转化为下列合作对策: $N=\{1, 2, 3\}$, $w(\varnothing)=w(1)=w(2)=w(3)=w(2, 3)=w(1,3)=0$, $w(1, 2)=20$, $w(N)=30$. 当用各局中人的 Shapley 值来表示它们各自可能的收益时得到: $Sh_1(N,w) = Sh_2(N,w) = 13\frac{1}{3}$ 和 $Sh_3(N,w) = 3\frac{1}{3}$. 即局中人 3 要想参与合作必须得到局中人 1 和 2 的许可.

定义 3.4　有限局中人集合 N 上的一个允许结构是一个映射 $\mathscr{R}$: $N \to P(N)$ 满足反对称性, 即对任意 $i, j \in N$, 若 $j \in \mathscr{R}(i)$, 则 $i \notin \mathscr{R}(j)$.

在定义 3.4 中, $j \in \mathscr{R}(i)$ 指局中人 i 在 N 上关于允许结构 $\mathscr{R}$ 是局中人 j 的一个上级; 局中人 j 是局中人 i 的一个下级. 此外, 由允许结构 $\mathscr{R}$ 的反对称性知, $\mathscr{R}$ 满足反自反性, 即对任意 $i \in N$, $i \notin \mathscr{R}(i)$.

映射 $\widehat{\mathscr{R}}$: $N \to P(N)$ 是映射 $\mathscr{R}$ 的传递闭包, 即对任意 $i \in N$, 若存在 N 上的有限序列 $j_1, j_2, \cdots, j_q$, 满足 $j_1 = i$ 和 $j_q = j$, 且对任意 $1 \leqslant k \leqslant q - 1$, 有 $j_{k+1} \in \mathscr{R}(j_k)$, 则 $j \in \widehat{\mathscr{R}}(i)$. 集合 $\widehat{\mathscr{R}}(i)$ 称为局中人 i 关于允许结构 $\mathscr{R}$ 的部属. 类似的, 集合 $\widehat{\mathscr{R}}^{-1}(i)=\{j \in N | \, i \in \widehat{\mathscr{R}}(j)\}$ 是局中人 i 关于允许结构 $\mathscr{R}$ 的上级. 此外, 对任意联盟 $T \subseteq N$, $\mathscr{R}(T) = \bigcup_{i \in T} \mathscr{R}(i)$. 类似的可定义 $\widehat{\mathscr{R}}(T)$ 和 $\widehat{\mathscr{R}}^{-1}(T)$.

定义 3.5　一个具有允许结构的合作对策是一个三元组 $(N, v, \mathscr{R})$, 其中 N 是局中人集合, v 是定义在 N 上关于允许结构 $\mathscr{R}$ 的集函数.

定义 3.6　记 $\mathscr{R}$ 是局中人集合 N 上的一个允许结构. 联盟 $T \subseteq N$ 称为自治的, 若 $\widehat{\mathscr{R}}^{-1}(T) \subseteq T$. 允许结构 $\mathscr{R}$ 上的所有自治联盟记为: $\text{Au}_{\mathscr{R}}$.

性质 3.1　记 $\mathscr{R}$ 是局中人集合 N 上的一个允许结构. 则允许结构 $\mathscr{R}$ 上的自治联盟集合 $\text{Au}_{\mathscr{R}}$ 满足如下性质:

(1) $\varnothing, N \in \text{Au}_{\mathscr{R}}$;

(2) 若 $S, T \in \text{Au}_{\mathscr{R}}$, 则 $S \cap T \in \text{Au}_{\mathscr{R}}$ 和 $S \cup T \in \text{Au}_{\mathscr{R}}$.

证明　(1) 由定义 3.6, $T \in \text{Au}_{\mathscr{R}}$ 得到: 对任意 $i \in T$, $\widehat{\mathscr{R}}^{-1}(i) \subseteq T$. 因此, $\varnothing$, $N \in \text{Au}_{\mathscr{R}}$ 成立; (2) 若 $S, T \in \text{Au}_{\mathscr{R}}$ 和 $i \in S \cup T$, 则 $i \in S$ 或 $i \in T$. 假设 $i \in S$, 则 $\widehat{\mathscr{R}}^{-1}(i) \subseteq S \subseteq S \cup T$; 同理, 若 $i \in T$, 则 $\widehat{\mathscr{R}}^{-1}(i) \subseteq T \subseteq S \cup T$. 故 $S \cup T \in \text{Au}_{\mathscr{R}}$; 若 $S, T \in \text{Au}_{\mathscr{R}}$ 和 $i \in S \cap T$, 则 $i \in S$ 且 $i \in T$. 因此, $\widehat{\mathscr{R}}^{-1}(i) \subseteq S$ 且 $\widehat{\mathscr{R}}^{-1}(i) \subseteq T$, 故 $\widehat{\mathscr{R}}^{-1}(i) \subseteq S \cap T$. 即 $S \cap T \in \text{Au}_{\mathscr{R}}$. 证毕.

由性质 3.1 知, 对任意联盟 $T \subseteq N$, 存在最大的自治子集合和最小的自治上集合.

定义 3.7　记 $\mathscr{R}$ 是局中人集合 N 上的一个允许结构. 对任意 $T \subseteq N$, T 在 $\mathscr{R}$ 上的最高统治集定义为:

$$\sigma(T) = \cup\{S|S \subseteq T, T \in \text{Au}_{\mathscr{R}}\} = T \backslash \widehat{\mathscr{R}}(N \backslash T).$$

T 在 $\mathscr{R}$ 上的授权集定义为:

$$\vartheta(T) = \cap\{S|T \subseteq S, S \in \text{Au}_{\mathscr{R}}\} = T \cup \widehat{\mathscr{R}}^{-1}(T).$$

例 3.4　考虑局中人集合 $N = \{1, 2, 3, 4, 5, 6\}$ 和允许结构 $\mathscr{R}: N \to P(N)$ 定义如下:

$$\mathscr{R}(1) = \{2, 3, 4\}, \quad \mathscr{R}(2) = \{4\}, \quad \mathscr{R}(3) = \{5\}, \quad \mathscr{R}(4) = \{6\}, \quad \mathscr{R}(5) = \varnothing, \quad \mathscr{R}(6) = \varnothing.$$

该允许结构可用有向图 3.1 表示:

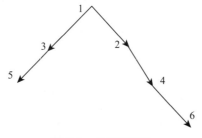

图 3.1　允许结构图

若 $S = \{1, 4, 6\}$, 则 $\mathscr{R}(N \backslash S) = \{4, 5\}$. 由 $S \cap \mathscr{R}(N \backslash S) = \{4\} \neq \varnothing$, 易知联盟 S 不是自治的. 由 $\widehat{\mathscr{R}}(N \backslash S) = \{4, 5, 6\}$ 知, 联盟 S 的最高统治集为 $\sigma(S) = \{1\}$, 授权集为: $\vartheta(S) = \{1, 2, 4, 6\}$.

性质 3.2　设 $S, T \subseteq N$, 则

(i) $\sigma(S) \cup \sigma(T) \subseteq \sigma(S \cup T)$,

(ii) $\sigma(S) \cap \sigma(T) = \sigma(S \cap T)$,

(iii) $\vartheta(S) \cup \vartheta(T) = \vartheta(S \cup T)$,

(iv) $\vartheta(S \cap T) \subseteq \vartheta(S) \cap \vartheta(T)$.

具体证明过程请参考文献 [72].

对任意给定的允许结构 $\mathscr{R}$, 记 $G(N, \mathscr{R}) = \{v \in G(N)|v(S) = v(\sigma(S)), \forall S \subseteq N\}$, 表示 N 上关于允许结构 $\mathscr{R}$ 上的全体效用转移合作对策. 对任意 $\Pi_{\mathscr{R}}(v) \in G(N, \mathscr{R})$, $v \in G(N)$ 在允许结构 $\mathscr{R}$ 上的合取限制指: 对任意 $S \subseteq N$, $\Pi_{\mathscr{R}}(v)(S) = v(\sigma(S))$.

定理 3.11　对任意 $S \subseteq N \backslash \varnothing$, 有 $\Pi_{\mathscr{R}}(u_S) = u_{\vartheta(S)}$, 其中 $u_{\vartheta(S)}$ 是关于 $\vartheta(S)$ 的一致对策.

证明　不失一般性, 令 $T = \vartheta(S)$ 和 $w = \Pi_{\mathscr{R}}(u_S)$. 则 T 是一个自治联盟, 即 $\sigma(T) = T$. 此外, 对任意 $E \subseteq N \backslash \varnothing$. 若 $T \subseteq E$. 则 $S \subseteq T = \sigma(T) \subseteq \sigma(E)$, 故

$$w(E) = u_S(\sigma(E)) = 1.$$

若 $T \nsubseteq E$, 即 $T \backslash E \neq \varnothing$. 则存在局中人 $j \in T$ 且 $j \notin E$. 由 $j \in T$ 知, $j \in S$ 或 $j \in \widehat{\mathscr{R}}^{-1}(S)$.

若 $j \in S$, 则 $S \backslash E \neq \varnothing$. 故 $S \backslash \sigma(E) \neq \varnothing$. 若 $j \in \widehat{\mathscr{R}}^{-1}(S)$, 则存在局中人 $i \in S$ 满足 $i \in \widehat{\mathscr{R}}(j)$. 由于 $j \notin E$, $i \in \widehat{\mathscr{R}}(N \backslash E)$, 即 $i \notin \sigma(E)$. 故 $S \backslash \sigma(E) \neq \varnothing$. 无论上述何种情形, 我们都得到:

$$w(E) = u_S(\sigma(E)) = 0.$$

即 $w(E) = \begin{cases} 1 & \text{若 } \vartheta(S) \subseteq E, \\ 0 & \text{否则}. \end{cases}$　故 $w = u_{\vartheta(S)}$. 证毕.

推论 3.2　令 $v \in G(N)$, 则 $\Pi_{\mathscr{R}}(v) = \displaystyle\sum_{S \in \mathrm{Au}_{\mathscr{R}}} \left\{ \sum_{T \subseteq N, \vartheta(T) = S} \Delta_v(T) \right\} u_S.$

3.2.2　合取允许值

后来, Brink 和 Gilles[75] 定义了合取结构上的一个合取值, 并探讨了其存在唯一性. 具体表达式如下:

$$CP(N, v, \mathscr{R}) = Sh(N, \Pi_{\mathscr{R}}(v)),$$

其中, $v \in G(N)$, $Sh(N, \Pi_{\mathscr{R}}(v))$ 是定义在 N 上关于 $\Pi_{\mathscr{R}}(v)$ 的 Shapley 函数. CP 即所谓的合取允许值. 若对任意 $i \in N, \widehat{\mathscr{R}}(i) = \varnothing$, 则对任意 $S \subseteq N$, 有 $\sigma(S) = S$. 故合取允许值 CP 是 Shapley 函数的一个扩展.

性质 3.3　记 $v \in G(N)$, CP 为 N 上的一个合取值, 且对任意 $i \in N$, 记

$$\Gamma_i = \{ S \subseteq N \mid S \cap [\widehat{\mathscr{R}}(i) \cup i] \neq \varnothing \}.$$

则

$$CP(N, v, \mathscr{R}) = \sum_{S \in \Gamma_i} \frac{\Delta_v(S)}{|\vartheta(S)|},$$

其中, $\Delta_v(S)$ 表示 Harsanyi 分割, 即 $\Delta_v(S) = \displaystyle\sum_{T \subseteq S} (-1)^{s-t} v(T)$, $|\vartheta(S)|$ 表示 $\vartheta(S)$ 的势指标.

证明　由推论 3.1 和 Shapley 函数的可加性得到:

$$Sh_i(N, \Pi_{\mathscr{R}}(v)) = \sum_{i \in S, S \in \mathrm{Au}_{\mathscr{R}}} \sum_{T \subseteq N, \vartheta(T) = S} \frac{\Delta_v(T)}{s}.$$

由 $S = \vartheta(S)$ 当且仅当存在联盟 $T \subseteq N$ 满足 $\vartheta(T) = S$, 且 $i \in \vartheta(T)$ 当且仅当 $T \in \Gamma_i$, 故,

$$CP_i(N, v, \mathscr{R}) = Sh_i(N, \Pi_{\mathscr{R}}(v)) = \sum_{S \in \Gamma_i} \frac{\Delta_v(S)}{|\vartheta(S)|}.$$

证毕.

接下来, 考虑 Brink 和 Gilles[75] 给出的合取允许值的公理体系. 令 f 是定义在 $G(N, \mathscr{R})$ 上的一个分配指标.

合取有效性 (C-EFF): 记 $\mathscr{R}$ 为 N 上的一个合取结构, 则对任意 $v, w \in G(N)$, 有 $\sum_{i \in N} f_i(N, v, \mathscr{R}) = v(N)$.

合取可加性 (C-ADD): 记 $\mathscr{R}$ 为 N 上的一个合取结构, 则对任意 $v \in G(N)$, 有 $f(N, v + w, \mathscr{R}) = f(N, v, \mathscr{R}) + f(N, w, \mathscr{R})$.

上述两个性质都是对经典合作对策相应性质在合取结构上的拓展. 由合取结构的含义知: 对于给定的局中人, 部属要想参与合作必须得到该局中人的许可. 因此, 当该局中人为零元时, 其部属也为零元. 基于此, Brink 和 Gilles[75] 给出了如下弱非本质性 (WIEP).

弱非本质性 (WIEP): 记 $\mathscr{R}$ 为 N 上的一个合取结构和 $v \in G(N)$. 对给定的局中人 $i \in N$, 若对任意 $j \in \mathscr{R}(i) \cup i$ 是一个零元, 则 $f_i(N, v, \mathscr{R}) = 0$.

合作对策 $v \in G(N)$ 称为单调的, 若对任意 $S, T \subseteq N$, 满足 $S \subseteq T$, 有 $v(S) \leqslant v(T)$.

同弱非本质性 (WIEP) 一样, 对于给定的局中人, 其部属的收益不应大于该局中人的收益. 为此, Brink 和 Gilles[75] 给出了如下结构单调性 (SMON).

结构单调性 (SMON): 记 $\mathscr{R}$ 为 N 上的一个合取结构, 且 $v \in G(N)$ 为一个单调对策. 对任意局中人 $i \in N$, 若 $\mathscr{R}(i) \neq \varnothing$, 则 $f_i(N, v, \mathscr{R}) \geqslant \max_{j \in \mathscr{R}(i)} f_j(N, v, \mathscr{R})$.

此外, 作者给出了必要局中人概念, 即 $i \in N$ 称为一个必要局中人, 若对任意 $S \subseteq N \setminus i$, 有 $v(S) = 0$.

必要局中人性质 (NPP): 记 $\mathscr{R}$ 为 N 上的一个合取结构, 且 $v \in G(N)$ 为一个单调对策. 若 $i \in N$ 是一个必要局中人, 则对任意 $j \in N$, 有 $f_i(N, v, \mathscr{R}) \geqslant f_j(N, v, \mathscr{R})$.

定理 3.12　记映射 $f: G(N, \mathscr{R}) \to \mathbf{R}^n$. 若 f 满足合取有效性 (C-EFF), 合取可加性 (C-ADD), 弱非本质性 (WIEP), 结构单调性 (SMON) 和必要局中人性质 (NPP), 则 $f = CP$.

证明　存在性. 由 $\sigma(N) = N$ 和 Shapley 函数的有效性知, 合取有效性 (C-EFF) 成立; 此外, 由 Shapley 函数的可加性和任意 $v, w \in G(N)$, 有 $\Pi_{\mathscr{R}}(v + w) = \Pi_{\mathscr{R}}(v) + \Pi_{\mathscr{R}}(w)$ 得到: 合取可加性 (C-ADD).

对任意给定 N 上的一个合取结构 $\mathscr{R}$ 和任意 $i \in N$, 有

$$\sigma(S) \setminus (\widehat{\mathscr{R}}(i) \cup i) = (S \setminus \widehat{\mathscr{R}}(N \setminus S)) \setminus (\widehat{\mathscr{R}}(i) \cup i)) = (S \setminus i)) \setminus (\widehat{\mathscr{R}}(N \setminus S) \cup \widehat{\mathscr{R}}(i))$$
$$= (S \setminus i) \setminus \widehat{\mathscr{R}}(N \setminus (S \setminus i)) = \sigma(S \setminus i).$$

记 $i \in N$ 是 $(N, v, \mathscr{R})$ 上的一个零元. 由于任意 $j \in \widehat{\mathscr{R}}(i) \cup i$ 是一个零元, 得到:

$$\Pi_{\mathscr{R}}(v)(S) = v(\sigma(S)) = v(\sigma(S) \setminus ((i) \cup i)) = v(\sigma(S \setminus i)) = \Pi_{\mathscr{R}}(v)(S \setminus i).$$

因此, $CP_i(N, v, R) = Sh_i(N, \Pi_{\mathscr{R}}(v)) = 0$, 即 CP 满足弱非本质性 (WIEP);

令 $v \in G(N)$ 为一个单调对策. 对任意 $i \in N$ 和 $j \in \mathscr{R}(i)$, 有 $\Pi_{\mathscr{R}}(v)(S \cup j) = \Pi_{\mathscr{R}}(v)(S)$, 其中 $S \subseteq N \setminus \{i, j\}$. 此外, 由 v 的单调性, 易知 $\Pi_{\mathscr{R}}(v)$ 也是一个单调对策. 由 Shapley 函数的表达式知:

$$CP_i(N, v, \mathscr{R}) = Sh_i(N, \Pi_{\mathscr{R}}(v)) \geqslant Sh_j(N, \Pi_{\mathscr{R}}(v)) = CP_j(N, v, \mathscr{R})$$

即 CP 满足结构单调性 (SMON);

令 $v \in G(N)$ 为一个单调对策. 对给定的 $i \in N$, 满足 $v(S) = 0$, 其中 $S \subseteq N \setminus i$, 则 $\sigma(S) \subseteq S$. 因此, 对任意 $S \subseteq N \setminus i$, $\Pi_{\mathscr{R}}(v)(S) = v(\sigma(S)) = 0$. 故 i 是一个必要局中人. 对任意 $j \in N$, 有 $CP_i(N, v, \mathscr{R}) = Sh_i(N, \Pi_{\mathscr{R}}(v)) \geqslant Sh_j(N, \Pi_{\mathscr{R}}(v)) = CP_j(N, v, \mathscr{R})$, 即 CP 满足必要局中人性质 (NPP).

下证唯一性. 由合取可加性 (C-ADD), 只需证明 $f = CP$ 关于一致对策成立即可. 记 $w_T = c_T u_T$, 其中 u_T 是一个一致对策, 且 $c_T \geqslant 0$ 为常数.

由性质 3.3 知:

$$CP_i(N, w_T, \mathscr{R}) = \begin{cases} \dfrac{c_T}{|\vartheta(T)|} & \text{若} i \in \vartheta(T), \\ 0 & \text{否则.} \end{cases}$$

下证, $f(N, w_T, \mathscr{R}) = CP(N, w_T, \mathscr{R})$.

情形 1: 假定 $i \in N \setminus \vartheta(T)$. 则 i 和任意 $j \in \widehat{\mathscr{R}}(i)$ 关于对策 w_T 是零元. 因此, 由弱非本质性 (WIEP) 得到:

$$f_i(N, w_T, \mathscr{R}) = 0 \quad \forall i \in N \setminus \vartheta(T).$$

情形 2: 假定 $i \in T$. 则 i 关于单调对策 w_T 是必要的. 因此, 由必要局中人性质 (NPP) 得到:

$$f_i(N, w_T, \mathscr{R}) \geqslant f_j(N, w_T, \mathscr{R}) \quad \forall j \in N.$$

故存在常数 $c \geqslant 0$, 满足:

$$f_i(N, w_T, \mathscr{R}) = c \quad \forall i \in T.$$

$$f_i(N, w_T, \mathscr{R}) \leqslant c \quad \forall i \in N \backslash T. \tag{3.19}$$

情形 3: 假定 $i \in \vartheta(T) \backslash T$, 则 $\widehat{\mathscr{R}}(i) \neq \varnothing$. 由于 w_T 是单调的, 由结构单调性 (SMON) 得到:

$$f_i(N, w_T, \mathscr{R}) \geqslant \max_{j \in \mathscr{R}(i)} f_j(N, w_T, \mathscr{R}) = \max_{j \in \widehat{\mathscr{R}}(i)} f_j(N, w_T, \mathscr{R}).$$

由式 (3.19) 和 $\widehat{\mathscr{R}}(i) \cap T \neq \varnothing$ 得到:

$$f_i(N, w_T, \mathscr{R}) = c \quad \forall i \in \vartheta(T) \backslash T.$$

综上得到:

$$f_i(N, w_T, \mathscr{R}) = \begin{cases} c & \text{若} i \in \vartheta(T), \\ 0 & \text{否则}. \end{cases}$$

由合取有效性 (C-EFF) 得到: $c = \dfrac{c_T}{|\vartheta(T)|}$, 因此, $f(N, w_T, \mathscr{R}) = CP(N, w_T, \mathscr{R})$.

类似可证得: $f_i(N, w_T, \mathscr{R}) = CP(N, w_T, \mathscr{R})$, 其中 $w_T = c_T u_T$, 满足 $c_T < 0$. 证毕.

此外, 作者进一步探讨了无环合取结构合作对策上的合取值.

定义 3.8　$\mathscr{R}$ 为 N 上的一个合取结构. $\mathscr{R}$ 称为无环的, 若对任意 $i \in N$, $i \notin \widehat{\mathscr{R}}(i)$.

为刻画合取值的公理体系, 将弱非本质性 (WIEP) 用强非本质性 (SIEP) 和强非本质关系性 (SIERP) 代替.

强非本质性 (SIEP): 记 $\mathscr{R}$ 为 N 上的一个无环合取结构和 $v \in G(N)$. 对给定零元 $i \in N$ 满足 $\mathscr{R}(i) = \varnothing$, 则 $f_i(N, v, \mathscr{R}) = 0$.

强非本质关系性 (SIERP): 记 $\mathscr{R}$ 为 N 上的一个无环合取结构和 $v \in G(N)$. 对给定零元 $i \in N$ 满足 $\mathscr{R}(i) = \varnothing$, 则

$$f_j(N, w_T, \mathscr{R}) = f_j(N, v, \mathscr{R}_{-i}) \quad \forall j \in N,$$

其中, $\mathscr{R}_{-i}$ 是一个无环合取结构, 对任意 $j \in N$, 定义为 $\mathscr{R}_{-i}(j) = \mathscr{R}(j) \backslash i$.

记 $G_A(N, \mathscr{R})$ 为无环合取结构 $\mathscr{R}$ 上的全体效用转移合作对策.

定理 3.13　记映射 $f: G_A(N, \mathscr{R}) \to \mathbf{R}^n$. 若 f 满足合取有效性 (C-EFF), 合取可加性 (C-ADD), 强非本质性 (SIEP), 强非本质关系性 (SIERP), 结构单调性 (SMON) 和必要局中人性质 (NPP), 则 $f = CP$.

证明 由定理 3.12 只需证明, CP 满足强非本质性 (SIEP) 和强非本质关系性 (SIERP).

令 $\mathscr{R} \in G_A(N, \mathscr{R})$ 和 $i \in N$. 若 $\mathscr{R}(i) = \varnothing$, 对任意 $S \subseteq N$, $\sigma(S \backslash i) = \sigma(S) \backslash i$. 此外, 若 i 是一个零元, 则

$$\Pi_{\mathscr{R}}(v)(S) = v(\sigma(S)) = v(\sigma(S) \backslash i) = v(\sigma(S \backslash i)) = \Pi_{\mathscr{R}}(v)(S \backslash i) \quad \forall S \subseteq N.$$

因此, $CP_i(N, v, \mathscr{R}) = Sh_i(N, \Pi_{\mathscr{R}}(v)) = 0$ 和 $\Pi_{\mathscr{R}}(v)(S) = \Pi_{\mathscr{R}_{-i}}(v)(S)$, 其中 $S \subseteq N$. 故,

$$CP_j(N, v, \mathscr{R}) = CP_j(N, v, \mathscr{R}_{-i}) \quad \forall j \in N.$$

即 CP 满足强非本质性 (SIEP) 和强非本质关系性 (SIERP).

唯一性: 记 $SI(N, v, \mathscr{R})$ 为允许结构合作对策 $(N, v, \mathscr{R})$ 上的强非本质局中人集合. 类似于定理 3.12, 只考虑对策 $w_T = c_T u_T$, 其中 u_T 是一个一致对策, 且 $c_T \geqslant 0$ 为常数.

对于无环合取结构 $\mathscr{R}$, 易知 $\mathscr{R}(N) \backslash \vartheta(T) \neq \varnothing$ 意味着 $SI(N, v, \mathscr{R}) \neq \varnothing$. 由强非本质关系性 (SIERP) 知, 我们可以删除与局中人 $SI(N, v, \mathscr{R})$ 中的所有关系, 而不影响 $f(N, w_T, \mathscr{R})$ 的值.

进一步得到: $f(N, w_T, \mathscr{R}) = f(N, w_T, \mathscr{R}^*)$, 其中 $\mathscr{R}^*: N \to P(N)$ 定义为:

$$\mathscr{R}^*(i) = \mathscr{R}(i) \cap \vartheta(T) \quad \forall i \in N.$$

由强非本质性 (SIEP) 得到:

$$f_i(N, w_T, \mathscr{R}^*) = 0 \quad \forall i \in N \backslash \vartheta(T).$$

类似于定理 3.12 由结构单调性 (SMON) 和必要局中人性质 (NPP) 得到:

$$f_i(N, w_T, \mathscr{R}^*) = c \quad \forall i \in \vartheta(T),$$

其中, $c \geqslant 0$ 为一个常数.

由合取有效性 (C-EFF) 得到: $c = \dfrac{c_T}{|\vartheta(T)|}$.

因此, $f(N, w_T, \mathscr{R}) = f(N, w_T, \mathscr{R}^*) = CP(N, w_T, \mathscr{R})$. 证毕.

3.2.3 析取允许结构

Gilles 和 Owen[73] 探讨了另一种允许结构模型: 析取结构模型. 该模型不像合取结构那样, 后参与合作的局中人必须得到所有之前参与合作局中人的允许, 而是要求后参与合作的局中人只需得到至少一个直接上级的许可即可.

记 $B_{\mathscr{R}} = \{i \in N | \mathscr{R}^{-1}(i) = \varnothing\}$. 对每一个无环允许结构 $\mathscr{R}$, 易知: $B_S \neq \varnothing$. 一个无环允许结构 $\mathscr{R}$ 称为严格等级的, 若 $|B_{\mathscr{R}}| = 1$. 不失一般性, 对每一个严格等级无环允许结构 $\mathscr{R}$, 记 $B_{\mathscr{R}} = \{1\}$. 记 $DG_A(N, \mathscr{R})$ 为严格等级无环析取结构 $\mathscr{R}$ 上的全体效用可转移对策, 即局中人参与合作当且仅当得到至少一个直接上级的允许.

基于此, 联盟 $S \subseteq N$ 称为可形成的, 若对每一个局中人 $i \in S$, 至少存在一个直接上级 $j \in S$, 满足 $(i, j) \in \mathscr{R}$.

定义 3.9　记 $\mathscr{R}$ 为一个无环允许结构. 联盟 $S \subseteq N$ 称为析取自制的, 若对任意 $i \in S \backslash B_{\mathscr{R}}$, 有 $\mathscr{R}^{-1}(i) \cap S \neq \varnothing$.

由定义 3.9 知, $S \subseteq N$ 为析取自制的当且仅当对任意 $i \in S$, 存在序列 $\{j_1, \cdots, j_m\} \subseteq S$ 满足 $j_1 \in B_{\mathscr{R}}, j_m = i$, 且对任意 $1 \leqslant k \leqslant m-1$, 有 $j_{k+1} \in \mathscr{R}(j_k)$. 记 $\Psi_{\mathscr{R}} \subseteq P(N)$ 为无环允许结构 $\mathscr{R}$ 上析取自制联盟集合. 事实上 $\Psi_{\mathscr{R}}$ 是基于析取方法得到的全体可形成联盟集合.

引理 3.4　记 $\mathscr{R}$ 为一个无环允许结构. 则 $\varnothing, N \in \Psi_{\mathscr{R}}$, 且对任意 $S, T \in \Psi_{\mathscr{R}}$, 有 $S \cup T \in \Psi_{\mathscr{R}}$.

证明　由定义 3.9, 易知 $\varnothing, N \in \Psi_{\mathscr{R}}$ 成立; 取 $S, T \in \Psi_{\mathscr{R}}$, 记 $i \in S \backslash B_{\mathscr{R}}$. 则由定义 3.9 知: $\varnothing \neq \mathscr{R}^{-1}(i) \cap S \subseteq \mathscr{R}^{-1}(i) \cap \{S \cup T\}$. 对 $i \in S \backslash B_{\mathscr{R}}$, 同理可得. 故 $S \cup T \subset \Psi_{\mathscr{R}}$. 证毕.

定义 3.10　记 $\mathscr{R}$ 为一个无环允许结构. 对任意 $S \subseteq N$, $\psi(S) = \cup\{T \in \Psi_{\mathscr{R}} | T \subseteq S\}$ 称为联盟 S 在 $\mathscr{R}$ 上的析取自制部分.

由引理 3.4 知, $\psi(S) \in \Psi_{\mathscr{R}}$. 即 $\psi(S)$ 是联盟 S 在 $\mathscr{R}$ 上最大自制子联盟, 且 $\psi(\psi(S)) = \psi(S)$ 和 $\Psi_{\mathscr{R}} = \{S \subseteq N | S = \psi(S)\}$.

定义 3.11　记 $S \subseteq N$. 对于无环允许结构 $\mathscr{R}$, 联盟 $T \subseteq N$ 称为关于联盟 S 的一个析取授权集, 若

(i) $T \in \Psi_{\mathscr{R}}$ 且 $S \subseteq T$;

(ii) 不存在 $E \in \Psi_{\mathscr{R}}$, 满足 $S \subseteq E \subseteq T$ 和 $E \neq T$.

对于无环允许结构 $\mathscr{R}$, 联盟 $S \subseteq N$ 的全体授权集记为 $\mathfrak{U}_{\mathscr{R}}(S) \subseteq \Psi_{\mathscr{R}}$. $S \in \Psi_{\mathscr{R}}$ 当且仅当对任意 $i \in S$, 存在一个授权集 $T \in \mathfrak{U}_{\mathscr{R}}(i)$ 满足 $T \subseteq S$. 自制联盟可进一步用授权集表示为:

$$\Psi_{\mathscr{R}} = \{S \subseteq N | \mathfrak{U}_{\mathscr{R}}(S) = \{S\}\} \text{和} \Psi_{\mathscr{R}} = \bigcup_{S \subseteq N} \mathfrak{U}_{\mathscr{R}}(S).$$

例 3.5　记 $N = \{1, 2, 3, 4, 5\}$. 允许结构 $\mathscr{R}$ 记为: $\mathscr{R}(1) = \{2, 3\}$, $\mathscr{R}(2) = \{4\}$, $\mathscr{R}(3) = \{4, 5\}$, 且 $\mathscr{R}(4) = \mathscr{R}(5) = \varnothing$. 该允许结构用一个有向图表示.

由图 3.2 易知, $\mathfrak{U}_{\mathscr{R}} = \{\{1, 2, 4\}, \{1, 3, 4\}\} \subseteq \Psi_{\mathscr{R}}$. 而 $\{1, 2, 4\}$ 与 $\{1, 3, 4\}$ 的交集 $\{1, 4\}$. 为说明某个联盟的自制部分, 取 $S = \{1, 2, 5\} \notin \Psi_{\mathscr{R}}$. 易知 $\psi(S) = \{1, 2\} \in \Psi_{\mathscr{R}}$.

故对每一个非自制联盟 $S \notin \Psi_{\mathscr{R}}$, 有 $\psi(S) \subset S$.

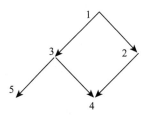

图 3.2　允许结构的有向图

　　基于前面的论述知, 对于析取结构上的合作对策, 只有联盟的自制部分可以形成. 为此, 对任意 $\Upsilon_{\mathscr{R}}(v) \in DG_A(N, \mathscr{R})$, 定义 $\Upsilon_{\mathscr{R}}(v)$ 为:

$$\Upsilon_{\mathscr{R}}(v)(S) = v(\psi(S)) \quad \forall S \subseteq N.$$

　　若 $\mathscr{R}$ 为一个空析取结构, 即对任意 $i \in N, \mathscr{R}(i) = \varnothing$. 则 $\Upsilon_{\mathscr{R}}(v) = v$, 其中 $v \in G(N)$. 记 $S \subseteq N$, $\mathfrak{U}_{\mathscr{R}}(S) \subseteq P(N)$ 表示联盟 S 授权集的并. 则 $T \in \mathfrak{U}_{\mathscr{R}}^*(S)$ 当且仅当存在联盟序列 $T_l \in \mathfrak{U}_{\mathscr{R}}(S)$ $(l = 1, 2, \cdots, k)$ 满足 $T = \bigcup_{l=1}^{k} T_l$. 对任意联盟 $S \subseteq N$, 易知: $\mathfrak{U}_{\mathscr{R}}(S) \subseteq \mathfrak{U}_{\mathscr{R}}^*(S) \subseteq \Psi_{\mathscr{R}}$.

　　对任意给定的联盟 $S \subseteq N$, 记 $w_s = \Upsilon_{\mathscr{R}}(u_S)$ 表示无环允许结构 $\mathscr{R}$ 上的关于一致对策 u_S 的析取限制.

　　引理 3.5　对任意非自制联盟 $T \notin \Psi_{\mathscr{R}}$ 满足性质 $\Delta_{w_S}(T) = 0$, 其中 $S \subseteq \psi(T)$.

　　证明　由定义得到:

$$\Delta_{w_S}(T) = \sum_{H \subseteq T} (-1)^{t-h} w_S(H).$$

　　令 $E = T \backslash \psi(T)$, 则 $E \cap S = \varnothing$. 由于 T 不是自制的, 故 $E \neq \varnothing$. 记 $j \in E$, 令 $H \subseteq T \backslash j$.

　　若 $S \subseteq \psi(H)$, 则 $w_S(H) = w_S(H \cup j) = 1$.

　　若 $S \backslash \psi(H) \neq \varnothing$, 则 $w_S(H) = w_S(H \cup j) = 0$. 即对任意 $H \subseteq T \backslash j$, $w_S(H) - w_S(H \cup j) = 0$. 故,

$$\begin{aligned}
\Delta_{w_S}(T) &= \sum_{H \subseteq T} (-1)^{t-h} w_S(H) \\
&= \sum_{H \subseteq T \backslash j} \left((-1)^{t-h} w_S(H) + (-1)^{t-h-1} w_S(H \cup j) \right) \\
&= \sum_{H \subseteq T \backslash j} (-1)^{t-h} (w_S(H) - w_S(H \cup j)) \\
&= 0.
\end{aligned}$$

证毕.

引理 3.6　对任意联盟 $T \subseteq \mathfrak{U}_{\mathscr{R}}(S)$, 有 $\Delta_{w_S}(T) = 1$.

证明　对任意 T 的真子集 E, 有 $E \notin \Psi_{\mathscr{R}}$ 或 $S \backslash E \neq \varnothing$. 这两种情形都得到: $S \backslash \psi(E) \neq \varnothing$. 即对 T 的任意真子集 E, 有 $w_s(E) = 0$ 且 $\Delta_{w_S}(E) = 0$. 此外, $w_s(T) = w_s(\psi(T)) = u_S(T) = 1$, 得到:

$$\Delta_{w_S}(T) = ws(T) - \sum_{E \subseteq T, E \neq T} \Delta_{w_S}(E) = 1.$$

证毕.

引理 3.7　对任意联盟 $T \notin \mathfrak{U}_{\mathscr{R}}^*(S)$, 有 $\Delta_{w_S}(T) = 0$.

证明　定义 $\hat{T} = \cup\{E \subseteq \mathfrak{U}_{\mathscr{R}}(S) | E \subseteq T\}$. 故 $\hat{T} \subseteq T$. 若 $\hat{T} = \varnothing$, 由定义知授权集 $S \backslash \psi(T) \neq \varnothing$. 故, $\Delta_{w_S}(T) = \Delta_{w_S}(\psi(T)) = 0$. 得到: $\Delta_{w_S}(T) = 0$.

若 $\hat{T} = \varnothing$, 则 $\hat{T} \in \mathfrak{U}_{\mathscr{R}}^*(S) \subseteq \Psi_{\mathscr{R}}$. 因此, 由 $T \backslash \hat{T} \neq \varnothing$. 得到: $T \notin \mathfrak{U}_{\mathscr{R}}^*(S)$, 且 $S \subseteq \hat{T} \subseteq \psi(T)$.

若 $T \notin \Psi_{\mathscr{R}}$, 由引理 3.5 得到: $\Delta_{w_S}(T) = 0$. 故假定 $T \in \Psi_{\mathscr{R}}$, 即 $T \in \psi(T)$.

记 $E = T \backslash \hat{T} \neq \varnothing$, 令 $j \in E$. 取 $H \subseteq T \backslash j$. 则显然 $H \subseteq \hat{T} \subseteq \psi(H)$. 故 $\Delta_{w_S}(H) = \Delta_{w_S}(\psi(H)) = 1$, 且 $\Delta_{w_S}(H \cup j) = 1$. 得到: 对任意 $H \subseteq T \backslash j$, 有 $\Delta_{w_S}(H) - \Delta_{w_S}(H \cup j) = 0$. 因此,

$$\begin{aligned}
\Delta_{w_S}(T) &= \sum_{H \subseteq T} (-1)^{t-h} w_S(H) \\
&= \sum_{H \subseteq T \backslash j} (-1)^{t-h} (w_S(H) - w_S(H \cup j)) \\
&= 0.
\end{aligned}$$

证毕.

定理 3.14　记 $v \in G(N)$. 则 v 在析取结构 R 上定义为:

$$\Upsilon_{\mathscr{R}}(v) = \sum_{S \in \Psi_{\mathscr{R}}} \left\{ \sum_{T \in \mathfrak{U}_{\mathscr{R}}^{-1}(S)} \Delta_v(T) + \sum_{T \in \widehat{\mathfrak{U}}_{\mathscr{R}}(S)} \delta_s(T) \Delta_v(T) \right\} u_S,$$

其中, $\mathfrak{U}_{\mathscr{R}}^{-1} = \{T \subseteq N | S \in \mathfrak{U}_{\mathscr{R}}(T)\}$, $\widehat{\mathfrak{U}}_{\mathscr{R}}(S) = \{T \subseteq N | S \in \mathfrak{U}_{\mathscr{R}}^*(T) \backslash \mathfrak{U}_{\mathscr{R}}(T)\}$, 且对任意 $S \in \Psi_{\mathscr{R}}$ 和 $T \in \mathfrak{U}_{\mathscr{R}}^*(S)$, $\delta_S(T) = \Delta_{w_T}(S) \in \mathbf{R}$ 满足 $w_T = \Upsilon_{\mathscr{R}}(u_T)$.

证明　令 $v \in G(N)$, 定义 $w = \Upsilon_{\mathscr{R}}(v)$ 为无环允许结构 S 上的析取限制.

记 $v = \sum_{S \subseteq N} \Delta_v(S) u_S$. 对任意 $S \subseteq N$, 由引理 3.5~引理 3.7, 对 $w_s = \Upsilon_{\mathscr{R}}(u_S)$ 得到:

$$w_s = \sum_{E \notin \mathfrak{U}_{\mathscr{R}}(S)} u_E + \sum_{\substack{E \in \mathfrak{U}_{\mathscr{R}}^*(S) \\ E \notin \mathfrak{U}_{\mathscr{R}}(S)}} \Delta_{w_S}(E) u_E.$$

对任意 $E \in \mathfrak{U}^*_{\mathscr{R}}(S)$,

$$\delta_E(S) = \Delta_{w_S}(E) = \sum_{H \subseteq E} (-1)^{e-h} w_S(H),$$

由上述表达式知, 它们的值独立于对策 v. 此外, 对任意 $H \subseteq E$ 有 $w_S(H) \in \{0, 1\}$. 由映射 $\Upsilon_{\mathscr{R}}$ 的线性性质得到:

$$w = \sum_{S \subseteq N} \Delta_v(S) \Upsilon_{\mathscr{R}}(u_S)$$

$$= \sum_{S \subseteq N} \Delta_v(S) \left\{ \sum_{E \in \mathfrak{U}_{\mathscr{R}}(S)} u_E + \sum_{\substack{E \in \mathfrak{U}^*_{\mathscr{R}}(S) \\ E \notin \mathfrak{U}_{\mathscr{R}}(S)}} \delta_E(S) u_E \right\}.$$

整理得到:

$$w = \sum_{S \in \Psi_{\mathscr{R}}} \left\{ \sum_{T \in \mathfrak{U}^{-1}_{\mathscr{R}}(S)} \Delta_v(T) + \sum_{T \in \widehat{\mathfrak{U}}_{\mathscr{R}}(S)} \delta_S(T) \Delta_v(T) \right\} u_S.$$

证毕.

3.2.4 析取允许值

van den Brink[76] 探讨了严格等级无环析取结构 $DG_A(N, \mathscr{R})$ 上的一个析取允许值 DP, 表示如下:

$$DP(N, v, \mathscr{R}) = Sh(N, \Upsilon_{\mathscr{R}}(v)),$$

其中, $Sh(N, \Upsilon_{\mathscr{R}}(v))$ 是定义在 N 上关于 $\Upsilon_{\mathscr{R}}(v)$ 的 Shapley 函数.

例 3.6 记 $\mathscr{R}$ 为 $N=\{1, 2, 3, 4\}$ 上的一个允许结构, $v \in G(N)$ 定义为:

$$v(S) = \begin{cases} 1 & 4 \in S, \\ 0 & \text{否则}, \end{cases} \text{和} \mathscr{R}(1) = \{2, 3\}, \mathscr{R}(2) = \mathscr{R}(3) = \{4\}, \mathscr{R}(4) = \varnothing.$$

该允许结构可用图 3.3 表示.

v 在 N 上关于 $\mathscr{R}$ 的析取与合取限制分别定义为:

$$\Upsilon_{\mathscr{R}}(v)(S) = \begin{cases} 1 & S \in \{\{1, 2, 4\}, \{1, 3, 4\}, N\}, \\ 0 & \text{否则}, \end{cases}$$

和

$$\Pi_{\mathscr{R}}(v)(S) = \begin{cases} 1 & S = N, \\ 0 & \text{否则}. \end{cases}$$

则局中人的析取与合取允许值定义为:

$$DP(N,v,\mathscr{R}) = \left(\frac{5}{12}, \frac{1}{12}, \frac{1}{12}, \frac{5}{12}\right) 和 CP(N,v,\mathscr{R}) = \left(\frac{1}{4}, \frac{1}{4}, \frac{1}{4}, \frac{1}{4}\right).$$

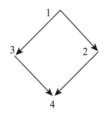

图 3.3　允许结构图

为说明严格等级无环析取结构合作对策上析取值 DP 的合理性及理论基础, 1997 年 van den Brink[76] 研究了析取值 DP 的一个公理体系. 记 $\mathscr{R}$ 为一个严格等级无环允许结构, 局中人 $j,p \in N$ 满足 $j \in \mathscr{R}(p)$. 定义允许结构 $\mathscr{R}_{-(p,j)}$ 如下:

$$\mathscr{R}_{-(p,j)}(i) = \begin{cases} \mathscr{R}(i)\backslash j & i = h, \\ \mathscr{R}(i) & 否则. \end{cases}$$

为保证 $R_{-(p,j)}$ 仍为一个严格等级无环允许结构, 要求 $|\mathscr{R}^{-1}(i)| \geqslant 2$, 其中 $|\mathscr{R}^{-1}(i)|$ 表示 $|\mathscr{R}^{-1}(i)|$ 的势指标.

性质 3.4　记 $\mathscr{R}$ 为一个严格等级无环允许结构. 局中人 $j,p \in N$ 满足 $j \in \mathscr{R}(p)$ 且 $|\mathscr{R}^{-1}(i)| \geqslant 2$, 有 $\Psi_{\mathscr{R}_{-(p,j)}} \subseteq \Psi_{\mathscr{R}}$.

引理 3.8　记 $\mathscr{R}$ 为一个严格等级无环允许结构. 局中人 $j,p \in N$ 满足 $j \in \mathscr{R}(p)$ 且 $|\mathscr{R}^{-1}(i)| \geqslant 2$, 则 $S \in \Psi_{\mathscr{R}}$ 满足 $\{j,p\} \not\subseteq S$, 有 $S \in \Psi_{\mathscr{R}_{-(p,j)}}$.

证明　若 $j \notin S$, 由 $\Psi_{\mathscr{R}}$ 的含义, $S \in \Psi_{\mathscr{R}}$ 和对任意 $i \in N\backslash j, \mathscr{R}^{-1}_{-(p,j)} = \mathscr{R}^{-1}(i)$ 得到: $S \in \Psi_{\mathscr{R}_{-(p,j)}}$.

若 $j \in S$, 则 $p \notin S$. 由于 $S \in \Psi_{\mathscr{R}}$, 得到: $(\mathscr{R}^{-1}(j)\backslash p) \cap S \neq \varnothing$. 对任意 $i \in N\backslash j$, $\mathscr{R}^{-1}_{-(p,j)} = \mathscr{R}^{-1}(i)$ 和 $\Psi_{\mathscr{R}}$ 的含义得到: $S \in \Psi_{\mathscr{R}_{-(p,j)}}$. 证毕.

析取公平性 (DFP): 记映射 $f: G_A(N, \mathscr{R}) \to \mathbf{R}^n$, 令 $\mathscr{R}$ 为一个严格等级无环允许结构. 局中人 $j,p \in N$ 满足 $j \in \mathscr{R}(p)$ 且 $|\mathscr{R}^{-1}(i)| \geqslant 2$, 则

$$f_i(N,v,\mathscr{R}) - f_i(N,v,\mathscr{R}_{-(p,j)}) = f_j(N,v,\mathscr{R}) - f_j(N,v,\mathscr{R}_{-(p,j)}) \quad \forall i \in \overline{\mathscr{R}}^{-1}(p) \cup p,$$

其中, $\overline{\mathscr{R}}^{-1}(p) = \{i \in \mathscr{R}^{-1}(p) | S \in \Psi_{\mathscr{R}}, 且若 p \in S, 则 i \in S\}$.

定理 3.15　$DG_A(N, \mathscr{R})$ 上的析取值 DP 满足析取公平性 (DFP).

证明　令 $w_T = c_T u_T$, 其中 u_T 是一致对策, c_T 是一个常数. 由 Shapley 函数的表达式知:

$$\Delta_{\Upsilon_{\mathscr{R}}(w_T)}(S) = 0 \quad \forall S \in P(N)\backslash \Psi_{\mathscr{R}}.$$

由性质 3.4 得到:

$$DP_i(N, w_T, \mathscr{R}) = \sum_{s \in \Psi_{\mathscr{R}}, i \in S} \frac{\Delta_{\Upsilon_{\mathscr{R}}(w_T)}(S)}{S}$$

$$= \sum_{s \in \Psi_{\mathscr{R}_{-(p,j)}}, i \in S} \frac{\Delta_{\Upsilon_{\mathscr{R}}(w_T)}(S)}{S} + \sum_{S \in \Psi_{\mathscr{R}} \backslash \Psi_{\mathscr{R}_{-(p,j)}}, i \in S} \frac{\Delta_{\Upsilon_{\mathscr{R}}(w_T)}(S)}{S}.$$

下面分 5 步证明该定理.

(i) 若 $\{j, p\} \not\subseteq S$, 则对任意 $T \subseteq S$, $\{j, p\} \not\subseteq T$. 故,

$$\Upsilon_{\mathscr{R}}(w_T)(T) = \Upsilon_{\mathscr{R}_{-(p,j)}}(w_T)(T) \quad \forall T \subseteq S.$$

进一步得到:

$$\Upsilon_{\mathscr{R}}(w_T)(S) = \Upsilon_{\mathscr{R}_{-(p,j)}}(w_T)(S) \quad \forall \{j, p\} \not\subseteq S.$$

(ii) 引理 3.8 等价于: 若 $S \in \Psi_{\mathscr{R}} \backslash \Psi_{\mathscr{R}_{-(p,j)}}$, 则 $\{j, p\} \subseteq S$. 得到:

$$\sum_{S \in \Psi_{\mathscr{R}_{-(p,j)}}, p \in S} \frac{\Delta_{\Upsilon_{\mathscr{R}}(w_T)}(S)}{S} = \sum_{S \in \Psi_{\mathscr{R}_{-(p,j)}}, j \in S} \frac{\Delta_{\Upsilon_{\mathscr{R}}(w_T)}(S)}{S}$$

故

$$DP_p(N, w_T, \mathscr{R}) - DP_j(N, w_T, \mathscr{R})$$

$$= \sum_{S \in \Psi_{\mathscr{R}_{-(p,j)}}, p \in S} \frac{\Delta_{\Upsilon_{\mathscr{R}}(w_T)}(S)}{S} - \sum_{S \in \Psi_{\mathscr{R}_{-(p,j)}}, j \in S} \frac{\Delta_{\Upsilon_{\mathscr{R}}(w_T)}(S)}{S}$$

$$= \sum_{S \in \Psi_{\mathscr{R}_{-(p,j)}}, p \in S, j \notin S} \frac{\Delta_{\Upsilon_{\mathscr{R}}(w_T)}(S)}{S} - \sum_{S \in \Psi_{\mathscr{R}_{-(p,j)}}, p \notin S, j \in S} \frac{\Delta_{\Upsilon_{\mathscr{R}}(w_T)}(S)}{S}$$

$$= \sum_{S \in \Psi_{\mathscr{R}_{-(p,j)}}, p \in S, j \notin S} \frac{\Delta_{\Upsilon_{\mathscr{R}_{-(p,j)}}(w_T)}(S)}{S} - \sum_{S \in \Psi_{\mathscr{R}_{-(p,j)}}, p \notin S, j \in S} \frac{\Delta_{\Upsilon_{\mathscr{R}_{-(p,j)}}(w_T)}(S)}{S}$$

$$= \sum_{S \in \Psi_{\mathscr{R}_{-(p,j)}}, p \in S} \frac{\Delta_{\Upsilon_{\mathscr{R}_{-(p,j)}}(w_T)}(S)}{S} - \sum_{S \in \Psi_{\mathscr{R}_{-(p,j)}}, j \in S} \frac{\Delta_{\Upsilon_{\mathscr{R}_{-(p,j)}}(w_T)}(S)}{S}$$

$$= DP_p(N, w_T, \mathscr{R}_{-(p,j)}) - DP_j(N, w_T, \mathscr{R}_{-(p,j)}) \tag{3.20}$$

(iii) 由 $\Psi_{\mathscr{R}}$ 的含义, 若 $S \in \Psi_{\mathscr{R}}$ 和 $p \in S$, 则 $\overline{\mathscr{R}}^{-1}(p) \subseteq S$.

(iv) 若 $p \notin S$, 则 $S \in \Psi_{\mathscr{R}}$ 当且仅当 $S \in \Psi_{\mathscr{R}_{-(p,j)}}$.

(v) 由 (i) 得到:

$$\Upsilon_{\mathscr{R}}(w_T)(S) = \Upsilon_{\mathscr{R}_{-(p,j)}}(w_T)(S) \quad \forall p \notin S.$$

对任意 $i \in \overline{\mathscr{R}}^{-1}(p)$, 进一步得到:

$$
\begin{aligned}
& DP_i(N, w_T, \mathscr{R}) - DP_j(N, w_T, \mathscr{R}) \\
&= \sum_{S \in \Psi_{\mathscr{R}}, i \in S, p \notin S} \frac{\Delta_{\Upsilon_{\mathscr{R}(w_T)}}(S)}{S} \\
&\quad + \sum_{S \in \Psi_{\mathscr{R}}, i \in S, p \in S} \frac{\Delta_{\Upsilon_{\mathscr{R}(w_T)}}(S)}{S} - \sum_{S \in \Psi_{\mathscr{R}}, j \in S,} \frac{\Delta_{\Upsilon_{\mathscr{R}(w_T)}}(S)}{S} \\
&= \sum_{S \in \Psi_{\mathscr{R}_{-(p,j)}}, i \in S, p \notin S} \frac{\Delta_{\Upsilon_{\mathscr{R}_{-(p,j)}}(w_T)}(S)}{S} \\
&\quad + \sum_{S \in \Psi_{\mathscr{R}}, i \in S, p \in S} \frac{\Delta_{\Upsilon_{\mathscr{R}(w_T)}}(S)}{S} - \sum_{S \in \Psi_{\mathscr{R}}, j \in S,} \frac{\Delta_{\Upsilon_{\mathscr{R}(w_T)}}(S)}{S}
\end{aligned}
$$

由 (i) 和 (ii) 进一步得到, 对任意 $i \in \overline{\mathscr{R}}^{-1}(p)$, 有

$$
\begin{aligned}
& DP_i(N, w_T, \mathscr{R}) - DP_j(N, w_T, \mathscr{R}) \\
&= \sum_{S \in \Psi_{\mathscr{R}_{-(p,j)}}, i \in S, p \notin S} \frac{\Delta_{\Upsilon_{\mathscr{R}_{-(p,j)}}(w_T)}(S)}{S} \\
&\quad + \sum_{S \in \Psi_{\mathscr{R}_{-(p,j)}}, p \in S} \frac{\Delta_{\Upsilon_{\mathscr{R}_{-(p,j)}}(w_T)}(S)}{S} - \sum_{S \in \Psi_{\mathscr{R}_{-(p,j)}}, j \in S} \frac{\Delta_{\Upsilon_{\mathscr{R}_{-(p,j)}}(w_T)}(S)}{S} \\
&= DP_i(N, w_T, \mathscr{R}) - DP_j(N, w_T, \mathscr{R}_{-(p,j)})
\end{aligned}
$$

由式 (3.20) 得到:

$$
DP_i(N, w_T, \mathscr{R}) - DP_i(N, w_T, \mathscr{R}_{-(p,j)}) = DP_j(N, w_T, \mathscr{R}) - DP_j(N, w_T, \mathscr{R}_{-(p,j)}),
$$

其中, $i \in p \cup \overline{\mathscr{R}}^{-1}(\bar{p})$.

对任意 $v \in G(N)$ 和严格等级无环允许结构 $\mathscr{R}$, 得到:

$$
\Upsilon_{\mathscr{R}}(v)(S) = v(\psi(S)) = \sum_{T \subseteq N} \Delta_v(T) u_S(\psi(S)) = \sum_{T \subseteq N} \Delta_v(T) \Upsilon_{\mathscr{R}}(u_T)(S) \quad \forall S \subseteq N.
$$

同理得到:

$$
\Upsilon_{\mathscr{R}_{-(p,j)}}(v)(S) = \sum_{T \subseteq N} \Delta_v(T) \Upsilon_{\mathscr{R}_{-(p,j)}}(u_T)(S) \quad \forall S \subseteq N.
$$

由可加性知, 结论成立. 证毕.

类似于合取值的性质: 合取有效性 (C-EFF), 合取可加性 (C-ADD), 弱非本质性 (WIEP) 和必要局中人性质 (NPP), van den Brink[76] 定义了析取结构合作对策

上的如下性质, 我们分别称其为: 析取有效性 (D-EFF), 析取可加性 (D-ADD), 析取非本质性 (DIEP) 和析取必要局中人性质 (DNPP). 在此, 我们不再具体介绍.

析取弱结构单调性 (DWSW): 记映射 $f: G_A(N, \mathscr{R}) \to \mathbf{R}^n$ 和 $\mathscr{R}$ 为 N 上的一个严格等级无环允许结构, 且 $v \in G(N)$ 为一个单调对策. 对任意局中人 $i \in N$,

$$f_i(N, v, \mathscr{R}) \geqslant f_j(N, v, \mathscr{R}) \quad \forall j \in \overline{\mathscr{R}}(i),$$

其中, $\overline{\mathscr{R}}(i) = \{j \in N | i \in \mathscr{R}^{-1}(j)\} = \{j \in \mathscr{R}(i) | S \in \Psi_{\mathscr{R}} \text{ 且 } j \in S, \text{ 则 } i \in S\}$.

引理 3.9 记 $\mathscr{R}$ 为 N 上的一个严格等级无环允许结构且 $w_T = c_T u_T$, 其中 u_T 是一个一致对策, c_T 是一个非负常数.

(i) 若 $f: G_A(N, \mathscr{R}) \to \mathbf{R}^n$ 满足析取非本质性 (DIEP), 则

$$f_i(N, w_T, \mathscr{R}) = 0 \quad \forall i \in N \backslash \alpha(T),$$

其中, $\alpha(T) = T \cup \mathscr{R}^{-1}(T)$.

(ii) 若 $f: G_A(N, \mathscr{R}) \to \mathbf{R}^n$ 满足析取必要局中人性质 (DNPP) 和析取弱结构单调性 (DWSW), 则存在常数 $c \geqslant 0$, 满足

$$f_i(N, w_T, \mathscr{R}) = c \quad \forall i \in \beta(T),$$

其中, $\beta(T) = \{i \in \alpha(T) | T \cap \{i \cup \overline{\mathscr{R}}(i)\} \neq \varnothing\}$.

证明 (i) 若 $i \in N \backslash \alpha(T)$, 则 $i \notin T$ 且 $T \cap \overline{\mathscr{R}}(i) = \varnothing$. 局中人 i 关于对策 $(N, w_T, \mathscr{R})$ 是非本质的. 由析取非本质性 (DIEP) 得到: $f_i(N, w_T, \mathscr{R}) = 0$.

(ii) 若 $i \in T$ 是关于单调对策 w_T 的一个析取必要局中人. 由析取必要局中人性质 (DNPP) 知, 存在常数 $c \geqslant 0$ 满足:

$$f_i(N, w_T, \mathscr{R}) = c \quad \forall i \in T,$$

$$f_i(N, w_T, \mathscr{R}) \leqslant c \quad \forall i \in N \backslash T.$$

若 $i \in \beta(T) \backslash T$, 则 $T \cap \overline{\mathscr{R}}(i) \neq \varnothing$. 由析取弱结构单调性 (DWSW) 得到:

$$f_i(N, w_T, \mathscr{R}) = c \quad \forall i \in \beta(T) \backslash T.$$

证毕.

定理 3.16 令分配函数 $f: G_A(N, \mathscr{R}) \to \mathbf{R}^n$, 则 $f = DP$ 当且仅当 f 满足析取有效性 (D-EFF), 析取可加性 (D-ADD), 析取非本质性 (DIEP), 析取必要局中人性质 (DNPP), 析取弱结构单调性 (DWSW) 和析取公平性 (DFP).

证明 存在性. 由定理 3.15 知: DP 满足析取公平性 (DFP). 此外, 由 DP 的表达式和 Shapley 函数的性质易知: DP 满足析取有效性 (D-EFF), 析取可加性 (D-ADD) 和析取非本质性 (DIEP).

析取必要局中人性质 (DNPP): 记局中人 i 为单调对策 v 上的一个必要局中人, 则局中人 i 为单调对策 $\Upsilon_{\mathscr{R}}(v)$ 上的一个必要局中人. 故,

(i) $\Upsilon_{\mathscr{R}}(v)(S) - \Upsilon_{\mathscr{R}}(v)(S\backslash i) = \Upsilon_{\mathscr{R}}(v)(S) \geqslant \Upsilon_{\mathscr{R}}(v)(S) - \Upsilon_{\mathscr{R}}(v)(S\backslash j)$ 对任意 $j \in N$ 成立, 其中 $S \subseteq N$.

(ii) $\Upsilon_{\mathscr{R}}(v)(S) - \Upsilon_{\mathscr{R}}(v)(S\backslash i) \geqslant 0$, 对任意 $S \subseteq N$ 成立, 其中 $i \in S$.

(iii) $\Upsilon_{\mathscr{R}}(v)(S) - \Upsilon_{\mathscr{R}}(v)(S\backslash j) = 0$, 对任意 $j \in N$ 成立, 其中 $j \notin S$.

由 Shapley 函数的表达式, 得到:

$$DP_i(N,v,\mathscr{R}) = Sh_i(N, \Upsilon_{\mathscr{R}}(v))$$

$$= \sum_{S \subseteq N, i,j \in S} \frac{s!(n-s-1)!}{n!}(\Upsilon_{\mathscr{R}}(v)(S) - \Upsilon_{\mathscr{R}}(v)(S\backslash i))$$

$$+ \sum_{S \subseteq N, i \in S, j \notin S} \frac{s!(n-s-1)!}{n!}(\Upsilon_{\mathscr{R}}(v)(S) - \Upsilon_{\mathscr{R}}(v)(S\backslash i))$$

$$\geqslant \sum_{S \subseteq N, i,j \in S} \frac{s!(n-s-1)!}{n!}(\Upsilon_{\mathscr{R}}(v)(S) - \Upsilon_{\mathscr{R}}(v)(S\backslash i))$$

$$+ \sum_{S \subseteq N, i \notin S, j \in S} \frac{s!(n-s-1)!}{n!}(\Upsilon_{\mathscr{R}}(v)(S) - \Upsilon_{\mathscr{R}}(v)(S\backslash i))$$

$$= Sh_j(N, \Upsilon_{\mathscr{R}}(v))$$

$$= DP_j(N,v,\mathscr{R}),$$

对任意 $j \in N$ 成立. 故 DP 满足析取必要局中人性质 (DNPP).

令 $v \in G(N)$ 为一个单调对策, 则由 $\Upsilon_{\mathscr{R}}(v)$ 的单调性, 得到:

(i) 对任意 $j \in \overline{\mathscr{R}}(i)$ 和 $S \subseteq N$, 由 $\psi(S\backslash i) \subseteq \psi(S\backslash j)$ 得到:

$$\Upsilon_{\mathscr{R}}(v)(S) - \Upsilon_{\mathscr{R}}(v)(S\backslash i) \geqslant \Upsilon_{\mathscr{R}}(v)(S) - \Upsilon_{\mathscr{R}}(v)(S\backslash i)$$

对任意 $j \in N$ 成立, 其中 $i, j \in N$.

(ii) $\Upsilon_{\mathscr{R}}(v)(S) - \Upsilon_{\mathscr{R}}(v)(S\backslash i) \geqslant 0$, 对任意 $S \subseteq N$ 成立, 其中 $i \in S$.

(iii) $\Upsilon_{\mathscr{R}}(v)(S) - \Upsilon_{\mathscr{R}}(v)(S\backslash i) = 0$, 对任意 $j \in \overline{\mathscr{R}}(i)$ 成立, 其中 $i \notin S$.

类似于析取必要局中人性质 (DNPP) 易知: DP 满足析取弱结构单调性 (DWSW).

唯一性. 考虑严格等级无环允许结构和 $w_T = c_T u_T$, 其中 u_T 是一个一致对策, c_T 是一个非负常数. 由 $\mathscr{R}$ 为 N 上的一个严格等级无环允许结构, 得到 $\sum_{i \in N} |\mathscr{R}(i)| \geqslant n-1$, 其中 $|\mathscr{R}(i)|$ 表示 $\mathscr{R}(i)$ 中元素的个数.

若 $\sum\limits_{i \in N} |\mathscr{R}(i)| = n - 1$, 则对任意 $i \in N \setminus \{1\}$, 有 $|\mathscr{R}^{-1}(i)| = 1$, 其中 $\mathbf{B}_{\mathscr{R}} = \{1\}$. 因此, 对任意 $i \in N$, $\overline{\mathscr{R}}(i) = \mathscr{R}(i)$. 若对任意 $i \in \alpha(T)$, $T \cap \{i \cup \overline{\mathscr{R}}(i)\} \neq \varnothing$, 则 $\alpha(T) = \beta(T)$, 其中 $\alpha(T)$ 和 $\beta(T)$ 如引理 3.9 所示. 进一步得到: 存在常数 $c \geqslant 0$ 满足:

$$f_i(N, w_T, \mathscr{R}) = \begin{cases} c & i \in \alpha(T), \\ 0 & \text{否则}. \end{cases}$$

由析取有效性 (D-EFF) 得到: $c = \dfrac{c_T}{|\alpha(T)|}$, 其中 $|\alpha(T)|$ 表示 $\alpha(T)$ 中元素的个数. 故,

$$f(N, w_T, \mathscr{R}) = DP(N, w_T, \mathscr{R}).$$

利用归纳假设法, 假设对任意严格等级无环允许结构 $\mathscr{R}'$, 有 $f(N, w_T, \mathscr{R}') = DP(N, w_T, \mathscr{R}')$, 其中 $\sum\limits_{i \in N} |\mathscr{R}(i)| \geqslant \sum\limits_{i \in N} |\mathscr{R}'(i)|$.

定义 L_k 如下所示:

$L_0 = \varnothing$,

$L_k = \left\{ i \in N \setminus \bigcup\limits_{q=1}^{k-1} L_q \, \middle| \, \mathscr{R}(i) \bigcup\limits_{q=1}^{k-1} L_q \right\} \qquad \forall k \in \mathbf{N}.$

van den Brink 和 Gilles[75] 证明了对任意严格等级无环允许结构 $\mathscr{R}$, 存在有限常数 M, 满足非空集合 $L_1, L_2, \cdots, L_M$ 是局中人集合 N 上的唯一划分.

令 $c^* \geqslant 0$, 对任意 $i \in \beta(T)$, 有 $f_i(N, w_T, \mathscr{R}) = c^*$. 下面, 对任意 $i \in N$, 确定 $f_i(N, w_T, \mathscr{R})$ 是作为常数 c^* 的函数.

第一步, 对任意 $i \in L_1$, 下面两个条件之一成立:

(i) 若 $i \in N \setminus \alpha(T)$, 则由引理 3.9 得到: $f_i(N, w_T, \mathscr{R}) = 0$;

(ii) 若 $i \in \alpha(T)$, 由 $\mathscr{R}(i) = \varnothing$ 知, $i \in T$. 因此, $f_i(N, w_T, \mathscr{R}) = c^*$.

令 $k = 2$.

第二步, 若 $L_k = \varnothing$, 结论得证. 否则, 对任意 $i \in L_k$, 下面条件之一成立:

(i) 若 $i \in N \setminus \alpha(T)$, 则由引理 3.9 得到: $f_i(N, w_T, \mathscr{R}) = 0$;

(ii) 若 $i \in \beta(T)$, 则 $f_i(N, w_T, \mathscr{R}) = c^*$.

(iii) 若 $i \in \alpha(T) \setminus \beta(T)$, 则由 $\alpha(T)$ 和 $\beta(T)$ 的定义知: 存在 $p \in i \cup \overline{\mathscr{R}}(i)$ 和 $j \in \mathscr{R}(p)$ 满足 $|\widehat{\mathscr{R}}^{-1}(j)| \geqslant 2$. 析取公平性 (DFP) 意味着:

$$f_i(N, w_T, \mathscr{R}) - f_i(N, w_T, \mathscr{R}_{-(p,j)}) = f_j(N, w_T, \mathscr{R}) - f_j(N, w_T, \mathscr{R}_{-(p,j)}).$$

由归纳假设法得到:

$$f_i(N, w_T, \mathscr{R}) = f_j(N, w_T, \mathscr{R}) + DP_i(N, w_T, \mathscr{R}_{-(p,j)}) - DP_j(N, w_T, \mathscr{R}_{-(p,j)}).$$

由于 $j \in \mathscr{R}(i)$ 得到: $j \in L_l$ 满足 $l < k$. 我们已经得到 $f_j(N, w_T, \mathscr{R})$ 是关于常数 c^* 函数. 因此, 由上式知 $f_i(N, w_T, \mathscr{R})$ 是关于常数 c^* 的函数.

第三步: 令 $k = k + 1$. 返回第二步.

由析取有效性 (D-EFF) 知, 常数 c^* 是唯一确定的. 由于析取值满足这些性质, 因此, $f(N, w_T, \mathscr{R}) = DP(N, w_T, \mathscr{R})$.

类似于 Shapley 函数, 当 $c_T < 0$ 时, 同理可证. 由可加性知, $f(N, v, \mathscr{R}) = DP(N, v, \mathscr{R})$. 证毕.

3.3　联盟稳定结构上的合作对策

不同于上述两类限制合作对策, 2000 年 Algaba 等 [77] 探讨了具有联盟稳定结构的合作对策, 此类合作对策是对具有交流结构合作对策和允许结构合作对策的推广. 用对策论中联盟间的关系可描述为: 对任意两个给定的可行非空联盟, 若它们的交集非空, 则它们的并集也是可行的 (所谓可行联盟指局中人间可以形成合作关系并获得收益而形成的组合). 其数学描述如下:

定义 3.12　记 $N = \{1, 2, \cdots, n\}$ 为有限局中人集合. $\mathscr{F} \subseteq P(N)$ 为一个可行联盟集. 集系统 $\mathscr{F}$ 称为联盟稳定的, 若对任意 $S, T \in \mathscr{F}$ 满足 $S \cap T \neq \varnothing$, 有 $S \cup T \in \mathscr{F}$.

记 g 为 N 上的一个交流结构, 则不难得到:

$$\mathscr{F} = \{S \subseteq N : 满足 S \in N/g 为 N \text{ 上的一个元件}\}$$

是一个联盟稳定系统. 即一个交流结构是一个联盟稳定系统; 然而一个联盟稳定系统不一定是交流结构. 例如, 令 $N = \{1, 2, 3, 4\}$ 和 $\mathscr{F} = \{\varnothing, \{1\}, \{2\}, \{3\}, \{4\}, \{1, 2, 3\}, \{2, 3, 4\}, N\}$, 则 $\mathscr{F}$ 是一个联盟稳定结构, 但 $\mathscr{F}$ 不是任何图的一个链接子图.

令 $\mathscr{F}$ 是一个联盟稳定类, 且 $\mathscr{G} \subseteq \mathscr{F}$. 定义递推关系如下:

$$\mathscr{G}^{(0)} = \mathscr{G}, \mathscr{G}^{(n)} = \{S \cup T : S, T \in \mathscr{G}^{(n-1)}, S \cap T \neq \varnothing\} \quad (n = 1, 2, \cdots).$$

由 $\mathscr{G} \subseteq \mathscr{F}$ 和 $\mathscr{F}$ 是联盟稳定的, 得到 $\mathscr{G}^{(0)} \subseteq \cdots \subseteq \mathscr{G}^{(n-1)} \subseteq \mathscr{G}^{(n)} \subseteq \mathscr{F}$. 由 $\mathscr{F}$ 是有限的, 得到递推过程是有限的.

定义 3.13　令 $\mathscr{F}$ 是一个联盟稳定系统且 $\mathscr{G} \subseteq \mathscr{F}$. 定义闭集 $\overline{\mathscr{G}}$ 为 $\overline{\mathscr{G}} = \mathscr{G}^{(k)}$, 其中 k 是满足 $\mathscr{G}^{(k+1)} = \mathscr{G}^{(k)}$ 的最小正整数.

由 $\mathscr{G}^{(k)}$ 的构造知, $\overline{\mathscr{G}}$ 是联盟稳定的, 且 $\overline{\mathscr{F}} = \mathscr{F}$.

例 3.7　记 $N = \{1, 2, 3, 4\}$, 联盟稳定类 $\mathscr{F}$ 定义为:

$$\mathscr{F} = \{\{1\}, \{3\}, \{1, 2\}, \{2, 3\}, \{2, 4\}, \{1, 2, 3\}, \{1, 2, 4\}, \{2, 3, 4\}, N\}.$$

对给定的集合 $\mathscr{G} = \{\{1,2\}, \{2,3\}, \{2,4\}\}$ 得到:

$$\mathscr{G}^{(1)} = \{\{1,2\}, \{2,3\}, \{2,4\}, \{1,2,3\}, \{1,2,4\}, \{2,3,4\}\},$$

$$\mathscr{G}^{(2)} = \{\{1,2\}, \{2,3\}, \{2,4\}, \{1,2,3\}, \{1,2,4\}, \{2,3,4\}, N\}.$$

记 $\mathscr{F}$ 是一个联盟稳定系统且 $\mathscr{G} \subseteq \mathscr{F}$. 若 $\mathscr{G}$ 是联盟稳定的, 则 $\mathscr{G}$ 中某些联盟可用另外两个具有非空交集的可行联盟的并表示. 为此, 记

$$D(\mathscr{G}) = \{E \in \mathscr{G} : E = S \cup T, S \neq E, T \neq E, S, T \in \mathscr{G}, S \cap T \neq \varnothing\}.$$

即 $D(\mathscr{G})$ 是 $\mathscr{G}$ 中可用另外两个具有非空交集的可行联盟的并表示的联盟组成的集合.

定义 3.14 令 $\mathscr{F}$ 是一个联盟稳定系统. 集合 $B(\mathscr{F}) = \mathscr{F} \backslash D(\mathscr{G})$ 称为联盟稳定系统 $\mathscr{F}$ 的基, $B(\mathscr{F})$ 中元素称为 $\mathscr{F}$ 的支撑.

记 $N = \{1, 2, 3, 4\}$, 联盟稳定类 $\mathscr{F}$ 定义为:

$$\mathscr{F} = \{\{1\}, \{2\}, \{3\}, \{4\}, \{1,2\}, \{1,3\}, \{3,4\}, \{1,2,3\}, \{1,3,4\}, \{2,3,4\}, N\}.$$

易知集合 $D(\mathscr{G}) = \{\{1,2,3\}, \{1,3,4\}, N\}$, 基 $B(\mathscr{F}) = \{\{1\}, \{2\}, \{3\}, \{4\}, \{1,2\}, \{1,3\}, \{3,4\}, \{2,3,4\}\}$.

性质 3.5 令 $\mathscr{F}$ 是一个联盟稳定系统且 $B(\mathscr{F})$ 是 $\mathscr{F}$ 的基, 则 $B(\mathscr{F})$ 是关于 $\mathscr{F}$ 满足 $\overline{B(\mathscr{F})} = \mathscr{F}$ 的最小子集.

证明 首先证明 $\overline{B(\mathscr{F})} = \mathscr{F}$. 由 $B(\mathscr{F}) \subseteq \mathscr{F}$ 和 $\mathscr{F}$ 是联盟稳定的得到: $\overline{B(\mathscr{F})} \subseteq \mathscr{F}$. 下证, $\mathscr{F} \subseteq \overline{B(\mathscr{F})}$. 对 $\mathscr{F}$ 中可行联盟的个数采用归纳法. 易知: $(\mathscr{F}, \subseteq)$ 中最小元素属于基, 故属于 $\overline{B(\mathscr{F})}$. 假定对任意 $E \in \mathscr{F}$ 满足 $e < p$, 有 $E \in \overline{B(\mathscr{F})}$. 则对给定的 $E \in \mathscr{F}$ 满足 $e = p$, 由 $E \in B(\mathscr{F})$ 或 $E \notin B(\mathscr{F})$. 对第一种情形得到: $E \in \overline{B(\mathscr{F})}$. 否则, 存在两个可行联盟 $S, T \in \mathscr{F}$ 满足 $S \neq E, T \neq E, S \cap T \neq \varnothing$, 有 $E = S \cup T$. 由假设知, $S, T \in \overline{B(\mathscr{F})}$. 由联盟稳定性得到: $E \in \overline{B(\mathscr{F})}$. 由 $B(\mathscr{F})$ 含义知, $B(\mathscr{F})$ 是关于 $\mathscr{F}$ 满足 $\overline{B(\mathscr{F})} = \mathscr{F}$ 的最小子集. 证毕.

性质 3.6 记 $\mathscr{F}$ 是一个联盟稳定系统且 $\mathscr{G} \subseteq \mathscr{F}$ 是联盟稳定的, 则 $B(\mathscr{G}) = es(\mathscr{G})$, 其中 $ex(\mathscr{G}) = \{S \in \mathscr{G} : \mathscr{G} \backslash S$ 是联盟稳定的$\}$.

证明 首先证明 $ex(\mathscr{G}) \subseteq B(\mathscr{G})$. 由于 $\overline{B(\mathscr{F})} = \mathscr{G}$, $\mathscr{G}$ 是包含 $B(\mathscr{F})$ 的最小联盟稳定系统. 令 $S \in ex(\mathscr{G})$. 则 $\mathscr{G} \backslash S$ 是联盟稳定的. 若 $S \notin B(\mathscr{G})$, 则 $B(\mathscr{G}) \subseteq \mathscr{G} \backslash S \subset \mathscr{G}$. 此与 $\mathscr{G}$ 是包含 $B(\mathscr{G})$ 的最小联盟稳定系统相矛盾, 故 $S \in B(\mathscr{G})$.

下证, $B(\mathscr{G}) \subseteq ex(\mathscr{G})$. 令 $S \in B(\mathscr{G})$. 证明 $\mathscr{G} \backslash S$ 是联盟稳定的. 事实上, 令 $E, F \in \mathscr{G} \backslash S$ 满足 $E \cap F \neq \varnothing$. 由 $\mathscr{G}$ 是联盟稳定的, 得到 $E \cup F \in \mathscr{G}$. 另一方面, $E \cup F \neq S$, 否则, $S \notin B(\mathscr{G})$. 因此, $E \cup F \in \mathscr{G} \backslash S$. 即 $S \in ex(\mathscr{G})$. 证毕.

定义 3.15　给定 $\mathscr{G} \subseteq P(N)$, 令 $S \subseteq N$. 集合 $T \subseteq S$ 称为 S 的一个 $\mathscr{G}$-元组, 若 T 满足 $T \in \mathscr{G}$, 且不存在 $T' \in \mathscr{G}$ 满足 $T \subset T' \subseteq S$.

联盟 S 的 $\mathscr{G}$-元组是包含于 S 且属于 $\mathscr{G}$ 的最大联盟, 用 $C_{\mathscr{G}}(S)$ 表示联盟 S 的 $\mathscr{G}$-元组组成的集合. 注意到: $C_{\mathscr{G}}(S)$ 可能为空集.

性质 3.7　$\mathscr{F} \subseteq P(N)$ 是一个联盟稳定系统当且仅当对任意 $S \subseteq N$, $C_{\mathscr{F}}(S) \neq \varnothing$, 且联盟 S 的 $\mathscr{F}$-元组形成对 S 的一个划分.

证明　令 $\mathscr{F} \subseteq P(N)$ 是联盟稳定的. 令 S_1, S_2 是关于联盟 S 的最大可行联盟, 且 $S_1 \neq S_2$. 若 $S_1 \cap S_2 \neq \varnothing$, 由 $\mathscr{F}$ 是联盟稳定的和 $S_1 \cup S_2 \subseteq S$, 得到 $S_1 \cup S_2 \in \mathscr{F}$. 此与 S_1, S_2 是关于联盟 S 的 $\mathscr{F}$-元组相矛盾.

必要性: 假定对任意 $S \subseteq N$, $C_{\mathscr{G}}(S) \neq \varnothing$, 且联盟 S 的 $\mathscr{F}$-元组形成对 S 的一个划分. 若 $\mathscr{F}$ 不是联盟稳定的, 则存在 $E, F \in \mathscr{F}$ 满足 $E \cap F \neq \varnothing$, 且 $E \cup F \notin \mathscr{F}$. 因此, 存在一个 $\mathscr{F}$-元组 $C_1 \in C_{\mathscr{F}}(E \cup F)$ 满足 $E \subseteq C_1$ 和存在一个 $\mathscr{F}$-元组 $C_2 \in C_{\mathscr{F}}(E \cup F)$ 满足 $F \subseteq C_2$, 且 $C_1 \neq C_2$. 此与 $E \cup F$ 的 $\mathscr{F}$-元组形成对 $E \cup F$ 的一个划分相矛盾. 证毕.

性质 3.8　$\mathscr{F} \subseteq P(N)$ 是一个联盟稳定系统, 且 $\mathbf{B}(\mathscr{F})$ 是 $\mathscr{F}$ 的基. 令 $S \in \mathscr{F}$ 满足 $s \geqslant 2$, 则 S 可表示为支撑势指标 $\geqslant 2$ 的并.

证明　显然 S 可表示为支撑 B_i, $i \in I$ 具有非空交集的并. 若 $b_i = 1$, 则存在 B_k, $k \in I \backslash i$, 满足 $B_k \cap B_i \neq \varnothing$, 因此, $B_i \subseteq B_k$, 且 $b_k \geqslant 1$. 即 S 可表示为支撑势指标至少为 2 的并. 证毕.

对于给定的联盟稳定系统 $\mathscr{F}$, 考虑 $\mathscr{F}$-限制对策和会议对策.

定义 3.16　记 $v \in G(N)$ 和 $\mathscr{F} \subseteq P(N)$ 是一个联盟稳定系统. $\mathscr{F}$-限制对策 $v^{\mathscr{F}} : P(N) \to \mathbf{R}$ 定义为:

$$v^{\mathscr{F}}(S) = \sum_{T \in C_{\mathscr{F}}(S)} v(T).$$

$\mathscr{F}$-限制对策给出了联盟稳定系统 $\mathscr{F}$ 上全部联盟值的度量. $\mathscr{F}$-限制对策强调局中人个体在增加联盟收益及建立局中人间交流中的作用.

3.3.1　位置解

定义 3.17　记 $v \in G(N)$ 和 $\mathscr{F} \subseteq P(N)$ 是一个联盟稳定系统. 记 $\mathscr{B}$ 是 $\mathscr{F}$ 的基, 且 $\mathscr{F} = \{S \in \mathscr{B} : s \geqslant 2\}$. 会议对策表示为: $(\mathscr{G}, v^{\mathscr{G}})$, 其中 $v^{\mathscr{G}} : P(\mathscr{G}) \to \mathbf{R}$, 定义为: $v^{\mathscr{G}}(\mathscr{A}) = v^{\mathscr{A}}(N)$.

会议对策给出了当合作结构的具体部分给出时全联盟的收益值的度量. 此外, 当 $v \in G(N)$ 是 0-规范对策, 即对任意 $i \in N$, $v(i) = 0$ 时, 有 $v^{\mathscr{G}}(\mathscr{G}) = v^{\mathscr{G}}(N) = v^{\mathscr{F}}(N)$.

对一个联盟稳定结构合作对策,用三元组 $(N, v, \mathscr{F})$ 表示,其中 N 是局中人集合, $v \in G(N)$ 和 $\mathscr{F}$ 是一个联盟稳定系统. 为方便, 在本节中假定: 任意 $v \in G(N)$ 是 0-规范的.

令 $(N, v, \mathscr{F})$ 是一个联盟稳定结构合作对策. 对 $\mathscr{G} \subseteq \mathscr{B}$, 定义 3.17 给出了会议对策 $(\mathscr{G}, v^{\mathscr{G}})$. 为此, 进一步给出了会议对策 $(\mathscr{G}, v^{\mathscr{G}})$ 上的 Shapley 函数.

定义 3.18 令 $(N, v, \mathscr{F})$ 是一个联盟稳定结构合作对策. 对任意 $i \in N$, 位置解 AP 定义为:

$$AP_i(N, v, \mathscr{F}) = \sum_{C \in \mathscr{G}_i} \frac{1}{c} Sh_C(\mathscr{G}, v^{\mathscr{G}}),$$

其中, $\mathscr{G}_i = \{C \in \mathscr{G}; i \in C\}$ 表示至少有两个局中人, 且 $i \in C$ 的所有支撑组成的集合.

例 3.8 令 $N = \{1, 2, 3, 4\}$ 和 $\mathscr{F} = \{\{1\}, \{1, 2, 3\}, \{2, 3, 4\}, N\}$. 则 $\mathscr{B} = \{\{1\}, \{1, 2, 3\}, \{2, 3, 4\}\}$, 且 $\mathscr{G} = \{\{1, 2, 3\}, \{2, 3, 4\}\}$. 令 $v: P(N) \to \mathbf{R}$ 定义为 $v(\varnothing) = 0$, $v(S) = s - 1$, $S \subseteq N \backslash \varnothing$. 因此, 对任意 $S \in \mathscr{F}, v^{\mathscr{F}}(S) = s - 1$, 否则 $v^{\mathscr{F}}(S) = 0$. 会议对策定义为表 3.1.

表 3.1 会议对策联盟值

$\mathscr{A} \subseteq \mathscr{G}$	$\overline{\mathscr{F}}$	$C_{\mathscr{A}}(N)$	$v^{\mathscr{G}}(\mathscr{A})$
$\{\{1, 2, 3\}\}$	$\{\{1, 2, 3\}\}$	$\{\{1, 2, 3\}\}$	2
$\{\{2, 3, 4\}\}$	$\{\{2, 3, 4\}\}$	$\{\{2, 3, 4\}\}$	2
$\{\{1, 2, 3\}, \{2, 3, 4\}\}$	$\{\{1, 2, 3\}, \{2, 3, 4\}, N\}$	$\{N\}$	3

相应联盟的 Shapley 值为: $Sh_{\{1,2,3\}}(\mathscr{G}, v^{\mathscr{G}}) = Sh_{\{2,3,4\}}(\mathscr{G}, v^{\mathscr{G}}) = 3/2$. 因此, 局中人的位置解为: $AP(N, v, \mathscr{F}) = (0.5, 1, 1, 0.5)$.

局中人集合 N 上具有联盟稳定结构合作对策的全体记为: $US^N = \{(N, v, \mathscr{F}) | \mathscr{F}$ 是联盟稳定的$\}$. US^N 上的一个分配规则是一个映射 $f: US^N \to \mathbf{R}^n$ 满足元组有效性 (UC-EFF) 和元组零元 (UC-NP):

(i) 对任意 $(N, v, \mathscr{F}) \in US^N$ 和任意 $S \in C_{\mathscr{F}}(N)$, 有 $\sum_{i \in S} f_i(N, v, \mathscr{F}) = v(S)$.

(ii) 对任意 $i \notin \bigcup_{S \in C_{\mathscr{F}}(N)}, f_i(N, v, \mathscr{F}) = 0$.

引理 3.10 记 $(N, v, \mathscr{F})$ 是一个联盟稳定结构合作对策, 满足 $N \notin \mathscr{F}$ 且 $(\mathscr{G}, v^{\mathscr{G}})$ 是相应的会议对策. 记 $\{\mathscr{D}_1, \mathscr{D}_2, \cdots, \mathscr{D}_p\}$ 为 $\mathscr{G}$ 的一个划分, 其中 $\mathscr{D}_i = \{S \in \mathscr{G} : S \subseteq N_i, N_i \in C_{\mathscr{F}}(N)\}$, 则 $v^{\mathscr{G}} = \sum_{i=1}^{p} v^{\mathscr{D}_i}$. 对任意 $\mathscr{A} \subseteq \mathscr{G}$, 对策 $(\mathscr{G}, v^{\mathscr{D}_i})$ 定义为: $v^{\mathscr{D}_i}(A) = v^{\mathscr{G}}(\mathscr{A} \cap \mathscr{D}_i), i = 1, 2, \cdots, p$.

证明　由 $\mathscr{A} \subseteq \mathscr{G}$, 得到:

$$
\begin{aligned}
v^{\mathscr{G}}(\mathscr{A}) &= v^{\mathscr{G}}\left(\bigcup_{i=1}^{p}(\mathscr{A} \cap \mathscr{D}_i)\right) = v^{\overline{\bigcup_{i=1}^{p}(\mathscr{A} \cap \mathscr{D}_i)}}(N) \\
&= \sum_{S \in C_{\overline{\bigcup_{i=1}^{p}(\mathscr{A} \cap \mathscr{D}_i)}}(N)} v(S) = \sum_{S \in \bigcup_{i=1}^{p} C_{\overline{\mathscr{A} \cap \mathscr{D}_i}}(N)} v(S) \\
&= \sum_{i=1}^{p} \sum_{S \in C_{\overline{\mathscr{A} \cap \mathscr{D}_i}}(N)} v(S) = \sum_{i=1}^{p} v^{\mathscr{G}}(\mathscr{A} \cap \mathscr{D}_i) = \sum_{i=1}^{p} v^{\mathscr{D}_i}(A).
\end{aligned}
$$

证毕.

定理 3.17　位置解 $AP: US^N \to \mathbf{R}^n$ 是一个分配规则.

证明　元组零元 (UC-NP): 若 $i \notin \bigcup_{S \in C_{\mathscr{F}}(N)}$, 则局中人 i 不在任何可行联盟中. 因此, $\mathscr{G}_i = \varnothing$ 且 $AP_i(N, v, \mathscr{F}) = 0$.

元组有效性 (UC-EFF): 令 $S \in C_{\mathscr{F}}(N)$, 则 $s = 1$ 或 $s > 1$. 若 $s = 1$, 则 $S = \{i\}$ 且 $\mathscr{G}_i = \varnothing$. 由于 v 是 0-规范的, 得到: $\sum_{i \in S} f_i(N, v, \mathscr{F}) = 0 = v(i)$. 若 $s > 1$, 则对任意 $i \in S$, $\mathscr{G}_i \neq \varnothing$. 此外, 由于 $S \in C_{\mathscr{F}}(N)$, S 中所有的基元素记为 B_k, $k \in K$, 得到: $S = \bigcup_{k \in K} B_k$. 因此, 若 $i \in S$, 则 $\mathscr{G}_i \subseteq \{B_k\}_{k \in K}$. 假定 $C \in \mathscr{G}_i$ 且对任意 $k \in K$, $C \neq B_k$. 因此, 得到 $C \cap (N \backslash S) \neq \varnothing$. 此外, 由于 $i \in S \cap C$, 得到: $S \cup C \in \mathscr{F}$, 此与 $S \in C_{\mathscr{F}}(N)$ 矛盾. 因此, 应用引理 3.10 和 Shapley 函数的性质得到:

$$
\begin{aligned}
\sum_{i \in S} AP_i(N, v, \mathscr{F}) &= \sum_{i \in S}\left(\sum_{C \in \mathscr{G}_i} \frac{1}{c} Sh_C(\mathscr{G}, v^{\mathscr{G}})\right) \\
&= \sum_{\{\{B_k\}_{k \in K} | b_k \geqslant 2\}, i \in S}\left[b_k \frac{1}{b_k} Sh_{B_k}(\mathscr{G}, v^{\mathscr{G}})\right] \\
&= \sum_{\{\{B_k\}_{k \in K} | b_k \geqslant 2\}, i \in S} Sh_{B_k}(\mathscr{G}, v^{\mathscr{G}}) \\
&= \sum_{\{\{B_k\}_{k \in K} | b_k \geqslant 2\}, i \in S} Sh_{B_k}(\mathscr{G}, v^{\mathscr{D}_k}) \\
&= v^{\mathscr{D}_k}(\{B_k\}_{k \in K}) \\
&= v^{\mathscr{G}}(\{B_k\}_{k \in K} \cap \mathscr{D}_k) \\
&= v^{\mathscr{G}}(\{B_k\}_{k \in K}) \\
&= v(S).
\end{aligned}
$$

证毕.

定义 3.19　分配规则 $f: US^N \to \mathbf{R}^n$ 具有联盟稳定可加性 (U-ADD), 若对任意 $(N, v, \mathscr{F}), (N, w, \mathscr{F}) \in US^N$, 有 $f(N, v + w, \mathscr{F}) = f(N, v, \mathscr{F}) + f(N, w, \mathscr{F})$.

定义 3.20 记 $(N, v, \mathscr{F}) \in US^N$, 支撑 $H \in \mathscr{G}$ 称为多余的, 若对任意 $\mathscr{A} \subseteq \mathscr{G}, v^{\mathscr{G}}(\mathscr{A}) = v^{\mathscr{A}}(\mathscr{A}\backslash H)$. 即 H 是相应会议对策上的零元. 分配规则 $f: US^N \to \mathbf{R}^n$ 具有多余支撑性 (SSP), 若对任意 $(N, v, \mathscr{F}) \in US^N$ 和每一个多余支撑 $H \in \mathscr{G}$, 有 $f(N, v, \mathscr{F}) = f(N, v, \overline{\mathscr{B}\backslash H})$.

定理 3.18 位置解 AP 满足联盟稳定可加性 (U-ADD) 和多余支撑性 (SSP).

证明 由 Shapley 函数的可加性知, AP 满足联盟稳定可加性 (U-ADD). 多余支撑性 (SSP): 对任意 $i \in N$, 定义

$$AP_i(N, v, \mathscr{F}) = \sum_{S \in \mathscr{G}_i} \frac{1}{s} Sh_S(\mathscr{G}, v^{\mathscr{G}}),$$

$$AP_i(N, v, \overline{\mathscr{B}\backslash H}) = \sum_{S \in \mathscr{G}_i \backslash H} \frac{1}{s} Sh_S(\mathscr{G}\backslash H, v^{\mathscr{G}\backslash H}).$$

若 $i \in H$, 得到:

$$AP_i(N, v, \mathscr{F}) = \sum_{S \in \mathscr{G}_i \backslash H} \frac{1}{s} Sh_S(\mathscr{G}, v^{\mathscr{G}}) + \frac{1}{h} Sh_H(\mathscr{G}, v^{\mathscr{G}}).$$

由于 H 是关于相应会议对策上的一个零元, 故 $Sh_H(\mathscr{G}, v^{\mathscr{G}}) = \varnothing$. 因此, 对任意 $i \in N$ 得到:

$$AP_i(N, v, \mathscr{F}) = \sum_{S \in \mathscr{G}_i \backslash H} \frac{1}{s} Sh_S(\mathscr{G}, v^{\mathscr{G}}).$$

故只需证明: 对任意 $S \in \mathscr{C}\backslash H$, $Sh_S(\mathscr{G}, v^{\mathscr{G}}) = Sh_S(\mathscr{G}\backslash H, v^{\mathscr{G}\backslash H})$. 由 Shapley 函数的表达式得到:

$$\begin{aligned}
Sh_S(\mathscr{G}, v^{\mathscr{G}}) &= \sum_{\{\mathscr{L} \subseteq \mathscr{G}: S \in \mathscr{L}\}} p_{\mathscr{L}}^{\mathscr{G}}(v^{\mathscr{G}}(\mathscr{L}) - v^{\mathscr{G}}(\mathscr{L}\backslash S)) \\
&= \sum_{\{\mathscr{L} \subseteq \mathscr{G}: S \in \mathscr{L}, H \in \mathscr{L}\}} p_{\mathscr{L}}^{\mathscr{G}}(v^{\mathscr{G}}(\mathscr{L}) - v^{\mathscr{G}}(\mathscr{L}\backslash S)) \\
&\quad + \sum_{\{\mathscr{L} \subseteq \mathscr{G}: S \in \mathscr{L}, H \notin \mathscr{L}\}} p_{\mathscr{L}}^{\mathscr{G}}(v^{\mathscr{G}}(\mathscr{L}) - v^{\mathscr{G}}(\mathscr{L}\backslash S)),
\end{aligned}$$

其中, $p_{\mathscr{L}}^{\mathscr{G}} = \dfrac{(|\mathscr{L}| - 1)!(|\mathscr{G}| - |\mathscr{L}|)!}{|\mathscr{G}|!}$, $|\mathscr{G}|$ 和 $|\mathscr{L}|$ 分别表示 $\mathscr{G}$ 和 $\mathscr{L}$ 中元素的个数.

$$\begin{aligned}
Sh_S(\mathscr{G}, v^{\mathscr{G}}) &= \sum_{\{\mathscr{L} \subseteq \mathscr{G}: S \in \mathscr{L}, H \in \mathscr{L}\}} p_{\mathscr{L}}^{\mathscr{G}}(v^{\mathscr{G}}(\mathscr{L}\backslash H) - v^{\mathscr{G}}(\mathscr{L}\backslash S\backslash H)) \\
&\quad + \sum_{\{\mathscr{L} \subseteq \mathscr{G}: S \in \mathscr{L}, H \notin \mathscr{L}\}} p_{\mathscr{L}}^{\mathscr{G}}(v^{\mathscr{G}}(\mathscr{L}) - v^{\mathscr{G}}(\mathscr{L}\backslash S))
\end{aligned}$$

$$
\begin{aligned}
&= \sum_{\{\mathscr{L} \subseteq \mathscr{G}: S \in \mathscr{L}, H \notin \mathscr{L}\}} (p_{\mathscr{L} \cup H}^{\mathscr{G}} + p_{\mathscr{L}}^{\mathscr{G}})(v^{\mathscr{G}}(\mathscr{L}) - v^{\mathscr{G}}(\mathscr{L} \backslash S)) \\
&= \sum_{\{\mathscr{L} \subseteq \mathscr{G} \backslash H: S \notin \mathscr{L}\}} \frac{(|\mathscr{L}| - 1)!(|\mathscr{G}| - |\mathscr{L}| - 1)!}{|\mathscr{G} - 1|!}(v^{\mathscr{G}}(\mathscr{L}) - v^{\mathscr{G}}(\mathscr{L} \backslash S)) \\
&= \sum_{\{\mathscr{L} \subseteq \mathscr{G} \backslash H: S \notin \mathscr{L}\}} \frac{(|\mathscr{L}| - 1)!(|\mathscr{G}| - |\mathscr{L}| - 1)!}{|\mathscr{G} - 1|!}(v^{\mathscr{G} \backslash H}(\mathscr{L}) - v^{\mathscr{G} \backslash H}(\mathscr{L} \backslash S)) \\
&= Sh_S(\mathscr{G} \backslash H, v^{\mathscr{G} \backslash H}),
\end{aligned}
$$

其中, 由 $\mathscr{L} \in \mathscr{G} \backslash H$, 得到: $v^{\mathscr{G}}(\mathscr{L}) = v^{\mathscr{G} \backslash H}(\mathscr{L})$. 证毕.

　　记 $(N, v, \mathscr{F})$ 是一个联盟稳定结构合作对策. 局中人 i 的影响定义为: $I_i(N, v, \mathscr{F}) = \sum_{C \in \mathscr{G}_i} \frac{1}{c}$. 联盟稳定结构合作对策 $(N, v, \mathscr{F})$ 满足支撑匿名性 (SAP), 若存在函数 $\mathscr{F}: \{0, 1, \cdots, |\mathscr{G}|\} \to \mathbf{R}^n$, 对任意 $\mathscr{A} \subseteq \mathscr{G}$, 满足 $v^{\mathscr{G}}(\mathscr{A}) = \mathscr{F}(|\mathscr{A}|)$.

　　分配规则 $f: US^N \to \mathbf{R}^n$ 具有联盟稳定影响性 (UIP), 若对任意支撑匿名联盟稳定结构合作对策 $(N, v, \mathscr{F}) \in US^N$, 存在 $\alpha \in \mathbf{R}$, 对任意 $i \in N$, 满足 $f_i(N, v, \mathscr{F}) = \alpha I_i(N, v, \mathscr{F})$.

　　定理 3.19　位置解 AP 满足联盟稳定影响性 (UIP).

　　证明　对于支撑匿名联盟稳定结构合作对策 $(N, v, \mathscr{F}) \in US^N$, 意味着对策 $(\mathscr{G}, v^{\mathscr{G}})$ 是匿名的. 对任意 $S \in \mathscr{G}$, 有 $Sh_S(\mathscr{G}, v^{\mathscr{G}}) = \frac{v^{\mathscr{G}}(\mathscr{G})}{|\mathscr{G}|}$. 对任意 $i \in N$, 得到:

$$
\begin{aligned}
AP_i(N, v, \mathscr{F}) &= \sum_{S \in \mathscr{G}_i} \frac{1}{s} Sh_S(\mathscr{G}, v^{\mathscr{G}}) = \sum_{S \in \mathscr{G}_i} \frac{1}{s}\left(\frac{v^{\mathscr{G}}(\mathscr{G})}{|\mathscr{G}|}\right) \\
&= \frac{v^{\mathscr{G}}(\mathscr{G})}{|\mathscr{G}|} \sum_{S \in \mathscr{G}_i} \frac{1}{s} = \frac{v^{\mathscr{G}}(\mathscr{G})}{|\mathscr{G}|} I_i(N, v, \mathscr{F}).
\end{aligned}
$$

记 $\alpha = \frac{v^{\mathscr{G}}(\mathscr{G})}{|\mathscr{G}|}$. 知原命题成立. 证毕.

　　例 3.9　记 $N = \{1, 2, 3, 4\}$, 令 $(N, v, \mathscr{F})$ 如例 3.7 所示. 由 $\mathscr{G}_1 = \{\{1, 2, 3\}\}$, 得到: $I_1(N, v, \mathscr{F}) = 1/3$. 由 $\mathscr{G}_2 = \mathscr{G}_3 = \{\{1, 2, 3\}, \{2, 3, 4\}\}$, 得到: $I_2(N, v, \mathscr{F}) = I_3(N, v, \mathscr{F}) = 2/3$. 由 $\mathscr{G}_4 = \{\{2, 3, 4\}\}$, 得到: $I_4(N, v, \mathscr{F}) = 1/3$. 此时, $(N, v, \mathscr{F})$ 具有支撑匿名性 (SAP). 事实上, 令 $\mathscr{F}: \{0, 1, 2\} \to \mathbf{R}$ 满足 $\mathscr{F}(0) = 0, \mathscr{F}(1) = 2, \mathscr{F}(2) = 3$, 则对任意 $\mathscr{A} \subseteq \mathscr{G}, v^{\mathscr{G}}(\mathscr{A}) = \mathscr{F}(|\mathscr{A}|)$. 相应的位置解为: $AP(N, v, \mathscr{F}) = 3/2(1/3, 2/3, 2/3, 1/3)$, 其中 $\alpha = 3/2$.

　　引理 3.11　记 $\mathscr{F}$ 是一个联盟稳定系统, 满足对每一个非单一可行联盟可唯一表示为非单一支撑的并. 若 $S = \bigcup_{i \in I} S_i$ 且 $T = \bigcup_{j \in J} T_j$, 对任意 $i \in I$ 和 $j \in J$ 满足 $S_i, T_j \in \mathscr{G}$, 则 $S \subseteq T$ 当且仅当 $\{S_i\}_{i \in I} \subseteq \{T_j\}_{j \in J}$.

　　基于上述探讨, Algaba 等 [77] 给出了满足下列两个条件的联盟稳定结构合作对策上位置解的一个公理体系:

　　(i) 对任意 $S, T \in \mathscr{F}$ 满足 $|S \cap T| \geqslant 2$, 有 $S \cap T \in \mathscr{F}$;

　　(ii) 对每一个非单一可行联盟可唯一表示为非单一支撑的并.

对满足上述两个条件的所有联盟稳定结构合作对策上的位置解记为 USI^N.

　　定理 3.20　　位置解是 USI^N 上满足联盟稳定可加性 (U-ADD), 多余支撑性 (SSP) 和联盟稳定影响性 (UIP) 的唯一分配指标.

　　证明:　　唯一性. 记 $f, AP: USI^N \to \mathbf{R}^n$ 是两个满足上述性质的分配指标. 下证, $f(N, v, \mathscr{F})=AP(N, v, \mathscr{F})$. 由于联盟对策 $v \in G(N)$ 是 0-规范的, 且 v 可表示为: $v = \sum\limits_{T \subseteq N: t \geqslant 2} c_T u_T$. 由于 f 和 AP 满足联盟稳定可加性 (U-ADD), 故只需证明对任意 $T \subseteq N$ 满足 $t \geqslant 2$, 有 $f(N, c_T u_T, \mathscr{F})= AP(N, c_T u_T, \mathscr{F})$.

　　分两种情形证明:

　　(a) 不存在联盟 $S \in \mathscr{F}$ 满足 $T \subseteq S$;

　　(b) 存在联盟 $S \in \mathscr{F}$ 满足 $T \subseteq S$.

对于情形 (a), 得到:

$$(c_T u_T)^{\mathscr{G}}(\mathscr{A}) = c_T \sum_{E \in C_{\overline{\mathscr{A}}}(N)} u_T(E) = 0 \quad \forall \mathscr{A} \subseteq \mathscr{G},$$

即关于 $c_T u_T$ 的会议对策是一个零对策. 因此, 对任意 $S \in \mathscr{G}$, 有 $Sh_S(\mathscr{G}, (c_T u_T)^{\mathscr{G}}) = 0$. 故对任意 $i \in N$, $AP_i(N, c_T u_T, \mathscr{F})= 0$. 另一方面, 若 $(c_T u_T)^{\mathscr{G}} = 0$, 则 $\mathscr{G}$ 的每一个支撑是多余的. 因此,

$$f(N, c_T u_T, \mathscr{F}) = f(N, c_T u_T, \overline{\mathscr{B} \backslash H}).$$

　　此外, $(N, c_T u_T, \overline{\mathscr{B} \backslash H})$ 是支撑匿名的, 由联盟稳定影响性 (UIP) 知, 存在实数 β 满足 $f(N, c_T u_T, \overline{\mathscr{B} \backslash H}) = \beta I(N, c_T u_T, \overline{\mathscr{B} \backslash H}) = 0$. 即

$$AP_i(N, c_T u_T, \mathscr{F}) = f_i(N, c_T u_T, \overline{\mathscr{B} \backslash H}) \quad \forall i \in N.$$

对于情形 (b), 由假设知: $\{S \in \mathscr{F}: T \subseteq S\}$ 是一个非空集合, 定义 $\bar{T} = \cap \{S \in \mathscr{F} : T \subseteq S\}$. 则由 USI^N 满足条件 (i) 知: $\varnothing \neq \bar{T} \in \mathscr{F}$, 且 $\bar{T}$ 是包含集合 T 的最小可行集. 由性质 3.8 知, 存在 $B_i \in \mathscr{G}$ 满足 $\bar{T} = \bigcup_{i \in I} B_i$. 得到关于 $c_T u_T$ 的会议对策如下:

$$(c_T u_T)^{\mathscr{G}} : P(\mathscr{G}) \to \mathbf{R}, (c_T u_T)^{\mathscr{G}}(\mathscr{A}) = \begin{cases} c_T & \bar{T} \in \overline{\mathscr{A}}, \\ 0 & \text{否则}. \end{cases}$$

由性质 3.8 得到: $\bar{T} \in \overline{\mathscr{A}}$ 当且仅当 $\{B_i\}_{i \in I} \subseteq \mathscr{A}$. 因此,

$$(c_T u_T)^{\mathscr{G}}(\mathscr{A}) = \begin{cases} c_T & \{B_i\}_{i \in I} \subseteq \mathscr{A}, \\ 0 & \text{否则.} \end{cases}$$

对任意支撑 $B \in \mathscr{C}$ 满足 $B \notin \{B_i\}_{i \in I}$, 关于会议对策是多余的. 由多余支撑性 (SSP) 得到:

$$AP(N, c_T u_T, \mathscr{F}) = AP(N, c_T u_T, \mathscr{F}') \text{和} f(N, c_T u_T, \mathscr{F}) = f(N, c_T u_T, \mathscr{F}'),$$

其中, $\mathscr{F}' = \cup\{\{j\} : \{j\} \in \mathscr{F}\} \cup (\overline{\{B_l\}}_{l \in I})$.

由于会议对策关于 $c_T u_T$ 在 $\mathscr{F}'$ 是支撑匿名的, 得到:

$$(c_T u_T)^{\{B_i\}_{i \in I}}(\mathscr{A}) = \begin{cases} c_T & \{B_i\}_{i \in I} = \mathscr{A}, \\ 0 & \text{否则.} \end{cases}$$

对分配规则 f 和 AP 应用联盟稳定影响性 (UIP) 得到:

$$AP(N, c_T u_T, \mathscr{F}') = \gamma I(N, c_T u_T, \mathscr{F}'),$$

$$f(N, c_T u_T, \mathscr{F}') = \beta I(N, c_T u_T, \mathscr{F}'),$$

其中, $\gamma, \beta \in \mathbf{R}$.

因此, 若 $i \in N \backslash \bar{T}$, 则 $I_i(N, c_T u_T, \mathscr{F}') = 0$. 因此,

$$AP(N, c_T u_T, \mathscr{F}') = f(N, c_T u_T, \mathscr{F}') = 0.$$

当 $i \in \bar{T}$ 时, 由于 $\bar{T} \in C_{\mathscr{F}'}(N)$, 由元组有效性 (UC-EFF) 得到:

$$\sum_{i \in \bar{T}} f_i(N, c_T u_T, \mathscr{F}') = c_T u_T(\bar{T}) = \sum_{i \in \bar{T}} AP_i(N, c_T u_T, \mathscr{F}').$$

因此,

$$\sum_{i \in \bar{T}} \gamma I_i(N, c_T u_T, \mathscr{F}') = \sum_{i \in \bar{T}} \beta I_i(N, c_T u_T, \mathscr{F}').$$

得到:

$$\sum_{i \in \bar{T}} (\gamma - \beta) I_i(N, c_T u_T, \mathscr{F}') = 0.$$

由于 $\bar{T} \in C_{\mathscr{F}'}(N)$, $\sum_{i \in \bar{T}} I_i(N, c_T u_T, \mathscr{F}') \neq 0$. 故 $\gamma = \beta$. 证毕.

若联盟对策 $v \in G(N)$ 是凸的, 则对任意 $T \subseteq S \subseteq N \backslash R$, 有 $v(S \cup R) - v(S) \geqslant v(T \cup R) - v(T)$.

引理 3.12   若联盟对策 $v \in G(N)$ 是凸的, 则

$$v\left(\bigcup_{i=1}^{k} T_i\right) - \sum_{i=1}^{k} v(T_i) \leqslant v\left(\bigcup_{i=1}^{k} S_i\right) - \sum_{i=1}^{k} v(S_i) \quad k = 2, 3, \cdots$$

其中, $T_i \cap T_j = \varnothing, i \neq j$, 且对任意 i, 有 $S_i \subseteq T_i$.

定理 3.21   令 $(N, v, \mathscr{F}) \in USI^N$, 若 $v \in G(N)$ 是凸的, 则会议对策 $(\mathscr{G}, v^{\mathscr{G}})$ 也是凸的. 类似于经典合作对策, 不难得到: $(N, v, \mathscr{F}) \in USI^N$ 上的核心可表示为:

$$C(N, v, \mathscr{F}) = \{x \in \mathbf{R}_+^n : x(N) = v^{\mathscr{F}}(N), \forall S \in \mathscr{F}, x(S) \geqslant v(S)\}.$$

定理 3.22   令 $(N, v, \mathscr{F}) \in USI^N$ 满足 $v \in G(N)$ 是凸的, 则 $AP(N, v, \mathscr{F}) \in C(N, v, \mathscr{F})$.

关于定理 3.21 和定理 3.22 的证明, 感兴趣的读者可参考文献 [77].

3.3.2   Myerson 值

后来, Algaba 等 [78] 基于交流结构上合作对策的 Myerson 值, 探讨了具有联盟稳定结构合作对策上的 Myerson 值. 在介绍 Myerson 值的公理体系之前, 先回顾一些基本概念.

定义 3.21   记 $\mathscr{F}$ 是一个联盟稳定系统. 局中人 $i, j \in N$ 通过 $\mathscr{G}(\mathscr{F}) = \{B \in B(\mathscr{F}) : b \geqslant 2\}$ 称为相连的, 若存在有序非单一支撑 $(B_1, B_2, \cdots, B_k)$ 满足 $i \in B_1$, $j \in B_k$, 且当 $k \geqslant 2$ 时, $B_p \cap B_{p+1} \neq \varnothing, p = 1, \cdots, k-1$.

定理 3.23   记 $\mathscr{F}$ 是一个联盟稳定系统. 令 $S \in \mathscr{F}$, 且 $i, j \in N$ 满足 $i \neq j$, 则 $\{i, j\} \subseteq S$ 当且仅当 i, j 通过 $\mathscr{G}(\mathscr{F})$ 是相连的, 且支撑包含于 S.

证明: 充分性. 令 $\{i, j\} \subseteq S$. 若 $S \in \mathscr{G}(\mathscr{F})$, 只需取 $k = 1$ 和 $B_1 = S$. 若 $S \notin \mathscr{G}(\mathscr{F})$, 则 $S = E \cup F$ 满足 $E, F \in \mathscr{F}$ 和 $E \cap F \neq \varnothing$. 若 $E, F \in \mathscr{G}(\mathscr{F})$, 则结论成立. 否则, 重复此分解过程, 直到获得支撑序列为止. 必要性显然成立. 证毕.

令 $(N, v, \mathscr{F})$ 是一个联盟稳定结构合作对策. 对任意 $i \in N$, Myerson 值 AM 定义为:

$$AM_i(N, v, \mathscr{F}) = Sh_i(N, v, \mathscr{F}).$$

例 3.10   令 $N = \{1, 2, 3, 4\}$ 和 $\mathscr{F} = \{\{1\}, \{1, 2, 3\}, \{2, 3, 4\}, N\}$. 令 $v: P(N) \to \mathbf{R}$, 定义为: $v(\varnothing) = 0$ 和 $v(S) = s - 1, S \subseteq N \backslash \varnothing$. 则基 $B(\mathscr{F}) = \{\{1\}, \{1, 2, 3\}, \{2, 3, 4\}\}$, 且 $\mathscr{G}(\mathscr{F}) = \{\{1, 2, 3\}, \{2, 3, 4\}\}$. 因此, 对任意 $S \in \mathscr{F}, v^{\mathscr{F}}(S) = s - 1$, 否则 $v^{\mathscr{F}}(S) = 0$. 局中人的 Myerson 值为: $AM(N, v, \mathscr{F}) = \dfrac{1}{12}(5, 13, 13, 5)$.

引理 3.13   Myerson 值 $AM: US^N \to \mathbf{R}^n$ 是一个分配规则.

该引理的证明类似于联盟稳定结构合作对策上的位置解.

定义 3.22　分配规则 $f: US^N \to \mathbf{R}^n$ 称为公平的, 若对任意 $B \in \boldsymbol{B}(\mathscr{F})$,

$$f_i(N, v, \mathscr{F}) - f_i(N, v, \mathscr{F}') = c \quad \forall i \in B,$$

其中, $\mathscr{F}' = \overline{\boldsymbol{B}(\mathscr{F}) \backslash B}$.

定理 3.24　Myerson 值是 US^N 上的唯一公平分配规则.

证明　存在性. 定义对策:

$$w(S) = v^{\mathscr{F}}(S) - v^{\mathscr{F}'}(S) \quad \forall S \subseteq N,$$

其中, $\mathscr{F}' = \overline{\boldsymbol{B}(\mathscr{F}) \backslash B}$.

由 w 的定义知: 对任意 $S \subseteq N$, 满足 $B \nsubseteq S$, 有 $w(S)=0$. 此外, 对任意 $S \subseteq N$, 满足 $B \subseteq S$, $w(S \backslash k) = 0$, 其中 $k \in B$. 因此, 对任意 $k \in B$, 可表示为:

$$Sh_k(N, w) = \sum_{S: B \subseteq S} \frac{(s-1)!(n-s)!}{n!} w(S). \tag{3.21}$$

进而得到:

$$Sh_p(N, w) = Sh_k(N, w) \quad \forall p \in B.$$

即 Myerson 值是公平的.

唯一性. 假定在 US^N 上有两个公平分配规则 f^1 和 f^2. 对 $\mathscr{G}(\mathscr{F})$ 中非单一支撑元素的个数采用递推法证明 $f^1(N, v, \mathscr{F})=f^2(N, v, \mathscr{F})$.

若 $|\boldsymbol{B}(\mathscr{F})| = 0$, 则 $C_{\mathscr{F}}(N)= \{\{i\}: \{i\} \in \mathscr{F}\}$. 由元组有效性 (UC-EFF) 和元组零元 (UC-NP) 得到: $f^1(N, v, \mathscr{F})=f^2(N, v, \mathscr{F})$.

假设 $f^1(N, v, \mathscr{F})=f^2(N, v, \mathscr{F})$, 其中, 对任意 $|\mathscr{G}(\mathscr{F})| \leqslant k-1$. 当 $|\mathscr{G}(\mathscr{F})| = k$ 时. 考虑 $C \in \mathscr{G}(\mathscr{F})$, 由公平性得到:

$$f_i^1(N, v, \mathscr{F}) - f_i^1(N, v, \overline{\boldsymbol{B}(\mathscr{F}) \backslash C}) = c,$$

$$f_i^2(N, v, \mathscr{F}) - f_i^2(N, v, \overline{\boldsymbol{B}(\mathscr{F}) \backslash C}) = d,$$

其中, $i \in C$, $c, d \in \mathbf{R}$.

由归纳法知:

$$f_i^1(N, v, \overline{\boldsymbol{B}(\mathscr{F}) \backslash C}) = f_i^2(N, v, \overline{\boldsymbol{B}(\mathscr{F}) \backslash C}).$$

由上式知, 存在常数 $\alpha = c - d$, 满足:

$$f_i^1(N, v, \mathscr{F}) = f_i^2(N, v, \mathscr{F}) = \alpha \quad \forall i \in C. \tag{3.22}$$

给定 $S \in C_{\mathscr{F}}(N)$, 由元组有效性 (UC-EFF) 得到:

$$\sum_{i \in S}(f_i^1(N, v, \mathscr{F}) - f_i^2(N, v, \mathscr{F})) = 0.$$

另一方面, 由定理 3.23 知, 对任意 $j, p \in S$, 存在非单一支撑序列 $(B_1, B_2, \cdots, B_k)$ 满足 $j \in B_1$, $p \in B_k$, 且 $B_l \cap B_{l+1} \neq \varnothing$, $l = 1, \cdots, k-1$. 由式 (3.22) 得到:

$$f_i^1(N, v, \mathscr{F}) - f_i^2(N, v, \mathscr{F}) = \alpha \quad \forall i \in B_1.$$

由 $B_1 \cap B_2 \neq \varnothing$ 知, 存在 $h \in B_1 \cap B_2$ 满足:

$$f_h^1(N, v, \mathscr{F}) - f_h^2(N, v, \mathscr{F}) = \alpha.$$

由归纳法知, 对序列 $(B_1, B_2, \cdots, B_k)$ 中的所有元素有:

$$f_j^1(N, v, \mathscr{F}) - f_j^2(N, v, \mathscr{F}) = f_p^1(N, v, \mathscr{F}) - f_p^2(N, v, \mathscr{F}).$$

因此, 对任意 $i \in S$, 有 $f_i^1(N, v, \mathscr{F}) - f_i^2(N, v, \mathscr{F}) = \alpha$. 得到:

$$\sum_{i \in S}(f_i^1(N, v, \mathscr{F}) - f_i^2(N, v, \mathscr{F})) = s\alpha.$$

因此, $s\alpha = 0$. 得到: $f^1(N, v, \mathscr{F}) = f^2(N, v, \mathscr{F})$. 证毕.

定义 3.23 分配规则 $f\colon US^N \to \mathbf{R}^n$ 称为基单调的, 若对任意 $B \subseteq \boldsymbol{B}(\mathscr{F})$,

$$f_i(N, v, \mathscr{F}) \geqslant f_i(N, v, \mathscr{F}') \quad \forall i \in B,$$

其中, $\mathscr{F}' = \overline{\boldsymbol{B}(\mathscr{F}) \backslash B}$.

性质 3.9 令 $(N, v, \mathscr{F}) \in US^N$. 若 v 是超可加的和 0-规范的, 则 Myerson 值 AM 是基单调的.

证明 由式 (3.21) 只需证明, 对任意 $S \subseteq N$ 满足 $B \subseteq S$, 有 $w(S) \geqslant 0$, 其中 $w(S) = v^{\mathscr{F}}(S) - v^{\mathscr{F}'}(S)$, $\mathscr{F}' = \overline{\boldsymbol{B}(\mathscr{F}) \backslash B}$. 联盟 S 在 $\mathscr{F}'$ 上的最大可行联盟要么是 S 在 $\mathscr{F}$ 上的最大可行联盟, 要么包含于联盟 S 的一个 $\mathscr{F}$-元组内. 为此, 对于 S 在 $\mathscr{F}'$-元组和 v 的超可加性及 0-规范性, 得到:

$$v^{\mathscr{F}'}(S) = \sum_{T' \in C_{\mathscr{F}'}(S)} v(T') \leqslant \sum_{T \in C_{\mathscr{F}}(S)} v\left(\bigcup_{T' \in C_{\mathscr{F}'}(S): T' \subseteq T} T'\right) \leqslant v^{\mathscr{F}}(S). \quad 证毕.$$

为讨论方便, 对任意 $i \in N$, $\mathscr{G}_i(\mathscr{F}) = \{B \in \mathscr{G}(\mathscr{F})\colon i \in B\}$.

定义 3.24 联盟稳定结构合作对策 $(N, v, \mathscr{F})$ 称为点匿名的, 若存在函数 $f\colon\{0, 1, \cdots, d\} \to \mathbf{R}^n$, 对任意 $S \subseteq N$, 满足 $v^{\mathscr{F}}(S) = f(|S \cap D|)$, 其中 $D = \{i \in N\colon \mathscr{G}_i(\mathscr{F}) \neq \varnothing\}$, d 表示 D 的势指标.

定义 3.25 分配规则 $f\colon US^N \to \mathbf{R}^n$ 满足点匿名性 (PAP), 若对任意点匿名对策 $(N, v, \mathscr{F})$, 存在实数 α 满足:

$$f_i(N, v, \mathscr{F}) = \begin{cases} \alpha & i \in D, \\ 0 & \text{否则.} \end{cases}$$

性质 3.10 Myerson 值 AM 满足点匿名性 (PAP).

证明 令 $(N, v, \mathscr{F})$ 为点匿名对策. 若 $D = \varnothing$, 则对任意 $S \subseteq N$, 限制对策 $v^{\mathscr{F}}(S) = f(|S \cap \varnothing|) = f(0) = 0$. 因此,

$$AM_i(N, v, \mathscr{F}) = 0 \quad \forall i \in N.$$

令 $D \neq \varnothing$. 若 $i \notin D$, 由 $S \cap D = (S \backslash i) \cap D$, 得到: $AM_i(N, v, \mathscr{F}) = 0$. 另一方面, 若 $i, j \in N$, 由 Shapley 函数的对称性, 得到: $AM_i(N, v, \mathscr{F}) = AM_j(N, v, \mathscr{F})$. 因此,

$$f(|D|) = \sum_{i \in D} AM_i(N, v, \mathscr{F}) = dAM_i(N, v, \mathscr{F}).$$

得到:

$$AM_i(N, v, \mathscr{F}) = f(|D|)/d = \alpha \quad \forall i \in D.$$

否则, $AM_i(N, v, \mathscr{F}) = 0$. 证毕.

定义 3.26 局中人 $i \in N$ 称为多余的, 若对任意 $S \subseteq N$, $v^{\mathscr{F}}(S) = v^{\mathscr{F}}(S \backslash i)$. 分配规则 $f\colon US^N \to \mathbf{R}^n$ 满足联盟稳定多余性 (UWSP), 若对任意多余局中人 $i \in N$, 有 $f(N, v, \mathscr{F}) = f(N, v, \mathscr{F}_{-i})$, 其中 $\mathscr{F}_{-i} = \{S \in \mathscr{F} : S \subseteq N \backslash i\}$.

性质 3.11 Myerson 值 AM 满足联盟稳定多余性 (UWSP).

证明 记局中人 $i \in N$ 为多余的, 则 i 关于 $v^{\mathscr{F}}$ 是一个零元, 故 $AM_i(N, v, \mathscr{F}) = 0$. 此外, 由于 $i \notin \bigcup_{S \in C_{\mathscr{F}_{-i}}(N)} S$ 和元组零元性 (UC-NP), 得到: $AM_i(N, v, \mathscr{F}_{-i}) = 0$.

对于其它局中人, 只需证明对任意 $S \subseteq N$ 和多余局中人 $i \in N$, 有 $v^{\mathscr{F}}(S) = v^{\mathscr{F}_{-i}}(S)$ 或 $v^{\mathscr{F}}(S \backslash i) = v^{\mathscr{F}_{-i}}(S)$. 由 $C_{\mathscr{F}}(S \backslash i) = C_{\mathscr{F}_{-i}}(S)$, 得到:

$$v^{\mathscr{F}}(S \backslash i) = \sum_{T \in C_{\mathscr{F}}(S \backslash i)} v(T) = \sum_{T \in C_{\mathscr{F}_{-i}}(S)} v(T) = v^{\mathscr{F}_{-i}}(S) \quad \forall S \subseteq N. \quad \text{证毕.}$$

引理 3.14 一个可加分配规则 $f\colon US^N \to \mathbf{R}^n$ 满足联盟稳定多余性 (UWSP), 则 $f(N, v, \mathscr{F}) = f(N, v^{\mathscr{F}}, \mathscr{F})$.

证明 由 f 的可加性, 只需证明: $f(N, v - v^{\mathscr{F}}, \mathscr{F}) = 0$. 对任意 $S \subseteq N$, 得到:

$$(v - v^{\mathscr{F}})(S) = \sum_{T \in C_{\mathscr{F}}(S)} (v - v^{\mathscr{F}})(T) = \sum_{T \in C_{\mathscr{F}}(S)} (v(T) - v^{\mathscr{F}}(T)) = 0.$$

因此, 关于 $(N, v - v^{\mathscr{F}}, \mathscr{F})$, 每一个局中人都是多余的. 由归纳法得到:

$$f(N, v - v^{\mathscr{F}}, \mathscr{F}) = f(N, v - v^{\mathscr{F}}, \mathscr{F}_{-S}),$$

其中, $S \in C_{\mathscr{F}}(N)$.

对任意 $i \in S$, 由 $i \notin \bigcup_{T \in C_{\mathscr{F}_{-S}}(N)} T$, 得到:

$$f_i(N, v - v^{\mathscr{F}}, \mathscr{F}) = f_i(N, v - v^{\mathscr{F}}, \mathscr{F}_{-S}) = 0.$$

综上得到:

$$f_i(N, v - v^{\mathscr{F}}, \mathscr{F}) = 0 \quad \forall i \in N.$$

证毕.

定理 3.25 Myerson 值 AM 是 US^N 上满足联盟稳定可加性 (U-ADD), 联盟稳定多余性 (UWSP) 和点匿名性 (PAP) 的唯一分配指标.

证明   由 AM 的表达式和性质 3.10、性质 3.11 知, Myerson 值 AM 满足上述三个性质. 下证, 唯一性. 由引理 3.14 知: $f(N, v, \mathscr{F}) = f(N, v^{\mathscr{F}}, \mathscr{F})$. 类似于经典合作对策, $\mathscr{F}$-限制对策可表示为:

$$v^{\mathscr{F}} = \sum_{S \in \mathscr{F}: S \neq \varnothing} c_S u_S.$$

由联盟稳定可加性 (U-ADD), 只需证明: 对任意 $S \in \mathscr{F}$ 满足 $S \neq \varnothing$, $f(N, c_S u_S, \mathscr{F})$ 的唯一性即可. 若 $i \in N \backslash S$, 对任意 $T \subseteq N$, 有:

$$c_S u_S(T) = c_S \Leftrightarrow S \subseteq T \Leftrightarrow S \subseteq T \backslash i \Leftrightarrow c_S u_S(T \backslash i) = c_S.$$

因此, 任意局中人 $i \notin S$ 是多余的, 由联盟稳定多余性 (UWSP) 得到:

$$f(N, c_S u_S, \mathscr{F}) = f(N, c_S u_S, \mathscr{F}_S),$$

其中, $\mathscr{F}_S = \{T \in \mathscr{F} : T \subseteq S\}$.

由 $C_{\mathscr{F}_S}(N) = C_{\mathscr{F}}(S) = \{S\}$ 和联盟稳定多余性 (UWSP) 得到:

$$f_i(N, c_S u_S, \mathscr{F}_S) = 0 \quad \forall i \in N \backslash S.$$

接下来计算 $f_i(N, c_S u_S, \mathscr{F}_S)$, 其中 $i \in S$. 对任意 $T \subseteq N$, 得到:

$$(c_S u_S)^{\mathscr{F}_S}(T) = \sum_{E \in C_{\mathscr{F}_S}(T)} c_S u_S(E) = c_S \Leftrightarrow \exists E \in \mathscr{F}_S, \quad S \subseteq E \subseteq T.$$

若 $E \in \mathscr{F}_S$, 则 $E \subseteq S$. 故 $(u_S u_S)^{\mathscr{F}_S}(T) = c_S$ 当且仅当 $S \subseteq T$. 因此, $(c_S u_S)^{\mathscr{F}_S} = c_S u_S$ 意味着

$$(c_S u_S)^{\mathscr{F}_S}(T) = c_S u_S(T) = c_S \Leftrightarrow S \subseteq T \Leftrightarrow S \cap T = S.$$

综上知, 存在函数 $f : \{0, 1, \cdots, s\} \to \mathbf{R}^n$, 对任意 $T \subseteq N$, 满足 $(c_S u_S)^{\mathscr{F}_S}(T) = f(|S \cap T|)$, 其中 $f(p) = 0, p = 0, 1, \cdots, s-1$, 且 $f(s) = c_S$. s 表示 S 的势指标. 因此, $(N, c_S u_S, \mathscr{F}_S)$ 是点匿名的, 由点匿名性 (PAP) 得到:

$$f_i(N, c_S u_S, \mathscr{F}_S) = \begin{cases} \beta & i \in S, \\ 0 & \text{否则}. \end{cases}$$

此外, 由 $C_{\mathscr{F}_S}(N) = \{S\}$ 和联盟稳定可加性 (U-ADD) 得到:

$$\sum_{i \in S} f_i(N, c_S u_S, \mathscr{F}_S) = c_S = s\beta.$$

则 $\beta = c_S / s$. 即 $f(N, c_S u_S, \mathscr{F}) = AM(N, c_S u_S, \mathscr{F})$. 证毕.

此外, Hamiache[79] 对具有交流结构合作对策上的有关分配指标进行了研究. 2006 年 Bilbao 等 [80] 指出 Hamiache 提出的公理体系对所探讨分配指标唯一性的证明是错误的. 作者进一步探讨了联盟稳定结构合作对策上相应合作对策关于该指标的描述. 同时, 建立了所给分配指标存在唯一性的一个公理体系.

3.4　凸几何上的合作对策

本节探讨图结构上另一种重要合作对策模型: 凸几何上的合作对策. 由凸几何的含义知, 每一个分配格都是一个凸几何. 通过连接块图限制的对策是凸几何上的合作对策. 凸几何上的合作对策是对 Faigle 和 Kern[81] 所探讨具有优先约束合作对策的进一步补充和完善. 凸几何概念是由 Edelman 和 Jamison[82] 首先提出的, 其具体含义如下:

定义 3.27　对局中人集合 N, 称 $\mathscr{L}$ 是 N 上的一个凸几何, 若 $\mathscr{L}$ 满足如下条件:

C1: $\varnothing \in \mathscr{L}$;

C2: 若 $S, T \in \mathscr{L}$, 则 $S \cap T \in \mathscr{L}$;

C3: 对 $S \in \mathscr{L}$ 且 $S \neq N$, 则存在 $i \in N \backslash S$ 满足 $i \cup S \in \mathscr{L}$;

其中 $S, T \subseteq N$.

由凸几何 $\mathscr{L}$ 的定义知, $\mathscr{L}$ 是一个封闭运算, 即 $\mathscr{L}$ 是一个从 $P(N)$ 到自身满足如下性质的函数:

(i) $S \subseteq \mathscr{L}(S)$;

(ii) 若 $S \subseteq T$, 则 $\mathscr{L}(S) \subseteq \mathscr{L}(T)$;

(iii) $\mathscr{L}(\mathscr{L}(S)) = \mathscr{L}(S)$,

其中, $\mathscr{L}(\varnothing) = \varnothing$.

凸几何 $\mathscr{L}$ 上的集合称为凸集. 对任意 $T, S \in \mathscr{L}$, 定义 S 到 T 的最大链为 $S = M_1 \subset M_2 \subset \cdots \subset M_{k-1} \subset M_k = T$, 其中, 对任意 $1 \leqslant j \leqslant k-1$ 都不存在 $C \in \mathscr{L}$, 满足 $M_j \subset C \subset M_{j+1}$. 由最大链的定义知: $m_j = m_{j+1} - 1 (j \in \{0, 1, \cdots, k-1\})$, 其中 m_j 表示 M_j 的势指标. S 到 T 的最大链的数目表示为 $c([S,T])$, $c(S)$ 表示 $\varnothing$ 到 S 的最大链的数目; 对任意 $S \in \mathscr{L}$, 有 $c([S,S]) = 1$. $c(\mathscr{L})$ 表示 $\varnothing$ 到 N 的最大链集合, 用 $c(N)$ 表示 $c(\mathscr{L})$ 的势指标. 对 N 上的凸几何 $\mathscr{L}$ 记为 $(N, \mathscr{L})$, $G(N, \mathscr{L})$ 表示 $(N, \mathscr{L})$ 上的合作对策的全体. 对 $S \in \mathscr{L}$ 且 $S \neq N$, 若 $i \in N \backslash S$ 满足 $i \cup S \in \mathscr{L}$, 则称 i 是联盟 S 的一个扩张点, 其全体记为 auS; 对 $S \in \mathscr{L}$ 和 $i \in S$, 若 $S \backslash i \in \mathscr{L}$, 则称 i 是联盟 S 的一个极点, 其全体记为 exS.

3.4.1 Shapley 函数

定理 3.26 记 $v \in G(N, \mathscr{L})$, 则存在唯一的系数集 $\{c_T : T \in \mathscr{L}\}$ 满足 $v = \sum_{T \in \mathscr{L}} c_T u_T$, 且 $c_T = \sum_{T \in [S \backslash exS, S]} (-1)^{s-t} v(T)$.

证明 由经典合作对策的唯一性证明知, 一致合作对策 $\{u_T : T \in \mathscr{L}, T \neq \varnothing\}$ 是 $G(N, \mathscr{L})$ 的一个基. 对任意 $S \in \mathscr{L}$, 得到:

$$v(S) = \sum_{T \in \mathscr{L}} c_T u_T(S) = \sum_{\{T \in \mathscr{L}, T \subseteq S\}} c_T.$$

对格 $\mathscr{L}$ 应用莫比乌斯 (Möbius) 逆运算得到:

$$c_T = \sum_{\{T \in \mathscr{L}, T \subseteq S\}} \mu_{\mathscr{L}}(T, S) v(T) \quad \forall S \in \mathscr{L},$$

其中, $\mu_{\mathscr{L}}$ 是格上的莫比乌斯函数, 满足 $\mu_{\mathscr{L}}(T, S) = \begin{cases} (-1)^{s-t} & S \backslash T \subseteq exS, \\ 0 & \text{否则}. \end{cases}$

由 $\{T \in \mathscr{L}, T \subseteq S$ 和 $S \backslash T \subseteq exS\} = [S \backslash exS, S]$ 知, 原命题得证. 证毕.

对任意给定的元素 $i \in N$ 和凸几何 $\mathscr{L}$ 上的最大链 C, 记 $C(i) = \{j \in N:$ 对任意 $j \in C, j \leqslant i\}$. 令 $S \in \mathscr{L}$ 和 $i \in S$. 根据 Faigle 和 Kern [80], 作者定义局中人 i 在 S 上的强等级性 $h_S(i)$ 如下:

$$h_S(i) = \frac{|C \in C(\mathscr{L}) : C(i) \cap S = S|}{c(N)}.$$

由 $h_S(i)$ 的表达式易知: $h_S(i)$ 表示凸几何上局中人 i 是最后一个参与合作的最大链的平均数. 易知: $h_S(i) \neq 0 \Leftrightarrow i \in exS$.

定义 3.28　令 $v \in G(N, \mathscr{L})$, 凸集 $S \in \mathscr{L}$ 称为 v 的一个支撑, 若对任意 $T \in \mathscr{L}$, 有 $v(T) = v(S \cap T)$.

令映射 $f: G(N, \mathscr{L}) \to \mathbf{R}^n$. 类似于经典合作对策上 Shapley 函数的公理体系, Bilbao[83] 介绍了如下公理来探讨凸几何上 Shapley 函数的存在唯一性.

线性性质 (C-L): 令 $v, w \in G(N, \mathscr{L})$ 和 $\alpha, \beta \in \mathrm{R}$, 有

$$f(N, \alpha v + w\beta, \mathscr{L}) = \alpha f(N, v, \mathscr{L}) + \beta f(N, w, \mathscr{L}).$$

支撑性 (C-C): 若凸集 $S \in \mathscr{L}$ 是 $v \in G(N, \mathscr{L})$ 的一个支撑, 则

$$\sum_{i \in S} f_i(N, v, \mathscr{L}) = v(S).$$

强等级性 (C-SHS): 令 $S \in \mathscr{L}$. 对任意 $i, j \in S$, 有

$$h_S(i) f_j(N, u_s, \mathscr{L}) = h_S(j) f_i(N, u_s, \mathscr{L}).$$

性质 3.12　存在唯一映射 $f: G(N, \mathscr{L}) \to \mathbf{R}^n$ 满足线性性质 (C-L), 支撑性 (C-C) 和强等级性 (C-SHS), 且对任意 $i \in N$, Shapley 值有

$$CS_i(N, v, \mathscr{L}) = \sum_{\{S \in \mathscr{L}, i \in exS\}} h_S(i) c_s.$$

证明　由线性性质 (C-L) 和定理 3.26, 只需证明: 对任意 $S \in \mathscr{L}$, Shapley 函数 CS 关于一致对策 u_S 的存在唯一性即可. 对一致对策 u_S 知: 联盟 S 是一个支撑. 由支撑性 (C-C) 得到:

$$\sum_{i \in S} CS_i(N, u_S, \mathscr{L}) = u_S(S) = 1.$$

此外, 对任意 $j \notin S$, 易知: $CS_j(N, u_S, \mathscr{L}) = 0$. 固定 $i \in S$, 由强等级性 (C-SHS) 得到:

$$CS_j(N, u_S, \mathscr{L}) = \frac{h_S(j)}{h_S(i)} CS_i(N, v, \mathscr{L}).$$

因此,

$$1 = \sum_{i \in S} CS_i(N, u_S, \mathscr{L}) = CS_i(N, u_S, \mathscr{L}) + \sum_{j \in S \setminus i} \frac{h_S(j)}{h_S(i)} CS_i(N, v, \mathscr{L})$$

$$= \frac{\sum\limits_{j \in S} h_S(j)}{h_S(i)} CS_i(N, v, \mathscr{L}).$$

由于对每一个最大链 $C \in C(\mathscr{L})$, 存在唯一的元素 $j \in S$ 满足 $C(j) \cap S = S$, 得到: $\displaystyle\sum_{j \in S} h_S(j) = 1$. 因此, 局中人的 Shapley 值可表示为:

$$CS_i(N, u_S, \mathscr{L}) = \begin{cases} h_S(i) & i \in exS, \\ 0 & \text{否则}. \end{cases}$$

由线性性质 (C-L) 和定理 3.26 知, Shapley 函数是满足上述公理特征的唯一分配指标. 证毕.

定理 3.27 记 $v \in G(N, \mathscr{L})$. 对任意局中人 $i \in N$, 有

$$CS_i(N, v, \mathscr{L}) = F_i(N, v, \mathscr{L}) = \frac{1}{c(N)} \sum_{S \in C(\mathscr{L})} [v(C(i)) - v(C(i) \backslash i)].$$

证明 只需证明 F 满足性质 3.12 即可. 由上式易知, F 满足线性性质 (C-L). 因此, 只需证明在一致对策 u_S 上, $CS = F$ 即可. 固定 $S \in \mathscr{L}$ 和 $i \in N$. 对给定最大链 $C \in C(\mathscr{L})$, 易知,

$$u_S(C(i)) - u_S(C(i) \backslash i) = 1 \Leftrightarrow C(i) \cap S = S.$$

故, 对任意 $i \in S$,

$$F_i(N, v, \mathscr{L}) = \frac{1}{c(N)} |\{C \in C(\mathscr{L}) : C(i) \cap S = S\}| = h_S(i) = CS_i(N, v, \mathscr{L}).$$

否则, $F_i(N, v, \mathscr{L}) = CS_i(N, v, \mathscr{L}) = 0$. 证毕.

定义 3.29 令 $v \in G(N, \mathscr{L})$. 若对任意凸集 $S \in \mathscr{L}$ 满足 $i \notin S$ 和 $S \cup i \in \mathscr{L}$, 有 $v(S \cup i) - v(S) = 0$, 则称局中人 i 是一个零元.

性质 3.13 令 $\mathscr{L}$ 是一个凸几何和 $S \in \mathscr{L}$ 是一个凸集. 若 $i \notin exS$, 则局中人 i 关于一致对策 u_S 是一个零元.

证明 若 $T \in \mathscr{L}$ 满足 $T \cup i \in \mathscr{L}$ 和 $v(T \cup i) \neq v(T)$, 则 $T = S \backslash i \in \mathscr{L}$. 因此, $i \in exS$. 证毕.

定理 3.28 记 $G: G(N, \mathscr{L}) \to \mathbf{R}^n$ 定义为:

$$G_i(N, v, \mathscr{L}) = \sum_{\{S \in \mathscr{L}: i \in exS\}} \frac{c(S \backslash i) c([S, N])}{c(N)} [v(S) - v(S \backslash i)] \quad \forall i \in N.$$

则 $CS = G$.

证明 只需证明 G 满足性质 3.12 即可. 由上式易知, G 满足线性性质 (C-L). 因此, 只需证明在一致对策 u_T 上, $T \in \mathscr{L}$, $CS = G$ 即可. 固定 $T \in \mathscr{L}$ 和 $i \in N$. 若 $i \notin exS$, 则局中人 i 是关于一致对策 u_S 的一个零元. 对任意 $S \in \mathscr{L}$ 满足 $i \in exS$, 有

$u_T(S) - u_T(S\backslash i)=0$ 和 $G_i(N, v, \mathscr{L}) = 0$. 假定 $i \in exT$, 则 $T \nsubseteq S\backslash i$. 因此, $u_T(S\backslash i)=0$, 且局中人 i 的边际贡献满足:

$$u_T(S) - u_T(S\backslash i) = \begin{cases} 1 & S \in \mathscr{L}, T \subseteq S, \\ 0 & \text{否则}. \end{cases}$$

因此, 得到:

$$\begin{aligned}
G_i(N, v, \mathscr{L}) &= \sum_{\{S \in \mathscr{L}: i \in exS, T \subseteq S\}} \frac{c(S\backslash i)c([S, N])}{c(N)} \\
&= \frac{1}{c(N)} |C \in C(\mathscr{L}) : C(i) \cap S = S| \\
&= \frac{1}{c(N)} |C \in C(\mathscr{L}) : C(i) \cap T = T| \\
&= h_T(i).
\end{aligned}$$

证毕.

此外, Bilbao[83] 基于同一对策, 定义了链公理. 并进一步探讨了 Shapley 函数的另一公理体系.

记 $\mathscr{L}$ 是一个凸几何和 $S \in \mathscr{L}\backslash\varnothing$ 是一个凸集, 同一对策 δ_S 定义为: $\delta_S(T) = \begin{cases} 1 & T = S \\ 0 & T \neq S \end{cases}$. 由一致对策的表达式易知, $u_T = \sum_{\{S \in \mathscr{L} | T \subseteq S\}} \delta_S$.

定理 3.29　记 $f: G(N, \mathscr{L}) \to \mathbf{R}^n$ 满足线性性质 (C-L), 则存在唯一的系数集 $\{a_S^i : S \in \mathscr{L}, S \neq \varnothing\}$ 满足 $f_i(N, v, \mathscr{L}) = \sum_{\{S \in \mathscr{L} | T \subseteq S\}} a_S^i v(S), i \in N$.

证明　集合 $\{\delta_S | S \in \mathscr{L}\backslash\varnothing\}$ 是空间 $G(N, \mathscr{L})$ 的一个基. 对任意 $v \in G(N, \mathscr{L})$, 有 $v = \sum_{S \in \mathscr{L}} \delta_S v(S)$. 对任意 $S \in \mathscr{L}$, 令 $f_i(N, \delta_S, \mathscr{L}) = a_S^i$, 则

$$f_i(N, v, \mathscr{L}) = \sum_{S \in \mathscr{L}} f_i(N, \delta_S, \mathscr{L})v(S) = \sum_{S \in \mathscr{L}} a_S^i v(S) \quad \forall i \in N.$$

证毕.

定义 3.30　令 $v \in G(N, \mathscr{L})$. 若对任意凸集 $S \in \mathscr{L}$ 满足 $i \in exS$, 有 $v(S) - v(S\backslash i) = v(i), i \in \mathscr{L}$; 否则 $v(S) - v(S\backslash i) = 0$, 则称局中人 i 是一个哑元.

性质 3.14　令 $\mathscr{L}$ 是一个凸几何和 $S \in \mathscr{L}$ 是一个凸集. 则 (i) 若 $i \notin exS$, 则局中人 i 关于一致对策 u_S 是一个哑元; (ii) 若 $i \in S\backslash exS$, 则局中人 i 关于同一对策 δ_S 是一个哑元.

哑元性质 (C-DP): 若局中人 i 是凸几何上合作对策 $v \in G(N, \mathscr{L})$ 的一个哑元, 则 $f_i(N, v, \mathscr{L}) = v(i)$, 其中 $i \in \mathscr{L}$; 否则, $f_i(N, v, \mathscr{L}) = 0$.

定理 3.30 记 $f\colon G(N,\mathscr{L}) \to \mathbf{R}^n$, 其中, 对任意 $i \in N$, $f_i(N,v,\mathscr{L}) = \sum\limits_{S \in \mathscr{L}} a_S^i v(S)$. 若 f 满足哑元性质 (C-DP), 则

$$f_i(N,v,\mathscr{L}) = \sum_{\{S \in \mathscr{L}:i \in exS\}} a_S^i[v(S) - (S \backslash i)].$$

此外, 若 $i \in \mathscr{L}$, 则 $\sum\limits_{\{S \in \mathscr{L}:i \in exS\}} a_S^i = 1$.

证明 令映射 $G\colon G(N,\mathscr{L}) \to \mathbf{R}^n$, 定义为

$$G_i(N,v,\mathscr{L}) = \sum_{\{S \in \mathscr{L}:i \in exS\}} a_S^i[v(S) - (S \backslash i)] \quad \forall i \in N.$$

由于 f 和 G 都是线性的, 且一致对策是 $G(N,\mathscr{L})$ 上的一个基. 故只需证明: 对任意 $S \in \mathscr{L} \backslash \varnothing$, $f(N,u_S,\mathscr{L}) = G(N,u_S,\mathscr{L})$. 给定 $S \in \mathscr{L}$ 和 $i \in N$, 考虑两种情形.

情形 1. 若 $i \notin exS$, 则由性质 3.14 知, 局中人 i 关于一致对策 u_S 是一个哑元. 对任意 $T \in \mathscr{L}$, 由 $u_S(i) = 0$, $i \in \mathscr{L}$, 得到 $u_S(T) - u_S(T \backslash i) = 0$, 其中 $i \in exT$. 因此, $G_i(N,v,\mathscr{L}) = 0$. 此外, 由哑元性质 (C-DP) 得到: $f_i(N,u_S,\mathscr{L}) = 0$.

情形 2. 假定 $i \in exS$, 则 $i \in S$, 因此 $u_S(T \backslash i) = 0$. 得到:

$$u_S(T) - u_S(T \backslash i) = 1 \Leftrightarrow T \in \mathscr{L}, S \subseteq T.$$

当 $i \in T \backslash exT$ 时, $f_i(N,u_T,\mathscr{L}) = 0$. 观察到,

$$G_i(N,u_S,\mathscr{L}) = \sum_{\{T \in \mathscr{L}:i \in exT, S \subseteq T\}} a_S^i = \sum_{\{T \in \mathscr{L}:i \in exT, S \subseteq T\}} f_i(N,\delta_T,\mathscr{L})$$

$$= f_i\left(N, \sum_{\{T \in \mathscr{L}:S \subseteq T\}} \delta_T, \mathscr{L}\right) = f_i(N,u_S,\mathscr{L}).$$

最后, 若 $i \in \mathscr{L}$, 则局中人 i 关于一致对策 u_i 是一个哑元. 令凸集 S 满足 $i \notin S$ 和 $S \cup i \in \mathscr{L}$, 则 $u_i(S \cup i) = 1$, $u_i(S) = 0$ 和 $u_i(i) = 1$. 由于 f 满足哑元性质 (C-DP), 得到:

$$\sum_{\{T \in \mathscr{L}:i \in exT\}} a_T^i = G_i(N,u_i,\mathscr{L}) = u_i(i) = 1. \quad \text{证毕.}$$

对给定的凸几何 $\mathscr{L}$, 对局中人 $i \in N$, 满足 $i \notin \mathscr{L}$. 此时, 记

$$\sum_{\{T \in \mathscr{L}:i \in exT\}} a_T^i = \sum_{\{T \in \mathscr{L}:i \in T\}} a_T^i = G_i(N,u_i,\mathscr{L}),$$

其中, u_i 定义为 $u_i(T) = \begin{cases} 1 & i \subseteq T, \\ 0 & \text{否则}. \end{cases}$

由定理 3.29 和定理 3.30 得到定理 3.31.

定理 3.31　若 f 满足线性性质 (C-L) 和哑元性质 (C-DP), 则存在唯一的系数集合 $\{a_S^i : S \in \mathscr{L}, i \in exS\}$ 满足

$$f_i(N, v, \mathscr{L}) = \sum_{\{S \in \mathscr{L} : i \in exS\}} a_S^i [v(S) - (S \backslash i)].$$

此外, 若 $f_i(N, u_i, \mathscr{L}) = 1$, 则 $\displaystyle\sum_{\{S \in \mathscr{L} : i \in exS\}} a_S^i = 1$.

有效性 (C-EFF): 记 $f\colon G(N, \mathscr{L}) \to \mathbf{R}^n$, 对任意 $v \in G(N, \mathscr{L})$, 有

$$\sum_{i \in N} f_i(N, v, \mathscr{L}) = v(N).$$

定理 3.32　记 $f\colon G(N, \mathscr{L}) \to \mathbf{R}^n$. 对任意 $i \in N$, 定义

$$f_i(N, v, \mathscr{L}) = \sum_{\{S \in \mathscr{L} : i \in exS\}} a_S^i [v(S) - (S \backslash i)].$$

则函数 f 满足有效性 (C-EFF) 当且仅当对任意 $S \in \mathscr{L} \backslash \varnothing$ 满足 $S \neq N$, $\displaystyle\sum_{i \in exN} a_S^i = 1$

和 $\displaystyle\sum_{i \in exS} a_S^i = \sum_{\{j \notin S | S \cup j \in \mathscr{L}\}} a_{S \cup j}^i$.

证明　对任意 $v \in G(N, \mathscr{L})$, 有

$$\sum_{i \in N} f_i(N, v, \mathscr{L}) = \sum_{i \in N} \sum_{\{S \in \mathscr{L} : i \in exS\}} a_S^i [v(S) - (S \backslash i)]$$

$$= \sum_{i \in N} v(S) \left[\sum_{i \in exS} a_S^i - \sum_{\{j \notin S | S \cup j \in \mathscr{L}\}} a_{S \cup j}^i \right].$$

若系数满足定理 3.32 中的关系, 则 $\displaystyle\sum_{i \in N} f_i(N, v, \mathscr{L}) = v(N)$. 因此, f 满足有效性 (C-EFF).

反之, 给定非空凸集 $S \in \mathscr{L}$, 考虑同一对策 δ_S. 对同一对策 δ_S 应用上述方程关系, 得到:

$$\sum_{i \in N} f_i(N, \delta_S, \mathscr{L}) = \begin{cases} \displaystyle\sum_{i \in exN} a_N^i & S = N, \\ \displaystyle\sum_{i \in exS} a_S^i - \sum_{\{j \notin S | S \cup j \in \mathscr{L}\}} a_{S \cup j}^i & S = T \neq N. \end{cases}$$

因此, 若 f 满足有效性 (C-EFF), 则系数满足定理 3.32 中的关系. 证毕.

链公理 (C-CA): 对任意 $S \in \mathscr{L} \backslash \varnothing$ 和 $i, j \in exS$, 有

$$c(S \backslash i) f_j(N, \delta_S, \mathscr{L}) = c(S \backslash j) f_i(N, \delta_S, \mathscr{L}).$$

定理 3.33 Shapley 函数是 $G(N, \mathscr{L})$ 上满足线性性质 (C-L), 哑元性质 (C-DP), 有效性 (C-EFF) 和链公理 (C-CA) 的唯一映射.

证明 由定理 3.28 知, Shapley 函数满足定理 3.33 中性质. 下证唯一性. 由定理 3.31 和定理 3.32 知, 对任意 $i \in N$, 存在系数向量 $\{a_S^i : S \in \mathscr{L}, i \in exS\}$ 满足

$$f_i(N, v, \mathscr{L}) = \sum_{\{S \in \mathscr{L}: i \in exS\}} a_S^i [v(S) - (S \backslash i)],$$

对任意 $S \in \mathscr{L} \backslash \varnothing$ 满足 $S \neq N$, $\sum_{i \in exN} a_S^i = 1$ 和 $\sum_{i \in exS} a_S^i = \sum_{\{j \notin S | S \cup j \in \mathscr{L}\}} a_{S \cup j}^i$.

因此, 只需证明: 对任意 $S \in \mathscr{L}$ 和 $i \in exS$, 有 $a_S^i = \dfrac{c(S \backslash i) c([S, N])}{c(N)}$. 而系数 $f_i(N, \delta_S, \mathscr{L}) = a_S^i$, 应用链公理 (C-CA), 对任意 $i, j \in exS$, 得到: $c(S \backslash i) a_S^j = c(S \backslash j) a_S^i$.

固定 $i \in exS$, 得到:

$$\sum_{i \in exS} a_S^i = a_S^i + \sum_{j \in exS \backslash i} \frac{c(S \backslash j)}{c(S \backslash i)} a_S^i = \frac{a_S^i}{c(S \backslash i)} \sum_{j \in exS} c(S \backslash j) = a_S^i \frac{c(S)}{c(S \backslash i)}.$$

对 $S = N$, 由有效性 (C-EFF) 得到: $c(N \backslash i) = a_N^i c(N)$, 其中 $i \in exN$. 因此,

$$a_N^i = \frac{c(N \backslash i) c([N, N])}{c(N)} \quad \forall i \in exN.$$

应用数学归纳法, 假设对任意 $T \in \mathscr{L}, t = t \geqslant 2$, 有

$$a_T^i = \frac{c(T \backslash i) c([T, N])}{c(N)} \quad \forall i \in exT.$$

若 $t = n$, 则结论成立. 令 $S \in \mathscr{L}$ 满足 $s = t - 1$, 则 $S \neq N$. 由有效性 (C-EFF) 得到:

$$\sum_{i \in exS} a_S^i = \sum_{\{j \notin S | S \cup j \in \mathscr{L}\}} a_{S \cup j}^j = \sum_{\{j \notin S | S \cup j \in \mathscr{L}\}} \frac{c(S) c([S \cup j, N])}{c(N)}$$

$$= \frac{c(S)}{c(N)} \sum_{\{j \notin S | S \cup j \in \mathscr{L}\}} c([S \cup j, N]) = \frac{c(S) c([S, N])}{c(N)},$$

其中, 第二个等式由假设 $T = S \cup j$ 得到. 最后, 对任意 $i \in exS$, 由 $a_S^i \dfrac{c(S)}{c(S \setminus i)} = \dfrac{c(S)c([S,N])}{c(N)}$, 得到: $a_S^i = \dfrac{c(S \setminus i)c([S,N])}{c(N)}$. 证毕.

除凸几何上合作对策 Shapley 函数的研究外, Bilbao 等 [84] 探讨了凸几何上简单合作对策的 Banzhaf 函数; Bilbao 等 [85] 和 Okamoto[86] 探讨了凸几何上合作对策的核心及核心与 Weber 集、稳定集间的关系.

3.4.2　核心

定义 3.31　令 $v \in G(N, \mathscr{L})$. 对策 v 上的核心定义为:

$$C(N, v, \mathscr{L}) = \{x \in \mathrm{R}^n : x(N) = v(N), x(S) \geqslant v(S), \forall S \in \mathscr{L}\},$$

其中, $x(S) = \sum\limits_{i \in S} x_i$ 和 $S \in \mathscr{L}$.

定义 3.32　令 $v \in G(N, \mathscr{L})$ 和 $C \in C(\mathscr{L})$. 凸几何上合作对策 v 关于最大链 C 的边际值向量 $\mathbf{a}^C \in \mathbf{R}^n$ 定义为:

$$a_i^C = v(C(i)) - v(C(i) \setminus i) \quad \forall i \in N.$$

第 i 个分量 a_i^C 表示局中人 i 关于最大链 C 对于其先前参与者的边际贡献.

性质 3.15　令 $v \in G(N, \mathscr{L})$ 和 $C \in C(\mathscr{L})$. 对任意 $S \in C$, 有 $\sum\limits_{i \in S} a_i^C = v(S)$.

定义 3.33　令 $v \in G(N, \mathscr{L})$. 凸几何上合作对策 v 的 Weber 集是关于边际向量的一个凸厅: $W(N, v, \mathscr{L}) = \mathrm{Conv}\{a^C : C \in C(\mathscr{L})\}$.

定义 3.34　令 $v \in G(N, \mathscr{L})$. 凸几何上合作对策 v 称为伪凸的, 若对任意 $S, T \in \mathscr{L}$ 满足 $S \cup T \in \mathscr{L}$, 有 $v(S \cup T) + v(S \cap T) \geqslant v(S) + v(T)$.

定理 3.34　凸几何上合作对策 $v \in G(N, \mathscr{L})$ 是伪凸的当且仅当 $W(N, v, \mathscr{L}) \subseteq C(N, v, \mathscr{L})$.

证明　略.

定理 3.35　凸几何上合作对策 $v \in G(N, \mathscr{L})$ 是伪凸的, 则 v 有唯一的稳定集, 且等于核心.

证明　略.

基于经典合作对策核心的公理体系, Okamoto[86] 探讨了凸几何上合作对策核心的一个公理体系. 令 $\mathscr{L}$ 是 N 上的一个凸几何. 对 $S \in \mathscr{L}$, $\mathscr{L}$ 在 S 上的限制定义为: $\mathscr{L}|_S = \{T \in \mathscr{L} : T \subseteq S\}$. 注意到 $\mathscr{L}|_S$ 是 S 上的一个凸几何. 令 $v \in G(N, \mathscr{L})$, $S \in \mathscr{L}$ 和 $x(N) = \sum\limits_{i \in N} x_i = v(N)$. 对 $S \in \mathscr{L}$ 和 x 上的限制对策 $(S, \mathscr{L}|_S, v_S^x)$ 定义

为:

$$v_S^x = \begin{cases} 0 & T = \varnothing, \\ v(N) - x(N\backslash T) & T = S, \\ \max\{v(T \cup R) - x(R) : R \subseteq N\backslash S 满足 T \cup R \in \mathscr{L}\} & T \in \mathscr{L}|_S\backslash\{\varnothing, S\}. \end{cases}$$

注意到: $v(N) - x(N\backslash T) = x(T)$ 和 $v_N^x = v$.

令 σ 是定义在 $G(N, \mathscr{L})$ 上的一个解. 称 σ 具有缩减对策性质 (C-RGP), 若对任意 $v \in G(N, \mathscr{L})$ 和 $S \in \mathscr{L}\backslash\varnothing$, 由 $x \in \sigma(N, v, \mathscr{L})$, 得到 $x|_S \in \sigma(N, \mathscr{L}|_S, v_S^x)$.

引理 3.15 记 $v \in G(N, \mathscr{L})$, 则 v 上的核心满足缩减对策性质 (C-RGP).

证明 令 $S \in \mathscr{L}\backslash\varnothing$ 和 $x \in C(N, v, \mathscr{L})$. 对任意 $T \in \mathscr{L}|_S$, 若 $S = T$, 则 $v_S^x(T) = v(N) - x(N\backslash T) = x(T) = x(S)$. 否则,

$$\begin{aligned} v_S^x(T) - x(T) &= \max\{v(T \cup R) - x(R) : R \subseteq N\backslash S 满足 T \cup R \in \mathscr{L}\} - x(T) \\ &= \max\{v(T \cup R) - x(T \cup R) : R \subseteq N\backslash S 满足 T \cup R \in \mathscr{L}\} \\ &\leqslant 0. \end{aligned}$$

因此, $v_S^x(T) \leqslant x(T)$. 证毕.

令 σ 是定义在 $G(N, \mathscr{L})$ 上的一个解. 称 σ 满足超可加性 (C-SAP), 若对任意 $v, w \in G(N, \mathscr{L})$,

$$\sigma(N, v, \mathscr{L}) + \sigma(N, w, \mathscr{L}) \subseteq \sigma(N, v + w, \mathscr{L}),$$

其中, 对任意 $S \in \mathscr{L}$, $(v + w)(S) = v(S) + w(S)$, 且 $\sigma(N, v, \mathscr{L}) + \sigma(N, w, \mathscr{L}) = \{x + y : x \in \sigma(N, v, \mathscr{L}), y \in \sigma(N, w, \mathscr{L})\}$.

引理 3.16 记 $v \in G(N, \mathscr{L})$, 则 v 上的核心满足超可加性 (C-SAP).

证明 令 $z \in C(N, v, \mathscr{L}) + C(N, w, \mathscr{L})$. 则 z 可表示为 $z = x + y$ 满足 $x \in C(N, v, \mathscr{L})$ 和 $y \in C(N, w, \mathscr{L})$. 因此, 对任意 $S \in \mathscr{L}$, 有 $x(S) \geqslant v(S)$ 和 $y(S) \geqslant w(S)$. 得到: $x(S) + y(S) \geqslant v(S) + w(S)$. 因此, $z(S) \geqslant (v + w)(S)$. 证毕.

令 σ 是定义在 $G(N, \mathscr{L})$ 上的一个解. 称 σ 满足个人理性 (C-IRP), 若对任意 $x \in C(N, v, \mathscr{L})$ 和 $i \in \mathscr{L}$, 有 $x_i \geqslant v(i)$; 称 σ 满足非空性 (C-NEP), 若对任意 $v \in G(N, \mathscr{L})$, 有 $\sigma(N, v, \mathscr{L}) \neq \varnothing$. 此外, 称 σ 满足逆缩减对策性质 (C-CRGP), 对任意 $v \in G(N, \mathscr{L})$ 和 $v(N) = \sum_{i \in N} x_i$ 满足 $x|_S \in \sigma(N, \mathscr{L}|_S, v_S^x)$, 其中 $S \in \mathscr{L}$ 和 $s=2$, 则 $x \in \sigma(N, v, \mathscr{L})$. 凸几何 $\mathscr{L}$ 称为原子的, 若对任意 $i \in N$, 有 $i \in \mathscr{L}$.

引理 3.17 记 $v \in G(N, \mathscr{L})$ 是一个原子凸几何对策. 对 $S \in \mathscr{L}\backslash\{\varnothing, N\}$ 和 $j \in N\backslash T$ 满足 $S \cup j \in \mathscr{L}$, 存在唯一的局中人 i 满足 $\{i, j\} \in \mathscr{L}$.

证明 由于 $\mathscr{L}$ 是原子的, 得到: $j \in \mathscr{L}$. 因此, 存在 j 到 $S \cup j$ 的一条链. 在这条链中, 存在集合 $\{i, j\} \in \mathscr{L}$ 满足 $\{j\} \subseteq \{i, j\} \subseteq S \cup j$. 因此, $i \in S$. 证毕.

引理 3.18　记 $v \in G(N, \mathscr{L})$ 是一个原子凸几何对策, 则 v 上的核心满足逆缩减对策性质 (C-CRGP).

证明　若 $n \leqslant 2$, 则结论显然成立. 假定 $n \geqslant 3$. 令 $x(N) = \sum_{i \in N} x_i = v(N)$, 对任意 $S \in \mathscr{L}$ 和 $s=2$, $x|_S \in \sigma(S, \mathscr{L}|_S, v_S^x)$. 记 $S \in \mathscr{L} \backslash \{\varnothing, N\}$, 由引理 3.17 知: 存在局中人 $i \in S$ 和 $j \in N \backslash T$ 满足 $\{i, j\} \in \mathscr{L}$. 由于 $\mathscr{L}$ 是原子的, $x|_{\{i,j\}} \in \sigma\left(\{i, j\}, \mathscr{L}|_{\{i,j\}}, v_{\{i,j\}}^x\right)$, $v_{\{i,j\}}^x(i) - x_i \leqslant 0$. 则,

$$
\begin{aligned}
v_{\{i,j\}}^x(i) - x_i &= \max\{v(i \cup R) - x(R) : R \subseteq N \backslash \{i, j\} \text{满足} \{i\} \cup R \in \mathscr{L}\} - x_i \\
&= \max\{v(i \cup R) - x(i \cup R) : R \subseteq N \backslash \{i, j\} \text{满足} \{i\} \cup R \in \mathscr{L}\} \\
&\geqslant v(S) - x(S).
\end{aligned}
$$

证毕.

推论 3.3　记 $v \in G(N, \mathscr{L})$ 是一个原子凸几何对策和 $x(N) = \sum_{i \in N} x_i = v(N)$. 对任意 $S \in \mathscr{L} \backslash \{\varnothing, N\}$, 若 $x|_S \in \sigma(S, \mathscr{L}|_S, v_S^x)$, 则 $x \in C(N, v, \mathscr{L})$.

引理 3.19　记 $v \in G(N, \mathscr{L})$ 是一个原子凸几何对策. σ 是定义在 $G(N, \mathscr{L})$ 上满足个人理性 (C-IRP) 和缩减对策性质 (C-RGP) 的一个解, 则 $\sigma(N, v, \mathscr{L}) \subseteq C(N, v, \mathscr{L})$. 特别的, 若 σ 满足个人理性 (C-IRP), 非空性 (C-NEP) 和缩减对策性质 (C-RGP), 且 v 的核心只有一个元素, 则 $\sigma(N, v, \mathscr{L}) = C(N, v, \mathscr{L})$.

证明　对局中人个数 n 采用归纳法证明. 若 $n = 1$, 则 σ 满足个人理性 (C-IRP). 假设结论对 $n \leqslant k$ 成立. 记 $n = k + 1$, 令 $x \in \sigma(N, v, \mathscr{L})$. 由缩减对策性质 (C-RGP) 得到: $x|_S \in \sigma(S, \mathscr{L}|_S, v_S^x)$, $S \in \mathscr{L}$. 由归纳假设, 对任意 $S \in \mathscr{L} \backslash N$, $x|_S \in C(S, \mathscr{L}|_S, v_S^x)$. 由推论 3.3 知, $x \in C(N, v, \mathscr{L})$. 证毕.

定理 3.36　记 $v \in G(N, \mathscr{L})$ 是一个原子凸几何对策, 则凸几何上均衡合作对策 v 的核心是满足个人理性 (C-IRP), 非空性 (C-NEP), 超可加性 (C-SAP) 和缩减对策性质 (C-RGP) 的唯一解.

证明　由引理知, 存在性成立. 下证唯一性. 令 σ 是原子凸几何上均衡合作对策且满足定理 3.36 中性质的一个解. 若 $n = 2$, 则 $\sigma(N, v, \mathscr{L}) = C(N, v, \mathscr{L})$.

当 $n \geqslant 3$ 时. 对给定的均衡对策 $v \in G(N, \mathscr{L})$, 固定 $x \in C(N, v, \mathscr{L})$. 定义 $w : \mathscr{L} \to \mathrm{R}$ 如下: $w(S) = \begin{cases} v(i) & S = \{i\}, \\ x(S) & \text{否则}. \end{cases}$

由于原子凸几何的核心是均衡的, $C(N, w, \mathscr{L}) = \{x\}$. 由引理 3.19, 得到: $\sigma(N, w, \mathscr{L}) = \{x\}$. 令 $u = v - w$, 则 $u(N) = 0$. 对任意 $i \in \mathscr{L}$, $u(i) = 0$ 和任意 $S \in \mathscr{L} \backslash N$, $u(S) \leqslant 0$. 因此, $C(N, u, \mathscr{L}) = \{0\}$. 由引理 3.19, 得到: $\sigma(N, w, \mathscr{L}) = \{0\}$. 由于 σ 满足超可加性 (C-SAP), $\{x\} = \sigma(N, w, \mathscr{L}) + \sigma(N, u, \mathscr{L}) \subseteq \sigma(N, v, \mathscr{L})$. 即

$C(N, v, \mathscr{L}) \subseteq \sigma(N, v, \mathscr{L})$. 另一方面, 引理 3.19, 得到: $\sigma(N, v, \mathscr{L}) \subseteq C(N, v, \mathscr{L})$. 因此, $\sigma(N, v, \mathscr{L}) = C(N, v, \mathscr{L})$. 证毕.

3.5 拟阵上的合作对策

在许多现实问题中, 局中人参与合作时, 并不是所有联盟都能形成. 特别的, 有些合作对策的最大联盟并不存在. 2001 年, Bilbao 等 [87] 将拟阵 (Matroids) 引入合作对策理论中, 提出了拟阵上的合作对策, 并对拟阵上合作对策的 Shapley 函数进行了探讨. 拟阵上的合作对策就是最大联盟不存在的一种合作形式, 该类合作对策按联盟的合作方式可分为: 静态拟阵上合作对策和动态拟阵上合作对策.

定义 3.35 $\mathscr{M}$ 称为定义在 N 上的一个拟阵, 若 $\mathscr{M}$ 满足:

(1) $\varnothing \in \mathscr{M}$;

(2) 若 $S \in \mathscr{M}$ 且 $T \subseteq S$, 则 $T \in \mathscr{M}$;

(3) 若 $S, T \in \mathscr{M}$ 且 $s = t + 1$, 那么存在 $i \in S \backslash T$ 满足 $T \cup i \in \mathscr{M}$, 其中 s, t 分别表示 S 和 T 的势指标.

对 N 上的一个拟阵 $\mathscr{M}$, 秩函数 $r : 2^N \to \mathbf{R}_+$ 定义为:

$$r(N) := \max\{s \,|\, S \subseteq N, S \in \mathscr{M}\}.$$

$\mathscr{B}(\mathscr{M}) = \{S \,|\, s = r(N), S \in \mathscr{M}\}$ 表示基联盟集; 对任意 $B \in \mathscr{B}(\mathscr{M})$, B 称为一个基集. 基集有相同的势指标且都等于 $r(N)$. $\mathscr{P}(\mathscr{M})$ 表示 $\mathscr{B}(\mathscr{M})$ 上的概率分布集, 任意 $P \in \mathscr{P}(\mathscr{M})$ 满足 $P(B) \geqslant 0$ 和 $\sum\limits_{B \in \mathscr{B}(\mathscr{M})} P(B) = 1$, 其中 $B \in \mathscr{B}(\mathscr{M})$. $\mathscr{M}$ 上元素称为可行联盟, 由 (2) 知: 任意基联盟的子集是可行联盟; 用 $(N, v, \mathscr{M})$ 表示 N 上关于 v 的一个拟阵, 并假设 $\bigcup_{S \in \mathscr{M}} \{i : i \in S\} = N$. $\mathscr{M}$ 上合作对策的全体记为 $G(N, \mathscr{M})$. 对 $i \in N$, 若任意 $B \in \mathscr{B}(\mathscr{M})$, 有 $i \in B$, 则称 i 是峡元素; 对 $S \in \mathscr{M}$, 若任意 $B \in \mathscr{B}(\mathscr{M})$, 有 $S \cap B \neq \varnothing$, 则称 S 是峡联盟. 对于一个局中人 $i \in N$ 形成的联盟 $\{i\}$ 简记为 i.

例 3.11 设局中人集合 $N = \{1, 2, 3\}$, $\mathscr{B}(\mathscr{M}) = \{B_1 = \{1, 2\}, B_2 = \{2, 3\}\}$, 则拟阵 $\mathscr{M}$ 上的可行集为 $\varnothing, \{i\}(i = 1, 2, 3), \{1, 2\}, \{2, 3\}$.

3.5.1 静态拟阵上的 Shapley 函数

2001 年, Bilbao 等 [87] 探讨了拟阵上合作对策的 Shapley 函数, 其具体表达式如下:

$$Sh_i^P(N, v, \mathscr{M}) = \sum_{T \in \mathscr{M} \backslash i} \frac{v^P(T \cup i) t!(r(N) - t - 1)!}{r(N)!} (v(T \cup i) - v(T)) \quad \forall i \in N,$$

$$\tag{3.23}$$

其中, $v^P(T \cup i) = \sum\limits_{\{T \cup i\} \subseteq B \in \mathscr{B}(\mathscr{M})} P(B)$, 且式 (3.23) 等价于:

$$Sh_i^P(N, v, \mathscr{M}) = \sum_{i \in B \in \mathscr{B}(\mathscr{M})} P(B)Sh_i(B, v_B) \quad \forall i \in N,$$

其中, $Sh(B, v_B)$ 表示 B 上关于 v_B 的 Shapley 函数, 且 v_B 是 v 在 B 上的限制.

定理 3.37   令 $\mathscr{M}$ 是定义在 N 上的一个拟阵, 且 $P \in \mathscr{P}(\mathscr{M})$ 是定义在 $\mathscr{B}(\mathscr{M})$ 上的一个概率分布. 则存在唯一分配向量 $f: G(N, \mathscr{M}) \rightarrow \mathbf{R}^n$ 满足如下性质:

(i) M-线性性质 (M-L): 令 $v, w \in G(N, \mathscr{M})$ 和 $\alpha, \beta \in \mathrm{R}$, 有

$$f(N, \alpha v + \beta w, \mathscr{M}) = \alpha f(N, v, \mathscr{M}) + \beta f(N, w, \mathscr{M});$$

(ii) M-一致对策上的替代性 (M-UGS): 对任意 $S \in \mathscr{M}$ 满足 $i, j \in S$, 有

$$f_i(N, u_S, \mathscr{M}) = f_j(N, u_S, \mathscr{M});$$

(iii) M-哑元性 (M-DP): 若局中人 i 是关于合作对策 $v \in G(N, \mathscr{M})$ 的一个哑元, 则 $f_i(N, v, \mathscr{M}) = v^P(i)v(i)$, 其中 $v^P(i) = \sum\limits_{i \subseteq B \in \mathscr{B}(\mathscr{M})} P(B)$;

(iv) M-概率有效性 (M-PEFF): 令 $v \in G(N, \mathscr{M})$, 有

$$\sum_{i \in N} f_i(N, v, \mathscr{M}) = \sum_{B \in \mathscr{B}(\mathscr{M})} P(B)v(B).$$

证明   由拟阵上合作对策 Shapley 函数的表达式易知, M-线性性质 (M-L) 成立; M-一致对策上的替代性 (M-UGS):

$$
\begin{aligned}
Sh_i^P(N, u_S, \mathscr{M}) &= \sum_{T \in \mathscr{M} \setminus i} \frac{v^P(T \cup i)t!(r(N) - t - 1)!}{r(N)!} (u_S T \cup i) - u_S(T)) \\
&= \sum_{S \setminus i \subseteq T \in \mathscr{M} \setminus i} \frac{v^P(T \cup i)t!(r(N) - t - 1)!}{r(N)!} \\
&= \sum_{S \setminus j \subseteq T \in \mathscr{M} \setminus j} \frac{v^P(T \cup j)t!(r(N) - t - 1)!}{r(N)!} \\
&= Sh_j^P(N, u_S, \mathscr{M});
\end{aligned}
$$

M-哑元性 (M-DP): 由经典合作对策上 Shapley 函数的哑元性, 得到:

$$Sh_i^P(N, v, \mathscr{M}) = \sum_{i \in B \in \mathscr{B}(\mathscr{M})} P(B)Sh_i(B, v_B) = \sum_{i \in B \in \mathscr{B}(\mathscr{M})} P(B)v(i) = v^P(i)v(i).$$

M-概率有效性 (M-PEFF): 由经典合作对策上 Shapley 函数的有效性, 得到:

$$\sum_{i \in N} Sh_i^P(N, v, \mathscr{M}) = \sum_{i \in N} \sum_{i \in \mathscr{B} \in \mathscr{B}(\mathscr{M})} P(B) Sh_i(B, v_B)$$

$$= \sum_{B \in \mathscr{B}(\mathscr{M})} P(B) \sum_{i \in B} Sh_i(B, v_B) = \sum_{B \in \mathscr{B}(\mathscr{M})} P(B) v(B).$$

唯一性: 对任意 $S \in \mathscr{M} \backslash \varnothing$, 易知: 若局中人 $i \notin S$, 则 i 是关于一致对策 u_S 的一个哑元. 由 M-哑元性 (M-DP) 得到: $f_i(N, u_S, \mathscr{M}) = v^P(i) u_S(i) = 0$. 此外, 对任意 $i, j \in S$, 由 M-一致对策上的替代性 (M-UGS) 得到: $f_i(N, u_S, \mathscr{M}) = f_j(N, u_S, \mathscr{M})$. 由 M-概率有效性 (M-PEFF) 知: $\sum_{i \in N} f_i(N, u_S, \mathscr{M}) = \sum_{B \in \mathscr{B}(\mathscr{M})} P(B) u_S(B) = v^P(S)$. 综上得到: 对任意 $S \in \mathscr{M} \backslash \varnothing$, 分配向量 f 关于一致对策 u_S 是唯一的, 且

$$f_i(N, u_S, \mathscr{M}) = \begin{cases} \dfrac{v^P(S)}{s} & i \in S, \\ 0 & i \notin S. \end{cases}$$

由于一致对策集合 $\{u_S: S \in \mathscr{M} \backslash \varnothing\}$ 构成 $G(N, \mathscr{M})$ 的一个基. 由 M-线性性质 (M-L) 知, 满足上述性质的分配指标是唯一的. 证毕.

基于 Young[20] 关于经典合作对策上 Shapley 函数的单调性, 何华和孙浩 (2008) 探讨了拟阵上合作对策 Shapley 函数的另一等价公理体系.

M-强单调性 (M-SMP): 令 $v, w \in G(N, \mathscr{M})$. 对任意 $S \in \mathscr{M}$ 满足 $i \in S$, $v(S) - v(S \backslash i) \geqslant w(S) - w(S \backslash i)$, 则 $f_i(N, v, \mathscr{M}) \geqslant f_i(N, w, \mathscr{M})$.

M-对称性 (M-SP): 令 $v \in G(N, \mathscr{M})$. 若对任意 $S \in \mathscr{M} \backslash \{i, j\}$, 有 $v(S \cup i) = v(S \cup j)$, 则 $f_i(N, v, \mathscr{M}) = f_j(N, v, \mathscr{M})$.

定理 3.38 令 $\mathscr{M}$ 是定义在 N 上的一个拟阵, 且 $P \in P(\mathscr{M})$ 是定义在 $\mathscr{B}(\mathscr{M})$ 上的一个概率分布. 存在唯一分配向量 $f: G(N, \mathscr{M}) \to \mathbf{R}^n$ 满足 M-强单调性 (M-SMP), M-对称性 (M-SP) 和 M-概率有效性 (M-PEFF).

证明 由定理 3.37 和拟阵上合作对策 Shapley 函数的表达式易知, 存在性成立.

唯一性. (I) 设 i 是关于 $v \in G(N, \mathscr{M})$ 的一个哑元, 即对任意 $S \in \mathscr{M} \backslash i$, $v(S \cup i) - v(S) = v(i)$. 对任意 $S \in \mathscr{M}$, 构造对策 w: $w(S) = 1$, $i \in S$, 否则 $w(S) = 0$. 易知: 局中人 i 是关于对策 w 的一个哑元. 由 M-强单调性 (M-SMP) 知: $f_i(N, v, \mathscr{M}) = f_i(N, w, \mathscr{M})$. 此外, 当 $S \in \mathscr{M} \backslash \{j, k\}$ 且 $j, k \neq i$ 时, 有 $w(S \cup j) = 0 = w(S \cup k)$, 即 j 和 k 是对称的. 由 M-对称性 (M-SP) 知: $f_j(N, w, \mathscr{M}) = f_k(N, w, \mathscr{M})$. 又由 M-强单调性 (M-SMP) 得到: $f_j(N, w, \mathscr{M}) = 0$. 由 M-概率有效性 (M-PEFF)

可知

$$\sum_{j \in N} f_j(N, w, \mathscr{M}) = f_i(N, w, \mathscr{M}) + (n-1)f_j(N, w, \mathscr{M}) = f_i(N, w, \mathscr{M})$$
$$= \sum_{B \in \mathscr{B}(\mathscr{M})} P(B)w(B) = \sum_{i \in B \in \mathscr{B}(\mathscr{M})} P(B)v(i) = v^P(i)v(i).$$

因而, $f_i(N, w, \mathscr{M}) = v^P(i)v(i)$. 根据 M-强单调性 (M-SMP) 得到:

$$f_i(N, v, \mathscr{M}) = f_i(N, w, \mathscr{M}) = v^P(i)v(i).$$

(II) 对任意 $v \in G(N, \mathscr{M})$, v 可表示为:

$$v = \sum_{T \in \mathscr{M} \setminus \varnothing} c_T u_T,$$

其中, u_T 为一致对策. 因此, 拟阵上合作对策的 Shapley 函数可表示为:

$$Sh_i^P(N, v, \mathscr{M}) = \sum_{i \in T \in \mathscr{M}} c_T \frac{v^P(T)}{t} \qquad \forall i \in N.$$

对 $\mathscr{M}$ 中元素系数非零的个数 m 采用归纳法来证明定理 3.38.

当 $m = 0$ 时, 每个局中人都是哑元, 且 $v(i) = 0$, 由 (I) 可知

$$f_i(N, v, \mathscr{M}) = v^P(i)v(i) = 0 = Sh_i^P(N, v, \mathscr{M}).$$

当 $m = 1$ 时, 不妨设 $v = c_T u_T$, $T \in \mathscr{M} \setminus \varnothing$.

情形 1. 若 $i \notin T$, 则 i 是关于对策 $v = c_T u_T$ 的一个哑元. 故

$$f_i(N, v, \mathscr{M}) = 0 = Sh_i^P(N, v, \mathscr{M}).$$

情形 2. 若 $i, j \in T$, 易知: 对任意 $S \in \mathscr{M} \setminus \{i, j\}$, $u_T(S \cup i) = u_T(S \cup j)$, 即 i 和 j 是对称的, 由 M-对称性 (M-SP) 知: $f_i(N, v, \mathscr{M}) = f_j(N, v, \mathscr{M})$, 且

$$t f_i(N, v, \mathscr{M}) = \sum_{i \in N} f_i(N, v, \mathscr{M}) = \sum_{B \in \mathscr{B}(\mathscr{M})} P(B)c_T u_T(B)$$
$$= c_T \sum_{T \subseteq B \in \mathscr{B}(\mathscr{M})} P(B) = c_T v^P(T),$$

即 $f_i(N, v, \mathscr{M}) = \dfrac{c_T v^P(T)}{t} = Sh_i^P(N, v, \mathscr{M})$.

假设当 $m = m$ 时, $f(N, v, \mathscr{M}) = Sh^P(N, v, \mathscr{M})$. 下证, 当 $m = m+1$ 时, 结论成立. 由于当 $m = m+1$ 时, v 可表示为: $v = \sum_{k=1}^{m+1} c_{T_k} u_{T_k}$.

令 $T = \bigcap\limits_{k=1}^{m+1} T_k$, 定义对策 w, 其中 $w = \sum\limits_{i \in T_k, k=1,2,\cdots,m+1} c_{T_k} u_{T_k}$. 若 $i \notin T$, 则 w 中非零系数个数最多 m 个, 且对任意 $S \in \mathscr{M} \backslash i$, $v(S) - v(S\backslash i) = w(S) - w(S\backslash i)$. 由归纳法和 M-强单调性 (M-SMP) 可得:

$$f_i(N, v, \mathscr{M}) = f_i(N, w, \mathscr{M}) = \sum\limits_{i \in T_k} c_{T_k} \frac{v^P(T_k)}{t_k} = Sh_i^P(N, v, \mathscr{M}).$$

当 $i \in T = \bigcap\limits_{k=1}^{m+1} T_k$ 时, $f_i(N, v, \mathscr{M}) = Sh_i^P(N, v, \mathscr{M})$. 由 M-概率有效性 (M-PEFF) 可知: $\sum\limits_{i \in N} f_i(N, v, \mathscr{M}) = \sum\limits_{i \in N} Sh_i^P(N, v, \mathscr{M})$. 而对任意 $i, j \in T$, 由 M-对称性 (M-SP) 知: $f_i(N, v, \mathscr{M}) = f_j(N, v, \mathscr{M})$. 因而, $f(N, v, \mathscr{M}) = Sh^P(N, v, \mathscr{M})$. 证毕.

3.5.2 静态拟阵上的核心

接下来, 探讨静态拟阵上合作对策的核心及核心与 Shapley 函数间的关系.

定义 3.36 设 $P \in P(\mathscr{M})$ 是 $\mathscr{B}(\mathscr{M})$ 上的一个概率分布, 则 $(N, v, \mathscr{M})$ 和 (B, v_B) 上的核心 $C(N, v, \mathscr{M})$ 和 $C(B, v_B)$ 可分别表示为:

$$C(N, v, \mathscr{M}) = \left\{ x \in \mathbf{R}_+^n | \sum\limits_{i \in N} x_i = \sum\limits_{B \in \mathscr{B}(\mathscr{M})} P(B)v(B), \forall S \in \mathscr{M}, \sum\limits_{i \in S} x_i \right.$$
$$\left. \geqslant \sum\limits_{B \in \mathscr{B}(\mathscr{M})} P(B)v(S \cap B) \right\}$$

和

$$C(B, v_B) = \left\{ y \in \mathbf{R}_+^{r(N)} | \sum\limits_{i \in B} y_i = v_B(B), \forall S \subseteq B, \sum\limits_{i \in S} y_i \geqslant v_B(S) \right\},$$

其中, $B \in \mathscr{B}(\mathscr{M})$, v_B 表示 $v \in G(N, \mathscr{M})$ 在 B 上的限制.

定理 3.39 若 $v \in G(N, \mathscr{M})$ 是凸合作对策, 则 $C(B, v_B) \neq \varnothing$.

性质 3.16 对给定的 $(N, v, \mathscr{M})$ 和任意 $B \in \mathscr{B}(\mathscr{M})$, 若 $y^B \in C(B, v_B)$, 则

$$\left(\sum\limits_{i \in B \in \mathscr{B}(\mathscr{M})} P(B)y_i^B \right)_{i \in N} \in C(N, v, \mathscr{M}).$$

定理 3.40 若 $v \in G(N, \mathscr{M})$ 是凸合作对策, 对给定的 $(N, v, \mathscr{M})$ 和 $\mathscr{B}(\mathscr{M})$ 上的概率分布 $P \in P(\mathscr{M})$, 有 $C(N, v, \mathscr{M}) \neq \varnothing$, 且可表示为:

$$C(N, v, \mathscr{M}) = \left\{ x \in \mathbf{R}_+^n | \sum\limits_{i \in N} x_i \right.$$

$$= \sum_{i \in N} \sum_{i \in B \in \mathscr{B}(\mathscr{M})} P(B) y_i^B, \forall B \in \mathscr{B}(\mathscr{M}), \forall y^B = (y_i^B)_{i \in B} \in C(B, v_B) \Bigg\}.$$

证明　由定理 3.39, 只需证明对任意 $x \in C(N, v, \mathscr{M})$, x 可表示为:

$$x_i = \sum_{i \in B \in \mathscr{B}(\mathscr{M})} P(B) y_i^B \qquad \forall i \in N. \tag{3.24}$$

对任意 $B \in \mathscr{B}(\mathscr{M})$ 和任意 $y^B = (y_i^B)_{i \in B} \in C(B, v_B)$, 令

$$\underline{y}_p^B = \min\{y_p^B | y^B \in C(B, v_B), p \in B\}$$

和

$$\bar{y}_h^B = \max\{y_h^B | y^B \in C(B, v_B), h \in B\}.$$

显然有 $\underline{y}_p^B = \begin{cases} v(p) & p \in B, \\ 0 & \text{其它}. \end{cases}$

若存在 $x \in C(N, v, \mathscr{M})$ 不能被式 (3.24) 表示, 则只可能有两种情形:

(i) $x_p < \sum\limits_{p \in B \in \mathscr{B}(\mathscr{M})} P(B)\underline{y}_p^B$;

(ii) $x_h > \sum\limits_{h \in B \in \mathscr{B}(\mathscr{M})} P(B)\bar{y}_h^B$.

对情形 (i): 令 $S = \left\{ p | x_p < \sum\limits_{p \in B \in \mathscr{B}(\mathscr{M})} P(B)\underline{y}_P^B, p \in N \right\}$, 由 $x \in C(N, v, \mathscr{M})$,

得到:

$$\sum_{B \in \mathscr{B}(\mathscr{M})} P(B) v(S \cap B) = \sum_{B \in \mathscr{B}(\mathscr{M}), S \cap B \neq \varnothing} P(B) v(S \cap B)$$

$$\leqslant \sum_{p \in S} x_p < \sum_{p \in S} \sum_{p \in B \in \mathscr{B}(\mathscr{M})} P(B)\underline{y}_P^B$$

$$= \sum_{p \in S} \sum_{p \in B \in \mathscr{B}(\mathscr{M})} P(B) v(p)$$

$$= \sum_{\substack{B \in \mathscr{B}(\mathscr{M}), \\ S \cap B \neq \varnothing}} P(B) \sum_{p \in S \cap B} v(p).$$

即 $\sum\limits_{B \in \mathscr{B}(\mathscr{M}), S \cap B \neq \varnothing} P(B) v(S \cap B) < \sum\limits_{B \in \mathscr{B}(\mathscr{M}), S \cap B \neq \varnothing} P(B) \sum\limits_{p \in S \cap B} v(p)$, 此与 v 是凸合

作对策矛盾, 故 $S = \varnothing$.

对情形 (ii): 令 $T = \left\{ h | x_h > \sum_{h \in B \in \mathscr{B}(\mathscr{M})} P(B) \bar{y}_h^B, h \in N \right\}$, 由 $x \in C(N, v, \mathscr{M})$,
得到:

$$
\begin{aligned}
\sum_{B \in \mathscr{B}(\mathscr{M})} P(B) v(B) &= \sum_{h \in N} x_h = \sum_{h \in T} x_h + \sum_{h \in N \setminus T} x_h \\
&> \sum_{h \in T} \sum_{h \in B \in \mathscr{B}(\mathscr{M})} P(B) \bar{y}_h^B + \sum_{h \in N \setminus T} x_h \sum_{h \in B \in \mathscr{B}(\mathscr{M})} P(B) y_h^B \\
&\geqslant \sum_{h \in T} \sum_{h \in B \in \mathscr{B}(\mathscr{M})} P(B) y_h^B + \sum_{h \in N \setminus T} x_h \sum_{h \in B \in \mathscr{B}(\mathscr{M})} P(B) y_h^B \\
&= \sum_{h \in N} \sum_{h \in B \in \mathscr{B}(\mathscr{M})} P(B) y_h^B \\
&= \sum_{B \in \mathscr{B}(\mathscr{M})} P(B) \sum_{h \in N} y_h^B \\
&= \sum_{B \in \mathscr{B}(\mathscr{M})} P(B) v(B).
\end{aligned}
$$

定理 3.41   若 $v \in G(N, \mathscr{M})$ 是凸合作对策, 则 $(Sh_i^{P,\mathscr{M}}(N, v, \mathscr{M}))_{i \in N} \in C(N, v, \mathscr{M})$.

3.5.3   静态拟阵上的 Banzhaf 函数

基于经典合作对策上 Banzhaf 函数的公理体系, 孟凡永和张强[89] 探讨了静态拟阵上合作对策的 Banzhaf 函数.

M-可加性 (M-ADD): 令 $v_1, v_2 \in G(N, \mathscr{M})$. 对任意 $S \in \mathscr{M}$, 若存在 $v_1 + v_2 \in G(N, \mathscr{M})$ 满足 $(v_1 + v_2)(S) = v_1(S) + v_2(S)$, 则

$$
f(N, v_1 + v_2, \mathscr{M}) = f(N, v_1, \mathscr{M}) + f(N, v_2, \mathscr{M}).
$$

M-基联盟上的对称性 (M-BSP): 对任意 $B \in \mathscr{B}(\mathscr{M})$ 及任意 $i, j \in B$, 对 $T \subseteq B$ 且 $i, j \notin T$, $v(T \cup i) = v(T \cup j)$, 则 $f_i(N, v_B, \mathscr{M}) = f_j(N, v_B, \mathscr{M})$.

M-2 概率有效性 (M-2PE): 对任意 $B \in \mathscr{B}(\mathscr{M})$, 若 $B = \{i, j\}$, 则

$$
f_i(N, v_B, \mathscr{M}) + f_j(N, v_B, \mathscr{M}) = P(B) v_B(B).
$$

令 $P \in P(\mathscr{M})$ 是 $\mathscr{B}(\mathscr{M})$ 上的一个概率分布. $G(N, \mathscr{M})$ 上的 Banzhaf 函数定义为:

$$
Ba_i^P(N, v, \mathscr{M}) = \sum_{i \in T \in \mathscr{M}} \frac{v^P(T)}{2^{r(N)-1}} (v(T) - v(T \setminus i)) \qquad \forall i \in N, \tag{3.25}
$$

其中, $v^P(T) = \sum_{T \subseteq B \in \mathscr{B}(\mathscr{M})} P(B)$.

定理 3.42 令 $\mathscr{M}$ 是定义在 N 上的一个拟阵, 且 $P \in \mathscr{P}(\mathscr{M})$ 是定义在 $\mathscr{B}(\mathscr{M})$ 上的一个概率分布. Banzhaf 函数是 $G(N, \mathscr{M})$ 上满足: M-可加性 (M-ADD), M-哑元性 (M-DP), M-基联盟上的对称性 (M-BSP) 和 M-2 概率有效性 (M-2PE) 的唯一分配向量.

证明 存在性. 由式 (3.25) 易知: M-可加性 (M-ADD) 成立;

M-哑元性 (M-DP): 由式 (3.25) 知:

$$
\begin{aligned}
Ba_i^P(N, v, \mathscr{M}) &= \sum_{i \in T \in \mathscr{M}} \frac{v^P(T)}{2^{r(N)-1}} (v(T) - v(T\backslash i)) \\
&= \frac{v(i)}{2^{r(N)-1}} \sum_{i \in T \in \mathscr{M}} v^P(T) \\
&= \frac{v(i)}{2^{r(N)-1}} \sum_{1 \leqslant t \leqslant r(N), i \in T} v^P(T) \\
&= \frac{v(i)}{2^{r(N)-1}} \left(C_{r(N)-1}^0 + C_{r(N)-1}^1 + \cdots + C_{r(N)-1}^{r(N)-1} \right) v^P(i) \\
&= v^P(i) v(i);
\end{aligned}
$$

M-基联盟上的对称性 (M-BSP): 由已知得:

$$
\begin{aligned}
Ba_i^P(N, v, \mathscr{M}) &= \sum_{i \in T \in \mathscr{M}} \frac{v^P(T)}{2^{r(N)-1}} (v(T) - v(T\backslash i)) \\
&= \sum_{i \in T \subseteq B} \frac{P(B)}{2^{r(N)-1}} (v(T) - v(T\backslash i)) \\
&= \sum_{i \in T \subseteq B\backslash j} \frac{P(B)}{2^{r(N)-1}} (v(T) - v(T\backslash i)) + \sum_{i,j \in T \subseteq B} \frac{P(B)}{2^{r(N)-1}} (v(T) - v(T\backslash i)) \\
&= \sum_{j \in T \subseteq B\backslash i} \frac{P(B)}{2^{r(N)-1}} (v(T) - v(T\backslash j)) + \sum_{i,j \in T \subseteq B} \frac{P(B)}{2^{r(N)-1}} (v(T) - v(T\backslash i)) \\
&= \sum_{j \in T \subseteq B} \frac{P(B)}{2^{r(N)-1}} (v(T) - v(T\backslash j)) \\
&= Ba_j^P(N, v, \mathscr{M});
\end{aligned}
$$

M-2 概率有效性 (M-2PE): 由 $B = \{i, j\}$ 知,

$$
Ba_i^P(N, v, \mathscr{M}) = \frac{P(B)}{2} (v(i) + v(i, j) - v(j)),
$$

$$
Ba_j^P(N, v, \mathscr{M}) = \frac{P(B)}{2} (v(j) + v(i, j) - v(i)).
$$

得到: $Ba_i^P(N, v, \mathscr{M}) + Ba_j^P(N, v, \mathscr{M}) = P(B) v_B(B)$.

唯一性. 由于任意经典合作对策可被一致对策的线性组合唯一确定. 因此, 只需证式 (3.25) 在一致对策上的唯一性即可. 首先证明式 (3.26) 成立,

$$Ba_i^P(N,v,\mathscr{M}) = \sum_{i \in B \in \mathscr{B}(\mathscr{M})} P(B) Ba_i(N,v_B,\mathscr{M}) \qquad \forall i \in N, \tag{3.26}$$

其中, $Ba_i(N,v_B,\mathscr{M}) = \sum\limits_{i \in T \subseteq B} \dfrac{1}{2^{b-1}}(v(T) - v(T\backslash i))$.

$$
\begin{aligned}
\sum_{i \in B \in \mathscr{B}(\mathscr{M})} P(B) Ba_i(N,v_B,\mathscr{M}) &= \sum_{i \in B \in \mathscr{B}(\mathscr{M})} P(B) \sum_{i \in T \subseteq B} \frac{1}{2^{b-1}}(v(T) - v(T\backslash i)) \\
&= \sum_{i \in T \in \mathscr{M}} \left(\sum_{T \subseteq B \in \mathscr{B}(\mathscr{M})} P(B) \right) \frac{1}{2^{b-1}}(v(T) - v(T\backslash i)) \\
&= \sum_{i \in T \in \mathscr{M}} v^P(T) \frac{1}{2^{r(N)-1}}(v(T) - v(T\backslash i)) \\
&= Ba_i^P(N,v,\mathscr{M}).
\end{aligned}
$$

故式 (3.25) 等价于式 (3.26). 由式 (3.26) 满足可加性, 只需证明: 对任意 $B \in \mathscr{B}(\mathscr{M})$, 式 (3.26) 在 B 上关于一致对策的唯一性即可. 为此, 对任意 $T \subseteq B$, 证明在一致对策 u_T 上, 下式

$$Ba_i^P(N,u_T,\mathscr{M}) = \begin{cases} \dfrac{P(B)}{2^{t-1}} & i \in T \\[2mm] 0 & i \notin T \end{cases}$$

成立.

对任意 $i \notin T$, 由 M-哑元性 (M-DP) 知, $Ba_i^P(N,u_T,\mathscr{M}) = 0$; 对任意 $i \in T$, 当 $t=1$ 时, 结论显然成立; 假设 $t = m \leqslant b-1$ 时成立, 下证 $t = m+1$ 时, 结论成立. 对任意 $i,j \in T$, 令 $p = \{i,j\}$, 得到由 m 个局中人 $\{T\backslash\{i,j\}\} \cup p$ 组成的新联盟. 令 $T' = \{T\backslash\{i,j\}\} \cup p$, 相应的对策记为 u_T^p, 由假设知:

$$Ba_p^P(N,u_T^p,\mathscr{M}) = \frac{P(B)}{2^{t'-1}} = \frac{P(B)}{2^{m-1}}.$$

由 M-2 概率有效性 (M-2PE) 得到:

$$Ba_i^P(N,u_T,\mathscr{M}) + Ba_j^P(N,u_T,\mathscr{M}) = Ba_p^P(N,u_T^p,\mathscr{M}).$$

由 M-基联盟上的对称性 (M-BSP) 得到:

$$Ba_i^P(N,u_T,\mathscr{M}) = \frac{1}{2} Ba_p^P(N,u_T^p,\mathscr{M}) = \frac{P(B)}{2^m}.$$

由归纳法知, 式 (3.26) 在 B 上关于一致对策是唯一的. 证毕.

3.5.4　动态拟阵上的 Shapley 函数

接下来探讨动态拟阵上的合作对策.

定义 3.37　$\mathscr{M}$ 的基序是一个非空的可行联盟序列集 $(A_1, \cdots, A_k)$ 满足:

(i) $A_1 \in \mathscr{B}(\mathscr{M})$;

(ii) 若 $k \geqslant 2$, 那么 $A_m \in \mathscr{B}(\mathscr{M} \backslash A_1 \backslash \cdots \backslash A_{m-1})$, $m = 2, \cdots, k$ 成立;

(iii) 拟阵 $\mathscr{M} \backslash A_1 \backslash \cdots \backslash A_k = \{\varnothing\}$.

由定义易知: 若 $\pi = (A_1, \cdots, A_k)$, 那么 $\bigcup_{m=1}^{k} \{i : i \in A_m\} = N$, 即 π 是 N 的一个划分. 对任意 $m \in \{1, 2, \cdots, k\}$, $A_m \in \mathscr{M}$; 对任意 $m, q \in \{1, 2, \cdots, k\}$ 且 $m \neq q$, 有 $A_m \cap A_q = \varnothing$. $\mathscr{M}$ 上基序的全体记为 $\Pi(\mathscr{M})$. $\mathscr{D}(\mathscr{M})$ 表示 $\Pi(\mathscr{M})$ 上的概率分布满足:

$$\mathscr{D}(\mathscr{M}) = \left\{ D \in (\mathrm{R}_+)^{\Pi(\mathscr{M})} \,\middle|\, \sum_{\pi \in \Pi(\mathscr{M})} D(\pi) = 1 \right\}.$$

例 3.12　设局中人集合 $N = \{1, 2, 3, 4, 5\}$, $\mathscr{M}$ 是局中人集合 N 上的一个拟阵. $\mathscr{B}(\mathscr{M}) = \{B_1 = \{1, 2, 3\}, B_2 = \{1, 2, 4\}, B_3 = \{1, 2, 5\}, B_4 = \{1, 3, 4\}, B_5 = \{1, 4, 5\}\}$, 则基序:

$$\pi_1 = \{B_1, \{4, 5\}\}, \pi_2 = \{B_2, \{3\}, \{5\}\}, \pi_3 = \{B_2, \{5\}, \{3\}\},$$

$$\pi_4 = \{B_3, \{3, 4\}\}, \pi_5 = \{B_4, \{2, 5\}\}, \quad \pi_6 = \{B_5, \{2, 3\}\}.$$

Bilbao 等 [90] 证明了静态拟阵上合作对策和动态拟阵上合作对策之间的概率关系如下:

引理 3.20　对 $\Pi(\mathscr{M})$ 上的任意概率分布 $D(\pi) \in \mathscr{D}(\mathscr{M})$, 都存在唯一的 $\mathscr{P}(\mathscr{M})$ 上的概率分布 $P \in \mathscr{P}(\mathscr{M})$, 满足:

$$D(\pi) = P_{\mathscr{M}}(A_1) \prod_{m=2}^{k} P_{\mathscr{M} \backslash A_1 \backslash \cdots \backslash A_{m-1}}(A_m) = P_{\mathscr{M}}(A_1) D(\pi'),$$

其中, $\pi' = (A_2, \ldots, A_k) \in \Pi(\mathscr{M} \backslash A_1)$ 且 $\displaystyle\sum_{\pi \in \Pi(\mathscr{M}), \pi = (A_1 \ldots)} D(\pi) = P_{\mathscr{M}}(A_1)$.

此外, 对任意 $S \in \mathscr{M}$, 其关于 $D(\pi)$ 的概率权重满足:

$$v^D(S) = \begin{cases} v^P(S) & S\text{是峡联盟}, \\ v^P(S) + \displaystyle\sum_{B \in \mathscr{B}(\mathscr{M} \backslash S)} P(B) v^{D_{\mathscr{M} \backslash B}}(S) & \text{否则}, \end{cases}$$

其中, $D_{\mathscr{M} \backslash B}$ 是 $\Pi(\mathscr{M} \backslash B)$ 上的概率分布.

2002 年, Bilbao 等 [90] 探讨了动态拟阵上合作对策的 Shapley 函数, 并证明了所给 Shapley 函数的存在唯一性. 具体表达式为:

$$Sh_i^{D_{\mathscr{M}}}(N, v, \mathscr{M})$$

$$
=\begin{cases}
Sh_i^P(N,v,\mathscr{M}) & i\text{是峡元素,}\\
Sh_i^P(N,v,\mathscr{M})+\displaystyle\sum_{B\in\mathscr{B}(\mathscr{M}\setminus i)}P(B)Sh_i^{D\mathscr{M}\setminus B}(N,v_{\mathscr{M}\setminus B},\mathscr{M}\setminus\mathscr{B}) & \text{否则,}
\end{cases}
$$

$$
\forall i\in N,\quad (3.27)
$$

其中, $Sh_i^P(N,v,\mathscr{M})$ 如式 (3.23) 所示.

为证明动态拟阵上合作对策 Shapley 函数的存在唯一性, Bilbao 等 [90] 介绍了 M-动态有效性 (M-DEFF).

M-动态哑元性 (M-DDP): 若局中人 i 是关于合作对策 $v\in G(N,\mathscr{M})$ 的一个哑元, 则 $f_i(N,v,\mathscr{M})=v(i)$;

M-动态有效性 (M-DEFF): 令 $v\in G(N,\mathscr{M})$ 和 $D(\pi)\in D(\mathscr{M})$. 有

$$
\sum_{i\in N}f_i(N,v,\mathscr{M})=\sum_{\pi\in\Pi(\mathscr{M})}D(\pi)\left(v(A_1)+\cdots+v(A_k)\right),
$$

其中, $\pi=(A_1,\cdots,A_k)\in\Pi(\mathscr{M})$.

定理 3.43　令 $\mathscr{M}$ 是定义在 N 上的一个拟阵, $D(\pi)\in D(\mathscr{M})$ 是 $\Pi(\mathscr{M})$ 上的一个概率分布. 则存在唯一分配向量 $f\colon G(N,\mathscr{M})\to\mathbf{R}^n$ 满足 M-线性性质 (M-L), M-动态哑元性 (M-DDP), M-一致对策上的替代性 (M-UGS) 和 M-动态有效性 (M-DEFF).

证明　存在性. 由式 (3.27) 易知: $Sh^{D\mathscr{M}}$ 满足 M-线性性质 (M-L) 和 M-一致对策上的替代性 (M-UGS).

M-动态哑元性 (M-DDP): 若局中人 i 是峡元素, 则

$$
Sh_i^{D\mathscr{M}}(N,v,\mathscr{M})=Sh_i^P(N,v,\mathscr{M})=\sum_{i\in B\in\mathscr{B}(\mathscr{M})}P(B)Sh_i(B,v_B)
$$

$$
=\sum_{i\in B\in\mathscr{B}(\mathscr{M})}P(B)v(i)=v(i).
$$

若局中人 i 不是峡元素, 则

$$
Sh_i^{D\mathscr{M}}(N,v,\mathscr{M})=Sh_i^P(N,v,\mathscr{M})+\sum_{B\in\mathscr{B}(\mathscr{M}\setminus i)}P(B)Sh_i^{D\mathscr{M}\setminus B}(N,v_{\mathscr{M}\setminus B},\mathscr{M}\setminus B)
$$

$$
=\sum_{i\in B\in\mathscr{B}(\mathscr{M})}P(B)v(i)+\sum_{B\in\mathscr{B}(\mathscr{M}\setminus i)}P(B)\sum_{\substack{\pi'\in\Pi(\mathscr{M}_F\setminus B),\\ \pi'=(A_2,\cdots,A_k)}}D_{\mathscr{M}_F\setminus B}(\pi')v(i)
$$

$$
=\left(\sum_{i\in B\in\mathscr{B}(\mathscr{M})}P(B)+\sum_{B\in\mathscr{B}(\mathscr{M}\setminus i)}P(B)\sum_{\substack{\pi'\in\Pi(\mathscr{M}_F\setminus B),\\ \pi'=(A_2,\ldots,A_k)}}D_{\mathscr{M}_F\setminus B}(\pi')\right)v(i)
$$

$$
=v(i).
$$

M-动态有效性 (M-DEFF): 令 $S = \{i \,|\, i$ 是峡元素, $i \in N\}$, 得到:

$$\sum_{i \in N} Sh_i^{D_{\mathscr{M}}}(N, v, \mathscr{M})$$

$$= \sum_{i \in S} Sh_i^{D_{\mathscr{M}}}(N, v, \mathscr{M}) + \sum_{i \in N \setminus S} Sh_i^{D_{\mathscr{M}}}(N, v, \mathscr{M})$$

$$= \sum_{i \in S} Sh_i^{P}(N, v, \mathscr{M})$$

$$\quad + \sum_{i \in N \setminus S} \left(Sh_i^{P}(N, v, \mathscr{M}) + \sum_{B \in \mathscr{B}(\mathscr{M} \setminus i)} P(B) Sh_i^{D_{\mathscr{M} \setminus B}}(N, v, \mathscr{M} \setminus B) \right)$$

$$= \sum_{i \in N} Sh_i^{P}(N, v, \mathscr{M}) + \sum_{i \in N \setminus S} \sum_{B \in \mathscr{B}(\mathscr{M} \setminus i)} P(B) Sh_i^{D_{\mathscr{M} \setminus B}}(N, v, \mathscr{M} \setminus B)$$

$$= \sum_{\pi \in \Pi(\mathscr{M}): \pi = (B, \ldots)} D(\pi) v(B) + \sum_{B \in \mathscr{B}(\mathscr{M})} P(B) \sum_{i \in N \setminus S} Sh_i^{D_{\mathscr{M} \setminus B}}(N, v, \mathscr{M} \setminus B)$$

$$= \sum_{\pi \in \Pi(\mathscr{M}): \pi = (B, \ldots)} D(\pi) v(B) + \sum_{B \in \mathscr{B}(\mathscr{M})} P(B) \sum_{\substack{\pi' \in \Pi(\mathscr{M} \setminus B), \\ \pi' = (A_2, \ldots, A_k)}} D_{\mathscr{M} \setminus B}(\pi') \left(\sum_{j=2}^{k} v(A_j) \right)$$

$$= \sum_{\pi \in \Pi(\mathscr{M}): \pi = (A_1, \ldots, A_k)} D(\pi) \left(\sum_{j=1}^{k} v(A_j) \right)$$

唯一性的证明类似于定理 3.37.

类似于静态拟阵上合作对策 Shapley 函数的公理体系, 孙浩和何华 [91] 探讨了动态拟阵上合作对策的 Shapley 函数的另一等价公理体系.

定理 3.44　令 $\mathscr{M}$ 是定义在 N 上的一个拟阵, $D(\pi) \in D(\mathscr{M})$ 是 $\Pi(\mathscr{M})$ 上的一个概率分布. Shapley 函数 $Sh^{D_{\mathscr{M}}}$ 是 $G(N, \mathscr{M})$ 上满足 M-强单调性 (M-SMP), M-对称性 (M-SP) 和 M-动态有效性 (M-DEFF) 的唯一分配指标.

证明类似于定理 3.38.

3.5.5　动态拟阵上的核心与 Banzhaf 函数

此外, 孙浩和何华 [91] 探讨了动态拟阵上合作对策的核心及核心与 Shapley 函数间的关系.

定义 3.38　设 $D \in D(\mathscr{M})$ 是 $\Pi(\mathscr{M})$ 上的一个概率分布, 动态拟阵 $(N, v, \mathscr{M})$ 上的核心 $C^{D}(N, v, \mathscr{M})$ 可表示为:

$$C^{D}(N, v, \mathscr{M}) = \left\{ z \in \mathrm{R}_+^n \,\middle|\, \sum_{i \in N} z_i = \sum_{\{\pi \in \Pi(\mathscr{M}): \pi = (A_1, A_2, \ldots, A_k)\}} D(\pi) \left(\sum_{j=1}^{k} v(A_j) \right), \forall S \in \mathscr{M}, \right.$$

$$\sum_{i \in S} z_i \geqslant \sum_{\{\pi \in \Pi(\mathscr{M}): \pi = (A_1, A_2, \cdots, A_k)\}} D(\pi) \left(\sum_{j=1}^{k} v(A_j \cap S) \right) \Bigg\}.$$

定理 3.45　若 $v \in G(N, \mathscr{M})$ 是凸合作对策, 则 $(Sh_i^{D\mathscr{M}}(N, v, \mathscr{M}))_{i \in N} \in C^D(N, v, \mathscr{M})$.

下面, 给出动态拟阵上合作对策核心的一种等价形式.

定理 3.46　设 $v \in G(N, \mathscr{M})$ 是凸合作对策, $D \in D(\mathscr{M})$ 是 $\Pi(\mathscr{M})$ 上的一个概率分布. 动态拟阵 $(N, v, \mathscr{M})$ 上的核心 $C^D(N, v, \mathscr{M}) \neq \varnothing$ 且可表示为:

$$C^D(N, v, \mathscr{M}) = \left\{ z \in \mathrm{R}_+^n \; \middle| \; \sum_{i \in N} z_i = \sum_{\{\pi \in \Pi(\mathscr{M}): \pi = (A_1, A_2, \ldots, A_k)\}} D(\pi) \left(\sum_{j=1}^{k} y_i^{A_0^j} \right), \right.$$

$$\left. \forall \pi = (A_1, A_2, \cdots, A_k) \in \Pi(\mathscr{M}), \forall y_j = (y_h^{A_j})_{h \in A_j} \in C(A_j, v_{A_j}), j = 1, \cdots, k \right\},$$

其中, $C(A_j, v_{A_j})$ 表示 v 限制在 A_j 上关于 v_{A_j} 的核心.

类似于动态拟阵上的 Shapley 函数, 接下来探讨动态拟阵上合作对策的 Banzhaf 函数.

M-动态对称性 (M-DSP): 对任意 $T \subseteq N$ 满足 $i, j \notin T$, 有 $v(T \cup i) = v(T \cup j)$ 且任意 $\pi = (A_1, \cdots, A_k) \in \Pi(\mathscr{M})$, $i \in A_m$ 当且仅当 $j \in A_m$, 则 $f_i(N, v_B, \mathscr{M}) = f_j(N, v_B, \mathscr{M})$, 其中 $m \in \{1, 2, \cdots, k\}$.

M-2 动态有效性 (M-2DE): 对任意 $S \in \mathscr{M}$, 若 $S = \{i, j\}$, 且任意 $\pi = (A_1, \cdots, A_k) \in \Pi(\mathscr{M})$ 及 $m \in \{1, 2, \cdots, k\}$, $i \in A_m$ 当且仅当 $j \in A_m$, 则

$$f_i(N, v_S, \mathscr{M}) + f_j(N, v_S, \mathscr{M}) = v^D(S) v_S(S),$$

其中, $v^D(S) = \sum_{\pi \in \Pi_S(\mathscr{M})} D(\pi)$, $\Pi_S(\mathscr{M})$ 表示基序中有一个包含联盟 S 的集合, v_S 是 v 在联盟 S 上的限制.

类似于拟阵上动态结构合作对策的 Shapley 函数, 拟阵上动态结构合作对策上的 Banzhaf 函数定义如下:

$$Ba_i^D(N, v, \mathscr{M})$$
$$= \begin{cases} Ba_i^P(N, v, \mathscr{M}) & i \text{是峡元素}, \\ Ba_i^P(N, v, \mathscr{M}) + \sum_{B \in B(\mathscr{M} \setminus i)} P(B) Ba_i^{D\mathscr{M} \setminus B}(N, v_{\mathscr{M} \setminus B}, \mathscr{M} \setminus B) & \text{否则}, \end{cases}$$
$$\forall i \in N, \quad (3.28)$$

其中, $Ba_i^P(N, v, \mathscr{M})$ 如式 (3.25) 所示.

定理 3.47　令 $v \in G(N, \mathcal{M})$, $D \in D(\mathcal{M})$ 是 $\Pi(\mathcal{M})$ 上的一个概率分布. Banzhaf 函数是 $G(N, \mathcal{M})$ 上满足 M-可加性 (M-ADD), M-动态哑元性 (M-DDP), M-动态对称性 (M-DSP) 和 M-2 动态有效性 (M-2DE) 的唯一分配向量.

证明　存在性. 由式 (3.28) 易知: M-可加性 (M-ADD) 成立;

M-动态哑元性 (M-DDP): 由 $v(S \cup i) - v(S) = v(i)$ 及 S 的任意性得到:

$$
Ba_i^D(N, v, \mathcal{M})
$$
$$
= \begin{cases}
\displaystyle\sum_{B \in \mathscr{B}(\mathcal{M})} P(B) v(i) & i\text{是峡元素,} \\[4mm]
\displaystyle\sum_{B \in \mathscr{B}_i(\mathcal{M})} P(B) v(i) + \sum_{B \in \mathscr{B}(\mathcal{M} \setminus i)} P(B) \sum_{\pi' \in \Pi_i(\mathcal{M} \setminus B)} D_{\mathcal{M} \setminus B}(\pi') v(i) & \text{否则.}
\end{cases}
$$

由上式的第一个表达式易知: 结论成立; 对上式的第二个表达式和引理 3.20 易知,

$$
\sum_{B \in \mathscr{B}_i(\mathcal{M})} P_{\mathcal{M}}(B) + \sum_{B \in \mathscr{B}(\mathcal{M} \setminus i)} P_{\mathcal{M}}(B) \sum_{\pi' \in \Pi_i(\mathcal{M} \setminus B)} D_{\mathcal{M} \setminus B}(\pi') = v^D(i).
$$

由 $v^D(B) = \displaystyle\sum_{\pi \in \Pi_B(\mathcal{M})} D(\pi)$ 和每一个 π 是关于 N 的一个划分知: $v^D(i) = 1$, 故 M-动态哑元性 (M-DDP) 成立;

M-动态对称性 (M-DSP): 由已知, 只需证明: 对任意 $\pi = (A_1, \cdots, A_k) \in \Pi(\mathcal{M})$ 及某个 $m \in \{1, 2, \cdots, k\}$, 有

$$
Ba_i^D(N, v_{A_m}, \mathcal{M}) = Ba_j^D(N, v_{A_m}, \mathcal{M}) \tag{3.29}
$$

即可, 其中 $i, j \in A_m$.

由定理 3.42 关于基联盟上的对称性易知: 式 (3.29) 成立;

M-2 动态有效性 (M-2DE): 由 Banzhaf 函数的 2-有效性知:

$$
Ba_i^P(N, v_S, \mathcal{M}) + Ba_j^P(N, v_S, \mathcal{M}) = v_S(S),
$$

其中, Ba^P 如式 (3.26) 所示.

若 i 是峡元素, 则 j 也是峡元素. 式 (3.28) 得到:

$$
\begin{aligned}
Ba_i^D(N, v_S, \mathcal{M}) &= Ba_i^P(N, v_S, \mathcal{M}) \\
&= \sum_{B \in \mathscr{B}_i(\mathcal{M})} P(B) Ba_i^P(N, v_S, \mathcal{M}) \\
&= \sum_{B \in \mathscr{B}_i(\mathcal{M})} P(B) \frac{1}{2} (v_S(i) + v_S(S) - v_S(j)) \\
&= \frac{1}{2} (v_S(i) + v_S(S) - v_S(j)) \sum_{B \in \mathscr{B}_i(\mathcal{M})} P(B)
\end{aligned}
$$

$$=\frac{1}{2}\left(v_S\left(i\right)+v_S\left(S\right)-v_S\left(j\right)\right);$$

同理可得: $Ba_j^D\left(N,v_S,\mathscr{M}\right)=\frac{1}{2}\left(v_S\left(j\right)+v_S\left(S\right)-v_S\left(i\right)\right)$. 故,

$$Ba_i^D\left(N,v_S,\mathscr{M}\right)+Ba_j^D\left(N,v_S,\mathscr{M}\right)=v_S\left(S\right);$$

又 $v^D\left(S\right)=\sum_{\pi\in\Pi_S(\mathscr{M})}D\left(\pi\right)=\sum_{B\in\mathscr{B}(\mathscr{M})}\sum_{\{\pi\in\Pi(\mathscr{M}):\pi=(B...)\}}D\left(\pi\right)=\sum_{B\in\mathscr{B}(\mathscr{M})}P\left(B\right)=1,$

故此时 M-2 动态有效性 (M-2DE) 成立;

若 i 不是峡元素, 则 j 也不是峡元素. 不失一般性, 对任意给定的 A_g, 不妨设 $i,j\in A_g$, 对任意 $\pi=(A_1,\cdots,A_k)\in\Pi\left(\mathscr{M}\right)$, 由式 (3.28) 得到:

$$Ba_i^{D_{A_g}}\left(N,v_s,\mathscr{M}\right)+Ba_j^{D_{A_g}}\left(N,v_s,\mathscr{M}\right)$$

$$=\sum_{\{\pi\in\Pi(\mathscr{M}):\pi=(...,A_g,...)\}}D\left(\pi\right)\left(Ba_i^P\left(N,v_S,\mathscr{M}\right)+Ba_j^P\left(N,v_S,\mathscr{M}\right)\right)$$

$$=\sum_{\{\pi=(...,A_g,...)\in\Pi(\mathscr{M}),i,j\in A_g\}}D\left(\pi\right)v_S\left(S\right)$$

$$=\sum_{\pi\in\Pi_g(\mathscr{M})}D\left(\pi\right)v_S\left(S\right),$$

其中, $\Pi_g\left(\mathscr{M}\right)$ 表示 i,j 属于基序的第 g 个联盟的集合; 由 A_g 的任意性知: M-2 动态有效性 (M-2DE) 成立;

唯一性. 由于任意经典合作对策可被一致对策的线性组合唯一确定. 因此, 只需证: 式 (3.28) 在一致对策上的唯一性即可.

对任意 $S\in\mathscr{M}$, 定义 S 上的一致对策 u_S 如下:

$$u_S\left(T\right)=\begin{cases}1 & S\subseteq T\in\mathscr{M},\\0 & \text{否则}.\end{cases}$$

下面证明在一致对策 u_S 上, 下式成立:

$$Ba_i^D\left(N,u_S,\mathscr{M}\right)=\begin{cases}\dfrac{v^D\left(S\right)}{2^{s-1}} & i\in S,\\0 & i\notin S.\end{cases}\qquad(3.30)$$

对任意 $i\notin S$, 由 M-动态哑元性 (M-DDP) 知: $Ba_i^D\left(N,u_S,\mathscr{M}\right)=0$; 对任意 $i\in S$, 当 $s=1$ 时, 结论显然成立, 且 $Ba_i^D\left(N,u_{S=\{i\}},\mathscr{M}\right)=1$; 假设 $t=m\leqslant b-1$ 时成立. 下证, 当 $t=m+1$ 时, 结论成立. 对任意 $i,j\in S$, 令 $p=\{i,j\}$, 得到由 m 个局中人 $\{S\backslash\{i,j\}\}\cup p$ 组成的新联盟, 令 $S'=\{S\backslash\{i,j\}\}\cup p$ 相应的对策记为 u_S^p, 由假设知:

$$Ba_p^D\left(N,u_S^p,\mathscr{M}\right)=\frac{v^D\left(S\right)}{2^{s'-1}}=\frac{v^D\left(S\right)}{2^{m-1}}.$$

由 M-2 动态有效性 (M-2DE) 得到:

$$Ba_i^D\left(N, u_S, \mathscr{M}\right) + Ba_j^D\left(N, u_S, \mathscr{M}\right) = Ba_p^D\left(N, u_S^p, \mathscr{M}\right).$$

由 M-动态对称性 (M-DSP) 得到:

$$Ba_i^D\left(N, u_S, \mathscr{M}\right) = \frac{1}{2}Ba_p^D\left(N, u_S^p, \mathscr{M}\right) = \frac{v^D\left(S\right)}{2^m}.$$

由归纳法知, 式 (3.30) 在 S 上关于一致对策是唯一的. 由引理 3.20 知: 式 (3.28) 在一致对策上是唯一的. 证毕.

例 3.13 令局中人集合 $N = \{1, 2, 3, 4\}$, 已知基联盟 $B_1 = \{1, 2, 3\}$, $B_2 = \{1, 2, 4\}$, $B_3 = \{1, 3, 4\}$. 局中人可能形成的联盟的收益如表 3.2 所示.

表 3.2 联盟收益值

$v(S)$	S	$v(S)$	S	$v(S)$	S
$\{1\}$	1	$\{1, 3\}$	4	$\{1, 2, 3\}$	6
$\{2\}$	1	$\{1, 4\}$	3	$\{1, 2, 4\}$	8
$\{3\}$	1	$\{2, 3\}$	3	$\{1, 3, 4\}$	10
$\{4\}$	1	$\{2, 4\}$	4		
$\{1,2\}$	3	$\{3, 4\}$	4		

若已知各基联盟形成的概率为: $P\left(B_1\right) = 0.5$, $P\left(B_2\right) = 0.25$, $P\left(B_3\right) = 0.25$. 求各局中人关于拟阵上静态结构合作对策的 Shapley 值和 Banzhaf 指标.

解 由式 (3.23) 得局中人的 Shapley 值: $Sh_1^P\left(N, v, \mathscr{M}\right) = 2.46$; $Sh_2^P\left(N, v, \mathscr{M}\right) = 1.5$; $Sh_3^P\left(N, v, \mathscr{M}\right) = 2$; $Sh_4^P\left(N, v, \mathscr{M}\right) = 1.5$.

由式 (3.25) 得局中人的 Banzhaf 指标: $Ba_1^P\left(N, v, \mathscr{M}\right) = 2.4$; $Ba_2^P\left(N, v, \mathscr{M}\right) = 1.6$; $Ba_3^P\left(N, v, \mathscr{M}\right) = 2$; $Ba_4^P\left(N, v, \mathscr{M}\right) = 1.5$.

例 3.14 数据如例 3.12, 基序为 $\pi_1 = \{B_1, 4\}$, $\pi_2 = \{B_2, 3\}$, $\pi_3 = \{B_3, 2\}$. 由动态拟阵上概率与静态拟阵上概率的关系知: $P_{\mathscr{M}\backslash B_1}\left(4\right) = P_{\mathscr{M}\backslash B_2}\left(3\right) = P_{\mathscr{M}\backslash B_3}\left(2\right) = 1$. 求各局中人关于拟阵上动态结构合作对策的 Shapley 值和 Banzhaf 指标.

解 局中人 1 是峡元素, 故 $Sh_1^D\left(N, v, \mathscr{M}\right) = Sh_1^P\left(N, v, \mathscr{M}\right) = 2.46$; 对于局中人 2 由式 (3.27) 得到:

$$\begin{aligned}Sh_2^D\left(N, v, \mathscr{M}\right) &= Sh_2^P\left(N, v, \mathscr{M}\right) + P\left(B_3\right)P_{\mathscr{M}\backslash B_3}\left(2\right)Sh_2^P\left(N, v_{\mathscr{M}\backslash B_3}, \mathscr{M}\backslash B_3\right)\\ &= 1.5 + 0.25 = 1.75;\end{aligned}$$

同理可得: $Sh_3^D\left(N, v, \mathscr{M}\right) = 2.25$; $Sh_4^D\left(N, v, \mathscr{M}\right) = 2$.

局中人 1 是峡元素, 故 $Ba_1^D\left(N, v, \mathscr{M}\right) = Ba_1^P\left(N, v, \mathscr{M}\right) = 2.4$; 对局中人 2 由式 (3.28) 得到:

$$Ba_2^D\left(N, v, \mathscr{M}\right) = Ba_2^P\left(N, v, \mathscr{M}\right) + P\left(B_3\right)P_{\mathscr{M}\backslash B_3}\left(2\right)Ba_2^P\left(N, v_{\mathscr{M}\backslash B_3}, \mathscr{M}\backslash B_3\right)$$

$$=1.6 + 0.25 = 1.85;$$

同理可得: $Ba_3^D(N,v,\mathscr{M}) = 2.25$; $Ba_4^D(N,v,\mathscr{M}) = 2$.

此外, Bilbao 等 [92] 探讨了拟阵上合作对策的 $\tau-$值, 并对 $\tau-$值的求解及公理体系进行了论述.

3.6 反拟阵上的合作对策

1940 年, Dilworth[93] 提出反拟阵 (antimatroids) 的概念. 后来, Jiménez-Losada[94] 将反拟阵引入到对策论中, 并提出反拟阵上的合作对策. 后来, Algaba 等 [95] 进一步对反拟阵上的合作对策展开探讨, 给出了反拟阵上合作对策的 Shapley 函数, 并对其满足的公理体系进行了研究. 此外, Algaba 等 [96] 探讨了反拟阵上合作对策的 Banzhaf 函数及其满足的公理体系. 基于 Harsanyi 联盟值划分的思想, Algaba 等 [96] 给出了反拟阵上合作对策的 Shapley 函数和 Banzhaf 函数的另一具体计算公式, 使得它们的计算更加直观.

3.6.1 基本概念

通过反拟阵的概念易知, 反拟阵是对允许结构的扩展, 即允许结构上的合作对策是反拟阵上合作对策的一种特例. 此外, 反拟阵是关于凸几何的一个对偶概念.

定义 3.39 $\mathscr{A}$ 称为定义在 N 上的一个反拟阵, 若 $\mathscr{A}$ 满足:

(1) $\varnothing \in \mathscr{A}$;

(2) 可达性: 若 $S \in \mathscr{A}$ 且 $S \neq \varnothing$, 则存在 $i \in S$ 满足 $S\backslash i \in \mathscr{A}$;

(3) 并运算封闭: 若 $S, T \in \mathscr{A}$, 则 $S \cup T \in \mathscr{A}$.

由反拟阵的概念易知, 其满足扩展性, 即 $S, T \in \mathscr{A}$ 满足 $s > t$, 则存在 $i \in S\backslash T$ 满足 $T \cup i \in \mathscr{A}$. 本节所考虑的反拟阵满足:

(4) 规范性: 对任意 $i \in N$, 存在 $S \in \mathscr{A}$ 满足 $i \in S$.

Korte 等 [97](第 3 章) 基于反拟阵, 定义了内部算子: $\text{int}_{\mathscr{A}} : P(N) \to \mathscr{A}$, 对任意 $S \in P(N)$, $\text{int}_{\mathscr{A}}(S) = \bigcup_{T \subseteq S, T \in \mathscr{A}} T$. 由内部算子的定义不难得到如下性质:

P1. $\text{int}_{\mathscr{A}}(\varnothing) = \varnothing$;

P2. $\text{int}_{\mathscr{A}}(S) \subseteq S$;

P3. 若 $S \subseteq T$, 则 $\text{int}_{\mathscr{A}}(S) \subseteq \text{int}_{\mathscr{A}}(T)$;

P4. 若 $i, j \in \text{int}_{\mathscr{A}}(S)$ 且 $j \notin \text{int}_{\mathscr{A}}(S\backslash i)$, 则 $i \in \text{int}_{\mathscr{A}}(S\backslash j)$.

令 $\mathscr{A}$ 是定义在 N 上的一个反拟阵, 局中人 $i \in S$ 称为联盟 $S \in \mathscr{A}$ 的一个终点或极点, 若 $S\backslash i \in \mathscr{A}$. 联盟 $S \in \mathscr{A}$ 的全体极点记为 exS. 由可达性知: 对任意 $S \in \mathscr{A}\backslash\varnothing$, $exS \neq \varnothing$. 若联盟 $S \in \mathscr{A}$ 有唯一的极点, 则称 S 为一条路. 若 $exS = \{i\}$, 则称 S 为一条 i-路. 联盟 $S \in \mathscr{A}$ 当且仅当 S 为路的并. 此外, 对任意 $S \in \mathscr{A}$, 存

在一条 i-路 T 满足 $T \subseteq S$. 所有 i-路组成的集合记为 $A(i)$. 局中人 $i \in N \backslash S$ 称为联盟 $S \in \mathscr{A}$ 的一个可行延续或扩展点, 若 $S \cup i \in \mathscr{A}$. 联盟 $S \in \mathscr{A}$ 的全体扩张点记为: auS.

定义 3.40　令 $\mathscr{A}$ 是 N 上的一个反拟阵且 $T \subseteq N$, 联盟 $S \subseteq N$ 称为 T 可行厅, 若 $S \in \mathscr{A}$, $T \subseteq S$ 且不存在 $E \in \mathscr{A}$ 满足 $T \subseteq E \subset S$, 即 S 是 $\mathscr{A}$ 上包含联盟 T 的最小可行联盟.

联盟 $T \subseteq N$ 的全体可行厅记为 $A(E)$.

性质 3.17　令 $\mathscr{A}$ 是 N 上的一个反拟阵. 联盟 $\{i\}$ 的可行厅是 $\mathscr{A}$ 上的 i-路.

证明　若 S 是 $\{i\}$ 的一个可行厅, 则 $i \in S$ 且不存在 $T \in \mathscr{A}$ 满足 $i \in T \subset S$. 下面证明 S 是一条 i-路. 由 $exS \neq \varnothing$, 假定 j 是 S 不同于 i 的另一个极点. 则 $i \in S \backslash j \subset S$, 且 $S \backslash j \in \mathscr{A}$. 此与 S 是 $\{i\}$ 的一个可行厅矛盾.

若 S 是一条 i-路, 且不是 $\{i\}$ 的一个可行厅, 则存在 $T \in \mathscr{A}$ 满足 $i \in T$ 和 $T \subset S$. 由扩展性, 存在 $j \in S \backslash i$ 满足 $S \backslash j \in \mathscr{A}$, 此与 S 是一条 i-路矛盾. 证毕.

由合取允许结构和析取允许结构的概念易知: 由合取和析取方法得到的可行联盟可分别表示为:

$$\Phi_{\mathscr{R}}^{C} = \{S \subseteq N, \forall i \in S, \mathscr{R}^{-1}(i) \subseteq S\},$$

$$\Phi_{\mathscr{R}}^{D} = \{S \subseteq N, \forall i \in S, \mathscr{R}^{-1}(i) \neq \varnothing, \mathscr{R}^{-1}(i) \cap S \neq \varnothing\}.$$

下面探讨反拟阵与无环允许结构间的关系.

性质 3.18　若可行联盟系统 $\mathscr{A}$ 是通过一个无环允许结构的析取或合取方法获得, 则 $\mathscr{A}$ 是一个反拟阵.

证明　Gilles 等[72] 证明了析取或合取方法得到的可行联盟系统 $\mathscr{A}$ 包含 $\varnothing$, 且满足并运算封闭. 因此, 只需证明可行联盟系统 $\mathscr{A}$ 的可达性即可. 令 $\mathscr{R}$ 是 N 的一个无环允许结构. 对给定联盟 $S \subseteq N \backslash \varnothing$, 由于 $\mathscr{R}$ 是无环的, 存在局中人 $i \in S$ 满足 $\mathscr{R}(i) \cap S = \varnothing$. 因此, $S \backslash i$ 也是可行的. 证毕.

若 N 上的反拟阵 $\mathscr{A}$ 满足交运算封闭, 即 $S, T \in \mathscr{A}$, $S \cap T \in \mathscr{A}$, 则 $\mathscr{A}$ 称为一个偏序反拟阵.

引理 3.21　令 $\mathscr{A}$ 是 N 上的一个反拟阵. $\mathscr{A}$ 是一个偏序反拟阵当且仅当对任意 $i \in N$, 在 $\mathscr{A}$ 上有唯一的 i-路.

证明　假设 $\mathscr{A}$ 是一个偏序反拟阵. 令 S, T 是关于局中人 i 的两条不同 i-路. 则 $S \cap T \in \mathscr{A}$ 满足 $i \in S \cap T$. 不失一般性, 假设 $S \backslash T \neq \varnothing$. 由扩展性知: 存在 $j \in S \backslash \{S \cap T\} = S \backslash T \subseteq S \backslash i$ 满足 $S \backslash j \in \mathscr{A}$. 此与 S 是一条 i-路矛盾.

假定对任意 $i \in N$, 在 $\mathscr{A}$ 上有唯一的 i-路. 取 $S, T \in \mathscr{A}$. 若 $S \cap T = \varnothing$, 则 $S \cap T \in \mathscr{A}$. 若 $S \cap T \neq \varnothing$, 则由性质 3.17, 对任意 $i \in S \cap T$, 存在一条 i-路 $H_1^i \subseteq S$

和一条 i-路 $H_2^i \subseteq T$. 由假设知: $H_1^i = H_2^i = H^i$ 是 $\mathscr{A}$ 上的唯一 i-路. 因此, 对任意 $i \in S \cap T$, $H^i \in \mathscr{A}$ 且 $H^i \subseteq S \cap T$. 因此, $S \cap T = \cup_{i \in S \cap T} H^i$ 且 $S \cap T \in \mathscr{A}$. 即 $\mathscr{A}$ 是一个偏序反拟阵. 证毕.

定理 3.48 $\mathscr{A}$ 是一个偏序反拟阵, 当且仅当存在无环允许结构 $\mathscr{R}$, 满足 $\mathscr{A} = \Phi_{\mathscr{R}}^C$.

证明   令 $\mathscr{A}$ 是一个偏序反拟阵. 对 $i \in N$, 其在 $\mathscr{A}$ 上的唯一 i-路记为 $P_i^{\mathscr{A}}$. 现在, 定义允许结构 $\mathscr{R}: N \to P(N)$. 对任意 $i \in N$, $\mathscr{R}^{-1}(i) = P_i^{\mathscr{A}} \backslash i$. 下证, $\mathscr{R}$ 是无环的. 假定 $i \in \widehat{\mathscr{R}}(i)$, 则存在 $(h_1, h_2, \cdots, h_p)$ 满足 $h_1 = h_p = i$, 且对任意 $1 \leqslant k \leqslant p - 1$, $h_{k+1} \in \mathscr{R}(h_k)$, 即 $h_k \in P_{k+1}^{\mathscr{A}}$. 此外, $P_k^{\mathscr{A}} \subseteq P_{k+1}^{\mathscr{A}}$. 由 $P_{k+1}^{\mathscr{A}} \in \mathscr{A}$ 和性质 3.17, 得到: h_k-路是包含在 $P_{k+1}^{\mathscr{A}}$ 中的唯一路. 但 $P_k^{\mathscr{A}} = P_{k+1}^{\mathscr{A}}$ 是可能的. 因此, $P_k^{\mathscr{A}} \subset P_{k+1}^{\mathscr{A}}$. 故 $\mathscr{R}$ 是无环的.

下证, $\mathscr{R} = \Phi_{\mathscr{R}}^C$.

令 $S \in \Phi_{\mathscr{R}}^C$, 则对任意 $i \in S$, $\mathscr{R}^{-1}(i) \subseteq S$, 即 $P_i^{\mathscr{A}} \subseteq S$. 因此, $\bigcup_{i \in S} P_i^{\mathscr{A}} \subseteq S$. 由于, 对任意 $i \in N$, $i \in P_i^{\mathscr{A}}$, 得到: $S \subseteq \bigcup_{i \in S} P_i^{\mathscr{A}}$. 因此, $S = \bigcup_{i \in S} P_i^{\mathscr{A}} \in \mathscr{A}$. 若 $S \in \mathscr{A}$ 满足 $i \in S$, 则 $\mathscr{R}^{-1}(i) = P_i^{\mathscr{A}} \backslash i \subseteq S$, 即 $\mathscr{A} \in \Phi_{\mathscr{R}}^C$.

由性质 3.18 知: 一个可行联盟系统通过无环允许结构的合取方法获得一个反拟阵. Gilles 等 [72] 证明了可行联盟系统能通过合取方法获得满足交集封闭性, 即得到一个偏序反拟阵. 证毕.

定义 3.41 N 上的反拟阵 $\mathscr{A}$ 具有路性质. 若

P1. 每一条路 S 有唯一的可行序, 即 $S = (i_1 > i_2 > \cdots > i_p)$ 满足 $\{i_1, i_2, \cdots, i_k\} \in \mathscr{A}$, 其中 $1 \leqslant k \leqslant p$. 此外, 这些可行序的并是 N 的一个偏序;

P2. 若 S, T 和 $S \backslash i$ 都是路, 满足 $exT = exS \backslash i$, 则 $T \cup i \in \mathscr{A}$.

定理 3.49   一个反拟阵 $\mathscr{A}$ 具有路性质当且仅当存在无环允许结构 $\mathscr{R}$ 满足 $\mathscr{A} = \Phi_{\mathscr{R}}^D$.

定理 3.50   一个偏序反拟阵 $\mathscr{A}$ 具有路性质当且仅当存在允许森林结构 $\mathscr{R}$ 满足 $\mathscr{A} = \Phi_{\mathscr{R}}^C = \Phi_{\mathscr{R}}^D$.

定义 3.42   令 $\mathscr{A}$ 是 N 上的一个反拟阵. 合作对策 $v \in G(N)$ 在反拟阵 $\mathscr{A}$ 上定义为: $v_{\mathscr{A}}(S) = v(\text{int}_{\mathscr{A}}(S))$, $S \subseteq N$.

局中人集合 N 上关于反拟阵 $\mathscr{A}$ 的合作对策的全体记为 $G(N, \mathscr{A})$.

性质 3.19   令 $\mathscr{A}$ 是 N 上的一个反拟阵, 且 $S \subseteq N$. 一致对策 u_S 在反拟阵 $\mathscr{A}$ 上的限制定义为: $(u_S)_{\mathscr{A}} = \vee_{T \in A(S)} u_T$. 此外, 对任意 $E \subseteq N$, 其划分定义为:

$$d_{(u_S)_{\mathscr{A}}}(E) = \sum_{\{H \subseteq E: \exists T \in A(S), H \supseteq T\}} (-1)^{e-h}.$$

特别的, 若 $S \not\subseteq E$, 则 $d_{(u_S)_{\mathscr{A}}}(E) = 0$; 若 $E \in A(S)$, 则 $d_{(u_S)_{\mathscr{A}}}(E) = 1$.

证明　令 $H \subseteq N$, 则 $(u_S)_{\mathscr{A}}(H) = u_S(\mathrm{int}_{\mathscr{A}}(H)) = \begin{cases} 1 & S \subseteq \mathrm{int}_{\mathscr{A}}(H), \\ 0 & \text{否则}. \end{cases}$ 若

$S \subseteq \mathrm{int}_{\mathscr{A}}(H) \in \mathscr{A}$, 则存在 $E \in \mathscr{A}(S)$ 满足 $E \subseteq \mathrm{int}_{\mathscr{A}}(H)$. 因此, $u_E(H) = 1$. 在此情形下: $\vee_{E \in A(S)} u_E(H) = 1$. 否则, H 不包含 S 的任何可行厅. 因此, 对任意 $E \in A(S)$, $u_E(H) = 0$, 得到: $\vee_{E \in A(S)} u_E(H) = 0$. 考虑 $E \subseteq N$,

$$d_{(u_S)_{\mathscr{A}}}(E) = \sum_{H \subseteq E} (-1)^{e-h} (u_S)_{\mathscr{A}}(H) = \sum_{H \subseteq E} (-1)^{e-h} \vee_{T \in A(S)} u_T(H)$$

$$= \sum_{\{H \subseteq E : \exists T \in A(S), H \supseteq T\}} (-1)^{e-h}.$$

若 $S \not\subseteq E$, 则不存在任何包含 S 的可行厅 T 满足 $T \subseteq E$. 因此, $d_{(u_S)_{\mathscr{A}}}(E) = 0$. 最后, 若 $E \in \mathscr{A}(S)$ 是上述公式中满足 $H = E$ 的唯一项, 则 $d_{(u_S)_{\mathscr{A}}}(E) = 1$. 证毕.

推论 3.4　令 $\mathscr{A}$ 是 N 上的一个偏序反拟阵, 且 $S \subseteq N$. 限制对策 $(u_S)_{\mathscr{A}} = u_T$, 其中, T 是 S 的唯一可行厅. 此外, 除 $d_{(u_S)_{\mathscr{A}}}(T) = 1$ 外, 所有划分为 0.

证明　由性质 3.19, 若 $T = E$, 则 $d_{(u_S)_{\mathscr{A}}}(T) = 1$. 此外, 若 $S \not\subseteq E$, 则 $d_{(u_S)_{\mathscr{A}}}(E) = 0$. 最后, 若 $S \subseteq E$ 且 $T \neq E$, 由于 $T \subseteq E$, 得到:

$$d_{(u_S)_{\mathscr{A}}}(E) = \sum_{T \subseteq H \subseteq E} (-1)^{e-h} = \sum_{l=t}^{e} C_{e-t}^{l-t} (-1)^{e-l} = 0.$$

证毕.

定理 3.51　令 $v_{\mathscr{A}} \in G(N, \mathscr{A})$. 对任意 $S \subseteq N$, 对策 $v_{\mathscr{A}}$ 的划分定义为:

$$d_{v_{\mathscr{A}}}(S) = \begin{cases} \displaystyle\sum_{T \subseteq S} d_{(u_T)_{\mathscr{A}}}(S) d_v(T) & S \in \mathscr{A}, \\ 0 & \text{否则}, \end{cases}$$

其中, $d_v(T) = \displaystyle\sum_{E \subseteq T} (-1)^{t-e} v(E)$.

证明　若 $S \notin \mathscr{A}$, 则

$$d_{v_{\mathscr{A}}}(S) = \sum_{T \subseteq S} (-1)^{s-t} v(\mathrm{int}_{\mathscr{A}}(T))$$

$$= \sum_{T \subseteq S, T \in \mathscr{A}} \left(\sum_{\{H \subseteq S : int(H) = T\}} (-1)^{s-h} \right) (-1)^{s-t} v(T).$$

注意到: $T \subseteq S$ 满足 $T \in \mathscr{A}$. 集合 $\{H \subseteq S : int(H) = T\}$ 中的元素包含于 S, 包含 T. 但不包含 T 的任何扩展局中人. 令 $k_T = |S - T \cup auT|$, 则

$$d_{v_{\mathscr{A}}}(S) = \sum_{T \subseteq S, T \in \mathscr{A}} \left(\sum_{p=0}^{k_T} C_{k_T}^{p} (-1)^{s-p} \right) v(T) = (-1)^s \sum_{T \subseteq S, T \in \mathscr{A}} (1-1)^{k_T} v(T) = 0.$$

由 $S \notin \mathscr{A}$, 得到: $k_T > 1$. 此外, 由 $T \cup \{auT \cap S\} = \cup_{j \in auT \cap S} T \cup j \in \mathscr{A}$ 知: $T \cup \{auT \cap S\}$ 是可行的.

若 $S \in \mathscr{A}$, 对 S 中包含元素采用归纳法证明. 若 $s = 1$, 不妨设 $S = \{i\}$. 得到:

$$d_{v_{\mathscr{A}}}(i) = \sum_{T \subseteq \{i\}} (-1)^{1-t} v_{\mathscr{A}}(T) = -v(\mathrm{int}_{\mathscr{A}}(\varnothing)) + v(\mathrm{int}_{\mathscr{A}}(i)) = v(i).$$

另一方面,

$$\sum_{T \subseteq \{i\}} d_{(u_T)_{\mathscr{A}}}(i) d_v(T) = d_{(u_\varnothing)_{\mathscr{A}}}(i) d_v(\varnothing) + d_{(u_i)_{\mathscr{A}}}(i) d_v(i) = v(i).$$

假设, 当 $s \leqslant k$ 时, 结论成立. 下证, 当 $s = k + 1$ 时, 结论成立. 由于 $S \in \mathscr{A}$, $\mathrm{int}_{\mathscr{A}}(S) = S$, 得到

$$\sum_{T \subseteq S} d_v(T) = v(S) = v_{\mathscr{A}}(S) = \sum_{T \subseteq S} d_{v_{\mathscr{A}}}(T) = \sum_{T \subset S} d_{v_{\mathscr{A}}}(T) + d_{v_{\mathscr{A}}}(S).$$

由数学归纳法, 考虑 $T \notin \mathscr{A}$, 得到:

$$\begin{aligned}
d_{v_{\mathscr{A}}}(S) &= \sum_{T \subseteq S} d_v(T) - \sum_{T \subset S, T \in \mathscr{A}} d_{v_{\mathscr{A}}}(T) \\
&= \sum_{T \subseteq S} d_v(T) - \sum_{T \subset S, T \in \mathscr{A}} \left(\sum_{H \subseteq T} d_{(u_H)_{\mathscr{A}}}(T) d_v(H) \right) \\
&= \sum_{T \subseteq S} d_v(T) - \sum_{T \subset S} \left(\sum_{T \subseteq H \subset S} d_{(u_T)_{\mathscr{A}}}(H) \right) d_v(T) \\
&= d_v(S) + \sum_{T \subset S} \left(1 - \sum_{T \subseteq H \subset S} d_{(u_T)_{\mathscr{A}}}(H) \right) d_v(T).
\end{aligned}$$

由性质 3.19 和 $S \in \mathscr{A}$ 知: $d_{(u_S)_{\mathscr{A}}}(S) = 1$. 下证:

$$1 - \sum_{T \subseteq H \subset S} d_{(u_T)_{\mathscr{A}}}(H) = d_{(u_T)_{\mathscr{A}}}(S) \qquad \forall T \subset S.$$

由于 S 是 S 的唯一可行厅. 应用性质 3.19 得到:

$$\begin{aligned}
1 - \sum_{T \subseteq H \subset S} d_{(u_T)_{\mathscr{A}}}(H) &= 1 - \sum_{T \subseteq H \subset S} \sum_{\{E \subseteq H : \exists F \in A(T), E \supseteq F\}} (-1)^{h-e} \\
&= (-1)^{s-s} - \sum_{\{E \subset S : \exists F \in A(T), E \supseteq F\}} \sum_{E \subseteq H \subset S} (-1)^{h-e}.
\end{aligned}$$

由于 $\sum\limits_{E\subseteq H\subseteq S}(-1)^{h-e}=(1-1)^{s-e}=0$, 得到:

$$\sum_{E\subseteq H\subset S}(-1)^{h-e}=\sum_{E\subseteq H\subseteq S}(-1)^{h-e}-(-1)^{s-e}=-(-1)^{s-e}.$$

综上所述:

$$1-\sum_{T\subseteq H\subset S}d_{(u_T)_{\mathscr{A}}}(H)=(-1)^{s-s}-\sum_{\{E\subset S:\exists F\in A(T),E\supseteq F\}}\sum_{E\subseteq H\subset S}(-1)^{h-e}$$
$$=\sum_{\{E\subset S:\exists F\in A(T),E\supseteq F\}}(-1)^{s-e}=d_{(u_T)_A}(S).$$

注意到: $s\neq e$ 可能成立. 否则 S 将是 T 的一个可行厅, 且 $\sum\limits_{T\subseteq H\subset S}d_{(u_T)_{\mathscr{A}}}(H)=0$. 证毕.

推论 3.5　令 $\mathscr{A}$ 是 N 上的一个偏序反拟阵. 则对任意 $S\subseteq N$, $v_{\mathscr{A}}$ 的划分可表示为: $d_{v_{\mathscr{A}}}(S)=\sum\limits_{T\subseteq S,S=A(T)}d_v(T)$, 其中 $A(T)$ 表示 T 的唯一可行厅.

记 $[S,T]_{\mathscr{A}}$ 为 $\mathscr{A}$ 上包含 $S\in\mathscr{A}$ 而包含于 $T\in\mathscr{A}$ 的可行联盟集合. 此外, 对任意 $S\in\mathscr{A}$, 记 $S^+=S\cup auS$.

引理 3.22　令 $\mathscr{A}$ 是 N 上的一个反拟阵, 则

C1. 若 $S,T\in\mathscr{A}$ 满足 $S\subseteq T$, 区间 $[S,T]_{\mathscr{A}}$ 是一个布尔代数当且仅当 $T\backslash S=auS\cap T$;

C2. 若 $S\in\mathscr{A}$, 则 $[S,S^+]_{\mathscr{A}}$ 一个布尔代数.

证明　在格 $\mathscr{A}$ 上, 联盟 E 覆盖 S. 若 $E=S\cup i$, 其中 $i\in auS$. 若 $T\backslash S=auS\cap T$, 易知 $[S,T]_{\mathscr{A}}$ 是一个布尔代数. 反之, 若 $[S,T]_{\mathscr{A}}$ 是一个布尔代数, 则对任意 $i\in T\backslash S$, $S\cup i\in\mathscr{A}$. 因此, $i\in auS\cap T$.

由于对任意 $i\in S^+\backslash S$, 有 $i\in auS$. 因此, $S\cup i\in\mathscr{A}$. 由并运算封闭性得到: $[S,S^+]_{\mathscr{A}}$ 中的每一个联盟是可行的. 证毕.

引理 3.23　令 $\mathscr{A}$ 是 N 上的一个反拟阵. 若 $S,T\in\mathscr{A}$ 满足 $S\subseteq T$, 则 $\mu(S,T)$ 的莫比乌斯 (Möbius) 函数定义为:

$$\mu(S,T)=\begin{cases}(-1)^{t-s} & T\backslash S=auS\cap E,\\ 0 & \text{否则.}\end{cases}$$

证明　众所周知, 区间 $[S,T]_{\mathscr{A}}$ 上的莫比乌斯函数等于 0, 除非 T 是 S 的所有覆盖的并. 由引理 3.22 知: 等价于 $T\backslash S=auS\cap T$, 该等式等价于 $[S,T]_{\mathscr{A}}$ 是一个布尔代数. 而莫比乌斯函数在 $[S,T]_{\mathscr{A}}$ 上等于 $\mu(S,T)=(-1)^{t-s}$. 证毕.

定理 3.52 令 $v_{\mathscr{A}} \in G(N, \mathscr{A})$. 对任意 $S \subseteq N$, 对策 $v_{\mathscr{A}}$ 的划分定义为:

$$
d_{v_{\mathscr{A}}}(S) = \begin{cases} \displaystyle\sum_{E \in \mathscr{A}, T \in [E, E^+]} (-1)^{t-e} v(E) & E \in \mathscr{A}, \\ 0 & \text{否则}. \end{cases}
$$

证明 对任意 $S \subseteq N$, 得到:

$$
v_{\mathscr{A}}(S) = \sum_{T \in \mathscr{A}, T \subseteq S} d_{v_{\mathscr{A}}}(T) u_T(S).
$$

由定理 3.51 知: 任意非可行联盟的划分等于 0. 给定可行联盟 $S \in \mathscr{A}$, 则 $v_{\mathscr{A}}(S) = v(S) = \displaystyle\sum_{T \in \mathscr{A}, T \subseteq S} d_{v_{\mathscr{A}}}(T)$. 由莫比乌斯函数得到:

$$
d_{v_{\mathscr{A}}}(S) = \sum_{T \in \mathscr{A}, , T \subseteq S} \mu(S, T) v(T).
$$

由引理 3.23 得到:

$$
d_{v_{\mathscr{A}}}(S) = \sum_{\{T \in \mathscr{A}, T \subseteq S, S \backslash T = auT \cap S\}} (-1)^{s-t} v(T).
$$

由引理 3.22 得到:

$$
\{T \in \mathscr{A}, T \subseteq S, S \backslash T = auT \cap S\} = \{T \in \mathscr{A}, S \in [T, T^+]_{\mathscr{A}}\}.
$$

证毕.

3.6.2 Shapley 和 Banzhaf 函数

定理 3.51 和定理 3.52 给出了反拟阵 $\mathscr{A}$ 上联盟收益值的两种等价表达形式.

定义 3.43 令 $v_{\mathscr{A}} \in G(N, \mathscr{A})$. $v_{\mathscr{A}}$ 上的限制 Shapley 函数定义为:

$$
Sh(N, v_{\mathscr{A}}) = \sum_{S \in \mathscr{A}, i \in S} \frac{d_{v_{\mathscr{A}}}(S)}{s}; \tag{3.31}
$$

$v_{\mathscr{A}}$ 上的限制 Banzhaf 函数定义为:

$$
Ba(N, v_{\mathscr{A}}) = \sum_{S \in \mathscr{A}, i \in S} \frac{d_{v_{\mathscr{A}}}(S)}{2^{s-1}}. \tag{3.32}
$$

定理 3.53 令 $v_{\mathscr{A}} \in G(N, \mathscr{A})$. 对任意 $i \in N$, 定义如下集合:

$$
\mathscr{A}_i = \{S \in \mathscr{A} : i \in S\},
$$

$$
\mathscr{A}_i^+ = \{S \in \mathscr{A} : i \in exS, \{S \backslash i\}^+ = S^+\},
$$

$$\mathscr{A}_i^* = \{S \in \mathscr{A} : i \in auS, \{S \cup i\}^+ \neq S^+\}.$$

则

(1) 局中人 i 的限制 Shapley 值定义为:

$$Sh_i(N, v_{\mathscr{A}}) = \sum_{S \in \mathscr{A}_i^+} \frac{(s-1)!(s^+ - s)!}{s^+!}(v(S) - v(S\setminus i)) + \sum_{S \in \mathscr{A}_i \setminus \mathscr{A}_i^+} \frac{(s-1)!(s^+ - s)!}{s^+!}v(S)$$

$$- \sum_{S \in \mathscr{A}_i^*} \frac{s!(s^+ - s - 1)!}{s^+!}v(S). \tag{3.33}$$

(2) 局中人 i 的限制 Banzhaf 值定义为:

$$Ba_i(N, v_{\mathscr{A}}) = \sum_{S \in \mathscr{A}_i^+} \frac{1}{2^{s^+-1}}(v(S) - v(S\setminus i)) + \sum_{S \in \mathscr{A}_i \setminus \mathscr{A}_i^+} \frac{1}{2^{s^+-1}}v(S) - \sum_{S \in \mathscr{A}_i^*} \frac{1}{2^{s^+-1}}v(S),$$
$$\tag{3.34}$$

其中, s^+ 表示 S^+ 的势指标.

证明　由定理 3.52 和式 (3.31), 得到:

$$Sh_i(N, v_{\mathscr{A}}) = \sum_{S \in \mathscr{A}, i \in S} \frac{1}{s} \left[\sum_{\{T \in \mathscr{A}, S \in [T, T^+]_{\mathscr{A}}\}} (-1)^{s-t}v(T) \right].$$

因此,

$$Sh_i(N, v_{\mathscr{A}}) = \sum_{T \in \mathscr{A}} \left[\sum_{\{S \in [T, T^+]_{\mathscr{A}} : i \in S\}} \frac{1}{s}(-1)^{s-t} \right] v(T) = \sum_{T \in \mathscr{A}} c_i(T)v(T),$$

其中, $c_i(T) = \displaystyle\sum_{\{S \in [T, T^+]_{\mathscr{A}} : i \in S\}} \frac{1}{s}(-1)^{s-t}$.

分两种情形 $i \in T$ 和 $i \notin T$ 展开证明.

若 $i \in T$, 由于 $[T, T^+]_{\mathscr{A}}$ 是一个布尔代数, 故

$$c_i(T) = \sum_{k=t}^{t^+} C_{t^+ - t}^{k-t} \frac{(-1)^{k-t}}{k} = \sum_{k=0}^{t^+ - t} C_{t^+ - t}^{k} \frac{(-1)^k}{k+t} = \sum_{k=0}^{t^+ - t} C_{t^+ - t}^{k}(-1)^k \int_0^1 x^{k+t-1}\mathrm{d}x$$

$$= \int_0^1 x^{t-1}(1-x)^{t^+ - t}\mathrm{d}x \frac{(t-1)!(t^+ - t)!}{t^+!}.$$

若 $i \notin T$, 则 $i \in auT$; 否则, $c_i(T) = 0$. 则 $[T \cup i, T^+]_{\mathscr{A}}$ 是一个布尔代数, 故

$$c_i(T) = \sum_{k=t+1}^{t^+} C_{t^+ - t - 1}^{k-t-1} \frac{(-1)^{k-t}}{k} = \sum_{k=0}^{t^+ - t - 1} C_{t^+ - t - 1}^{k} \frac{(-1)^{k+1}}{k+t+1}$$

$$= \sum_{k=0}^{t^+-t-1} C_{t^+-t-1}^k (-1)^k \int_0^1 x^{k+t} \mathrm{d}x$$

$$= -\int_0^1 x^t (1-x)^{t^+-t-1} \mathrm{d}x = \frac{t!(t^+-t-1)!}{t^+!}.$$

得到:

$$Sh_i(N, v_{\mathscr{A}}) = \sum_{S \in \mathscr{A}_i} \frac{(s-1)!(s^+-s)!}{s^+!} v(S) - \sum_{\{S \in \mathscr{A}: i \in auS\}} \frac{s!(s^+-s-1)!}{s^+!} v(S). \quad (3.35)$$

易知, 式 (3.35) 等价于式 (3.33).

由上面的证明和式 (3.32), 得到:

$$Ba_i(N, v_{\mathscr{A}}) = \sum_{T \in \mathscr{A}} c_i(T) v(T),$$

其中, $c_i(T) = \sum\limits_{\{S \in [T,T^+]_{\mathscr{A}}: i \in S\}} \frac{1}{2^{s-1}} (-1)^{s-t}$.

若 $i \in T$, 则

$$c_i(T) = \sum_{k=t}^{t^+} C_{t^+-t}^{k-t} \frac{(-1)^{k-t}}{2^{k-1}} = \sum_{k=0}^{t^+-t} C_{t^+-t}^k \frac{(-1)^k}{2^{k+t-1}} = \frac{1}{2^{t^+-1}}.$$

若 $i \in auT$, 则

$$c_i(T) = \sum_{k=t+1}^{t^+} C_{t^+-t-1}^{k-t-1} \frac{(-1)^{k-t}}{2^{k-1}} = -\sum_{k=0}^{t^+-t-1} C_{t^+-t-1}^k \frac{(-1)^k}{2^{k+t}} = \frac{-1}{2^{t^+-1}}.$$

得到:

$$Ba_i(N, v_{\mathscr{A}}) = \sum_{S \in \mathscr{A}_i} \frac{1}{2^{s^+-1}} v(S) - \sum_{\{S \in \mathscr{A}: i \in auS\}} \frac{1}{2^{s^+-1}} v(S). \quad (3.36)$$

证毕.

例 3.15　令 $N = \{1, 2, 3, 4\}$. 记反拟阵:

$$\mathscr{A} = \{\varnothing, \{1\}, \{1, 2\}, \{1, 3\}, \{1, 2, 3\}, \{1, 2, 4\}, \{1, 3, 4\}, N\}.$$

则

$$\mathscr{A}_1 = \{\{1\}, \{1, 2\}, \{1, 3\}, \{1, 2, 3\}, \{1, 2, 4\}, \{1, 3, 4\}, N\},$$
$$\mathscr{A}_2 = \{\{1, 2\}, \{1, 2, 3\}, \{1, 2, 4\}, N\},$$

$$\mathscr{A}_3 = \{\{1,3\},\{1,2,3\},\{1,3,4\},N\},$$
$$\mathscr{A}_4 = \{\{1,2,4\},\{1,3,4\},N\},$$

且

$$\{S \in \mathscr{A} : 1 \in auS\} = \{\varnothing\},$$
$$\{S \in \mathscr{A} : 2 \in auS\} = \{\{1\},\{1,3\},\{1,3,4\}\},$$
$$\{S \in \mathscr{A} : 3 \in auS\} = \{\{1\},\{1,2\},\{1,2,4\}\},$$
$$\{S \in \mathscr{A} : 4 \in auS\} = \{\{1,2\},\{1,3\},\{1,2,3\}\}.$$

若 $v = u_{\{4\}}$，由式 (3.35) 得到局中人的限制 Shapley 值为：

$$Sh(N, v_{\mathscr{A}}) = \left(\frac{5}{12}, \frac{1}{12}, \frac{1}{12}, \frac{5}{12} \right).$$

由式 (3.36) 得到局中人的限制 Banzhaf 值为：

$$Ba(N, v_{\mathscr{A}}) = \left(\frac{3}{8}, \frac{1}{8}, \frac{1}{8}, \frac{3}{8} \right).$$

为说明定义 3.43 中所定义的限制 Shapley 函数和限制 Banzhaf 函数的理论基础. 接下来, 让我们回顾 Algaba 等 [95,96] 给出的限制 Shapley 函数和限制 Banzhaf 函数的公理体系.

令 f 是定义在 $G(N, \mathscr{A})$ 上的一个分配向量.

A-有效性 (A-EFF): 令 $v_{\mathscr{A}} \in G(N, \mathscr{A})$, 则 $\sum_{i \in N} f_i(N, v_{\mathscr{A}}) = v(N)$.

A-可加性 (A-ADD): 令 $v_{\mathscr{A}}, w_{\mathscr{A}} \in G(N, \mathscr{A})$, 则

$$f(N, v_{\mathscr{A}} + w_{\mathscr{A}}) = f(N, v_{\mathscr{A}}) + f(N, w_{\mathscr{A}}).$$

A-本质性 (A-EPP): 令 $v_{\mathscr{A}} \in G(N, \mathscr{A})$ 是一个单调对策, 即对任意 $S, T \subseteq N$ 满足 $S \subseteq T, v_{\mathscr{A}}(S) \leqslant v_{\mathscr{A}}(T)$. 对局中人 $i \in N$, 任意 $T \subseteq N \backslash i$, 有 $v(T) = 0$, 则

$$f_i(N, v_{\mathscr{A}}) \geqslant f_j(N, v_{\mathscr{A}}) \qquad \forall i \in N.$$

上述三个性质是对允许结构上合作对策相应性质的推广. 令 $\mathscr{A}$ 是 N 上的一个反拟阵. 记路群 P^i 为某 i-路上的局中人集合, 即 $P^i = \bigcup_{S \in A(i)} S$. 局中人 $i \in N$ 称为一个非本质局中人, 若对任意 $j \in N$ 满足 $i \in P^j$ 是零元.

A-非本质性 (A-IEP): 令 $v_{\mathscr{A}} \in G(N, \mathscr{A})$. 若局中人 $i \in N$ 是非本质的, 则 $f_i(N, v_{\mathscr{A}}) = 0$.

令 $\mathscr{A}$ 是 N 上的一个反拟阵. 记路群 P_i 为在每一条 i-路上的局中人集合, 即 $P_i = \bigcap_{S \in \mathscr{A}(i)} S$. P_i 中的局中人完全控制局中人 i.

A-结构单调性 (A-SMP): 令 $v_{\mathscr{A}} \in G(N, \mathscr{A})$ 是一个单调对策. 对 $j \in N$, 有

$$f_i(N, v_{\mathscr{A}}) \geqslant f_j(N, v_{\mathscr{A}}) \qquad \forall i \in P_j.$$

A-公平性 (A-FP): 令 $v_{\mathscr{A}} \in G(N, \mathscr{A})$ 是一个单调对策. 若 $S \in \mathscr{A}$ 满足 $\mathscr{A} \backslash S$ 是 N 上的一个反拟阵, 则

$$f_i(N, v_{\mathscr{A}}) - f_i(N, v_{\mathscr{A} \backslash S}) = f_j(N, v_{\mathscr{A}}) - f_j(N, v_{\mathscr{A} \backslash S}) \qquad \forall i, j \in S.$$

引理 3.24 令 $\mathscr{A}$ 是 N 上的一个反拟阵且 $S \in \mathscr{A}$. $\mathscr{A} \backslash S$ 是一个反拟阵当且仅当 S 是一条路, $S \notin \{\varnothing, N\}$, 且每一个覆盖 S 的 $T \in \mathscr{A}$ 不是一条路.

证明 假设 $\mathscr{A} \backslash S$ 是一个反拟阵, 则 $S \notin \{\varnothing, N\}$. 若 S 不是一条路, 则存在 $i, j \in S$ 满足 $S \backslash i, S \backslash j \in \mathscr{A} \backslash S$. 得到: $\{S \backslash i\} \cup \{S \backslash j\} \in \mathscr{A} \backslash S$, 此与 $\{S \backslash i\} \cup \{S \backslash j\} = S$ 相矛盾. 若 $\mathscr{A}$ 上存在 T 覆盖 S, 则 $\mathscr{A} \backslash S$ 将不满足可达性.

假设 S 是一条路, $S \notin \{\varnothing, N\}$, 且每一个覆盖 S 的 $T \in \mathscr{A}$ 不是一条路. 下证, $\mathscr{A} \backslash S$ 是一个反拟阵. 由于 $S \notin \{\varnothing, N\}$, 得到: $\varnothing \in \mathscr{A} \backslash S$ 且 $\mathscr{A} \backslash S$ 是规范的. 令 $S_1, S_2 \in \mathscr{A} \backslash S$. 为证 $S_1 \cup S_2 \in \mathscr{A} \backslash S$, 只需证明: $S_1 \cup S_2 \neq S$. 假定 $S_1 \cup S_2 = S$, 则它是一条路, 不妨设是一条 i-路. 不失一般性, 假设 $i \in S_1$. 此与 $S_1 \subset S$ 和 S 是一条 i-路矛盾. 最后, 令 $T \in \mathscr{A} \backslash S$, $T \neq \varnothing$. 若不存在 $i \in T$ 满足 $T \backslash i \in \mathscr{A} \backslash S$. 则存在唯一 $i \in T$ 满足 $T \backslash i \in \mathscr{A}$, 且 $T \backslash i = S$. 此与每一个覆盖 S 的 $T \in \mathscr{A}$ 不是一条路矛盾. 证毕.

定理 3.54 令 $v_{\mathscr{A}} \in G(N, \mathscr{A})$. 定义在 $v_{\mathscr{A}}$ 上的限制 Shapley 函数 $Sh(N, v_{\mathscr{A}})$ 满足 A-有效性 (A-EFF), A-可加性 (A-ADD), A-本质性 (A-EP), A-非本质性 (A-IEP), A-结构单调性 (A-SMP) 和 A-公平性 (A-FP).

证明 A-有效性 (A-EFF): 由 $N \in \mathscr{A}$ 和 Shapley 函数的有效性得到:

$$\sum_{i \in N} Sh_i(N, v_{\mathscr{A}}) = v_{\mathscr{A}}(N) = v(\mathrm{int}_{\mathscr{A}}(N)) = v(N).$$

A-可加性 (A-ADD): 对任意 $S \in A$, 得到:

$$(v_{\mathscr{A}} + w_{\mathscr{A}})(S) = v_{\mathscr{A}}(S) + w_{\mathscr{A}}(S) = v(\mathrm{int}_{\mathscr{A}}(S)) + w(\mathrm{int}_{\mathscr{A}}(S))$$
$$= (v + w)(\mathrm{int}_{\mathscr{A}}(S)) = (v + w)_{\mathscr{A}}(S).$$

因此, $Sh(N, v_{\mathscr{A}} + w_{\mathscr{A}}) = Sh(N, v_{\mathscr{A}}) + Sh(N, w_{\mathscr{A}})$.

A-本质性 (A-EP): 对任意 $S \subseteq N \backslash i$, 由 $v_{\mathscr{A}}$ 的单调性得到:

$$v_{\mathscr{A}}(S) = v(\mathrm{int}_{\mathscr{A}}(S)) \leqslant v(S) = 0.$$

由于对任意 $S \subseteq N$, $v_{\mathscr{A}}(S) \geqslant 0$. 即对任意 $S \subseteq N \backslash i$, $v_{\mathscr{A}}(S) = 0$. 对任意给定的 $j \in N$, 得到:

$$
\begin{aligned}
Sh_i(N, v_{\mathscr{A}}) &= \sum_{i \in S : S \subseteq N} \frac{(s-1)!(n-s)!}{n!}(v_{\mathscr{A}}(S) - v_{\mathscr{A}}(S \backslash i)) \\
&\geqslant \sum_{i,j \in S : S \subseteq N} \frac{(s-1)!(n-s)!}{n!}(v_{\mathscr{A}}(S) - v_{\mathscr{A}}(S \backslash i)) \\
&\geqslant \sum_{i,j \in S : S \subseteq N} \frac{(s-1)!(n-s)!}{n!}(v_{\mathscr{A}}(S) - v_{\mathscr{A}}(S \backslash j)) \\
&= \sum_{j \in S : S \subseteq N} \frac{(s-1)!(n-s)!}{n!}(v_{\mathscr{A}}(S) - v_{\mathscr{A}}(S \backslash j)) \\
&= Sh_j(N, v_{\mathscr{A}}).
\end{aligned}
$$

A-非本质性 (A-IEP): 由于 Shapley 满足零元性质. 因此, 只需证明非本质局中人在限制对策上是零元即可. 令局中人 i 是关于 $v_{\mathscr{A}}$ 的一个非本质局中人, 且 $i \in S$. 令 $T = \mathrm{int}_{\mathscr{A}}(S) \backslash \mathrm{int}_{\mathscr{A}}(S \backslash i)$. 下证, 对任意 $j \in T$, $i \in P^j$. 假定存在 $j \in T$, $i \notin P^j$. 即局中人 i 不在任何 j-路上. 由于 $j \in \mathrm{int}_{\mathscr{A}}(S)$, 则存在 j-路 H 包含于 $\mathrm{int}_{\mathscr{A}}(S)$, 而不包含局中人 i, 即 H 包含于 $S \backslash i$. 由内部算子的定义和路是 $\mathscr{A}$ 上的可行联盟得到: H 包含于 $\mathrm{int}_{\mathscr{A}}(S \backslash i)$, 且特别的 $j \in \mathrm{int}_{\mathscr{A}}(S \backslash i)$. 由 $j \in T$, 得到矛盾.

若 $T = \{j_1, j_2, ..., j_p\}$, 则

$$
\begin{aligned}
v_{\mathscr{A}}(S) - v_{\mathscr{A}}(S \backslash i) &= v(\mathrm{int}_{\mathscr{A}}(S)) - v(\mathrm{int}_{\mathscr{A}}(S \backslash i)) \\
&= v(\mathrm{int}_{\mathscr{A}}(S)) - v(\mathrm{int}_{\mathscr{A}}(S \backslash T)) \\
&= v(\mathrm{int}_{\mathscr{A}}(S)) - v(\mathrm{int}_{\mathscr{A}}(S \backslash T)) \\
&\quad + \sum_{q=1}^{p-1} [v(\mathrm{int}_{\mathscr{A}}(S \backslash \{j_1, \cdots, j_q\})) - v(\mathrm{int}_{\mathscr{A}}(S \backslash \{j_1, \cdots, j_q\}))] \\
&= 0,
\end{aligned}
$$

其中, 每一个 j_q, $q = 1, 2, \cdots, p$, 是关于 $v_{\mathscr{A}}$ 的一个零元.

A-结构单调性 (A-SMP): 对 $j \in N$, 由 $i \in P_j$ 和 $v_{\mathscr{A}}$ 的单调性, 得到:

(i) 对任意 $S \subseteq N$, $v_{\mathscr{A}}(S) - v_{\mathscr{A}}(S \backslash i) \geqslant 0$.

(ii) 给定 $S \subseteq N$, 得到:

$$
\mathrm{int}_{\mathscr{A}}(S \backslash i) = \bigcup_{T \in \mathscr{A} : T \subseteq S \backslash i} T = \bigcup_{T \in \mathscr{A} : T \subseteq S \backslash \{i,j\}} T \subseteq \bigcup_{T \in \mathscr{A} : T \subseteq S \backslash j} T = \mathrm{int}_{\mathscr{A}}(S \backslash j).
$$

因此, 对任意 $S \subseteq N$, $v_{\mathscr{A}}(S) - v_{\mathscr{A}}(S \backslash i) \geqslant v_{\mathscr{A}}(S) - v_{\mathscr{A}}(S \backslash j)$.

(iii) 对任意 $S \subseteq N \backslash i$, 得到:

$$\text{int}_{\mathscr{A}}(S) = \bigcup_{T \in \mathscr{A}: T \subseteq S} T = \bigcup_{T \in \mathscr{A}: T \subseteq S \backslash j} T = \text{int}_{\mathscr{A}}(S \backslash j).$$

因此, 对任意 $S \subseteq N \backslash i$, $v_{\mathscr{A}}(S) - v_{\mathscr{A}}(S \backslash i) = 0$.

故,

$$\begin{aligned}
Sh_i(N, v_{\mathscr{A}}) &= \sum_{i \in S: S \subseteq N} \frac{(s-1)!(n-s)!}{n!}(v_{\mathscr{A}}(S) - v_{\mathscr{A}}(S \backslash i)) \\
&\geqslant \sum_{i,j \in S: S \subseteq N} \frac{(s-1)!(n-s)!}{n!}(v_{\mathscr{A}}(S) - v_{\mathscr{A}}(S \backslash i)) \\
&\geqslant \sum_{i,j \in S: S \subseteq N} \frac{(s-1)!(n-s)!}{n!}(v_{\mathscr{A}}(S) - v_{\mathscr{A}}(S \backslash j)) \\
&= \sum_{j \in S: S \subseteq N} \frac{(s-1)!(n-s)!}{n!}(v_{\mathscr{A}}(S) - v_{\mathscr{A}}(S \backslash j)) \\
&= Sh_j(N, v_{\mathscr{A}}).
\end{aligned}$$

A-公平性 (A-FP): 令 $S \in \mathscr{A}$ 满足 $\mathscr{A} \backslash S$ 是一个反拟阵, 且 $i, j \in S$. 建立如下性质:

P1. 由文献 [98] 得到: $d_{v_{\mathscr{A}}}(S) = 0$, $S \notin \mathscr{A}$.

P2. 若 $T \in \mathscr{A}$ 且 $i, j \notin T$, 则 $S \neq T$.

P3. 若 $i, j \notin T$, 则 $S \not\subset T$. 因此, 对任意 $E \subseteq T$, 得到: $S \not\subset E$. 对任意 $E \subseteq T$, 得到:

$$\text{int}_{\mathscr{A}}(E) = \bigcup_{H \in \mathscr{A}: H \subseteq E} H = \bigcup_{H \in \mathscr{A} \backslash S: H \subseteq E} H = \text{int}_{\mathscr{A} \backslash S}(T).$$

因此,

$$\begin{aligned}
d_{v_{\mathscr{A}}}(T) &= \sum_{E \subseteq T} (-1)^{t-e} v_{\mathscr{A}}(E) = \sum_{E \subseteq T} (-1)^{t-e} v(\text{int}_{\mathscr{A}}(E)) \\
&= \sum_{E \subseteq T} (-1)^{t-e} v(\text{int}_{\mathscr{A} \backslash S}(E)) = \sum_{E \subseteq T} (-1)^{t-e} v_{\mathscr{A} \backslash S}(E) \\
&= d_{v_{\mathscr{A} \backslash S}}(T).
\end{aligned}$$

记 $\mathscr{A}_i = \{S \in \mathscr{A} : i \in S\}$, 得到:

$$\begin{aligned}
Sh_i(N, v_{\mathscr{A}}) - Sh_j(N, v_{\mathscr{A}}) &= \sum_{T \in \mathscr{A}_i} \frac{d_{v_{\mathscr{A}}}(T)}{t} - \sum_{T \in \mathscr{A}_j} \frac{d_{v_{\mathscr{A}}}(T)}{t} \\
&= \sum_{T \in \mathscr{A}_i: j \notin T} \frac{d_{v_{\mathscr{A}}}(T)}{t} - \sum_{T \in \mathscr{A}_j: i \notin T} \frac{d_{v_{\mathscr{A}}}(T)}{t}
\end{aligned}$$

$$
\begin{aligned}
&= \sum_{T\in\mathscr{A}_i\backslash S: j\notin T} \frac{d_{v_\mathscr{A}}(T)}{t} - \sum_{T\in\mathscr{A}_j\backslash S: i\notin T} \frac{d_{v_\mathscr{A}}(T)}{t} \\
&= \sum_{T\in(\mathscr{A}\backslash S)_i: j\notin T} \frac{d_{v_\mathscr{A}}(T)}{t} - \sum_{T\in(\mathscr{A}\backslash S)_j: i\notin T} \frac{d_{v_\mathscr{A}}(T)}{t} \\
&= \sum_{T\in(\mathscr{A}\backslash S)_i} \frac{d_{v_\mathscr{A}}(T)}{t} - \sum_{T\in(\mathscr{A}\backslash S)_j} \frac{d_{v_\mathscr{A}}(T)}{t} \\
&= Sh_i(N, v_{\mathscr{A}\backslash S}) - Sh_j(N, v_{\mathscr{A}\backslash S}).
\end{aligned}
$$

证毕.

定理 3.55　令 f: $G(N,\mathscr{A}) \to \mathbf{R}^n$. $f = Sh(N, v_\mathscr{A})$ 当且仅当 f 满足 A-有效性 (A-EFF), A-可加性 (A-ADD), A-本质性 (A-EP), A-非本质性 (A-IEP), A-结构单调性 (A-SMP) 和 A-公平性 (A-FP).

证明　由定理 3.54 知: 存在性成立. 下证, 唯一性. 令 $\mathscr{A}$ 是 N 上的一个反拟阵. 考虑单调对策 $w_T = c_T u_T$, $c_T \geqslant 0$.

对 $\mathscr{A}$ 中所含元素个数采用归纳法来证明 $f(N,(w_T)_\mathscr{A})$ 的唯一性.

若 $|\mathscr{A}| = n+1$, 则在 $\mathscr{A}$ 上存在唯一联盟，其势指标从 1 到 n. 因此，对任意局中人 i, 存在唯一的 i-路. 在此种情形下, 对任意 $i \in N$, $P^i = P_i$. 分三种情形来给出证明.

情形 1. 若 $i \in T$, 由 A-本质性 (A-EP) 得到: 存在 $c \in \mathbf{R}$, 对任意 $i \in T$, $f_i(N,(w_T)_\mathscr{A}) = c$, 且对任意 $i \in N\backslash T$, $f_i(N,(w_T)_\mathscr{A}) \leqslant c$.

情形 2. 若 $i \notin T$, 不存在 $j \in T$ 满足 $i \in P^j$, 由 A-本质性 (A-EP) 得到: $f_i(N,(w_T)_\mathscr{A}) = 0$.

情形 3. 若 $i \notin T$, 存在 $j \in T$ 满足 $i \in P^j = P_j$, 则由 A-结构单调性 (A-SMP) 和情形 1 得到: $f_i(N,(w_T)_\mathscr{A}) = c$.

令 $P^T = \bigcup_{j\in T} P^j$, 由 A-有效性 (A-EFF) 得到: $c = \dfrac{c_T}{p^T}$, 即 $f(N,(w_T)_\mathscr{A})$ 是唯一的.

假设当 $|\mathscr{A}'| < |\mathscr{A}|$ 时, 结论成立, 即 $f(N,(w_T)_{\mathscr{A}'})$ 是唯一的. 下证, $f(N,(w_T)_\mathscr{A})$ 是唯一的. 一般来说: $P^i \neq P_i$. 因此, 对局中人 i 可分四种情形来证明, 其中三种如上所示.

情形 4. 令 $i \notin T$, 存在 $j \in T$ 满足 $i \in P^j$, 且不存在 $j \in T$ 满足 $i \in P_j$. 考虑 $j \in T$ 满足 $i \in P^j\backslash P_j$. 则存在一条 j-路 $E \neq N$ 满足 $i \in E$, 且存在另一条 j-路 $F \neq N$ 满足 $i \notin F$. 定义一条从 E 到 N 的链 $(E_0, E_1, \cdots, E_t)$ 满足 $E_0 = E$, $E_t = N$, 且存在一个不同局中人序列 $(h_1, h_2, \cdots, h_t)$ 满足 $h_k \in N\backslash E_{k-1}$. 对任意 $k \in\{1, 2, \cdots, t\}$, $E_k = E_{k-1} \cup h_k$. 若该链上的所有联盟是可行的, 则称其为 $\mathscr{A}$ 上的一条链. 由可达性知: 在 $\mathscr{A}$ 上存在 E 到 N 和 F 到 N 的链. 选择 E 到 N 和 F

到 N 的链, 满足它们具有相同的第一个最大可行联盟 M, 即不存在 E 到 N 和 F 到 N 的链使得它们相同的第一个可行联盟 M', 满足 $M \subset M'$. 我们的目的是找到一个包含 i 和 j 的联盟, 在引理 3.24 的条件下应用 A-公平性 (A-FP). 若 $H \in \mathscr{A}$, $h = e+1$, $E \subset H$, 则 H 不是 $\mathscr{A}$ 上的一条路. 定义 $\mathscr{A}' = \mathscr{A} \backslash E$. 由引理 3.24 知: $\mathscr{A}'$ 是一个反拟阵. 否则, 若存在一条路 $E_1 \in \mathscr{A}$, $e_1 = e+1$, $E \subset E_1$, 则 $H \in \mathscr{A}$, $h = e_1 + 1$, $E_1 \subset H$, 则 H 不是 $\mathscr{A}$ 上的一条路. 此时, 定义 $\mathscr{A}' = \mathscr{A} \backslash E_1$. 若此种情形不发生, 我们可以通过这种方式来处理, 并选择一系列联盟标记为 $E_1, \cdots, E_m$ 满足它们是 $\mathscr{A}$ 上的路, 且若 $H \in \mathscr{A}$, $h = e_m + 1$, $E_m \subset H$, 则 H 不是 $\mathscr{A}$ 上的一条路. 通过此方式, 由最大化, 我们将得到一条路 E_m 满足 $e_m = m-1$, $E_m \subset M$. 而不存在任何 $Q \in \mathscr{A}$, $Q \neq M$, $e_m = q-1$, $E_m \subset Q$. 因为, 若存在这样一个联盟, 则从 E 到 N 和 F 到 N 的链有相同的第一个更大可行联盟. 令 $\mathscr{A}' = \mathscr{A} \backslash E_m$. 由引理 3.24 知: $\mathscr{A}'$ 是一个反拟阵. 无论何种情形, 应用 A-公平性 (A-FP) 并考虑局中人 $j \in T$ 得到:

$$f_i(N, (w_T)_{\mathscr{A}}) = f_j(N, (w_T)_{\mathscr{A}}) - f_j(N, (w_T)_{\mathscr{A}'}) + f_i(N, (w_T)_{\mathscr{A}'}) = c - c_i, \quad (3.37)$$

其中 $c_i = f_j(N, (w_T)_{\mathscr{A}'}) - f_i(N, (w_T)_{\mathscr{A}'})$ 由归纳假设是唯一确定的. 由 A-有效性 (A-EFF) 得到: $cp^T - \sum_{i \in P^T \backslash P_T} c_i = c_T$, 其中 $P_T = \bigcup_{j \in T} P_j$. 由归纳假设所有 c_i 是确定的. 因此 c 是确定的. 故 $f(N, (w_T)_{\mathscr{A}})$ 由式 (3.37) 唯一确定.

对于 $w_T = c_T u_T$, $c_T < 0$ 可考虑 $-w_T = -c_T u_T$, $c_T < 0$. 类似于前面的证明得到 $f(N, (w_T)_{\mathscr{A}})$ 的唯一性. 由 A-可加性 (A-ADD) 知: 满足定理中性质的函数是唯一的. 证毕.

下面给出 Algaba 等 [96] 介绍的限制 Banzhaf 函数的一个公理体系.

A-1 有效性 (A-1EFF): 令 $v_{\mathscr{A}} \in G(N, \mathscr{A})$. 若 $N = \{i\}$, 则 $f_i(N, v_{\mathscr{A}}) = v(i)$.

引理 3.25　令 $\mathscr{A}$ 是 N 上的一个反拟阵且 $j \in \mathscr{A}$. $\mathscr{A}_{-j}$ 是 $N \backslash j$ 上的一个反拟阵.

证明　(i) 由 $\varnothing \in \mathscr{A}$ 得到: $\varnothing \in \mathscr{A}_{-j}$.

(ii) 假定 $S, T \in \mathscr{A}_{-j}$. 得到下述两种情形: (a) 若 $S, T \in \mathscr{A}$, 则 $S \cup T \in \mathscr{A}$ 且 $S \cup T \in \mathscr{A}_{-j}$; (b) 若 $\{S, T\} \not\subset \mathscr{A}$, 则 $S \cup T \cup \{j\} \in \mathscr{A}$. 因此, $S \cup T \in \mathscr{A}_{-j}$. 即 $\mathscr{A}_{-j}$ 满足并集运算封闭性.

(iii) 考虑 $S \in \mathscr{A}_{-j}$. 得到下述两种情形: (a) 若 $S \in \mathscr{A}$, 则存在 $i \in S$ 满足 $S \backslash i \in \mathscr{A}$. 由于 $j \notin S$, 得到: $S \backslash i \in \mathscr{A}_{-j}$; (b) 若 $S \notin \mathscr{A}$, 则 $S \cup j \in \mathscr{A}$, 得到: $i \in S$ 满足 $\{S \cup j\} \backslash i \in \mathscr{A}$. 而 $S \backslash i \in \mathscr{A}_{-j}$, 故 $\mathscr{A}_{-j}$ 满足可达性. 证毕.

A-强非本质性 (A-SIEP): 令 $v_{\mathscr{A}} \in G(N, \mathscr{A})$. 若局中人 $i \in N$ 是非本质的, 则

$$f_j(N, v_{\mathscr{A}}) = \begin{cases} 0 & j = i, \\ f_j(N \backslash i, v_{\mathscr{A} \backslash i}) & \text{否则}. \end{cases}$$

A-强公平性 (A-SFP): 令 $v_{\mathscr{A}} \in G(N, \mathscr{A})$, 且对 $S \in \mathscr{A}$ 满足 $s \geqslant 2$ 和 $\mathscr{A} \backslash S$ 是 N 上的一个反拟阵, 则

$$f_i(N, v_{\mathscr{A}}) - f_i(N, v_{\mathscr{A} \backslash S}) = f_j(N, v_{\mathscr{A} \backslash S}) - f_j(N, v_{\mathscr{A}}) \qquad \forall i \in S, j \in auS.$$

令 $\mathscr{A}$ 是 N 上的一个反拟阵. 对任意 $j \in N$, 定义 $\mathscr{A}_j = \{S \in \mathscr{A} : j \in S\}$. 此外, 对局中人 $k \in \mathbf{N} \backslash N$, 定义 $\mathscr{A}_{kj} = \{S \cup k : S \in \mathscr{A}_j\} \cup \{\{S \backslash j\} \cup k : S \in \mathscr{A}_j\} \cup \{\mathscr{A} \backslash \mathscr{A}_j\}$.

引理 3.26　令 $\mathscr{A}$ 是 N 上的一个反拟阵, 则对任意 $j \in N$ 和 $k \in \mathbf{N} \backslash N$, $\mathscr{A}_{kj}$ 是 $N \cup k$ 上的一个反拟阵.

证明　(i) 由 $\varnothing \in \mathscr{A}$, 得到 $\varnothing \in \mathscr{A} \backslash \mathscr{A}_j$, 故 $\varnothing \in \mathscr{A}_{kj}$.

(ii) 对 $S \in \mathscr{A}_{kj}$. 得到下述三种情形: (a) 若 $k \notin S$, 则 $j \notin S$. 因此, $S \in \mathscr{A} \backslash \mathscr{A}_j$; (b) 若 $k \in S$ 且 $j \notin S$, 因此, $\{S \backslash k\} \cup j \in \mathscr{A}$; (c) 若 $k \in S$ 且 $j \in S$. 因此, $\{S \backslash k\} \cup j = S \backslash k \in \mathscr{A}$.

假定 $S, T \in \mathscr{A}_{kj}$. 由上面的证明得到: (1) 若 $k \notin S \cup T$, 则 $S, T \in \mathscr{A} \backslash \mathscr{A}_j$. 因此, $S \cup T \in \mathscr{A} \backslash \mathscr{A}_j \subseteq \mathscr{A}_{kj}$; (2) 若 $k \in S \cup T$, 则 $\{S \backslash k\} \cup j, \{T \backslash k\} \cup j \in \mathscr{A}$ 或 $S \backslash k \in \mathscr{A} \backslash \mathscr{A}_j$ 和 $\{T \backslash k\} \cup j \in \mathscr{A}$ 或 $\{S \backslash k\} \cup j \in \mathscr{A}$ 和 $T \backslash k \in \mathscr{A} \backslash \mathscr{A}_j$. 所有这些情形 都得到: $S \cup T \cup j \backslash \{k\} \in \mathscr{A}$. 则 $S \cup T \in \mathscr{A}_{kj}$. 故 $\mathscr{A}_{kj}$ 满足并集封闭性.

(iii) 对 $S \in \mathscr{A}_{kj}$ 得到: (1) 若 $j \in S$ 且 $k \in S$, 则 $S \backslash j \in \mathscr{A}_{kj}$; (2) 若 $j \notin S$ 和 $k \notin S$, 则 $S \in \mathscr{A} \backslash \mathscr{A}_j$. 因此, 存在 $i \in S$ 满足 $S \backslash i \in \mathscr{A} \backslash \mathscr{A}_j \subseteq \mathscr{A}_{kj}$; (3) 若 $j \notin S$ 和 $k \in S$, 则 $S \cup j \backslash \{k\} \in \mathscr{A}$. 因此, 存在 $l \in S \cup j \backslash \{k\}$ 满足 $S \cup j \backslash \{k, l\} \in \mathscr{A} \backslash \mathscr{A}_j$. 若 $l = j$, 则 $S \cup j \backslash \{k, l\} = S \backslash \{k\} \in \mathscr{A} \backslash \mathscr{A}_j \subseteq \mathscr{A}_{kj}$. 否则, $l \neq j$, $S \cup j \backslash \{k, l\} \in \mathscr{A}$. 因此, $S \backslash \{k\} \in \mathscr{A}_{kj}$. 故 $\mathscr{A}_{kj}$ 满足可达性. 证毕.

A-强代理中立性 (A-SPNP): 令 $v_{\mathscr{A}} \in G(N, \mathscr{A})$. 对 $j \in N$ 和 $k \in \mathbf{N} \backslash N$, 有

$$f_k(N \cup k, v_{\mathscr{A}_{kj}}) + f_j(N \cup k, v_{\mathscr{A}_{kj}}) = f_j(N, v_{\mathscr{A}}).$$

定理 3.56　令 $v_{\mathscr{A}} \in G(N, \mathscr{A})$. 则定义在 $v_{\mathscr{A}}$ 上的限制 Banzhaf 函数 $Ba(N, v_{\mathscr{A}})$ 满足 A-1 有效性 (A-1EFF), A-可加性 (A-ADD), A-本质性 (A-EP), A-结构单调性 (A-SMP), A-强非本质性 (A-SIEP), A-强公平性 (A-SFP) 和 A-强代理中立性 (A-SPNP).

证明　由式 (3.32) 易知: A-1 有效性 (A-1EFF) 成立. 类似于限制 Shapley 函数的证明, 不难得到: 限制 Banzhaf 函数满足 A-可加性 (A-ADD), A-本质性 (A-EP) 和 A-结构单调性 (A-SMP).

A-强非本质性 (A-SIEP): 由 $i \in N$ 是非本质的知: i 是关于 $v_{\mathscr{A}}$ 的一个零元. 由 Banzhaf 函数的零元性, 得到: $f_i(N, v_{\mathscr{A}}) = 0$, 且 $f_j(N, v_{\mathscr{A}}) = f_j(N \backslash i, v_{\mathscr{A} \backslash i})$, $i \neq j$.

A-强公平性 (A-SFP): 对 $S \in \mathscr{A}$ 满足 $\mathscr{A} \backslash S$ 是 N 上的一个反拟阵. 对 $i \in S$.

(a) 若 $S \not\subseteq T$, 则

$$\mathrm{int}_{\mathscr{A}}(T) = \bigcup_{H \in \mathscr{A}:H \subseteq T} H = \bigcup_{H \in \mathscr{A} \backslash S:H \subseteq T} H = \mathrm{int}_{\mathscr{A} \backslash S}(T).$$

因此, $v_{\mathscr{A}}(T) = v_{\mathscr{A} \backslash S}(T)$. 特别的, 由 $i \in S$, 得到: $S \not\subseteq T \backslash i$. 因此, $v_{\mathscr{A}}(T \backslash i) = v_{\mathscr{A} \backslash S}(T \backslash i)$.

(b) 若存在 $j \in auS$ 满足 $S \bigcup j \subseteq T$, 则 $v_{\mathscr{A}}(T) = v_{\mathscr{A} \backslash S}(T)$.

由 $i \in S$ 和 $S \subseteq T$, 得到: $i \in T$. 故,

$$Ba_i(N, v_{\mathscr{A}}) - Ba_i(N, v_{\mathscr{A} \backslash S})$$
$$= \frac{1}{2^{n-1}} \sum_{T \subseteq N:i \in T} (v_{\mathscr{A}}(T) - v_{\mathscr{A}}(T \backslash i) - v_{\mathscr{A} \backslash S}(T) + v_{\mathscr{A} \backslash S}(T \backslash i))$$
$$= \frac{1}{2^{n-1}} \sum_{\{T \subseteq N:S \subseteq T, T \cap auS = \varnothing\}} (v_{\mathscr{A}}(T \backslash j) - v_{\mathscr{A} \backslash S}(T \backslash j))$$
$$= \frac{1}{2^{n-1}} \sum_{\{T \subseteq N:S \subseteq T, T \cap auS = \{j\}\}} (v_{\mathscr{A}}(T \backslash j) - v_{\mathscr{A} \backslash S}(T \backslash j))$$
$$= \frac{1}{2^{n-1}} \sum_{T \subseteq N:i \in T} (v_{\mathscr{A}}(T \backslash j) - v_{\mathscr{A} \backslash S}(T \backslash j) - v_{\mathscr{A}}(T) + v_{\mathscr{A} \backslash S}(T))$$
$$= Ba_j(N, v_{\mathscr{A} \backslash S}) - Ba_j(N, v_{\mathscr{A}}).$$

A-强代理中立性 (A-SPNP): 令 $j \in N$ 和 $k \in \mathbf{N} \backslash N$.

(a) 若 $\{k, j\} \not\subseteq T$, 对任意 $H \subseteq T$, 得到: $v_{\mathscr{A}_{kj}}(H) = v_{\mathscr{A}_{kj}}(H \backslash \{k, j\}) = v(H \backslash \{k, j\})$.

(b) 由于 $T \in \mathscr{A} \backslash \mathscr{A}_j$ 意味着 $k \notin T$, 且 $T \in \mathscr{A}_{kj} \backslash \mathscr{A}_j$ 意味着 $k \in T$. 对 $T \subseteq N \cup k$ 和 $k \in T$, 得到:

$$v_{\mathscr{A}_{kj}}(T) = v(\mathrm{int}_{\mathscr{A}_{kj}}(T)) = v\left(\bigcup_{H \in \mathscr{A}_{kj}:H \subseteq T} H\right)$$
$$= v\left(\bigcup_{H \in \{S \cup k \mid S \in \mathscr{A}_j\}:H \subseteq T} H \cup \bigcup_{H \in \{S \backslash \{j\} \cup \{k\} \mid S \in \mathscr{A}_j\}:H \subseteq T} H \cup \bigcup_{H \in \mathscr{A} \backslash \mathscr{A}_j:H \subseteq T} H\right)$$
$$= v\left(\bigcup_{H \in \mathscr{A}_j:H \subseteq T} H \cup \bigcup_{H \in \mathscr{A} \backslash \mathscr{A}_j:H \subseteq T} H\right)$$
$$= v\left(\bigcup_{H \in \mathscr{A}_j:H \subseteq T \backslash k} H \cup \bigcup_{H \in \mathscr{A} \backslash \mathscr{A}_j:H \subseteq T \backslash k} H\right)$$
$$= v\left(\bigcup_{H \in \mathscr{A}:H \subseteq T \backslash k} H\right)$$

$$=v\left(\text{int}_{\mathscr{A}}(T\backslash k)\right)$$

$$=v_{\mathscr{A}}\left(T\backslash k\right)$$

和

$$v_{\mathscr{A}_{kj}}(T\backslash k)$$

$$=v(\text{int}_{\mathscr{A}_{kj}}(T\backslash k)) = v\left(\bigcup_{H\in\mathscr{A}_{kj}:H\subseteq T\backslash k} H\right)$$

$$=v\left(\bigcup_{H\in\{S\cup k|S\in\mathscr{A}_j\}:H\subseteq T\backslash k} H \cup \bigcup_{H\in\{S\backslash\{j\}\cup\{k\}|S\in\mathscr{A}_j\}:H\subseteq T\backslash k} H \cup \bigcup_{H\in\mathscr{A}\backslash\mathscr{A}_j:H\subseteq T\backslash k} H\right)$$

$$=v\left(\bigcup_{H\in\mathscr{A}\backslash\mathscr{A}_j:H\subseteq T\backslash k} H\right)$$

$$=v\left(\bigcup_{H\in\mathscr{A}\backslash\mathscr{A}_j:H\subseteq T\backslash\{k,j\}} H\right)$$

$$=v\left(\text{int}_{\mathscr{A}}(T\backslash\{k,j\})\right)$$

$$=v_{\mathscr{A}}\left(T\backslash\{k,j\}\right).$$

故,

$$Ba_k\left(N\cup k, v_{\mathscr{A}_{kj}}\right) + Ba_j\left(N\cup k, v_{\mathscr{A}_{kj}}\right)$$

$$=\frac{1}{2^n}\sum_{T\subseteq N\cup k:k\in T}\left(v_{\mathscr{A}_{kj}}(T) - v_{\mathscr{A}_{kj}}(T\backslash k)\right)$$

$$+\frac{1}{2^n}\sum_{T\subseteq N\cup k:j\in T}\left(v_{\mathscr{A}_{kj}}(T) - v_{\mathscr{A}_{kj}}(T\backslash j)\right)$$

$$=\frac{1}{2^n}\sum_{T\subseteq N\cup k:\{k,j\}\in T}\left(v_{\mathscr{A}_{kj}}(T) - v_{\mathscr{A}_{kj}}(T\backslash k)\right)$$

$$+\frac{1}{2^n}\sum_{T\subseteq N\cup k:\{k,j\}\in T}\left(v_{\mathscr{A}_{kj}}(T) - v_{\mathscr{A}_{kj}}(T\backslash j)\right)$$

$$=\frac{1}{2^n}\sum_{T\subseteq N\cup k:\{k,j\}\in T}\left(v_{\mathscr{A}}(T) - v_{\mathscr{A}}(T\backslash\{k,j\})\right)$$

$$+\frac{1}{2^n}\sum_{T\subseteq N\cup k:\{k,j\}\in T}\left(v_{\mathscr{A}}(T) - v_{\mathscr{A}}(T\backslash\{k,j\})\right)$$

$$=\frac{1}{2^n}\sum_{T\subseteq N:j\in T}\left(v_{\mathscr{A}}(T) - v_{\mathscr{A}}(T\backslash j)\right)$$

$$=Ba_j(N, v_{\mathscr{A}}).$$ 证毕.

引理 3.27 令 $\mathscr{A}$ 是 N 上的一个反拟阵, 且 $i, j \in N$. 若 $i \in P^j \backslash P_j$, 则存在 $S \in \mathscr{A}$ 满足 $i, j \in S$ 使得 $\mathscr{A} \backslash S$ 是一个反拟阵.

证明 令 $i \in P^j \backslash P_j$. 则局中人 j 至少有两条路: 一条包含 i; 另一条不包含 i. 令 $S \in \mathscr{A}(i), S \neq N$ 是一条包含 i 的 j-路. 由引理 3.24 知, 存在下列两种情形之一: $\mathscr{A} \backslash S$ 是一个反拟阵或存在 $k_1 \in N \backslash S$ 满足 $S \cup k_1$ 是一条 k_1-路. 若 $\mathscr{A} \backslash \{S \cup k_1\}$ 是一个反拟阵, 证明结束. 否则, 再次应用引理 3.24, 存在 $k_2 \in N \backslash \{S \cup k_1\}$ 满足 $S \cup \{k_1, k_2\}$ 是一条 k_2-路. 重复此过程, 得到一条从 S 到 N 的路链. 下证这种情形是不可能的. 令 T 是一条 j-路满足 $i \notin T$, 且令 k 是包含 S 的上述链 T 的最后一个元素 且 H 是链上在此步中的路. 则 H 是不同于 S 的一条 k-路, $S \cup T \subseteq H$ 和 $k \in T$. 这是不可能的, 因为存在 k-路 H' 包含于 T, 而在某另一条 k-路 H' 却不包含于 T. 证毕.

定理 3.57 令 $f\colon G(N, \mathscr{A}) \to \mathbf{R}^n$. $f = Ba(N, v_{\mathscr{A}})$ 当且仅当 f 满足 A-1 有效性 (A-1EFF), A-可加性 (A-ADD), A-本质性 (A-EP), A-结构单调性 (A-SMP), A-强非本质性 (A-SIEP), A-强公平性 (A-SFP) 和 A-强代理中立性 (A-SPNP).

证明 由定理 3.56 知: 存在性成立. 下证, 唯一性. 令 $\mathscr{A}$ 是 N 上的一个反拟阵. 考虑单调对策 $w_T = c_T u_T, c_T \geqslant 0$.

对 N 中所含元素个数采用归纳法来证明 $f(N, (w_T)_{\mathscr{A}})$ 的唯一性.

若 $N = \{i\}$, 由 A-1 有效性 (A-1EFF) 知: $f(N, (w_T)_{\mathscr{A}})$ 是唯一的. 假设当 $n' < n$ 时, 结论成立, 即 $f(N', (w_T)_{\mathscr{A}})$ 是唯一的. 下证, $f(N, (w_T)_{\mathscr{A}})$ 是唯一的.

上述证明等价于对 $\mathscr{A}$ 中所含元素个数采用归纳法. 令 $P^T = \bigcup_{j \in T} P^j$, $P_T = \bigcup_{j \in T} P_j$.

情形 1. 若 $|\mathscr{A}| = n+1$. 则在 $\mathscr{A}$ 上存在唯一联盟, 其势指标从 1 到 n. 因此, 对任意局中人 i, 存在唯一的 i-路. 在此种情形下, 对任意 $i \in N$, $P^i = P_i$.

(i) 假定 $P^T \neq N$. 则存在非本质局中人. 记 j 为一个非本质局中人. 由 A-强非本质性 (A-SIEP) 得到: $f_j(N, (w_T)_{\mathscr{A}}) = 0$ 和 $f_i(N, v_{\mathscr{A}}) = f_i(N \backslash j, v_{\mathscr{A} \backslash j}), j \in N \backslash i$. 由归纳假设, $f(N, (w_T)_{\mathscr{A}})$ 是唯一的.

(ii) 假定 $P^T = N$. 则存在 $i_0, i_1 \in N$ 满足 $P^{i_0} = N$ 和 $P^{i_1} = P^{i_0} \backslash i_0$. 由于 $\mathscr{A} \backslash i_1 \cup \{i_1, i_0\} = \mathscr{A}$ 和 $w_{T \backslash i_1 \cup \{i_1, i_0\}} = w_T$. 由 A-强代理中立性 (A-SPNP) 得到:

$$f_{i_1}(N, (w_T)_{\mathscr{A}}) + f_{i_0}(N, (w_T)_{\mathscr{A}}) = f_{i_0}(N \backslash i_1, (w_{T \backslash i_1})_{\mathscr{A} \backslash i_1}).$$

由 A-本质性 (A-EP) 和 A-结构单调性 (A-SMP) 知: 存在 $c \in \mathbf{R}$, 对任意 $i \in P_T = N$, $f_i(N, (w_T)_{\mathscr{A}}) = c$. 由上式得到: $c = \dfrac{1}{2} f_{i_0}(N \backslash i_1, (w_{T \backslash i_1})_{\mathscr{A} \backslash i_1})$. 由归纳假设知: c 是唯一确定的, 故 $f(N, (w_T)_{\mathscr{A}})$ 是唯一的.

情形 2. 记 $|\mathscr{A}| > n + 1$. 假设当 $|\mathscr{A}'| < |\mathscr{A}|$ 时, $f(N, (w_T)_{\mathscr{A}'})$ 是唯一的. 下证, $f(N, (w_T)_{\mathscr{A}})$ 是唯一的.

(i) 假定 $P^T \neq N$. 则由 A-强非本质性 (A-SIEP) 和归纳假设知: $f(N, (w_T)_{\mathscr{A}})$ 是唯一的.

(ii) 假定 $P^T = N$. 若 $i \in P_T$, 则由 A-本质性 (A-EP) 和 A-结构单调性 (A-SMP) 知: 存在 $c \in \mathbf{R}$, 满足 $f_i(N, (w_T)_{\mathscr{A}}) = c$.

若 $i \in P^T \backslash P_T$, 则存在 $j \in T$ 满足 $i \in P^j \backslash P_j$. 由引理 3.27 知: 存在 $S \in \mathscr{A}$ 满足 $i, j \in S$ 使得 $\mathscr{A} \backslash S$ 是一个反拟阵. 应用 A- 强公平性 (A-SFP) 得到: $f_i(N, (w_T)_{\mathscr{A}}) = c - c_i$, 其中 $c_i = f_j(N, (w_T)_{\mathscr{A}'}) - f_i(N, (w_T)_{\mathscr{A}'})$, $|\mathscr{A}'| = |\mathscr{A}| - 1$.

另一方面, 由于 $S \neq N$, 存在 $j \in auS$. 因此, $j \notin S$. 应用 A-强公平性 (A-SFP) 得到:

$$f_i(N, (w_T)_{\mathscr{A}}) - f_i(N, (w_T)_{\mathscr{A}'}) = f_j(N, (w_T)_{\mathscr{A}'}) - f_j(N, (w_T)_{\mathscr{A}}) \qquad \forall i \in S,$$

其中 $\mathscr{A}' = \mathscr{A} \backslash S$.

由于 $f_j(N, (w_T)_{\mathscr{A}}) = c - c_j$, 记 $\overline{c_j} = f_i(N, (w_T)_{\mathscr{A}'}) + f_j(N, (w_T)_{\mathscr{A}'})$. 得到:

$$c - c_i - f_i(N, (w_T)_{\mathscr{A}'}) = f_j(N, (w_T)_{\mathscr{A}'}) - c + c_j.$$

故 $c = \frac{1}{2}(c_i + c_j + \overline{c_j})$. 由归纳假设知, c_i, c_j 和 $\overline{c_j}$ 是确定的.

综上所述, $f(N, (w_T)_{\mathscr{A}})$ 是唯一的.

类似于定理 3.55 知: $f(N, (w_T)_{\mathscr{A}})$ 是唯一的. 证毕.

此外, Algaba 等 [95,96] 进一步探讨了偏序反拟阵上限制 Shapley 函数和限制 Banzhaf 函数的公理体系, 并列举了反拟阵合作对策在拍卖中的应用. 后来, Bilbao 等 [99] 基于定义在反拟阵上的内部算子, 探讨了内部算子对策.

3.7　扩展系统上的合作对策

本节探讨最后一类图上的合作对策模型 — 扩展系统 (Augmenting Sytems) 上的合作对策. 2001 年, Bilbao[100] 将图上的扩展系统引入合作对策理论中, 介绍了扩展系统上的合作对策. 后来, Bilbao[101] 对扩展系统上的合作对策进行了详细探讨, 并定义了此类合作对策上的 Shapley 函数和 Banzhaf 函数. 2009 年, Bilbao 和 Ordóñez[102] 对扩展系统上合作对策上的 Shapley 函数满足的公理体系进行了深入研究. 此外, Bilbao 和 Ordóñez[103] 研究了扩展系统上合作对策的核心和 Weber 集.

3.7.1　基本概念

通过扩展系统的定义可以发现, 凸几何和反拟阵分别是扩展系统的一种特例.

定义 3.44 $\mathscr{H}$ 称为局中人集合 N 上一个扩展系统, 若 $\mathscr{H}$ 满足如下条件:

(1) $\varnothing \in \mathscr{H}$;

(2) 对 $S, T \in \mathscr{H}$ 满足 $S \cap T \neq \varnothing$, 有 $S \cup T \in \mathscr{H}$;

(3) 对 $S, T \in \mathscr{H}$ 满足 $S \subset T$, 存在 $i \in T \backslash S$ 满足 $S \cup i \in \mathscr{H}$.

性质 3.20   局中人集合 N 上的扩展系统 $\mathscr{H}$ 是一个反拟阵当且仅当 $\mathscr{H}$ 对闭运算封闭.

证明   充分性显然成立; 反之, 只需证明反拟阵的第三个条件. 令 $S \in \mathscr{H}$ 满足 $S \neq \varnothing$. 由 (3) 知存在一个可行子集链

$$\varnothing = S_0 \subset S_1 \subset \cdots \subset S_{s-1} \subset S_s = S$$

满足 $S_k \in \mathscr{H}$ 和 $s_k = k, 0 \leqslant k \leqslant s$. 因此, 存在元素 $i \in S$ 满足 $S \backslash i = S_{s-1} \in \mathscr{H}$. 证毕.

性质 3.21   局中人集合 N 上的扩展系统 $\mathscr{H}$ 是一个凸几何当且仅当 $\mathscr{H}$ 对交运算封闭且 $N \in \mathscr{H}$.

证明   充分性显然成立; 反之, 只需证明 $\mathscr{H}$ 满足凸几何的第三个条件. 由 (3) 和 $N \in \mathscr{H}$ 得到: 对任意 $S \in \mathscr{H}$ 满足 $S \neq N$, 存在 $i \in N \backslash S$ 满足 $S \cup i \in \mathscr{H}$. 证毕.

例 3.16   记 $N = \{1, 2, 3, 4\}$ 和 $\mathscr{H} = \{\varnothing, \{1\}, \{4\}, \{1, 2\}, \{1, 3\}, \{2, 4\}, \{3, 4\}, \{1, 2, 3\}, \{1, 2, 4\}, \{1, 3, 4\}, \{2, 3, 4\}, N\}$, 则 $\mathscr{H}$ 是一个扩展系统. 由于 $\{1, 4\} \notin \mathscr{H}$, 因此, $\mathscr{H}$ 不是一个反拟阵. 此外, 由于 $\{1, 2\} \cap \{2, 4\} = \{2\} \notin \mathscr{H}$, 故 $\mathscr{H}$ 不是一个凸几何.

令 $\mathscr{H}$ 为局中人集合 N 上的一个扩展系统. 对任意 $S \in \mathscr{H}$, 记 $S^* = \{i \in N \backslash S : S \cup i \in \mathscr{H}\}$ 和 $S^+ = S \cup S^* = \{i \in N : S \cup i \in \mathscr{H}\}$. 对任意 $S \in \mathscr{H}$ 满足 $i \in S, S \backslash i \in \mathscr{H}$, 则称 i 为 S 的一个极点. S 全体极点组成的集合记为 exS.

性质 3.22   令 $\mathscr{H}$ 为局中人集合 N 上的一个扩展系统. 对任意 $S \in \mathscr{H}$ 满足 $S \neq \varnothing$, $[S, S^+]_{\mathscr{H}} = \{C \in \mathscr{H} : S \subseteq C \subseteq S^+\}$ 是一个布尔代数.

证明   只需证明 $[S, S^+]_{\mathscr{H}} = \{C \subseteq N : S \subseteq C \subseteq S^+\}$, 即对任意 $C \subseteq N$ 满足 $S \subseteq C \subseteq S^+$, 有 $C \in \mathscr{H}$. 若 $S^* = \{\varnothing\}$, 则 $[S, S^+]_{\mathscr{H}} = \{S\}$. 否则, 假设 $S^* = \{i_1, \cdots, i_p\}$. 由 $S \subseteq C \subseteq S^+$ 得到: $C = S \cup \{i_1, \cdots, i_q\}, 1 \leqslant q \leqslant p$. 当 $q = 1$ 时, 得到: $S \cup \{i_1\} \in \mathscr{H}$. 假设 $S \cup \{i_1, \cdots, i_k\} \in \mathscr{H}$. 由于 $S \cup \{i_{k+1}\} \in \mathscr{H}$ 和 $\{S \cup \{i_1, \cdots, i_k\}\} \cap \{S \cup \{i_{k+1}\}\} = S \neq \varnothing$, 得到: $S \cup \{i_1, \cdots, i_k, i_{k+1}\} \in \mathscr{H}$. 证毕.

性质 3.23   令 $\mathscr{H}$ 为局中人集合 N 上的一个扩展系统且 $S \subseteq N$. $C \subseteq S$ 满足 $C \in \mathscr{H}$ 称为 S 的一个基当且仅当 C 是 S 的一个元组.

证明   令 $C \in \mathscr{H}$ 是 S 的一个基. 假定 C 不是 S 的一个元组, 即存在 $D \in \mathscr{H}$ 满足 $C \subset D \subseteq S$. 由 (3) 知: 存在 $i \in D \backslash C \subseteq S \backslash C$ 满足 $C \cup i \in \mathscr{H}$, 矛盾. 证毕.

对任意 $S \in \mathscr{H}$ 满足 $S \neq \varnothing$, 记 $C_{\mathscr{H}}(S)$ 为 S 所有元组组成的集合.

性质 3.24　　集系统 $\mathscr{H}$ 满足定义 3.44 中的条件 (2) 当且仅当对任意 $S \in \mathscr{H}$ 满足 $C_{\mathscr{H}}(S) \neq \varnothing$, S 的元组形成对 S 的一个划分.

证明　　假定集系统 $\mathscr{H}$ 满足定义 3.44 中的条件 (2), 且 S_1 和 S_2 是 S 的元组. 若 $S_1 \bigcap S_2 \neq \varnothing$, 则 $S_1 \cup S_2 \in \mathscr{H}$ 且 $S_i \subset S_1 \cup S_2 \subseteq S$, $i = 1, 2$. 此与 S_1 和 S_2 是 S 的元组矛盾. 反之, 假定任意 $S \in \mathscr{H}$ 满足 $C_{\mathscr{H}}(S) \neq \varnothing$, 其元组形成对 S 的一个划分. 若集系统 $\mathscr{H}$ 不满足定义 3.44 中的条件 (2). 则存在 $S, T \in \mathscr{H}$ 满足 $S \cap T \neq \varnothing$ 和 $S \cup T \notin \mathscr{H}$. 因此, 一定存在元组 $C_1 \in C_{\mathscr{H}}(S \cup T)$, $S \subseteq C$ 且存在元组 $C_2 \in C_{\mathscr{H}}(S \cup T)$, $T \subseteq C_2$ 满足 $C_1 \neq C_2$. 此与 $S \cup T$ 的元组不相交矛盾. 证毕.

定义 3.45　　令 $v \in G(N)$ 和 $\mathscr{H}$ 为 N 上的一个扩展系统. 限制对策 $v_{\mathscr{H}}$: $P(N) \to \mathrm{R}$ 定义为: $v_{\mathscr{H}}(S) = \sum_{T \in C_{\mathscr{H}}(S)} v(T)$.

性质 3.25　　令 $v \in G(N)$ 和 $\mathscr{H}$ 为 N 上的一个扩展系统. 则限制对策 $v_{\mathscr{H}}$: $P(N) \to \mathrm{R}$ 满足 $v_{\mathscr{H}} = \sum_{S \in \mathscr{H}} d_S u_S$, 其中 $d_S = \sum_{T \in \mathscr{H}: T \subseteq S \subseteq T^+} (-1)^{s-t} v(T)$, $S \in \mathscr{H} \backslash \varnothing$, 否则, $d_S = 0$.

证明　　对任意 $S \subseteq N$, 对策 $v_{\mathscr{H}}$ 满足:

$$v_{\mathscr{H}}(S) = \sum_{T \subseteq N} d_T u_T(S) = \sum_{T \subseteq S} d_T,$$

其中, d_T 如上所示.

由莫比乌斯逆公式得到: $d_S = \sum_{T \subseteq S} (-1)^{s-t} v_{\mathscr{H}}(T)$. 此外, 由 $v_{\mathscr{H}}(\varnothing) = 0$, 得到 $d_{\varnothing} = 0$. 故假定 $S \neq \varnothing$. 由 $v_{\mathscr{H}}$ 的定义得到:

$$d_S = \sum_{T \subseteq S} (-1)^{s-t} \left(\sum_{E \in C_{\mathscr{H}}(T)} v(E) \right) = \sum_{E \in \mathscr{H}: E \subseteq S} \left(\sum_{T \subseteq S: E \in C_{\mathscr{H}}(T)} (-1)^{s-t} \right) v(S).$$

令 $E \in \mathscr{H}$ 满足 $E \subseteq S$. 首先证明: $\{T \subseteq S : E \in C_{\mathscr{H}}(T)\} = \{T \subseteq S : T \backslash E \subseteq S \backslash E^+\}$.

取 $T \subseteq S$. 若 $E \in C_{\mathscr{H}}(T)$, 则由性质 3.23, E 是 T 的一个基, 故 E 的 E^* 满足 $E^* \cap T = \varnothing$. 对任意 $i \in T \backslash E$, 得到 $i \in S$ 和 $i \notin E \cup E^* = E^+$.

反之, 令 $T \subseteq S$ 满足 $T \backslash E \subseteq S \backslash E^+$. 则对任意 $i \in T \backslash E$, 得到 $i \notin E^+$ 和 $E \cup i \in \mathscr{H}$. 因此, 可行集 E 是 T 的一个集, 得到: $E \in C_{\mathscr{H}}(T)$.

因此, 系数 d_S 满足:

$$\sum_{T \subseteq S: E \in C_{\mathscr{H}}(T)} (-1)^{s-t} = \sum_{T \subseteq S: E \subseteq T, T \backslash E \subseteq S \backslash E^+} (-1)^{s-t} = (-1)^{s-e} \left(\sum_{R \subseteq S \backslash E^+} (-1)^{-r} \right).$$

下面, 计算

$$\sum_{R\subseteq S\backslash E^+}(-1)^{-r}=\sum_{R\subseteq S\backslash E^+}(-1)^r=(1-1)^{|S\backslash E^+|}=\left\{\begin{array}{ll}1&S\backslash E^+=\varnothing,\\0&\text{否则}.\end{array}\right.$$

因此, $S\backslash E^+=\varnothing\Leftrightarrow S\subseteq E^+$. 得到:

$$d_S=\sum_{E\in\mathscr{H}:E\subseteq S,S\backslash E^+=\varnothing}(-1)^{s-e}v(E)=\sum_{E\in\mathscr{H}:E\subseteq S\subseteq E^+}(-1)^{s-e}v(E).$$

由性质 3.22 得到: $S\in\mathscr{H}$. 否则, $S\backslash E^+\neq\varnothing$. 故 $d_S=0$, $S\notin\mathscr{H}$. 证毕.

3.7.2 Shapley 和 Banzhaf 函数

记 $G(N,\mathscr{H})$ 为 N 上关于扩展系统 $\mathscr{H}$ 的全体合作对策. 对任意 $v_{\mathscr{H}}\in G(N,\mathscr{H})$, Bilbao[101] 定义了扩展系统上合作对策的 Shapley 函数和 Banzhaf 函数如下所示:

Shapley 函数定义为:

$$Sh_i(N,v_{\mathscr{H}})=\sum_{S\subseteq N,i\in S}\frac{(s-1)!(n-s)!}{n!}\left(v_{\mathscr{H}}(S)-v_{\mathscr{H}}(S\backslash i)\right)\qquad\forall i\in N.$$

Banzhaf 函数定义为:

$$Ba_i(N,v_{\mathscr{H}})=\sum_{S\subseteq N,i\in S}\frac{1}{2^{n-1}}\left(v_{\mathscr{H}}(S)-v_{\mathscr{H}}(S\backslash i)\right)\qquad\forall i\in N.$$

定理 3.58 令 $v_{\mathscr{H}}\in G(N,\mathscr{H})$. 则

$$Sh_i(N,v_{\mathscr{H}})=\sum_{S\in\mathscr{H}:i\in S}\frac{(s-1)!s^*!}{s^+!}v(S)-\sum_{S\in\mathscr{H}:i\in S^*}\frac{s!(s^*-1)!}{s^+!}v(S)\qquad\forall i\in N$$

和

$$Ba_i(N,v_{\mathscr{H}})=\sum_{S\in\mathscr{H}:i\in S}\frac{1}{2^{s^+-1}}v(S)-\sum_{S\in\mathscr{H}:i\in S^*}\frac{1}{2^{s^+-1}}v(S)\qquad\forall i\in N.$$

证明 由性质 3.25 知: 对任意 $S\notin\mathscr{H}$, $d_S=0$. 由 Shapley 函数的 Harsanyi 划分表示方法得到:

$$Sh_i(N,v_{\mathscr{H}})=\sum_{S\in\mathscr{H}:i\in S}\frac{d_S}{s}=\sum_{S\in\mathscr{H}:i\in S}\frac{1}{s}\left(\sum_{T\in\mathscr{H}:T\subseteq S\subseteq T^+}(-1)^{s-t}v(T)\right)$$

$$=\sum_{T\in\mathscr{H}}\left(\sum_{S\in\mathscr{H}:i\in S,T\subseteq S\subseteq T^+}\frac{(-1)^{s-t}}{s}\right)v(T)$$

$$= \sum_{T \in \mathscr{H}} c_i(T) v(T),$$

其中, $c_i(T) = \sum_{S \in \mathscr{H}: T \cup i \subseteq S \subseteq T^+} \dfrac{(-1)^{s-t}}{s}.$

假定 $i \in T$. 由性质 3.22 知, 区间 $[T, T^+]_{\mathscr{H}}$ 是一个布尔代数, 故可表示为: $\{S \subseteq N : T \subseteq S \subseteq T^+\}$. 现在让我们考虑 $S = T \cup R$, 其中 $R = S \backslash T$. 则

$$\begin{aligned}
c_i(T) &= \sum_{R \subseteq T^*} \frac{(-1)^r}{t+r} = \sum_{r=0}^{t^*} C_{t^*}^r \frac{(-1)^r}{t+r} \\
&= \sum_{r=0}^{t^*} C_{t^*}^r (-1)^r \int_0^1 x^{t+r-1} \mathrm{d}x \\
&= \int_0^1 x^{t+r-1} \sum_{r=0}^{t^*} C_{t^*}^r (-x)^r \mathrm{d}x \\
&= \int_0^1 x^{t-1} (1-x)^{t^*} \mathrm{d}x \\
&= \frac{(t-1)! t^*!}{t^+!}.
\end{aligned}$$

若 $i \notin T$, 则 $\{S \in \mathscr{H} : T \cup i \subseteq S \subseteq T^+\}$, 且 $i \in T^+ \backslash T$. 因此, $i \in T^*$. 得到:

$$c_i(T) = \sum_{S \subseteq N: T \cup i \subseteq S \subseteq T^+} \frac{(-1)^{s-t-1}}{s} = -\frac{t! (t^*-1)!}{t^+!}.$$

综上得到:

$$Sh_i(N, v_{\mathscr{H}}) = \sum_{S \in \mathscr{H}: i \in S} \frac{(s-1)! s^*!}{s^+!} v(S) - \sum_{S \in \mathscr{H}: i \in S^*} \frac{s! (s^*-1)!}{s^+!} v(S).$$

类似的可证明 Banzhaf 函数, 不同在于系数为:

$$c_i(T) = \sum_{r=0}^{t^*} C_{t^*}^r \frac{(-1)^r}{2^{t+r-1}} = \frac{1}{2^{t^+-1}}, \quad i \in T.$$

否则,

$$c_i(T) = -\frac{1}{2^{t^+-1}}, \qquad i \in T^*.$$

证毕.

此外, 作者进一步探讨了扩展系统上合作对策的势函数表示和多线性表示形式.

定理 3.59 令 $v_{\mathscr{H}} \in G(N, \mathscr{H})$, 其势函数表示为: $P(N, v_{\mathscr{H}}) = \sum_{S \in \mathscr{H}} \dfrac{(s-1)! s^*!}{s^+!} v(S).$

性质 3.26   令 $v_{\mathscr{H}} \in G(N, \mathscr{H})$, 其多线性扩展定义为:

$$f^{v_{\mathscr{H}}}(q_1, q_2, \cdots, q_n) = \sum_{S \in \mathscr{H}} \prod_{j \in S} q_j \left(\sum_{T \in \mathscr{H}: T \subseteq S \subseteq T^+} (-1)^{s-t} v(T) \right).$$

下面, 让我们回顾 Bilbao 和 Ordóñez[102] 关于扩展系统上合作对策的 Shapley 函数公理体系的研究.

线性性质 (AS-L): 令 $v_{\mathscr{H}}, w_{\mathscr{H}} \in G(N, \mathscr{H})$ 和 $\alpha, \beta \in \mathrm{R}$, 有

$$f(N, \alpha v_{\mathscr{H}} + \beta w_{\mathscr{H}}) = \alpha f(N, v_{\mathscr{H}}) + \beta f(N, w_{\mathscr{H}}).$$

定理 3.60   令 $f\colon G(N, \mathscr{H}) \to \mathbf{R}^n$ 是一个满足线性性质 (AS-L) 的分配向量. 则存在唯一的系数集合 $\{a_S^i : S \in \mathscr{H} \backslash \varnothing\}$ 满足:

$$f_i(N, v_{\mathscr{H}}) = \sum_{S \in \mathscr{H} \backslash \varnothing} a_S^i v(S) \qquad \forall i \in N.$$

证明   由于同一对策 $\{\delta_S : S \in \mathscr{H} \backslash \varnothing\}$ 是向量空间 $G(N, \mathscr{H})$ 的一个基. 故对任意 $v_{\mathscr{H}} \in G(N, \mathscr{H})$, 有 $v_{\mathscr{H}} = \sum_{S \in \mathscr{H} \backslash \varnothing} \delta_S v(S)$.

对任意 $i \in N$ 和任意 $S \in \mathscr{H} \backslash \varnothing$, 令 $a_S^i = f_i(N, (\delta_S)_{\mathscr{H}})$. 由线性性质 (AS-L) 得到: $f_i(N, v_{\mathscr{H}}) = \sum_{S \in \mathscr{H} \backslash \varnothing} a_S^i v(S)$, 其中 $i \in N$. 证毕.

定义 3.46   令 $v_{\mathscr{H}} \in G(N, \mathscr{H})$. 局中人 i 称为 $v_{\mathscr{H}}$ 上的一个哑元, 若对任意 $S \in \mathscr{H}$ 满足 $i \in S^*$, 有 $v_{\mathscr{H}}(S \cup i) - v_{\mathscr{H}}(S) = \begin{cases} v(i) & i \in \mathscr{H}, \\ 0 & \text{否则.} \end{cases}$

值得说明的是: 对任意 $S \in \mathscr{H}$, 有 $v_{\mathscr{H}}(S) = v(S)$, 其中 $v \in G(N)$.

引理 3.28   令 $\mathscr{H}$ 是 N 上的一个扩展系统, 对任意 $S \in \mathscr{H} \backslash \varnothing$.

(i) 若 $i \in S \backslash exS$, 则局中人 i 是关于同一对策 δ_S 的一个哑元;

(ii) 若 $i \notin S^+$, 则局中人 i 是关于同一对策 δ_S 的一个哑元;

(iii) 若 $i \in S^*$, 则局中人 i 是关于对策 $\delta_S + \delta_{S \cup i}$ 的一个哑元.

证明   注意到, 若 $i \in \mathscr{H}$, 则 $i \in ex\{i\}$, 故 $S \neq \{i\}$. 因此, $\delta_S(i) = 0$. 令 $T \in \mathscr{H}$ 满足 $i \in T^*$, 只需证明: $\delta_S(T \cup i) - \delta_S(T) = 0$. 若 $S = T \cup i$, 则 $T = S \backslash i \in \mathscr{H}$. 得到 $i \in exS$, 矛盾;

若 $S = \{i\} \in \mathscr{H}$, 则 $i \in S^+$, 矛盾. 故 $\delta_S(i) = 0$. 考虑 $T \in \mathscr{H}$ 满足 $i \in T^*$. 由于 $i \notin S^+ = S \cup S^*$, 得到: $S \neq T \cup i$ 和 $S \neq T$. 否则, $i \in S$ 或 $i \in S^*$. 因此,

$$\delta_S(T \cup i) - \delta_S(T) = 0.$$

若 $i \in \mathscr{H}$ 满足 $i \in S^*$, 则 $i \notin S$. 因此, $S \neq \{i\}$. 由 $S \neq \varnothing$ 知: $S \cup i \neq \{i\}$. 因此, $\delta_S(i) + \delta_{S \cup i}(i) = 0$. 取 $T \in \mathscr{H}$ 满足 $i \in T^*$. 由于 $i \in S^* = S^+ \backslash S$, 得到: $S \neq T \cup i$ 和 $S \cup i \neq T$. 否则, $i \in S$ 或 $i \in T$. 因此,

$$(\delta_S + \delta_{S \cup i})(T \cup i) - (\delta_S + \delta_{S \cup i})(T) = \delta_{S \cup i}(T \cup i) - \delta_S(T).$$

最后, 由 $S \cup i = T \cup i \Leftrightarrow S = T$ 得到:

$$\delta_{S \cup i}(T \cup i) - \delta_S(T) = 0, \qquad i \in T^*.$$

证毕.

哑元性质 (AS-DP): 若局中人 i 是 $v_{\mathscr{H}} \in G(N, \mathscr{H})$ 上的一个哑元, 则

$$f_i(N, v_{\mathscr{H}}) = \begin{cases} v(i) & i \in \mathscr{H}, \\ 0 & \text{否则}. \end{cases}$$

定理 3.61 令 $f: G(N, \mathscr{H}) \to \mathbf{R}^n$ 是一个满足线性性质 (AS-L) 和哑元性质 (AS-DP) 的分配向量. 则

$$f_i(N, v_{\mathscr{H}}) = \sum_{S \in \mathscr{H}: i \in S^*} a^i_{S \cup i} \left(v(S \cup i) - v(S) \right) \qquad \forall i \in N.$$

此外, 若 $i \in \mathscr{H}$, 则 $\displaystyle\sum_{S \in \mathscr{H}: i \in S^*} a^i_{S \cup i} = 1$.

证明 由定理 3.60 得到:

$$f_i(N, v_{\mathscr{H}}) = \sum_{S \in \mathscr{H} \backslash \varnothing} a^i_S v(S) = \sum_{S \in \mathscr{H}: i \in exS} a^i_S v(S) + \sum_{S \in \mathscr{H}: i \notin S} a^i_S v(S)$$
$$+ \sum_{S \in \mathscr{H}: i \in S \backslash exS} a^i_S v(S).$$

由引理 3.28 中的 (i) 得到: 若 $i \in S \backslash exS$, 局中人 i 是关于同一对策 δ_S 的一个哑元. 应用哑元公理得到: 任意 $i \in S \backslash exS$, $a^i_S = f_i(N, (\delta_S)_{\mathscr{H}}) = 0$. 此外, 由 $N \backslash S = S^* \cup (N \backslash S^+)$ 和 $S^* \cap (N \backslash S^+) = \varnothing$, 得到:

$$f_i(N, v_{\mathscr{H}}) = \sum_{S \in \mathscr{H}: i \in exS} a^i_S v(S) + \sum_{S \in \mathscr{H}: i \notin S} a^i_S v(S)$$
$$= \sum_{S \in \mathscr{H}: i \in exS} a^i_S v(S) + \sum_{S \in \mathscr{H}: i \in S^*} a^i_S v(S) + \sum_{S \in \mathscr{H}: i \notin S^+} a^i_S v(S).$$

若 $i \notin S^+$, 则局中人 i 是关于同一对策 δ_S 的一个哑元. 因此, $a^i_S = f_i(N, (\delta_S)_{\mathscr{H}}) = 0$, $i \notin S^+$. 得到:

$$f_i(N, v_{\mathscr{H}}) = \sum_{S \in \mathscr{H}: i \in exS} a^i_S v(S) + \sum_{S \in \mathscr{H}: i \in S^*} a^i_S v(S).$$

由于 $i \in exS \Leftrightarrow S \backslash i \in \mathscr{H} \Leftrightarrow S = T \cup i$, 其中 $T \in \mathscr{H}$ 满足 $i \in T^*$. 得到:

$$\sum_{S \in \mathscr{H} : i \in exS} a_S^i v(S) = \sum_{T \in \mathscr{H} : i \in T^*} a_{T \cup i}^i v(T \cup i).$$

若 $i \in S^*$, 则局中人 i 是关于对策 $\delta_S + \delta_{S \cup i}$ 的一个哑元. 由线性性质 (AS-L) 和哑元性质 (AS-DP) 得到:

$$a_S^i + a_{S \cup i}^i = f_i(N, (\delta_S)_\mathscr{H}) + f_i(N, (\delta_{S \cup i})_\mathscr{H}) = f_i(N, (\delta_S + \delta_{S \cup i})_\mathscr{H}) = 0.$$

因此, $a_S^i = -a_{S \cup i}^i$, $i \in S^*$.

综上得到: $f_i(N, v_\mathscr{H}) = \sum_{S \in \mathscr{H} : i \in S^*} a_{S \cup i}^i (v(S \cup i) - v(S))$.

假定 $i \in \mathscr{H}$, 则 $\sum_{S \in \mathscr{H} : i \in S^*} a_{S \cup i}^i = \sum_{S \in \mathscr{H} : i \in S^*} f_i(N, (\delta_{S \cup i})_\mathscr{H}) = f_i \left(\sum_{S \in \mathscr{H} : i \in S^*} (\delta_{S \cup i})_\mathscr{H} \right).$

关于对策 $w = \sum_{S \in \mathscr{H} : i \in S^*} (\delta_{S \cup i})_\mathscr{H}$ 注意到: 对任意 $T \in \mathscr{H}$ 满足 $i \in T^*$. 可行集 $S \cup i \neq T$, 得到:

$$\delta_{S \cup i}(T \cup i) - \delta_{S \cup i}(T) = \begin{cases} 1 & T = S, \\ 0 & \text{否则}. \end{cases}$$

故 $w(T \cup i) - w(T) = 1$. 由于 $i \in \mathscr{H}$, 故 $i \in \varnothing^+$. 因此, $w(i) = \delta_{\varnothing \cup i}(i) = 1$. 由哑元性质 (AS-DP) 得到: $f_i(N, w_\mathscr{H}) = w(i) = 1$. 证毕.

有效性 (AS-EFF): 记 f: $G(N, \mathscr{H}) \to \mathbf{R}^n$. 对任意 $v \in G(M, \mathscr{H})$, 有

$$\sum_{i \in N} f_i(N, v_\mathscr{H}) = v(N).$$

定理 3.62　令 f: $G(N, \mathscr{H}) \to \mathbf{R}^n$ 定义为:

$$f_i(N, v_\mathscr{H}) = \sum_{S \in \mathscr{H} : i \in S^*} a_{S \cup i}^i (v(S \cup i) - v(S)) \qquad \forall i \in N.$$

则 f 满足有效性 (AS-EFF) 当且仅当 $\sum_{i \in exN} a_N^i = 1$ 和对任意 $S \in \mathscr{H}$ 满足 $S \neq N$,

$\sum_{i \in exS} a_S^i = \sum_{i \in S^*} a_{S \cup i}^i.$

证明　由上式得到:

$$\sum_{i \in N} f_i(N, v_\mathscr{H}) = \sum_{i \in N} \sum_{S \in \mathscr{H} : i \in S^*} a_{S \cup i}^i (v(S \cup i) - v(S))$$

$$= \sum_{S \in \mathscr{H}} v(S) \left(\sum_{i \in exS} a_S^i - \sum_{i \in S^*} a_{S \cup i}^i \right)$$

$$= \left(\sum_{i \in exN} a_N^i \right) v(N) + \sum_{S \in \mathscr{H}: S \neq N} v(S) \left(\sum_{i \in exS} a_S^i - \sum_{i \in S^*} a_{S \cup i}^i \right).$$

由有效性 (AS-EFF) 知: 结论成立. 证毕.

类似于凸几何上的合作对策. 记 $Ch(\mathscr{H})$ 为 $\mathscr{H}$ 上的最大链集合, 令 $C(i) = \{j \in N : 任意 j \in C, j \leqslant i\}$, $C \in Ch(\mathscr{H})$. 记 $c(N)$ 为 $Ch(\mathscr{H})$ 中最大链的条数.

令 $v_{\mathscr{H}} \in G(N, \mathscr{H})$. 局中人 i 的 Shapley 函数定义为:

$$Sh_i(N, v_{\mathscr{H}}) = \frac{1}{c(N)} \sum_{C \in Ch(\mathscr{H})} (v(C(i)) - v(C(i) \backslash i))$$

$$= \sum_{S \in \mathscr{H}: i \in S^*} \left(\sum_{C \in Ch(\mathscr{H}): C(i) \backslash i \, = \, S} \frac{1}{c(N)} \right) (v(S \cup i) - v(S))$$

$$= \sum_{S \in \mathscr{H}: i \in S^*} \frac{c(S) c(S \cup i, N)}{c(N)} (v(S \cup i) - v(S)),$$

其中, $c(S)$ 表示从 $\varnothing$ 到 S 的最大链条数, $c(S \cup i, N)$ 是从 $S \cup i$ 到 N 的最大链条数.

链公理 (ΛS-CA): 对任意 $S \in \mathscr{H}$ 满足 $S \neq N$ 及任意 $i, j \in S^*$, 有

$$c(S \cup i, N) f_j(N, \delta_{S \cup j}) = c(S \cup j, N) f_i(N, \delta_{S \cup i}).$$

定理 3.63　Shapley 函数是 $G(N, \mathscr{H})$ 上满足线性性质 (AS-L), 哑元性质 (AS-DP), 有效性 (AS-EFF) 和链公理 (AS-CA) 的唯一分配向量.

证明　存在性, 显然成立. 唯一性: 由定理 3.61 和定理 3.62 知, 只需证明, 对任意 $S \in \mathscr{H}$ 满足 $S \neq N$ 和 $i \in S^*$, 有

$$a_{S \cup i}^i = \frac{c(S) c(S \cup i, N)}{c(N)}. \tag{3.38}$$

由链公理 (AS-CA) 得到:

$$c(S \cup i, N) a_{S \cup j}^j = c(S \cup j, N) a_{S \cup i}^i \qquad \forall i, j \in S^*.$$

给定 $S \in \mathscr{H}$ 满足 $S \neq N$ 和 $i \in S^*$, 得到:

$$\sum_{j \in S^*} a_{S \cup j}^j = a_{S \cup i}^i + \sum_{j \in S^* \backslash i} \frac{c(S \cup j, N)}{c(S \cup i, N)} a_{S \cup i}^i$$

$$= \frac{a_{S \cup i}^i}{c(S \cup i, N)} \left[c(S \cup i, N) + \sum_{j \in S^* \backslash i} c(S \cup j, N) \right]$$

$$= a_{S \cup i}^i \frac{c(S, N)}{c(S \cup i, N)}.$$

若 $S = \varnothing$, 得到: $\sum\limits_{j \in \varnothing^*} a_j^j = a_i^i \dfrac{c(N)}{c(i, N)}$, 其中 $\{j \in N : j \in \varnothing^*\} = \{j \in N : \{j\} \in \mathscr{H}\}$. 由有效性 (AS-EFF) 得等式: $\sum\limits_{i \in exS} a_S^i = \sum\limits_{i \in S^*} a_{S \cup i}^i$ 和 $i \in S^* \Leftrightarrow i \in exS \cup i$. 故,

$$\sum_{j \in \varnothing^*} a_j^j = \sum_{j \in ex\{j\}} a_j^j = \sum_{S \in \mathscr{H}: s=1} \sum_{i \in S^*} a_{S \cup i}^i$$

$$= \sum_{S \in \mathscr{H}: s=2} \sum_{i \in exS} a_S^i = \sum_{S \in \mathscr{H}: s=2} \sum_{i \in S^*} a_{S \cup i}^i$$

$$\vdots$$

$$= \sum_{S \in \mathscr{H}: s=n-1} \sum_{i \in exS} a_S^i = \sum_{S \in \mathscr{H}: s=n-1} \sum_{i \in S^*} a_{S \cup i}^i$$

$$= \sum_{i \in exN} a_N^i = 1.$$

因此, 对于 $S = \varnothing$, 式 (3.38) 成立, 即对任意 $i \in \varnothing^*$, $a_i^i = \dfrac{c(i, N)}{c(N)}$.

假设, 对任意 $S \in \mathscr{H}$ 满足 $s = k$, 其中 $0 \leqslant k \leqslant n-2$ 成立. 即,

$$a_{T \cup j}^j = \frac{c(T)c(T \cup j, N)}{c(N)} \qquad \forall j \in T^*.$$

令 $S \in \mathscr{H}$ 满足 $s = k+1 \leqslant n-1$, 则 $S \neq N$. 由有效性 (AS-EFF) 得到:

$$\sum_{j \in S^*} a_{S \cup j}^j = \sum_{j \in exS} a_S^j = \sum_{j \in exS} a_{\{S \setminus j\} \cup j}^j = \sum_{j \in exS} \frac{c(S \setminus j)c(S, N)}{c(N)} = \frac{c(S)c(S, N)}{c(N)},$$

其中, $T = S \setminus j$.

此外, 对 $S \in \mathscr{H}$ 满足 $s = k+1$, 由式 (3.38) 得到: $\sum\limits_{j \in S^*} a_{S \cup j}^j = a_{S \cup i}^i \dfrac{c(S, N)}{c(S \cup i, N)}$. 证毕.

强等级性 (AS-SHS): 令 $\mathscr{H}$ 是 N 上的一个扩展系统满足 $N \in \mathscr{H}$. 对任意 $S \in \mathscr{H}$ 满足 $i, j \in S$, 有

$$h_S(i)f_j(N, (u_S)_{\mathscr{H}}) = h_S(j)f_i(N, (u_S)_{\mathscr{H}}),$$

其中, $h_S(i) = \dfrac{|\{C \in Ch(\mathscr{H}) : S \subseteq C(i)\}|}{c(N)}$, 类似可定义 $h_S(j)$.

定理 3.64 Shapley 函数是 $G(N, \mathscr{H})$ 上满足线性性质 (AS-L)、哑元性质 (AS-DP)、有效性 (AS-EFF) 和强等级性 (AS-SHS) 的唯一分配向量.

证明 不难得到: 存在性成立. 唯一性: 令 $f : G(N, \mathscr{H}) \to \mathbf{R}^n$. 由线性性质 (AS-L) 和性质 3.25, 只需证明: 对任意 $S \in \mathscr{H} \setminus \varnothing$, Sh 在一致对策 u_S 上的唯一

性即可. 对给定的 $S \in \mathscr{H} \backslash \varnothing$ 和 $i \in N$. 若 $i \notin S$, 则局中人 i 是关于 u_S 的一个哑元. 令 $T \in \mathscr{H}$ 满足 $i \in T^*$. 由于 $i \notin S$, 得到: $S \subseteq T \cup i$. 意味着 $S \subseteq T$, 且 $u_S(T \cup i) - u_S(T) = 0$. 此外, 若 $i \in \mathscr{H}$, 则 $u_S(i) = 0$. 由哑元性质 (AS-DP) 得到:

$$f_i(N, (u_S)_{\mathscr{H}}) = 0 \qquad \forall i \notin S.$$

由有效性 (AS-EFF) 得到: $\sum_{i \in S} f_i(N, (u_S)_{\mathscr{H}}) = 1$. 固定 $i \in S$, 由强等级性 (AS-SHS) 得到:

$$f_j(N, (u_S)_{\mathscr{H}}) = \frac{h_S(j)}{h_S(i)} f_i(N, (u_S)_{\mathscr{H}}) \qquad \forall j \in S \backslash i.$$

故,

$$1 = \sum_{i \in S} f_i(N, (u_S)_{\mathscr{H}}) = \frac{f_i(N, (u_S)_{\mathscr{H}})}{h_S(i)} \sum_{j \in S} h_S(j)$$

由 $1 = \sum_{j \in S} h_S(j)$ 得到:

$$f_i(N, (u_S)_{\mathscr{H}}) = h_S(i) \qquad \forall i \in N.$$

证毕.

3.8　小　　结

通过本章内容了解到: 具有联盟限制的合作对策理论研究要比经典合作对策复杂得多, 不同的合作方式往往得到不同的合作模型. 目前, 关于具有联盟限制合作对策理论的研究主要结合图论和经典合作对策的理论成果. 需要指出的是: 本章所探讨内容主要是针对目前常见的几类限制合作对策模型. 除此之外, 还有许多其它限制的合作对策模型, 如限制合作对策 [98,104]、有向图合作对策 [105] 和超图合作对策 [71] 等.

需要说明的是: 本章对所介绍的合作对策模型主要给出了目前它们的主要研究成果. 希望通过本章介绍, 引起读者对此类合作对策理论及应用研究的重视.

第4章 具有联盟结构的限制合作对策

具有联盟结构的合作对策是基于局中人先前达成的协议, 形成的一种合作方式, 其目的是为了获得联盟优势. 具有联盟限制的合作对策是由于局中人自身的原因, 如技术能力, 分工不同, 文化差异, 历史和宗教信仰等, 形成的一种合作形式. 本章将介绍具有联盟结构的限制合作对策: 局中人为获得联盟优势, 形成对局中人集合的一个划分. 此外, 由于局中人自身的原因, 并不是所有优先联盟及每个优先联盟内部局中人间的合作都能形成. 即局中人集合上存在一个联盟结构, 同时在优先联盟及每个优先联盟内部的局中人间均存在合作限制. 通过本章的论述, 读者容易发现, 具有联盟结构的限制合作对策是对具有联盟结构合作对策和联盟限制合作对策的进一步推广, 是一类更为一般情形下的合作对策模型.

4.1 具有联盟结构的交流限制合作对策

基于 Owen 关于具有联盟结构合作对策及 Myerson 关于具有交流结构合作对策的研究, Vázquez-Brage 等 [106] 探讨了具有联盟结构的交流限制合作对策. 一个具有联盟结构的交流限制合作对策记为 (N, v, Γ, g), 其中, g 是一个无向交流图, Γ 是局中人集合 N 上的一个联盟结构. 此类合作对策的全体记为: $CSG(N)$.

4.1.1 Owen 图值

Vázquez-Brage 等 [106] 定义了 $CSG(N)$ 上的 Owen 图值如下所示:

$$VB(N, v, \Gamma, g) = Ow(N, v^g, \Gamma), \tag{4.1}$$

其中, $Ow(N, v^g, \Gamma)$ 表示 (N, Γ) 关于 v^g 的 Owen 值.

由式 (4.1) 易知, 当 g 是一个完全图时, $VB(N, v, \Gamma, g) = Ow(N, v, \Gamma)$. 此外, 当 $\Gamma = \{N\}$ 或 $\Gamma = \{\{1\}, \{2\}, \cdots, \{n\}\}$ 时, $VB(N, v, \Gamma, g) = Sh(N, v, g)$. 因此, VB 可认为是对 Owen 值和 Myerson 值的一个扩展.

对给定的联盟结构 $\Gamma = \{B_1, B_2, \cdots, B_m\}$. 记 $B_k, B_s \in \Gamma$, $i \in B_k$ 和 $g \in GR$, 定义 $\Gamma_{-i} = \{B_1, \cdots, B_k \backslash \{i\}, \cdots, B_m, \{i\}\}$, $g_{-i} = \{(j, k) \in B | j \neq i, k \neq i\}$ 和 $g \backslash (B_k, B_s) = g \backslash \{(i, j) \in g | i \in B_k, j \in B_s\}$.

记 f 为 $CSG(N)$ 上的一个分配指标. 基于 Owen 值和 Myerson 值满足的性质, Vázquez-Brage 等进一步探讨了 $CSG(N)$ 上的 Owen 图值满足的公理体系.

结构元组有效性 (SCE): 对任意 $T \in N/g$, $\sum_{i \in T} f_i(N, v, \Gamma, g) = v(T)$.

图上的均衡贡献性 (BCG): 对任意 $B_k \in \Gamma$ 和 $i, j \in B_k$, 得到:

$$f_i(N, v, \Gamma, g) - f_i(N, v, \Gamma, g_{-j}) = f_j(N, v, \Gamma, g) - f_j(N, v, \Gamma, g_{-i}).$$

联盟上的均衡贡献性 (BCU): 对任意 $B_k \in \Gamma$ 和 $i, j \in B_k$,

$$f_i(N, v, \Gamma, g) - f_i(N, v, \Gamma_{-j}, g) = f_j(N, v, \Gamma, g) - f_j(N, v, \Gamma_{-i}, g).$$

商公平性 (QF): 对任意 $B_k, B_s \in \Gamma$, 得到:

$$\sum_{i \in B_k} f_i(N, v, \Gamma, g) - \sum_{i \in B_k} f_i(N, v, \Gamma, g \backslash (B_k, B_s))$$
$$= \sum_{i \in B_s} f_i(N, v, \Gamma, g) - \sum_{i \in B_s} f_i(N, v, \Gamma, g \backslash (B_k, B_s)).$$

定理 4.1　记 f 为 $CSG(N)$ 上满足结构元组有效性 (SCE), 图上的均衡贡献性 (BCG) 和商公平性 (QF) 的一个分配指标, 则 $f = VB$.

证明　存在性. 对给定的 $(N, v, \Gamma, g) \in CSG(N)$ 和任意 $S \in N/g$, 定义对策 ζ_S 如定理 3.3 所示, 即

$$\zeta_S(T) = \sum_{R \in (T \cap S)/g} v(R) \quad \forall T \subseteq N.$$

易知, S 是关于对策 ζ_S 的一个支撑. 由 Owen 值的支撑性质 (CP) 得到:

$$\sum_{i \in S} Ow_i(N, \zeta_S, \Gamma) = \begin{cases} \zeta_S(N) & S = T, \\ 0 & S \neq T, \end{cases}$$

其中, $S, T \in N/g$.

由 $v^g = \sum_{S \in N/g} \zeta_S$ 得到:

$$\sum_{i \in S} Ow_i(N, v^g, \Gamma) = \sum_{i \in S} \sum_{T \in N/g} Ow_i(N, \zeta_S, \Gamma) = \sum_{T \in N/g} \sum_{i \in S} Ow_i(N, \zeta_S, \Gamma)$$
$$= \zeta_S(N) = \sum_{R \in S/g} v(R) = v(S).$$

故, VB 满足结构元组有效性 (SCE).

图上的均衡贡献性 (BCG): 取 $B_k \in \Gamma$ 和 $i, j \in B_k$, 考虑对策 w, 定义如下:

$$w = v^g - v^{g-i} - v^{g-j} + v(i)u_i + v(j)u_j,$$

其中, u_i 和 u_j 分别表示关于 $\{i\}$ 和 $\{j\}$ 的一致对策.

对任意 $S \subseteq N \backslash \{i, j\}$, $w(S \cup i) = w(S \cup j) = -v^g(S)$, 由 Owen 值联盟内的对称性 (SC) 得到: $Ow_i(N, w, \Gamma) = Ow_j(N, w, \Gamma)$.

由 Owen 值的线性性质知:

$$Ow_i(N, v^g, \Gamma) - Ow_i(N, v^{g-j}, \Gamma) - Ow_i(N, v^{g-i} - v(i)u_i - v(j)u_j, \Gamma)$$

$$= Ow_j(N, v^g, \Gamma) - Ow_j(N, v^{g-i}, \Gamma) - Ow_j(N, v^{g-j} - v(i)u_i - v(j)u_j, \Gamma),$$

且局中人 i 和 j 分别是关于 $v^{g-i} - v(i)u_i - v(j)u_j$ 和 $v^{g-j} - v(i)u_i - v(j)u_j$ 的零元, 由支撑性 (CP) 得到:

$$Ow_i(N, v^g, \Gamma) - Ow_i(N, v^{g-j}, \Gamma) = Ow_j(N, v^g, \Gamma) - Ow_j(N, v^{g-i}, \Gamma).$$

即 VB 满足图上的均衡贡献性 (BCG).

商公平性 (QF): 取 $B_k, B_s \in \Gamma$, 定义对策 $z = v^g - v^{g \backslash (B_k, B_s)}$. 对所有 $R \subseteq M \backslash \{k, s\}$, $z^B(R \cup k) = z^B(R \cup s) = 0$. 由 Owen 值在商对策上的对称性 (SQ) 得到:

$$\sum_{i \in B_k} Ow_i(N, z, \Gamma) = \sum_{i \in B_s} Ow_i(N, z, \Gamma).$$

由 Owen 值的可加性得到:

$$\sum_{i \in B_k} Ow_i(N, v^g, \Gamma) - \sum_{i \in B_k} Ow_i(N, v^{g \backslash (B_k, B_s)}, \Gamma)$$

$$= \sum_{i \in B_s} Ow_i(N, v^g, \Gamma) - \sum_{i \in B_s} Ow_i(N, v^{g \backslash (B_k, B_s)}, \Gamma).$$

唯一性. 假设存在两个不同的分配指标 f^1 和 f^2 满足定理中所给的性质, 则存在 $(N, v, \Gamma, g) \in CSG(N)$ 满足 $f^1(N, v, \Gamma, g) \neq f^2(N, v, \Gamma, g)$. 对给定具有联盟结构的合作对策 (N, v, Γ), 设 g 是使不等式成立的具有最少链接的图. 令 g^B 是图 g 在 M 上的诱导图:

$$g^B = \{(k, s) | \exists (i, j) \in g \text{ 满足 } i \in B_k, j \in B_s\}.$$

显然, 对每一个 $R \in M/g^B$, $B_R = \bigcup_{l \in R} B_l$ 可被表示为 N/g 中元素的并. 因此, 由于 f^1 和 f^2 都满足结构元组有效性 (SCE), 得到:

$$\sum_{i \in B_R} \left(f_i^1(N, v, \Gamma, g) - f_i^2(N, v, \Gamma, g) \right) = 0. \tag{4.2}$$

由于 R 中的所有元素通过 g^B 是链接的, 由 g 的最少化及 f^1 和 f^2 都满足商公平性 (QF), 对任意 $r \in R$, 有

$$\sum_{i \in B_r} \left(f_i^1(N, v, \Gamma, g) - f_i^2(N, v, \Gamma, g) \right) = c_R, \tag{4.3}$$

其中, c_R 是只依赖于 R 的一个常数.

由式 (4.2) 和式 (4.3) 得到:

$$\sum_{i \in B_k} f_i^1(N, v, \Gamma, g) = \sum_{i \in B_k} f_i^2(N, v, \Gamma, g) \quad \forall B_k \in \Gamma. \tag{4.4}$$

现取 $B_k \in \Gamma$ 和 $j \in \Gamma_k^B$, 其中 B_k 表示 B-非孤立元素集合 ($j \in N$ 是 B-非孤立元素, 若存在 $l \in N$ 满足 j 与 l 在 g 上是相连的). 由于 f^1 和 f^2 都满足图上的均衡贡献性 (BCG), 由 g 的最少化得到:

$$f_j^1(N, v, \Gamma, g) - f_j^2(N, v, \Gamma, g) = c_k, \tag{4.5}$$

其中, c_k 是只依赖于 B_k 的一个常数.

由式 (4.4) 和式 (4.5) 得到:

$$\begin{aligned}
0 &= \sum_{i \in B_k} \left(f_i^1(N, v, \Gamma, g) - f_i^2(N, v, \Gamma, g) \right) \\
&= \sum_{i \in \Gamma_k^B} c_k + \sum_{i \in B_k \setminus \Gamma_k^B} \left(f_i^1(N, v, \Gamma, g) - f_i^2(N, v, \Gamma, g) \right).
\end{aligned} \tag{4.6}$$

注意到, 若 $i \in B_k \setminus \Gamma_k^B$ 和 $\{i\} \in N/g$, 由于 f^1 和 f^2 都满足结构元组有效性 (SCE), 则 $f_i^1(N, v, \Gamma, g) = f_i^2(N, v, \Gamma, g)$. 由式 (4.6) 得到: $0 = \sum\limits_{i \in \Gamma_k^B} c_k$. 因此, $c_k = 0$, 即 $f^1(N, v, \Gamma, g) = f^2(N, v, \Gamma, g)$. 证毕.

引理 4.1　对任意 $(N, v, \Gamma) \in G(N, \Gamma)$, 所有 $B_k \in \Gamma$ 和所有 $i, j \in B_k$, 有

$$Ow_i(N, v, \Gamma) - Ow_i(N, v, \Gamma_{-j}) = Ow_j(N, v, \Gamma) - Ow_j(N, v, \Gamma_{-i}).$$

证明　由式 (2.1) 得到:

$$\begin{aligned}
Ow_i(N, v, \Gamma) = &\sum_{H \subseteq M \setminus k} \sum_{S \subseteq B_k \setminus \{i, j\}} \frac{h!(m - h - 1)!}{m!} \frac{s!(b_k - s - 1)!}{b_k!} \\
&(v(S \cup Q \cup i) - v(S \cup Q)) \\
&+ \sum_{H \subseteq M \setminus k} \sum_{S \subseteq B_k \setminus \{i, j\}} \frac{h!(m - h - 1)!}{m!} \frac{(s + 1)!(b_k - s - 2)!}{b_k!} \\
&(v(S \cup Q \cup i \cup j) - v(S \cup Q \cup j)),
\end{aligned}$$

且

$$Ow_i(N, v, \Gamma_{-j})$$

$$
= \sum_{H \subseteq M' \backslash k} \sum_{S \subseteq B'_k \backslash \{i\}} \frac{h!(m-h)!}{(m+1)!} \frac{s!(b_k - s - 2)!}{(b_k - 1)!} (v(S \cup Q \cup i) - v(S \cup Q))
$$

$$
= \sum_{H \subseteq M \backslash k} \sum_{S \subseteq B_k \backslash \{i,j\}} \frac{h!(m-h)!}{(m+1)!} \frac{s!(b_k - s - 2)!}{(b_k - 1)!} (v(S \cup Q \cup i) - v(S \cup Q))
$$

$$
+ \sum_{H \subseteq M \backslash k} \sum_{S \subseteq B_k \backslash \{i,j\}} \frac{(h+1)!(m-h-1)!}{(m+1)!} \frac{s!(b_k - s - 2)!}{(b_k - 1)!}
$$

$$
(v(S \cup Q \cup i \cup j) - v(S \cup Q \cup j)),
$$

其中, $M' = \{1, 2, \cdots, m+1\}, B'_k = B_k \backslash \{j\}$.

因此,

$$
Ow_i(N, v, \Gamma) - Ow_i(N, v, \Gamma_{-j})
$$

$$
= \sum_{H \subseteq M \backslash k} \sum_{S \subseteq B_k \backslash \{i,j\}} A_1 \left(v(S \cup Q \cup i) - v(S \cup Q) \right)
$$

$$
+ \sum_{H \subseteq M \backslash k} \sum_{S \subseteq B_k \backslash \{i,j\}} A_2 \left(v(S \cup Q \cup i \cup j) - v(S \cup Q \cup j) \right),
$$

其中, $A_1 = \dfrac{h!(m-h-1)!}{m!} \dfrac{s!(b_k - s - 1)!}{b_k!} - \dfrac{h!(m-h)!}{(m+1)!} \dfrac{s!(b_k - s - 2)!}{(b_k - 1)!}$,

$$
A_2 = \frac{h!(m-h-1)!}{m!} \frac{(s+1)!(b_k - s - 2)!}{b_k!} - \frac{(h+1)!(m-h-1)!}{(m+1)!} \frac{s!(b_k - s - 2)!}{(b_k - 1)!}.
$$

由于 $A_1 = -A_2$. 因此,

$$
Ow_i(N, v, \Gamma) - Ow_i(N, v, \Gamma_{-j}) = \sum_{H \subseteq M \backslash k} \sum_{S \subseteq B_k \backslash \{i,j\}} A_1 [v(S \cup Q \cup i) - v(S \cup Q)
$$

$$
+ v(S \cup Q \cup j) - v(S \cup Q \cup i \cup j)].
$$

由于上式关于 i 和 j 是对称的, 故

$$
Ow_i(N, v, \Gamma) - Ow_i(N, v, \Gamma_{-j}) = Ow_j(N, v, \Gamma) - Ow_j(N, v, \Gamma_{-i}).
$$

证毕.

定理 4.2 记 f 为 $CSG(N)$ 上满足结构元组有效性 (SCE), 联盟上的均衡贡献性 (BCU) 和商公平性 (QF) 的一个分配指标, 则 $f = VB$.

证明 由定理 4.1 和引理 4.1 易知, 定理 4.2 成立. 证毕.

4.1.2 Banzhaf-Owen 图值和对称 Banzhaf 图值

Aloson-Meijide 等[107] 进一步探讨了具有联盟结构的交流限制合作对策 $CSG(N)$ 上的两个分配指标: Banzhaf-Owen 图值和对称 Banzhaf 图值. 第一个分配指标是关

于 Banzhaf 图值和 Banzhaf-Owen 值的推广; 第二个分配指标是关于 Banzhaf 图值和对称 Banzhaf 值的推广.

Banzhaf-Owen 图值:

$$AB(N, v, \Gamma, g) = Bo(N, v^g, \Gamma), \tag{4.7}$$

其中, $Bo(N, v^g, \Gamma)$ 表示 (N, Γ) 关于 v^g 的 Banzhaf-Owen 值.

对称 Banzhaf 图值:

$$GB(N, v, \Gamma, g) = Bs(N, v^g, \Gamma), \tag{4.8}$$

其中, $Bs(N, v^g, \Gamma)$ 表示 (N, Γ) 关于 v^g 的对称 Banzhaf 值.

对给定的图 $g \in GR$, 记 $(i, j) \in g$ 为一个链接. 给定 $i, j \in S \subseteq N$, 称 i 和 j 在 S 上通过图 g 是链接的, 若 $i = j$ 或在 S 上存在连接 i 和 j 的一条路, 即存在一个子集 $\{i_0, i_1, \cdots, i_k\} \subseteq S$ 满足 $i_0 = i$ 和 $i_k = j$, 且 $(i_{h-1}, i_h) \in g$, $h = 1, 2, \cdots, k$. 记 g_{-ij} 为去除链接 (i, j) 后得到的图, 即 $g_{-ij} = \{(h, k) \in g | (h, k) \neq (i, j)\}$.

记 $\Gamma^n = \{\{1\}, \{2\}, \cdots, \{n\}\}$. 接下来, 考察 Aloson-Meijide 等 [107] 给出的关于上述两个分配指标满足的公理体系.

图孤立性 (GI): 记 $(N, v, g) \in G(N)$ 且对所有 $i \in N$ 满足 i 是孤立局中人, 即 $\{i\} \in N/g$, 则 $f_i(N, v, \Gamma^n, g) = v(i)$.

成对融合性 (PWM): 记 $(N, v, g) \in G(N)$ 且对所有 $i, j \in N$ 满足 $(i, j) \in g$, 下列等式成立:

$$f_i(N, v, \Gamma^n, g) + f_j(N, v, \Gamma^n, g) = f_p(N^{ij}, v^{ij}, \Gamma^{n-1}, g_{ij}),$$

其中, $(N^{ij}, v^{ij}, \Gamma^{n-1}, g_{ij})$ 表示局中人 i 和 j 合并为一个新的局中人 p, 即 $N^{ij} = \{N \setminus \{i, j\}\} \cup p$; 对给定的 $h, k \in N^{ij}$, $(h, k) \in g_{ij}$ 当且仅当 $(h, k) \in g$ 满足 $h, k \in N \setminus \{i, j\}$; $(h, i) \in g_{ij}$ 或 $(h, j) \in g_{ij}$ 满足 $h = p$; $(i, k) \in g_{ij}$ 或 $(j, k) \in g_{ij}$ 满足 $k = p$; v^{ij} 定义为:

$$v^{ij}(S) = \begin{cases} v(S) & p \notin S \subseteq N^{ij}, \\ v((S \setminus p) \cup \{i, j\}) & p \in S \subseteq N^{ij}. \end{cases}$$

图上的公平性 (GF): 记 $(N, v, g) \in G(N)$ 且对所有 $i, j \in N$ 满足 $(i, j) \in g$, 有

$$f_i(N, v, \Gamma^n, g) - f_i(N, v, \Gamma^n, g_{-ij}) = f_j(N, v, \Gamma^n, g) - f_j(N, v, \Gamma^n, g_{-ij}).$$

个人遗弃的中立性 (NID), 记 $(N, v, \Gamma, g) \in CSG(N)$ 和所有 $i, j \in N$ 满足 $\{i, j\} \subseteq B_k \in \Gamma$, 得到: $f_i(N, v, \Gamma, g) = f_i(N, v, \Gamma_{-j}, g)$.

1-商对策性 (1-QGP): 记 $(N, v, \Gamma, g) \in CSG(N)$ 和所有 $i \in N$ 满足 $\{i\} = B_k \in \Gamma$, 有

$$f_i(N, v, \Gamma, g) = f_k(M, v^B, g^\Gamma),$$

其中, g^Γ 表示 g 在 M 上所对应的图.

商对策性质 (QGP): 记 $(N, v, \Gamma, g) \in CSG(N)$ 和所有 $B_k \in \Gamma$, 有

$$\sum_{i \in B_k} f_i(N, v, \Gamma, g) = f_k(M, v^B, g^\Gamma).$$

定理 4.3 记 f 为 $CSG(N)$ 上满足图孤立性 (GI), 成对融合性 (PWM), 图上的公平性 (GF), 个人遗弃的中立性 (NID) 和 1-商对策性 (1-QGP) 的一个分配指标, 则 $f = AB$.

证明 存在性. 由式 (4.7) 知, $AB(N, v, \Gamma^n, g) = CB(N, v, g)$, 由交流结构合作对策上 Banzhaf 函数的性质知: AB 满足图孤立性 (GI), 成对融合性 (PWM) 和图上的公平性 (GF). 对于 $(N, v, \Gamma, g) \in CSG(N)$, 取 $i, j \in B_k$, 有

$$
\begin{aligned}
AB_i(N, v, \Gamma, g) = & Bo_i(N, v^g, \Gamma) \\
= & \frac{1}{2^{m+b_k-2}} \sum_{H \subseteq M \setminus k} \sum_{S \subseteq B_k \setminus \{i,j\}} [v^g(S \cup Q \cup i) - v^g(S \cup Q) \\
& + v^g(S \cup Q \cup i \cup j) - v^g(S \cup Q \cup j)].
\end{aligned}
$$

且

$$
\begin{aligned}
& AB_i(N, v, \Gamma_{-j}, g) = Bo_i(N, v^g, \Gamma_{-j}) \\
= & \sum_{H \subseteq M' \setminus k} \frac{1}{2^m} \sum_{S \subseteq B_k' \setminus i} \frac{1}{2^{b_k-2}} (v^g(S \cup Q \cup i) - v^g(S \cup Q)) \\
= & \sum_{H \subseteq M \setminus k} \frac{1}{2^m} \sum_{S \subseteq B_k \setminus i} \frac{1}{2^{b_k-2}} (v^g(S \cup Q \cup i) - v^g(S \cup Q)) \\
& + \sum_{H \subseteq M \setminus k} \frac{1}{2^m} \sum_{S \subseteq B_k \setminus \{i,j\}} \frac{1}{2^{b_k-2}} (v^g(S \cup Q \cup i \cup j) - v^g(S \cup Q \cup j)) \\
= & \frac{1}{2^{m+b_k-2}} \sum_{H \subseteq M \setminus k} \sum_{S \subseteq B_k \setminus \{i,j\}} [v^g(S \cup Q \cup i) - v^g(S \cup Q) \\
& + v^g(S \cup Q \cup i \cup j) - v^g(S \cup Q \cup j)].
\end{aligned}
$$

故, AB 满足个人遗弃的中立性 (NID).

最后证明, AB 满足 1-商对策性 (1-QGP). 取 $i \in N$ 和 $k \in M$ 满足 $B_k = \{i\}$. 考虑交流商对策 (M, v^B, g^Γ), 有

$$AB_k(M, v^B, g^\Gamma) = CB_k(M, v^B, g^\Gamma)$$

$$= \sum_{H \subseteq M \backslash k} \frac{1}{2^{m-1}} ((v^B)^{g^\Gamma}(H \cup k) - (v^B)^{g^\Gamma}(H))$$

$$= \sum_{H \subseteq M \backslash k} \frac{1}{2^{m-1}} (v^B(H \cup k) - v^B(H))$$

$$= AB_i(N, v, \Gamma, g).$$

唯一性. 当 $\Gamma = \Gamma^n$ 时, 由交流结构合作对策上 Banzhaf 函数的唯一性证明 (定理 3.6) 知, 唯一性成立.

假定存在两个不同的图值 f^1 和 f^2 满足定理中的性质, 则存在 $(N, v, \Gamma, g) \in CSG(N)$ 使得 $f^1(N, v, \Gamma, g) \neq f^2(N, v, \Gamma, g)$, 其中 $\Gamma \neq \Gamma^n$. 假定 Γ 是满足 $f^1(N, v, \Gamma, g) \neq f^2(N, v, \Gamma, g)$ 的具有最大联盟数的联盟结构. 取 $i \in N$ 满足 $f_i^1(N, v, \Gamma, g) \neq f_i^2(N, v, \Gamma, g)$, 存在两种可能情形.

(1) $B_k = \{i\}$. 由 1-商对策性 (1-QGP) 和上面的证明得到:

$$f_i^1(N, v, \Gamma, g) = f_k^1(M, v^B, g^\Gamma) = f_k^2(M, v^B, g^\Gamma) = f_i^2(N, v, \Gamma, g).$$

(2) 存在 $j \in N \backslash i$, 满足 $\{i, j\} \subseteq B_k$. 由个人遗弃的中立性 (NID) 和 Γ 的最大化得到:

$$f_i^1(N, v, \Gamma, g) = f_i^1(N, v, \Gamma_{-j}, g) = f_i^2(N, v, \Gamma_{-j}, g) = f_i^2(N, v, \Gamma, g).$$

此与假设相矛盾. 证毕.

定理 4.4　记 f 为 $CSG(N)$ 上满足图孤立性 (GI), 成对融合性 (PWM), 图上的公平性 (GF), 联盟上的均衡贡献性 (BCU) 和商对策性 (QGP) 的一个分配指标, 则 $f = GB$.

证明　注意到, 对所有 $(N, v, \Gamma^n, g) \in CSG(N)$, GB 基于 CB. 即

$$f_i(N, v, \Gamma^n, g) = GB_i(N, v, g) \quad \forall i \in N.$$

由交流结构合作对策上 Banzhaf 函数的唯一性证明 (定理 3.6) 知, $GB(N, v, \Gamma^n, g)$ 满足图孤立性 (GI), 成对融合性 (PWM) 和图上的公平性 (GF) 且是唯一的. 因此, 只需证明 $GB(N, v, \Gamma, g)$ 的存在唯一性, 其中 $\Gamma \neq \Gamma^n$.

存在性. 由具有联盟结构上合作对策的对称 Banzhaf 函数易知, $GB(N, v, \Gamma, g)$ 满足联盟上的均衡贡献性 (BCU) 和商对策性质 (QGP).

唯一性. 假定存在两个不同的图值 f^1 和 f^2 满足定理中的性质, 则存在 $(N, v, \Gamma, g) \in CSG(N)$ 满足 $f^1(N, v, \Gamma, g) \neq f^2(N, v, \Gamma, g)$, 其中 $\Gamma \neq \Gamma^n$. 假定 Γ 是满足 $f^1(N, v, \Gamma, g) \neq f^2(N, v, \Gamma, g)$ 的具有最大联盟数的联盟结构. 若 $B_k = \{i\}$, 由商对策性质 (QGP) 和上面的证明得到:

$$f_i^1(N, v, \Gamma, g) = f_k^1(M, v^B, g^\Gamma) = f_k^2(M, v^B, g^\Gamma) = f_i^2(N, v, \Gamma, g).$$

若存在 $j \in B_k \backslash i$, 由联盟上的均衡贡献性 (BCU) 和 Γ 的最大化得到:

$$f_i^1(N, v, \Gamma, g) - f_j^1(N, v, \Gamma, g) = f_i^2(N, v, \Gamma, g) - f_j^2(N, v, \Gamma, g). \tag{4.9}$$

由商对策性质 (QGP) 和式 (4.9) 得到: $p_k f_i^1(N, v, \Gamma, g) = p_k f_i^2(N, v, \Gamma, g)$. 此与假设相矛盾. 证毕.

例 4.1 巴斯克地区议会 (西班牙的 17 个行政地区之一) 由 75 名成员组成. 由于大多数决策是按照多数原则通过的, 该对策中各党派议会代表的特征函数如下所示: 任何由 38 或更多议会代表组成的联盟, 其值为 1; 否则, 等于 0. 由于在 2005 年的选举中, 议会的组成由巴斯克民族主义党保守派 EAJ/PNV 的 22 名成员, "A", 西班牙社会党 PSE-EE/PSOE 的 18 名成员, "B", 西班牙保守党 PP 的 15 名成员, "C", 巴斯克民族主义的左翼党 EHAK/PCTV 的 9 名成员, "D", 巴斯克民族主义的社会民主党 EA 的 7 名成员, "E", 西班牙左翼党 EB/IU 的 3 名成员, "F" 和巴斯克民族主义温和左翼党 Aralar 的 1 名成员, "G".

为构建一个考虑各政党意识形态的模型, 建立了如图 4.1 所示的交流图. 该图是基于这样一种关系: 这些政党无论何时达成过协议, 我们就在两个政党间建立一个联系.

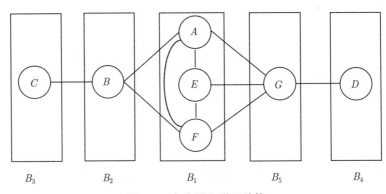

图 4.1   交流图和联盟结构

最后, 我们给出一个具有联盟结构的合作方式. 由于在选举开始前, 政府由 A, E 和 F 组成. 我们考虑下列联盟结构: $\Gamma = \{B_1, B_2, B_3, B_4, B_5\}$, 其中 $B_1 = \{A, E, F\}$, $B_2 = \{B\}$, $B_3 = \{C\}$, $B_4 = \{D\}$ 和 $B_5 = \{G\}$.

不考虑联盟结构, 则各政党关于该交流限制合作对策的分配解如表 4.1 所示.

由表 4.1 给出的结果知, 交流限制图的最显著影响是最强大的局中人由 A 切换到 B. 一般来说, 那些与其它政党有更多链接的政党, 增加它们在该图中的最终收益.

表 4.1 各政党的 Shaply 和 Banzhaf 图值

Party	Label	Seats	Shaply 图值	Banzhaf 图值
EAJ/PNV	A	22	0.3024	0.4844
PSE-EE/PSOE	B	18	0.3690	0.5313
PP	C	15	0.0357	0.1250
EHAK/PCTV	D	9	0.0690	0.1875
EA	E	7	0.0857	0.250
EB/IU	F	3	0.0690	0.1875
Aralar	G	1	0.0690	0.1875

若进一步考虑联盟结构, 则各政党关于该具有联盟结构的交流限制合作对策的分配解如表 4.2 所示.

表 4.2 各政党的 Owen 图值, Banzhaf-Owen 图值, 对称 Banzhaf 图值

Party	Label	Seats	Owen 图值	Banzhaf-Owen 图值	对称 Banzhaf 图值
EAJ/PNV	A	22	0.3806	0.4688	0.4479
PSE-EE/PSOE	B	18	0.250	0.3750	0.3750
PP	C	15	0	0	0
EHAK/PCTV	D	9	0.0833	0.1250	0.1250
EA	E	7	0.0722	0.1250	0.1042
EB/IU	F	3	0.1306	0.0938	0.0938
Aralar	G	1	0.0833	0.1250	0.1250

表 4.2 给出了关于不同联盟图值的各政党收益. 具有联盟结构的交流限制合作对策赋予了联盟 B_1 中最大政党 A 更多的权力, 成为最有影响力的局中人; 政党 C 变成了零元; 此外, 具有联盟结构的交流限制合作对策对政党 D、E、F 和 G 的影响不同.

4.2 2-级交流限制合作对策

不同于具有联盟结构的交流限制合作对策, 即联盟结构和图交流限制结构是相互独立的, 且只考虑了不同优先联盟间单一局中人的交流结构, 例如图 4.2(a). Khmelnitskaya[108] 提出了具有 2-级交流限制的合作对策. 此类合作对策是基于一个具体的 2-级图结构. 参与者之间通过双边协定达成合作意向, 并形成对局中人集合的一个划分, 即得到一个联盟结构. 对于联盟结构中的优先联盟将其看作是一个"局中人", 它们间的合作不考虑单一局中人的利益, 只考虑各优先联盟中局中人的整体利益. 不允许来自不同优先联盟的局中人有合作关系, 如图 4.2(b) 所示.

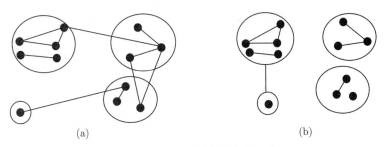

图 4.2   2-级限制交流合作结构

4.2.1   基本概念

对给定的图 g, 记 g_S 为 g 在联盟 $S \subseteq N$ 上的子图, 即 $g_S=\{(i,j) \in g | i, j \in S\}$; 记 $C^g(S)$ 为联盟 S 的所有链接子联盟组成的集合, $(S/g)_i$ 为联盟 S 中包含局中人 i 的元组.

对局中人集合 N 上, 关于联盟结构 Γ 和图 g 的 2-级交流限制合作对策记为: $(N, v, \Gamma, \langle g_M, \{g_{B_k}\}_{k \in M} \rangle)$, 其中, g_M 表示 g 在优先联盟结构上关于优先联盟的交流限制图; g_{B_k}, $k \in M$, 表示 g 在优先联盟 B_k 上的交流限制图. 为表示方便, 简记为 (N, v, Γ, g_Γ), 其中 $g_\Gamma = \langle g_M, \{g_{B_k}\}_{k \in M} \rangle$. 此类合作对策的全体表示为 $G(N, \Gamma, g)$. 为叙述方便, 2-级交流限制的合作对策简述为 PG-对策. $G(N, \Gamma, g)$ 上的一个 PG-值指 $\xi : G(N, \Gamma, g) \to \mathbb{R}^n$ 的一个算子.

由 PG-对策的概念知: 当 $\Gamma = \{N\}$ 或 $\Gamma = \Gamma^n$ 时, PG-对策退化为交流限制合作对策. 为探讨 PG-对策上的分配指标, 需要重新定义具有交流限制的联盟结构上的商对策. 对给定的 PG-对策 (N, v, Γ, g_Γ), $g_\Gamma = \langle g_M, \{g_{B_k}\}_{k \in M} \rangle$. 商对策 v^{Bg} 定义为:

$$
v^{Bg}(Q) = \begin{cases} v_k^{g_k}(B_k) & Q = k, \\ v(\bigcup_{k \in Q} B_k) & q > 1, \end{cases}
$$

其中, $Q \subseteq M$, 记为 (v^{Bg}, g_M).

此外, 对任意给定的图值 ξ 及任意 PG-对策 (N, v, Γ, g_Γ), 将图值 ξ 适当的应用于相应的熵对策 (v^{Bg}, g_M) 及优先联盟 B_k 上的子对策 v_k 上, 那么我们可以考虑 ξ_k-对策 v_k^ξ 定义为:

$$
v_k^\xi(S) = \begin{cases} \xi_k(v^{Bg}, g_M) & S = B_k, \\ v(S) & S \neq B_k, \end{cases}
$$

其中, $\forall S \subseteq B_k, \xi_k(v^{Bg}, g_M)$ 表示关于图值 ξ 在熵对策 (v^{Bg}, g_M) 上优先联盟 B_k 的

收益. 特别的, 对任意 $x \in \mathrm{R}^m$, 优先联盟 B_k 上的一个 x_k-对策定义为:

$$v_k^x(S) = \begin{cases} x_k & S = B_k, \\ v(S) & S \neq B_k, \end{cases}$$

其中, $S \subseteq B_k$.

2-级交流限制合作对策 (N, v, Γ, g_Γ) 上的核心定义为:

$$\begin{aligned} C(N, v, \Gamma, g_\Gamma) = \Big\{ & x \in \mathbf{R}^n \,\big|\, \big[x^\Gamma(H) = v^{Bg}(H), \forall H \in M/g_M, x^\Gamma(Q) \\ & \geqslant v^{Bg}(Q), \forall Q \in C^{g_M}(M) \big] \\ & \& \big[x(C) = v(C), \forall C \in B_k/g_{B_k}, C \neq B_k, x(S) \\ & \geqslant v(S), \forall S \in C^{g_{B_k}}(B_k), \forall k \in M, b_k > 1 \big] \Big\}. \end{aligned}$$

即 (N, v, Γ, g_Γ) 上的核心 $C(N, v, \Gamma, g_\Gamma)$ 是熵对策 (v^{Bg}, g_M) 上的核心与优先联盟 $B_k (k \in M)$ 上合作对策 $(v_k^{x^\Gamma}, g_{B_k})$ 的核心的交集.

性质 4.1　分配向量 $x \in \mathrm{R}^n$ 属于合作对策 (N, v, Γ, g_Γ) 的核心 $C(N, v, \Gamma, g_\Gamma)$ 当且仅当 x^Γ 属于商对策 (v^{Bg}, g_M) 的核心 $C(v^{Bg}, g_M)$ 且对任意 $k \in M, b_k > 1$, x_{B_k} 属于 $(v_k^{x^\Gamma}, g_{B_k})$ 的核心 $C(v_k^{x^\Gamma}, g_{B_k})$, 即

$$x \in C(N, v, \Gamma, g_\Gamma) \Leftrightarrow \big[x^\Gamma \in C(v^{Bg}, g_M) \big] \, \& \, \Big[x_{B_k} \in C(v_k^{x^\Gamma}, g_{B_k}), \forall k \in M, b_k > 1 \Big].$$

4.2.2　PG-值

接下来, 回顾 Khmelnitskaya[108] 给出的 $G(N, \Gamma, g)$ 上的分配指标及其满足的性质. 令 f 是 $G(N, \Gamma, g)$ 上的一个向量函数.

商对策上的元组有效性 (CEQ): 对任意 PG-对策 (N, Γ, g_Γ), 其中 $g_\Gamma = \langle g_M, \{g_{B_k}\}_{k \in M} \rangle$, 有

$$\sum_{k \in H} \sum_{i \in B_k} f_i(N, v, \Gamma, g_\Gamma) = v^{Bg}(H) \quad \forall H \in M/g_M.$$

联盟上的元组有效性 (CEU): 对任意 PG-对策 (N, Γ, g_Γ), 其中 $g_\Gamma = \langle g_M, \{g_{B_k}\}_{k \in M} \rangle$, 有

$$\sum_{i \in S} f_i(N, v, \Gamma, g_\Gamma) = v(S) \quad \forall S \in B_k/g_{B_k}, S \neq B_k, k \in M.$$

考虑下面的删除链接性质. 对于 PG-对策, 每一个 PG-值是一个算子 $f : G(N, \Gamma, g) \to \mathrm{R}^n$. 对于 $G(N, \Gamma, g)$ 上向量 $f = \{f_i\}_{i \in N}$ 产生向量 $f^\Gamma : G(N, \Gamma, g) \to \mathrm{R}^m$, $f^\Gamma = \{f_k^\Gamma\}_{k \in M}$, 满足 $f_k^\Gamma = \sum_{i \in B_k} f_i, k \in M$ 和 m 个算子 $f_{B_k} : G(N, \Gamma, g) \to \mathrm{R}^{b_k}$,

$f_{B_k} = \{f_i\}_{i \in B_k}$, $k \in M$. 由于存在多个 PG-对策具有相同的商对策 (v^{Bg}, g_M), 因此存在各种各样的算子 $\varphi^\Gamma : G(M, g_M) \to G(N, \Gamma, g)$ 分配给一个交流限制的合作对策 $(w, g') \in G(M, g_M)$. 一个 PG-对策 (N, v, Γ, g_Γ) 满足 $v^{Bg} = w$ 和 $g_M = g'$. 一般来说, 不必要求 $\varphi^\Gamma(v^{Bg}, g_M) = (N, v, \Gamma, g_\Gamma)$. 然而对某个固定的 PG-对策 $(N, v^*, \Gamma^*, g_\Gamma^*)$, 总会存在算子 $\varphi^{*\Gamma}$ 满足 $\varphi^{*\Gamma}(v^{*Bg}, g_M^*) = (N, v^*, \Gamma^*, g_\Gamma^*)$. 任意算子 $f^\Gamma \circ \varphi^\Gamma : G(M, g_M) \to \mathrm{R}^m$ 代表一个交流限制合作对策上的值. 特别的, 对于某个 PG-对策 (N, v, Γ, g_Γ) 可应用于相应的商对策 $(v^{Bg}, g_M) \in G(M, g_M)$. 类似的, 对一个给定的交流限制合作对策上的值 ϕ, 对任意 $k \in M$, 存在各种算子 $\varphi_k^\phi : G(B_k, g_{B_k}) \to G(N, \Gamma, g)$ 分配给一个交流限制合作对策 $(w, g') \in G(B_k, g_{B_k})$, 一个 PG-对策 (N, v, Γ, g_Γ) 满足 $v_k^\phi = w$ 和 $g_{B_k} = g'$. 对每一个 $k \in M$, 算子 $f^{B_k} \circ \varphi_k^\phi : G(B_k, g_{B_k}) \to \mathrm{R}^{b_k}$ 代表一个交流限制合作对策上的值. 特别的, 对于某个 PG-对策 (N, v, Γ, g_Γ) 可应用于相应的图 ϕ_k-对策 $(v_k^\phi, g_{B_k}) \in G(B_k, g_{B_k})$. 对一个给定的 $(m+1)$-元组 $\langle \mathrm{DL}^\Gamma, \{\mathrm{DL}^{B_k}\}_{k \in M} \rangle$ 的删除链接公理 (DL) 指 $G(N, \langle \mathrm{DL}^\Gamma, \{\mathrm{DL}^{B_k}\}_{k \in M} \rangle) \in G(N, \Gamma, g)$ 满足 $(v^{Bg}, g_M) \in G(M, \mathrm{DL}^\Gamma)$ 和 $(v_k^{\mathrm{DL}^\Gamma}, g_{B_k}) \in G(B_k, \mathrm{DL}^{B_k})$, $k \in M$, 其中, 删除链接公理指公平分配制度 (FAR), 均衡贡献性 (BCG) 或元组公平分配制度 (CFAR).

定义在 $G(N, \langle \mathrm{DL}^\Gamma, \{\mathrm{DL}^{B_k}\}_{k \in M} \rangle)$ 上的 PG-值 f 满足 $(m+1)$-元组的删除链接公理 $\langle \mathrm{DL}^\Gamma, \{\mathrm{DL}^{B_k}\}_{k \in M} \rangle$, 若相应的交流限制合作对策上的值 $f^\Gamma \circ \varphi^\Gamma$ 满足删除链接公理 (DL^Γ), 且对任意 $k \in M$, 相应的交流限制合作对策上的值 $f^{B_k} \circ \varphi_k^{\mathrm{DL}^\Gamma}$ 满足删除链接公理 (DL^{B_k}).

对于 2-阶段分布过程的 PG-值, 首先考虑联盟结构上的商对策 (v^{Bg}, g_M), 然后将优先联盟 $B_k(k \in M)$ 获得的收益 y_k 通过交流限制 y_k-对策 (v_k^y, g_{B_k}) 分配给优先联盟 B_k 中的局中人. 由于作者只考虑满足元组有效性的解. 因此, 对任意 $k \in M$, $\sum_{S \in B_k/g_{B_k}} v_k^y(S) = y_k$. 若 B_k 是相连的, 即 B_k 是 B_k/g_{B_k} 上的唯一元组, 则 $v_k^y(B_k) = y_k$. 否则, 对任意 $k \in M$, 若 B_k 不是相连的, 则

$$\sum_{S \in B_k/g_{B_k}} v(S) = y_k. \tag{4.10}$$

对于 PG-对策 (N, v, Γ, g_Γ), $\{g_{B_k}\}_{k \in M}$ 关于商对策 (v^{Bg}, g_M) 上的分配向量 $y \in \mathrm{R}^m$ 是兼容的, 若对任意 $k \in M$, B_k 是相连的或式 (4.10) 成立.

记 $\overline{G}(N, \langle \mathrm{DL}^\Gamma, \{\mathrm{DL}^{B_k}\}_{k \in M} \rangle)$ 为 $G(N, \langle \mathrm{DL}^\Gamma, \{\mathrm{DL}^{B_k}\}_{k \in M} \rangle)$ 上具有优先联盟 $\{g_{B_k}\}_{k \in M}$ 且兼容于分配向量 $\mathrm{DL}^\Gamma(v^{Bg}, g_M)$ 的 PG-对策组成的集合.

定理 4.5   在 $\overline{G}(N, \langle \mathrm{DL}^\Gamma, \{\mathrm{DL}^{B_k}\}_{k \in M} \rangle)$ 上存在满足商对策上的元组有效性 (CEQ), 联盟上的元组有效性 (CEU) 和删除链接公理 $\langle \mathrm{DL}^\Gamma, \{\mathrm{DL}^{B_k}\}_{k \in M} \rangle$ 的唯一 PG-值, 且对任意 PG-对策 $(N, v, \Gamma, g_\Gamma) \in \overline{G}(N, \langle \mathrm{DL}^\Gamma, \{\mathrm{DL}^{B_k}\}_{k \in M} \rangle)$ 定义为:

$$f_i(N,v,\Gamma,g_\Gamma) = \begin{cases} \mathrm{DL}_{k(i)}^\Gamma(v^{Bg}, g_M) & B_{k(i)} = \{i\}, \\ \mathrm{DL}_i^{B_{k(i)}}(v_{k(i)}^{\mathrm{DL}^\Gamma}, g_{B_{k(i)}}) & b_{k(i)} > 1, \end{cases} \quad \forall i \in N, \qquad (4.11)$$

其中, $B_{k(i)}$ 表示包含局中人 i 的优先联盟.

为叙述方便, 我们用 PG-值 f 表示 $\langle \mathrm{DL}^\Gamma, \{\mathrm{DL}^{B_k}\}_{k\in M} \rangle$-值.

证明　首先证明式 (4.11) 所定义的 PG-值 f 是 $\overline{G}(N, \langle \mathrm{DL}^\Gamma, \{\mathrm{DL}^{B_k}\}_{k\in M} \rangle)$ 上满足定理中性质的唯一解. 令 $(N, v^*, \Gamma^*, g_\Gamma^*) \in \overline{G}(N, \langle \mathrm{DL}^\Gamma, \{\mathrm{DL}^{B_k}\}_{k\in M} \rangle)$, 其中 $g_\Gamma^* = \langle g_M^*, \{g_{B_k}^*\}_{k\in M} \rangle$, 且令 v^{*Bg} 是相应的商对策. 注意到: $(v^{*Bg}, g_M^*) \in G(M, \mathrm{DL}^\Gamma)$ 和对任意 $k \in M$, $(v_k^{*\mathrm{DL}^\Gamma}, g_{B_k}^*) \in G(B_k, \mathrm{DL}^{B_k})$.

第一步, 商对策上的唯一性.

考虑算子 $\varphi^{*\Gamma}: G(M, g_M) \to \overline{G}(N, \langle \mathrm{DL}^\Gamma, \{\mathrm{DL}^{B_k}\}_{k\in M} \rangle)$ 分配给任意一个交流限制合作对策 $(w, g') \in G(M, \mathrm{DL}^\Gamma)$, 一个 PG-对策 $(N, v, \Gamma, g_\Gamma) \in \overline{G}(N, \langle \mathrm{DL}^\Gamma, \{\mathrm{DL}^{B_k}\}_{k\in M} \rangle)$ 满足 $v^{Bg} = w$ 和 $g_M = g'$, 且 $\varphi^{*\Gamma}(v^{Bg}, g_M^*) = (N, v^*, \Gamma^*, g_\Gamma^*)$. 对任意交流限制对策 $(w, g') \in G(M, \mathrm{DL}^\Gamma)$, 由 f^Γ 的定义, 对任意 $\varphi^{*\Gamma}(w, g') = (N, v, \Gamma, g_\Gamma)$, 得到:

$$(f^\Gamma \circ \varphi^{*\Gamma})(w, g') = \sum_{i \in B_k} f_i(N, v, \Gamma, g_\Gamma) \quad \forall k \in M. \qquad (4.12)$$

由商对策上的元组有效性 (CEQ), 对任意 $(N, v, \Gamma, g_\Gamma) \in \overline{G}(N, \langle \mathrm{DL}^\Gamma, \{\mathrm{DL}^{B_k}\}_{k\in M} \rangle)$ 和任意 $H \in M/g_M$, 得到:

$$\sum_{k \in H} \sum_{i \in B_k} f_i(N, v, \Gamma, g_\Gamma) = v^{Bg}(H).$$

由上面的两个等式, $\varphi^{*\Gamma}$ 的定义, $v^{Bg} = w$ 和 $g_M = g'$ 得到: 对任意 $(w, g') \in G(M, \mathrm{DL}^\Gamma)$ 和任意 $H \in M/g_M$, 有

$$\sum_{k \in H} (f^\Gamma \circ \varphi^{*\Gamma})_k(w, g') = w(H).$$

即 $f^\Gamma \circ \varphi^{*\Gamma}$ 在 $G(M, \mathrm{DL}^\Gamma)$ 上满足元组有效性 (CE). 由元组有效性 (CE) 和删除链接公理 (DL^Γ) 知, 对任意 $(w, g') \in G(M, \mathrm{DL}^\Gamma)$, 有

$$(f^\Gamma \circ \varphi^{*\Gamma})_k(w, g') = \mathrm{DL}_k^\Gamma(w, g') \quad \forall k \in M.$$

特别的, 上式对 $(w, g') = (v^{*Bg}, g_M^*) \in G(M, \mathrm{DL}^\Gamma)$ 成立, 即

$$(f^\Gamma \circ \varphi^{*\Gamma})_k(v^{*Bg}, g_M^*) = \mathrm{DL}_k^\Gamma(v^{*Bg}, g_M^*) \quad \forall k \in M.$$

由式 (4.12) 和 $\varphi^{*\Gamma}$ 的选取得到:

$$\sum_{i \in B_k} f_i(N, v^*, \Gamma^*, g_\Gamma^*) = \mathrm{DL}_k^\Gamma(v^{*Bg}, g_M^*) \quad \forall k \in M.$$

由 $(N, v^*, \Gamma^*, g_\Gamma^*)$ 的任意性知, 对任意 $(N, v, \Gamma, g_\Gamma) \in \overline{G}\left(N, \langle \mathrm{DL}^\Gamma, \{\mathrm{DL}^{B_k}\}_{k \in M}\rangle\right)$, 有

$$\sum_{i \in B_k} f_i(N, v, \Gamma, g_\Gamma) = \mathrm{DL}_k^\Gamma(v^{Bg}, g_M) \quad \forall k \in M. \tag{4.13}$$

注意到: 对 $k \in M$ 满足 $B_k = \{i\}$, 式 (4.13) 退化为

$$f_i(N, v, \Gamma, g_\Gamma) = \mathrm{DL}_{k(i)}^\Gamma(v^{Bg}, g_M) \quad \forall i \in N : B_{k(i)} = \{i\}. \tag{4.14}$$

第二步, 优先联盟内的唯一性.

考虑 $k' \in M$ 满足 $n_{k'} > 1$. 令算子 $\varphi_{k'}^* : G(B_{k'}, \mathrm{DL}^{B_{k'}}) \to \overline{G}(N, \langle \mathrm{DL}^\Gamma, \{\mathrm{DL}^{B_k}\}_{k \in M}\rangle)$ 分配给一个交流限制合作对策 $(w, g') \in G(B_{k'}, \mathrm{DL}^{B_{k'}})$, 一个 PG-对策 $(N, v, \Gamma, g_\Gamma) \in \overline{G}\left(N, \langle \mathrm{DL}^\Gamma, \{\mathrm{DL}^{B_k}\}_{k \in M}\rangle\right)$ 满足 $v_{k'}^{\mathrm{DL}^\Gamma} = w$ 和 $g_{B_{k'}} = g'$, 且 $\varphi_{k'}^*(v_{k'}^{*\mathrm{DL}^\Gamma}, g_{B_k}^*) = (N, v^*, \Gamma^*, g_\Gamma^*)$.

由 $f^{B_{k'}}$ 的定义, 对任意 $(w, g') \in G(B_{k'}, \mathrm{DL}^{B_{k'}})$ 和 $(N, v, \Gamma, g_\Gamma) = \varphi_{k'}^*(w, g')$, 有

$$\left(f^{B_{k'}} \circ \varphi_{k'}^*\right)_i(w, g') = f_i(N, v, \Gamma, g_\Gamma) \quad \forall i \in B_{k'}. \tag{4.15}$$

由联盟上的元组有效性 (CEU), 对任意 PG-对策 $(N, v, \Gamma, g_\Gamma) \in \overline{G}(N, \langle \mathrm{DL}^\Gamma, \{\mathrm{DL}^{B_k}\}_{k \in M}\rangle)$, 任意 $C \in B_{k'}/g_{B_{k'}}$ 满足 $C \neq B_{k'}$ 得到:

$$\sum_{i \in C} f_i(N, v, \Gamma, g_\Gamma) = v(C).$$

由式 (4.13), 特别的, 对任意 $(N, v, \Gamma, g_\Gamma) \in \overline{G}\left(N, \langle \mathrm{DL}^\Gamma, \{\mathrm{DL}^{B_k}\}_{k \in M}\rangle\right)$ 满足 $B_{k'} \in B_{k'}/g_{B_{k'}}$, 有

$$\sum_{i \in C} f_i(N, v, \Gamma, g_\Gamma) = \mathrm{DL}_{k'}^\Gamma(v^{Bg}, g_M).$$

由上面的两个等式和式 (4,15), $\varphi_{k'}^*$ 的定义, $v_{k'}^{\mathrm{DL}^\Gamma} = w$ 和 $g_{B_{k'}} = g'$, 对任意 $C \in B_{k'}/g$ 满足 $C \neq B_{k'}$ 得到: $v(C) = v|_{B_{k'}}(C) = v_{k'}^{\mathrm{DL}^\Gamma}(C) = w(C)$. 故对任意 $(w, g') \in G(B_{k'}, \mathrm{DL}^{B_{k'}})$, 每一个 $C \in B_{k'}/g$, 有

$$\sum_{i \in C}\left(f^{B_{k'}} \circ \varphi_{k'}^*\right)_i(w, g') = \begin{cases} \mathrm{DL}_{k'}^\Gamma(v^{Bg}, g_M) & C = B_{k'}, \\ w(C) & C \neq B_{k'}, \end{cases}$$

其中, (v^{Bg}, g_M) 是关于 $(N, v, \Gamma, g_\Gamma) = \varphi_{k'}^*(w, g')$ 的商对策.

因此, $f^{B_{k'}} \circ \varphi_{k'}^*$ 在

$$\begin{aligned} G'(B_{k'}, \mathrm{DL}^{B_{k'}}) &= \{(w, g') \in G(B_{k'}, \mathrm{DL}^{B_{k'}}) | w(B_{k'}) \\ &= \mathrm{DL}_{k'}^\Gamma(v^{Bg}, g_M), (N, v, \Gamma, g_\Gamma) = \varphi_{k'}^*(w, g')\} \end{aligned}$$

上满足元组有效性 (CE). 由元组有效性 (CE) 和删除链接公理 ($\mathrm{DL}^{B_{k'}}$) 知, 对任意 $(w, g') \in G'(B_{k'}, \mathrm{DL}^{B_{k'}})$, 有

$$\left(f^{B_{k'}} \circ \varphi_{k'}^*\right)_i (w, g') = \mathrm{DL}_i^{B_{k'}}(w, g') \quad \forall i \in B_{k'}.$$

由 $\varphi_{k'}^*$ 的定义知, $(v_k^{*\mathrm{DL}^\Gamma}, g_{B_k}^*) \in G'(B_{k'}, \mathrm{DL}^{B_{k'}})$. 故上式对 $(v_k^{*\mathrm{DL}^\Gamma}, g_{B_k}^*)$ 成立, 即

$$\left(f^{B_{k'}} \circ \varphi_{k'}^*\right)_i (v_k^{*\mathrm{DL}^\Gamma}, g_{B_k}^*) = \mathrm{DL}_i^{B_{k'}}(v_k^{*\mathrm{DL}^\Gamma}, g_{B_k}^*) \quad \forall i \in B_{k'}.$$

由式 (4.15) 和 $\varphi_{k'}^*$ 的定义得到:

$$f_i (N, v^*, \Gamma^*, g_\Gamma^*) = \mathrm{DL}_i^{B_{k'}}(v_k^{*\mathrm{DL}^\Gamma}, g_{B_k}^*) \quad \forall i \in B_{k'}.$$

由 $(N, v^*, \Gamma^*, g_\Gamma^*)$ 的任意性, 对 $k' \in M$ 满足 $n_{k'} > 1$, 任意 $(N, v, \Gamma, g_\Gamma) \in \overline{G}(N, \langle \mathrm{DL}^\Gamma, \{\mathrm{DL}^{B_k}\}_{k \in M}\rangle)$, 得到:

$$f_i (N, v, \Gamma, g_\Gamma) = \mathrm{DL}_i^{B_{k(i)}}(v_{k(i)}^{\mathrm{DL}^\Gamma}, g_{B_{k(i)}}) \quad \forall i \in N, n_{k(i)} > 1. \tag{4.16}$$

注意到, 式 (4.16) 基于式 (4.13) 且 $B_k \in B_k/g_{B_k}$. 下证, 对任意 B_k 满足 $B_k \notin B_k/g_{B_k}$, 式 (4.16) 成立.

令 $(N, v, \Gamma, g_\Gamma) \in \overline{G}(N, \langle \mathrm{DL}^\Gamma, \{\mathrm{DL}^{B_k}\}_{k \in M}\rangle)$, 且存在 $k'' \in M$ 满足 $n_{k''} > 1$ 和 $B_{k''} \notin B_{k''}/g_{B_{k''}}$, 则

$$\sum_{i \in B_{k''}} f_i (N, v, \Gamma, g_\Gamma) = \sum_{C \in B_{k''}/g_{B_{k''}}} \sum_{i \in C} f_i (N, v, \Gamma, g_\Gamma)$$

$$= \sum_{C \in B_{k''}/g_{B_{k''}}} \sum_{i \in C} \mathrm{DL}_i^{B_{k''}}(v_{k''}^{\mathrm{DL}^\Gamma}, g_{B_{k''}}).$$

由 $\mathrm{DL}^{B_{k''}}$-值的元组有效性, 对任意 $C \neq B_{k''}$ 满足 $v_{k''}^{\mathrm{DL}^\Gamma}(C) = v_{k''}(C) = v|_{B_{k''}}(C) = v(C)$, 得到:

$$\sum_{i \in B_{k''}} f_i (N, v, \Gamma, g_\Gamma) = \sum_{C \in B_{k''}/g_{B_{k''}}} v(C).$$

由 $\overline{G}(N, \langle \mathrm{DL}^\Gamma, \{\mathrm{DL}^{B_k}\}_{k \in M}\rangle)$ 的定义, 优先联盟上的交流限制结构 $\{\mathrm{DL}^{B_k}\}_{k \in M}$ 与 $\mathrm{DL}^\Gamma(v^{Bg}, g_M)$ 是兼容的, 故

$$\sum_{C \in B_k/g_{B_k}} v(C) = \mathrm{DL}_k^\Gamma(v^{Bg}, g_M) \quad \forall k \in M, B_k \notin B_k/g_{B_k}. \tag{4.17}$$

由上面的两个等式知, 式 (4.13) 对 $k'' \in M$ 也成立.

存在性. 对任意 $(N, v, \Gamma, g_\Gamma) \in \overline{G}\left(N, \langle \mathrm{DL}^\Gamma, \{\mathrm{DL}^{B_k}\}_{k \in M} \rangle\right)$. 为讨论方便和不失一般性, 假定对任意 $k \in M$, $b_k > 1$. 令 $k \in M$ 和 $C \in B_k/g_{B_k}$. 因为 DL^{B_k}-值满足元组有效性, 由式 (4.11) 得到:

$$\sum_{i \in C} f_i(N, v, \Gamma, g_\Gamma) = v_k^{\mathrm{DL}^\Gamma}(C). \tag{4.18}$$

若 $C \neq B_k$, 则 $v_k^{\mathrm{DL}^\Gamma}(C) = v_k(C) = v|_{B_k}(C) = v(C)$. 由 $k \in M$ 的任意性知, f 满足联盟上的元组有效性 (CEU). 此外, 由式 (4.12) 和 DL_k^Γ-对策 $v_k^{\mathrm{DL}^\Gamma}$ 的定义得到:

$$\sum_{i \in B_k} f_i(N, v, \Gamma, g_\Gamma) = \mathrm{DL}_k^\Gamma(v^{Bg}, g_M) \quad \forall k \in M : B_k \notin B_k/g_{B_k}.$$

在 $\overline{G}\left(N, \langle \mathrm{DL}^\Gamma, \{\mathrm{DL}^{B_k}\}_{k \in M} \rangle\right)$ 上, 由式 (4.17) 的有效性及联盟上的元组有效性 (CEU), 对任意 $k \in M : B_k \notin B_k/g_{B_k}$, 由上式得到:

$$\sum_{i \in B_k} f_i(N, v, \Gamma, g_\Gamma) = \sum_{C \in B_k/g_{B_k}} \sum_{i \in C} f_i(N, v, \Gamma, g_\Gamma) = \sum_{C \in B_k/g_{B_k}} v(C) = \mathrm{DL}_k^\Gamma(v^{Bg}, g_M).$$

因此,

$$\sum_{i \in B_k} f_i(N, v, \Gamma, g_\Gamma) = \mathrm{DL}_k^\Gamma(v^{Bg}, g_M) \quad \forall k \in M. \tag{4.19}$$

考虑 $H \in M/g_M$, 其中

$$\sum_{k \in H} \sum_{i \in B_k} f_i(N, v, \Gamma, g_\Gamma) = \sum_{k \in H} \mathrm{DL}_k^\Gamma(v^{Bg}, g_M).$$

由 DL^Γ-值的元组有效性, 得到 f 满足商对策上的元组有效性 (CEQ).

接下来, 令算子 $\varphi^\Gamma : G(M, \mathrm{DL}^\Gamma) \to \overline{G}\left(N, \langle \mathrm{DL}^\Gamma, \{\mathrm{DL}^{B_k}\}_{k \in M} \rangle\right)$ 分配给一个交流限制合作对策 $(w, g') \in G(M, \mathrm{DL}^\Gamma)$, 一个 PG-对策 $(N, v, \Gamma, g_\Gamma) \in \overline{G}(N, \langle \mathrm{DL}^\Gamma, \{\mathrm{DL}^{B_k}\}_{k \in M} \rangle)$ 满足 $v^{Bg} = w$ 和 $g_M = g'$. 对任意 $(w, g') \in G(M, \mathrm{DL}^\Gamma)$ 满足 $\varphi^\Gamma(w, g') = (N, v, \Gamma, g_\Gamma)$, 由 f^Γ 的定义和式 (4.19) 得到:

$$\left(f^\Gamma \circ \varphi^\Gamma\right)_k(w, g') = f_k^\Gamma(N, v, \Gamma, g_\Gamma) = \sum_{i \in B_k} f_i(N, v, \Gamma, g_\Gamma) = \mathrm{DL}_k^\Gamma(v^{Bg}, g_M) \quad \forall k \in M.$$

因此, 由 φ^Γ 知, $\left(f^\Gamma \circ \varphi^\Gamma\right)(w, g') = \mathrm{DL}^\Gamma(w, g')$, 即 $f^\Gamma \circ \varphi^\Gamma$ 满足删除链接公理 (DL^Γ). 类似的可证明, $f^{B_k} \circ \varphi_k^{\mathrm{DL}^\Gamma}$, $k \in M$, 满足删除链接公理 (DL^{B_k}). 证毕.

由定理 4.5 得到计算 $(N, v, \Gamma, g_\Gamma) \in \overline{G}\left(N, \langle \mathrm{DL}^\Gamma, \{\mathrm{DL}^{B_k}\}_{k \in M} \rangle\right)$ 上 $\langle \mathrm{DL}^\Gamma, \{\mathrm{DL}^{B_k}\}_{k \in M} \rangle$-值的一个简单算法.

第一步, 计算商对策 (v^{Bg}, g_M) 上的 DL^Γ-值;

第二步, 对优先联盟 B_k, $k \in M$, 应用 DL_k^Γ-对策 $(v_k^{\mathrm{DL}^\Gamma}, g_{B_k})$ 将优先联盟收益 $\mathrm{DL}_k^\Gamma(v^{Bg}, g_M)$ 分配给联盟中的局中人.

例 4.2　对给定的 PG-对策 (N, v, Γ, g_Γ), $g_\Gamma = \langle g_M, \{g_{B_k}\}_{k \in M} \rangle$, 其中 g_M 是一个线图且 $g_{B_k}(k \in M)$ 是一棵无向树. 假定 $N = \{1, 2, \cdots, 6\}$. 对策 v 定义如下: $v(i) = 0$, $\forall i \in N$; $v(2, 3) = 1$, $v(4, 5) = v(4, 6) = 2.8$, $v(5, 6) = 2.9$; 其它 $v(i, j) = 0$, $i, j \in N$. $v(1, 2, 3) = 2$, $v(1, 2, 3, i) = 3$, $i = 4, 5, 6$; 其它 $v(S) = s$, $\forall S \subseteq N$: $s \geqslant 3$. 它们的 2 级交流限制合作结构如图 4.3 所示:

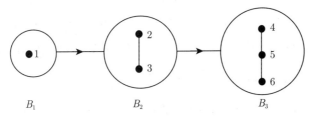

图 4.3　2 级交流合作结构

由图 4.3 知 $\Gamma = \{B_1, B_2, B_3\}$, 其中 $B_1 = \{1\}$, $B_2 = \{2, 3\}$, $B_3 = \{4, 5, 6\}$; $g_{B_1} = \varnothing$, $g_{B_2} = \{(2, 3)\}$, $g_{B_3} = \{(4, 5), (5, 6)\}$; $M = \{1, 2, 3\}$; $g_M = \{\overrightarrow{(1, 2)}, \overrightarrow{(2, 3)}\}$[①]. 限制商对策 (v^{Bg}, g_M):

$$v^{Bg}(1) = 0, v^{Bg}(2) = 1, v^{Bg}(3) = 3, v^{Bg}(1, 2) = 2, v^{Bg}(2, 3) = 5, v^{Bg}(1, 3) =$$
$$v^{Bg}(1) + v^{Bg}(3) = 3, v^{Bg}(1, 2, 3) = 6;$$

优先联盟 B_k, $k = 1, 2, 3$, 上的限制对策 $v_k^{g_{B_k}}$:

$$v_1^{g_{B_1}}(1) = 0; v_2^{g_{B_2}}(2) = v_2^{g_{B_2}}(3) = 0, v_2^{g_{B_2}}(2, 3) = 1; v_3^{g_{B_3}}(4) = v_3^{g_{B_3}}(5) = v_3^{g_{B_3}}(6) = 0,$$
$$v_3^{g_{B_3}}(4, 5) = 2.8, v_3^{g_{B_3}}(4, 6) = 0, v_3^{g_{B_3}}(5, 6) = 2.9, v_3^{g_{B_3}}(4, 5, 6) = 3.$$

由上面的算法知, PG-值 f 可通过先计算线图商对策 (v^{Bg}, g_M) 上的下等价解 LE[②]; 然后再将各优先联盟 B_k ($k = 1, 2, 3$) 上的下等价解 $LE_k(v^{Bg}, g_M)$, 根据各优先联盟上的平均树解 AT 分配给局中人, 即 $f_i(N, v, \Gamma, g_\Gamma) = AT_i(v_{k(i)}^{LE}, g_{B_{k(i)}})$.

---

① 对任意 $i, j \in N$, $\overrightarrow{(i, j)}$ 表示有向弧且 i 是该弧的起点, j 是该弧的终点;

② 下等价解 LE 是 van den Brink 等[109] 提出的线–图上的 3 个元组有效分配指标之一, 具体表达式为:
$$LE_i(N, v, g) = m_i^l(v^g) \quad \forall i \in N$$
其中 l 是局中人集合 $N = \{1, 2, \cdots, n\}$ 上的一个逆序排列, 即 $l(i) = n + 1 - i$, $i \in N$, 且
$$m_i^l(v^g) = v^g(l(1), \cdots, l(i)) - v^g(l(1), \cdots, l(i - 1)).$$

具体计算结果如下所示:

$$LE_1(v^{Bg}, g_M) = v^{Bg}(1,2,3) - v^{Bg}(2,3) = 1, LE_2(v^{Bg}, g_M) = v^{Bg}(2,3) - v^{Bg}(3) = 2,$$

$$LE_2(v^{Bg}, g_M) = v^{Bg}(3) = 3;$$

$$AT_1(v_1^{LE}, g_{B_1}) = LE_1(v^{Bg}, g_M) = 1,$$

$$AT_2(v_2^{LE}, g_{B_2}) = \left(LE_2(v^{Bg}, g_M) - v_2^{g_{B_2}}(3) + v_2^{g_{B_2}}(2)\right)/2 = 1,$$

$$AT_3(v_2^{LE}, g_{B_2}) = \left(LE_2(v^{Bg}, g_M) + v_2^{g_{B_2}}(3) - v_2^{g_{B_2}}(2)\right)/2 = 1,$$

$$AT_4(v_3^{LE}, g_{B_3}) = \left(LE_3(v^{Bg}, g_M) - v_3^{g_{B_3}}(5,6) + v_3^{g_{B_3}}(4) + v_3^{g_{B_3}}(4)\right)/3 = \frac{1}{30},$$

$$AT_5(v_3^{LE}, g_{B_3}) = \left(\left(LE_3(v^{Bg}, g_M) - v_3^{g_{B_3}}(4) - v_3^{g_{B_3}}(6)\right) + \left(v_3^{g_{B_3}}(5,6) - v_3^{g_{B_3}}(6)\right)\right.$$
$$\left. + \left(v_3^{g_{B_3}}(4,5) - v_3^{g_{B_3}}(4)\right)\right)/3 = 2\frac{27}{30},$$

$$AT_6(v_3^{LE}, g_{B_3}) = \left(v_3^{g_{B_3}}(6) + v_3^{g_{B_3}}(6) + \left(LE_3(v^{Bg}, g_M) - v_3^{g_{B_3}}(4,5)\right)\right)/3 = \frac{2}{30}.$$

因此, $f(N, v, \Gamma, g_\Gamma) = \left(1, 1, 1, \dfrac{1}{30}, 2\dfrac{27}{30}, \dfrac{2}{30}\right).$

定理 4.6　若删除链接公理 (DL) 是元组公平分配制度 (CFAR), 从上等价性 (UE), 从下等价性 (LE) 或损失相等性质 (LEP)[①], 则超可加 PG-对策 $(N, v, \Gamma, g_\Gamma) \in \overline{G}\left(N, \langle DL^\Gamma, \{DL^{B_k}\}_{k\in M}\rangle\right)$ 的 $\langle DL^\Gamma, \{DL^{B_k}\}_{k\in M}\rangle$-值属于核心, 即

$$\langle DL^\Gamma, \{DL^{B_k}\}_{k\in M}\rangle (N, v, \Gamma, g_\Gamma) \in C(N, v, \Gamma, g_\Gamma).$$

证明　由文献 [70] 知, 平均树解 AT 对于无环超可加限制交流对策属于核心. 类似的结论对于从上等价, 从下等价和损失相等解[②]同样成立[109]. 对于超可加对

[①] 记 f 是线–图 (N, v, g) 上的解. 称 f 具有从上等价性 (UE), 若对任意 $i \in N$ 和所有 $j = 1, 2, \cdots, i-1$, 有 $f_j(N, v, g/(i, i+1)) = f_j(N, v, g)$; 称 f 具有从下等价性 (LE), 若对任意 $i \in N$ 和所有 $j = i+1, i+2, \cdots, n$, 有 $f_j(N, v, g/(i, i+1)) = f_j(N, v, g)$; 称 f 具有损失相等性质 (LEP), 若对所有 $i = 1, 2, \cdots, n-1$, 有

$$\sum_{j=1}^{i} \left(f_j(N, v, g) - f_j(N, v, g/(i, i+1))\right) = \sum_{j=i+1}^{n} \left(f_j(N, v, g) - f_j(N, v, g/(i, i+1))\right).$$

[②] 从上等价解 UE 是 van den Brink 等[109]提出的线–图上的满足元组有效分配指标之一, 具体表达式为:

$$UE_i(N, v, g) = m_i^u(v^g) \quad \forall i \in N,$$

其中, u 是局中人集合 $N = \{1, 2, \cdots, n\}$ 上的一个顺序排列, 即 $u(i) = i$, $i \in N$, 且 $m_i^u(v^g) = v^g(u(1), \cdots, u(i)) - v^g(u(1), \cdots, u(i-1))$; 损失等价解 SLE 是从上等价解 UE 和注释 2 中从下等价解 LE 的算数平均数:

$$SLE_i(N, v, g) = \frac{m_i^u(v^g) + m_i^l(v^g)}{2} \quad \forall i \in N.$$

策 v, v^{Bg} 和 v^{B_k}, $k \in M$, 也是超可加的. 因此,

$$\mathrm{DL}^{\Gamma}(v^{Bg}, g_M) \in C(v^{Bg}, g_M), \tag{4.20}$$

$$\mathrm{DL}^{B_k}(v^{B_k}, g_{B_k}) \in C(v^{B_k}, g_{B_k}) \quad \forall k \in M, b_k > 1. \tag{4.21}$$

由式 (4.20) 和任意 $B_k \in \Gamma$ 满足 $b_k = 1$ 是链接的, 得到:

$$\mathrm{DL}_k^{\Gamma}(v^{Bg}, g_M) \geqslant v^{Bg}(k) = v_k^{g_{B_k}}(B_k) \quad \forall k \in M, b_k > 1.$$

若 $B_k \in B_k/g_{B_k}$, 则 $v_k^{g_{B_k}} = v^{B_k}$. 由上面不等式和 DL_k^{Γ}-对策 $v_k^{\mathrm{DL}^{\Gamma}}$ 的超可加性得到:

$$\mathrm{DL}^{B_k}(v_k^{\mathrm{DL}^{\Gamma}}, g_{B_k}) \in C(v_k^{\mathrm{DL}^{\Gamma}}, g_{B_k}) \quad \forall k \in M, b_k > 1, B_k \in B_k/g_{B_k}.$$

若 $B_k \notin B_k/g_{B_k}$, 则由核心的定义, 得到: $C(v_k^{\mathrm{DL}^{\Gamma}}, g_{B_k}) = C(v^{B_k}, g_{B_k})$. 由平均树解 AT, 从下等价, 从上等价和损失相等解的定义得到: $\mathrm{DL}^{B_k}(v_k^{\mathrm{DL}^{\Gamma}}, g_{B_k}) = \mathrm{DL}^{B_k}(v^{B_k}, g_{B_k})$. 由式 (4.21) 及上面的等式得到:

$$\mathrm{DL}^{B_k}(v_k^{\mathrm{DL}^{\Gamma}}, g_{B_k}) \in C(v_k^{\mathrm{DL}^{\Gamma}}, g_{B_k}) \quad \forall k \in M, b_k > 1. \tag{4.22}$$

由定理 4.5 中的式 (4.19) 得到:

$$\left\langle \mathrm{DL}^{\Gamma}, \{\mathrm{DL}^{B_k}\}_{k \in M} \right\rangle^{\Gamma}(N, v, \Gamma, g_{\Gamma}) = \left\{ \sum_{i \in B_k} \left\langle \mathrm{DL}^{\Gamma}, \{\mathrm{DL}^{B_k}\}_{k \in M} \right\rangle_i (N, v, \Gamma, g_{\Gamma}) \right\}_{k \in M}$$

是商对策 (v^{Bg}, g_M) 的 DL^{Γ}-值. 由式 (4.20) 得到:

$$\left\langle \mathrm{DL}^{\Gamma}, \{\mathrm{DL}^{B_k}\}_{k \in M} \right\rangle^{\Gamma}(N, v, \Gamma, g_{\Gamma}) \in C(v^{Bg}, g_M). \tag{4.23}$$

此外,

$$\left\langle \mathrm{DL}^{\Gamma}, \{\mathrm{DL}^{B_k}\}_{k \in M} \right\rangle|_{B_k}(N, v, \Gamma, g_{\Gamma}) = \mathrm{DL}^{B_k}(v_k^{\mathrm{DL}^{\Gamma}}, g_{B_k}) \quad \forall k \in M, b_k > 1.$$

由式 (4.22) 得到:

$$\left\langle \mathrm{DL}^{\Gamma}, \{\mathrm{DL}^{B_k}\}_{k \in M} \right\rangle|_{B_k}(N, v, \Gamma, g_{\Gamma}) \in C(v_k^{\mathrm{DL}^{\Gamma}}, g_{B_k}) \quad \forall k \in M, b_k > 1. \tag{4.24}$$

由性质 4.1, 式 (4.23) 和式 (4.24) 得到:

$$\left\langle \mathrm{DL}^{\Gamma}, \{\mathrm{DL}^{B_k}\}_{k \in M} \right\rangle(N, v, \Gamma, g_{\Gamma}) \in C(N, v, \Gamma, g_{\Gamma}).$$

证毕.

4.3　凸几何上具有联盟结构的合作对策

Meng 和 Zhang[110] 探讨了凸几何上具有联盟结构的合作对策, 此类合作对策是对具有联盟结构合作对策和凸几何上合作对策的推广. 对于此类对策, 优先联盟上的合作结构与联盟内部局中人间的合作结构分别形成一个凸几何. 本节将探讨此类合作对策上常见的三个分配指标: 广义 Owen 值, 广义对称 Banzhaf 值和广义联盟比例值.

4.3.1　基本概念

类似于联盟上凸几何的概念, 优先联盟结构 $\Gamma = \{B_1, B_2, \cdots, B_m\}$ 上有关凸几何的概念如下:

定义 4.1　$M = \{1, 2, \cdots, m\}$ 上的集系统 $(M, \mathscr{L}_M)$ 称为一个凸几何, 若其满足如下条件:

(i) $\varnothing \in \mathscr{L}_M$;

(ii) 若 $R, K \in \mathscr{L}_M$, 则 $R \cap K \in \mathscr{L}_M$, 其中 $R, K \subseteq M$;

(iii) 若 $R \in \mathscr{L}_M$ 和 $R \neq M$, 则存在 $l \in M \backslash R$ 满足 $R \cup l \in \mathscr{L}_M$.

R 到 K 的所有最大链记为 $c([R, K])$. 从 $\varnothing$ 到 R 的最大链数记为 $c(R)$. 从 $\varnothing$ 到 R 的所有可比序表示为 $\Delta(R, \mathscr{L}_M)$. 元素 $l \in R \in \mathscr{L}_M$ 称为 R 的一个极点, 若 $R \backslash l \in \mathscr{L}_M$, R 的所有极点记为 exR.

凸几何上具有联盟结构的合作对策指 $M = \{1, 2, \cdots, m\}$ 和每个 $B_k \in \Gamma$ 的可行子集分别形成一个凸几何. 记 $(N, \Gamma, \mathscr{L})$ 为 (N, Γ) 上具有凸几何 $\mathscr{L} = (\mathscr{L}_M, \{\mathscr{L}_{B_k}\}_{k \in M})$ 的交流限制结构. $(N, \Gamma, \mathscr{L})$ 上的所有可行联盟记为 $L(N, \Gamma, \mathscr{L})$, 记 $G(N, \Gamma, \mathscr{L})$ 为 $(N, \Gamma, \mathscr{L})$ 上的所有合作对策.

由凸几何的概念, 对任意 $S \subseteq N$, 其所有子集形成一个凸几何, 同样联盟结构 $\Gamma = \{B_1, B_2, \cdots, B_m\}$ 的所有子集也形成一个凸几何. 由于任何集合的幂集构成一个凸几何, Owen[39] 所介绍的具有联盟结构的合作对策是 $G(N, \Gamma, \mathscr{L})$ 的一种特殊情形.

4.3.2　广义 Owen 值

在探讨广义 Owen 值公理体系之前, 我们先介绍如下符号. 类似于 Faigle 和 Kern[81], 对给定的 $i \in B_k$, $k \in M$, 和一个可比序 $C \in \mathscr{L}_{B_k}$. 令

$$C(i) = \{i \text{ 是 } C \in \mathscr{L}_{B_k} \text{的最后一个元素}\}.$$

记 $S \in \mathscr{L}_{B_k}$, 类似于 Faigle 和 Kern[81] 与 Bilbao 和 Edelman[111], 定义 $S \in \mathscr{L}_{B_k}$ 上

i 的等级性如下:

$$h_S^{B_k}(i) = \frac{|\{C \in \Delta(B_k, \mathscr{L}_{B_k}) : C(i) \cap S = S\}|}{|\Delta(B_k, \mathscr{L}_{B_k})|},$$

其中, $h_S^{B_k}(i)$ 表示 $\mathscr{L}_{B_k}$ 的可比序列的平均数. 注意到: $h_S^{B_k}(i) \neq 0$ 当且仅当 $i \in exS$.

类似地, 定义 $R \in \mathscr{L}_M$ 上 l 的等级性如下:

$$h_R^M(l) = \frac{|\{C \in \Delta(M, \mathscr{L}_M) : C(l) \cap R = R\}|}{|\Delta(M, \mathscr{L}_M)|},$$

其中, $C(l) = \{l$ 是 $C \in \mathscr{L}_M$ 的最后一个元素$\}$.

例 4.3 记 $B_k = \{1, 2, 3, 4\}$, $\mathscr{L}_{B_k} = \{\varnothing, \{1\}, \{2\}, \{1, 2\}, \{2, 3\}, \{1, 3\}, \{1, 2, 3\}, \{2, 3, 4\}, B_k\}$ 和 $S = \{2, 3\}$. 由于 $\Delta(B_k, \mathscr{L}_{B_k}) = \{\{\varnothing, \{1\}, \{1, 2\}, \{1, 2, 3\}, B_k\}, \{\varnothing, \{1\}, \{1, 3\}, \{1, 2, 3\}, B_k\}, \{\varnothing, \{2\}, \{1, 2\}, \{1, 2, 3\}, B_k\}, \{\varnothing, \{2\}, \{2, 3\}, \{1, 2, 3\}, B_k\}, \{\varnothing, \{2\}, \{2, 3\}, \{2, 3, 4\}, B_k\}\}$, 得到 $h_S^{B_k}(3) = 4/5$ 和 $h_S^{B_k}(2) = 1/5$.

例 4.4 记 $N = \{1, 2, 3, 4, 5\}$. $\Gamma = \{B_1, B_2, B_3\}$ 是 N 上的一个联盟结构, 其中 $B_1 = \{1, 2\}$, $B_2 = \{3, 4\}$ 和 $B_3 = \{5\}$. 若 $\mathscr{L}_M = \{\varnothing, \{1\}, \{2\}, \{1, 2\}, \{1, 3\}, \{2, 3\}, \{1, 2, 3\}\}$ 和 $R = \{1, 3\}$, 得到: $h_R^M(1) = 1/4$ 和 $h_R^M(3) = 3/4$.

定义 4.2 记 $v \in G(N, \Gamma, \mathscr{L})$. $T \in L(N, \Gamma, \mathscr{L})$ 称为 v 的一个支撑, 若对任意 $S \in L(N, \Gamma, \mathscr{L})$, 有 $v(S \cap T) = v(S)$.

定义 4.3 记 $v \in G(N, \Gamma, \mathscr{L})$. v 称为凸的, 若 $v(S) + v(T) \leqslant v(S \cup T) + v(S \cap T)$ 对所有 $S, T \in L(N, \Gamma, \mathscr{L})$ 满足 $S \cup T \in L(N, \Gamma, \mathscr{L})$ 成立.

定义 4.4 记 $v \in G(N, \Gamma, \mathscr{L})$. v 的核心 $C(N, v, \Gamma, \mathscr{L})$ 表示为:

$$C(N, v, \Gamma, \mathscr{L}) = \{x \in \mathrm{R}_+^n \mid \sum_{i \in N} x_i = v(N), \sum_{i \in S} x_i \geqslant v(S), \forall S \in \mathscr{L}(N, \Gamma, \mathscr{L})\}.$$

对 $v \in G(N, \Gamma, \mathscr{L})$, 定义如下广义 Owen 值:

$$GO_i(N, v, \Gamma, \mathscr{L}) = \sum_{k \in exR, R \in \mathscr{L}_M} \sum_{i \in exS, S \in \mathscr{L}_{B_k}} \frac{c(R \setminus k) c([R, M])}{c(M)} \frac{c(S \setminus i) c([S, B_k])}{c(B_k)}$$
$$(v(Q \cup S) - v((Q \cup S) \setminus i)) \quad \forall i \in N, \tag{4.25}$$

其中, $Q = \bigcup_{l \in R \setminus k} B_l$.

对任意 $T \in L(N, \Gamma, \mathscr{L})$, 定义一致对策 u_T 如 $u_T(S) = \begin{cases} 1 & T \subseteq S \\ 0 & \text{否则} \end{cases}$. 接下来, 探讨式 (4.25) 的公理体系. 类似于 Owen[39] 与 Bilbao 和 Edelman[111], 提出 $G(N, \Gamma, \mathscr{L})$ 上解 f 的如下性质:

线性性质 (L): 记 $v_1, v_2 \in G(N, \Gamma, \mathscr{L})$ 和任意 $\alpha, \beta \in \mathrm{R}$, 有

$$f(N, \alpha v_1 + \beta v_2, \Gamma, \mathscr{L}) = \alpha f(N, v_1, \Gamma, \mathscr{L}) + \beta f(N, v_2, \Gamma, \mathscr{L}).$$

凸有效性 (CEFF): 记 $v \in G(N, \Gamma, \mathscr{L})$. 若 $T \in L(N, \Gamma, \mathscr{L})$ 是 v 的一个支撑, 则

$$v(T) = \sum_{i \in T} f_i(N, v, \Gamma, \mathscr{L}).$$

联盟内的等级性 (HSC): 记 $v \in G(N, \Gamma, \mathscr{L})$. 对任意 $T \in L(N, \Gamma, \mathscr{L})$, 不失一般性, 假定 $T = S \bigcup_{\substack{l \in H \backslash k, \\ k \in exH, H \in \mathscr{L}_M}} B_l$ 满足 $\varnothing \neq S \in \mathscr{L}_{B_k}$. 对任意 $i, j \in S$, 有

$$h_S^{B_k}(j) f_i(N, u_T, \Gamma, \mathscr{L}) = h_S^{B_k}(i) f_j(N, u_T, \Gamma, \mathscr{L}).$$

联盟间的等级性 (HSU): 令 $v \in G(N, \Gamma, \mathscr{L})$ 和任意 $T \in L(N, \Gamma, \mathscr{L})$. 对任意 $k, p \in H$, 有

$$h_H^M(k) \sum_{j \in B_p} f_j(N, u_T, \Gamma, \mathscr{L}) = h_H^M(p) \sum_{i \in B_k} f_i(N, u_T, \Gamma, \mathscr{L}),$$

其中, $T = S \bigcup_{\substack{l \in H \backslash k, \\ k \in exH, H \in \mathscr{L}_M}} B_l$.

定理 4.7 定义在 $G(N, \Gamma, \mathscr{L})$ 上满足线性性质 (L), 凸有效性 (CEFF), 联盟内的等级性 (HSC) 和联盟间的等级性 (HSU) 的解 f 是唯一的.

证明 存在性. 由 (4.25), 易知线性性质 (L) 成立; 由定义 4.2 和式 (4.25) 知, 对任意 $i \in N \backslash T$, $GO_i(N, v, \Gamma, \mathscr{L}) = 0$. 当 $i \in T$, 令 $v^Q(S) = v(Q \cup S) - v(Q)$. 对任意 $S \in L_{B_k}$, 有

$$\sum_{i \in T} GO_i(N, v, \Gamma, \mathscr{L})$$
$$= \sum_{i \in N} GO_i(N, v, \Gamma, \mathscr{L})$$
$$= \sum_{i \in N} \sum_{k \in exR, R \in \mathscr{L}_M} \sum_{i \in exS, S \in \mathscr{L}_{B_k}} \frac{c(R \backslash k) c([R, M])}{c(M)} \frac{c(S \backslash i) c([S, B_k])}{c(B_k)}$$
$$(v(Q \cup S) - v((Q \cup S) \backslash i))$$
$$= \sum_{i \in N} \sum_{k \in exR, R \in \mathscr{L}_M} \sum_{i \in exS, S \in \mathscr{L}_{B_k}} \frac{c(R \backslash k) c([R, M])}{c(M)} \frac{c(S \backslash i) c([S, B_k])}{c(B_k)}$$
$$(v^Q(S) - v^Q(S \backslash i))$$
$$= \sum_{k \in M} \sum_{k \in exR, R \in \mathscr{L}_M} \frac{c(R \backslash k) c([R, M])}{c(M)} \sum_{i \in B_k} \sum_{i \in exS, S \in \mathscr{L}_{B_k}} \frac{c(S \backslash i) c([S, B_k])}{c(B_k)}$$
$$(v^Q(S) - v^Q(S \backslash i))$$
$$= \sum_{k \in M} \sum_{k \in exR, R \in \mathscr{L}_M} \frac{c(R \backslash i) c([R, M])}{c(M)} v^Q(B_k)$$

$$\begin{aligned}
&= \sum_{k \in M} \sum_{k \in exR, R \in \mathscr{L}_M} \frac{c(R \backslash k) c([R, M])}{c(M)} (v^B(R) - v^B(R \backslash k)) \\
&= v^B(M) = v(N) = v(T).
\end{aligned}$$

因此, 凸有效性 (CEFF) 成立;

联盟内的等级性 (HSC): 若 $i \notin exS$, 则 $\varphi_i(N, u_T, \Gamma, \mathscr{L}) = 0$. 由于 $h_S^{B_k}(i) = 0$, 得到联盟内的等级性 (HSC). 因此, 当 $i \notin exS$ 或 $j \notin exS$ 时, 联盟内的等级性 (HSC) 成立. 当 $i, j \in exS$, 得到:

$$\begin{aligned}
&GO_i(N, u_T, \Gamma, \mathscr{L}) \\
&= \sum_{k \in exR, R \in \mathscr{L}_M} \sum_{i \in exW, W \in \mathscr{L}_{B_k}} \frac{c(R \backslash k) c([R, M])}{c(M)} \frac{c(W \backslash i) c([W, B_k])}{c(B_k)} \\
&\quad (u_T(Q \cup W) - u_T((Q \cup W) \backslash i)) \\
&= \sum_{k \in exR, H \subseteq R \in \mathscr{L}_M} \frac{c(R \backslash k) c([R, M])}{c(M)} \sum_{i \in exW, S \subseteq W \in \mathscr{L}_{B_k}} \frac{c(W \backslash i) c([W, B_k])}{c(B_k)} \\
&= \sum_{k \in exR, H \subseteq R \in \mathscr{L}_M} \frac{c(R \backslash k) c([R, M])}{c(M)} \\
&\quad \left(\frac{1}{c(B_k)} \sum_{i \in exW, S \subseteq W \in \mathscr{L}_{B_k}} |\{C \in \Delta(B_k, \mathscr{L}_{B_k}) : C(i) \cap W = W\}| \right) \\
&= \frac{|\{C \in \Delta(B_k, \mathscr{L}_{B_k}) : C(i) \cap S = S\}|}{c(B_k)} \sum_{k \in exR, H \subseteq R \in \mathscr{L}_M} \frac{c(R \backslash k) c([R, M])}{c(M)} \\
&= \frac{|\{C \in \Delta(B_k, \mathscr{L}_{B_k}) : C(i) \cap S = S\}|}{c(B_k)} \\
&\quad \left(\frac{1}{c(M)} \sum_{k \in exR, H \subseteq R \in \mathscr{L}_M} |\{C \in \Delta(M, \mathscr{L}_M) : C(k) \cap R = R\}| \right) \\
&= h_S^{B_k}(i) \frac{|\{C \in \Delta(M, \mathscr{L}_M) : C(k) \cap H = H\}|}{c(M)} \\
&= h_S^{B_k}(i) h_H^M(k).
\end{aligned}$$

类似地, 有 $GO_j(N, u_T, \Gamma, \mathscr{L}) = h_S^{B_k}(j) h_H^M(k)$. 因此, 联盟内的等级性 (HSC) 成立;

类似于联盟内的等级性 (HSC), 当 $k \notin exH$ 或 $p \notin exH$ 时, 联盟间的等级性 (HSU) 成立. 当 $k, p \in exH$, 得到:

$$\sum_{i \in B_k} GO_i(N, u_T, \Gamma, \mathscr{L})$$

$$
= \sum_{i \in B_k} \sum_{k \in exR, R \in \mathscr{L}_M} \frac{c(R \backslash k) c([R, M])}{c(M)} \sum_{i \in exW, W \in \mathscr{L}_{B_k}}
$$

$$
\frac{c(W \backslash i) c([W, B_k])}{c(B_k)} (u_T(Q \cup W) - u_T((Q \cup W) \backslash i))
$$

$$
= \sum_{k \in exR, H \subseteq R \in \mathscr{L}_M} \frac{c(R \backslash k) c([R, M])}{c(M)} \sum_{i \in B_k} \sum_{i \in exW, S \subseteq W \in \mathscr{L}_{B_k}} \frac{c(W \backslash i) c([W, B_k])}{c(B_k)}
$$

$$
= \sum_{k \in exR, H \subseteq R \in \mathscr{L}_M} \frac{c(R \backslash k) c([R, M])}{c(M)} \sum_{i \in B_k} h_S^{B_k}(i)
$$

$$
= h_H^M(k).
$$

类似地, 得到: $\sum_{j \in B_p} GO_j(N, u_T, \Gamma, \mathscr{L}) = h_H^M(p)$. 因此, 联盟间的等级性 (HSU) 成立;

唯一性. 对任意 $v \in G(N, \Gamma, \mathscr{L})$, 首先证明 v 可被表示为

$$
v = \sum_{\varnothing \neq T \in L(N, \Gamma, \mathscr{L})} c_T u_T, \tag{4.26}
$$

其中, $c_T = \sum_{k \in exR, H = H' \cup k, H' \subseteq [R \backslash exR, R \backslash k]} (-1)^{r-h} \left(\sum_{A \subseteq [C \backslash exC, C]} (-1)^{c-a} v(A \cup Q) \right)$, r 和 h 分别表示 R 和 H 的势指标, $Q = \bigcup_{l \in H'} B_l$ 和 $T = C \bigcup_{\substack{l \in R \backslash k, \\ k \in exR, R \in \mathscr{L}_M}} B_l$ 满足 $\varnothing \neq C \in \mathscr{L}_{B_k}$.

对任意 $S \in L(N, \Gamma, \mathscr{L})$, 不失一般性, 假定 $S = D \bigcup_{l \in P \backslash k, k \in exP, P \in L_M} B_l$, 其中 $\varnothing \neq D \in \mathscr{L}_{B_k}$.

$$
\left(\sum_{\varnothing \neq T \in L(N, \Gamma, \mathscr{L})} c_T u_T \right) (S)
$$

$$
= \sum_{\varnothing \neq T \in L(N, \Gamma, \mathscr{L})} c_T u_T(S)
$$

$$
= \sum_{\varnothing \neq T \in L(N, \Gamma, \mathscr{L}), T \subseteq S} c_T
$$

$$
= \sum_{\varnothing \neq T \in L(N, \Gamma, \mathscr{L}), T \subseteq S}
$$

$$
\left(\sum_{k \in exR, H = H' \cup k, H' \subseteq [R \backslash exR, R \backslash k]} (-1)^{r-h} \left(\sum_{A \subseteq [C \backslash exC, C]} (-1)^{c-a} v(A \cup Q) \right) \right)
$$

$$
= \sum_{R \in \mathscr{L}_M, R \subseteq P} \sum_{k \in exR, H = H' \cup k, H' \subseteq [R \backslash exR, R \backslash k]} (-1)^{r-h}
$$

$$\left(\sum_{C \in L_{B_k}, C \subseteq D} \sum_{A \subseteq [C \setminus exC, C]} (-1)^{c-a} v(A \cup Q) \right).$$

由格上莫比乌斯函数的性质, 得到:

$$\left(\sum_{\varnothing \neq T \in L(N, \Gamma, \mathscr{L})} c_T u_T \right)(S)$$

$$= \sum_{R \in \mathscr{L}_M, R \subseteq P} \sum_{k \in exR, H = H' \cup k, H' \subseteq [R \setminus exR, R \setminus k]} (-1)^{r-h} v(D \cup Q)$$

$$= v(S).$$

因此, 式 (4.26) 成立.

由线性性质 (L), 只需证明式 (4.25) 在 u_T 上对任意 $T \in L(N, \Gamma, \mathscr{L}) \setminus \varnothing$ 是唯一的. 令 $M' = \{k \in M : B_k \cap T \neq \varnothing\}$ 和 $B_k' = B_k \cap T, k \in M$, 定义 Γ 上的一致商对策 u_T^B 如下:

$$u_T^B(R) = \begin{cases} 1 & M' \subseteq R, \\ 0 & 否则, \end{cases}$$

其中, $R \subseteq M$.

令 f 是 $(N, u_T, \Gamma, \mathscr{L})$ 上满足如上公理的解. 由凸有效性 (CEFF) 和联盟间的等级性 (HSU), 得到:

$$\sum_{i \in B_k} f_i(N, u_T, \Gamma, \mathscr{L}) = \begin{cases} h_{M'}^M(k) & k \in exM', \\ 0 & 否则. \end{cases}$$

对任意 $k \subseteq M'$, 由联盟内的等级性 (HSC), 得到:

$$h_{B_k'}^{B_k}(j) f_i(N, u_T, \Gamma, \mathscr{L}) = h_{B_k'}^{B_k}(i) f_j(N, u_T, \Gamma, \mathscr{L}).$$

由于 $\sum_{i \in B_k'} h_{B_k'}^{B_k}(i) = 1$, 由联盟内的等级性 (HSC) 和凸有效性 (CEFF), 得到:

$$f_i(N, u_T, \Gamma, \mathscr{L}) = \begin{cases} h_{M'}^M(k) h_{B_k'}^{B_k}(i) & i \in exB_k', \\ 0 & 否则. \end{cases}$$

另一方面, 式 (4.25), 得到:

$$GO_i(N, u_T, \Gamma, \mathscr{L}) = \begin{cases} h_{M'}^M(k) h_{B_k'}^{B_k}(i) & i \in exB_k', \\ 0 & 否则. \end{cases}$$

因此, f 和 GO 在 u_T 上相等. 证毕.

类似于 Owen 值, 关于式 (4.25) 有不同的公理体系来证明其存在唯一性. 一般来说, 有两类公理体系. 一类是用线性性质或可加性; 一类是用强单调性或边际贡献性.

定理 4.8   记 $v \in G(N, \Gamma, \mathscr{L})$. 若 v 是凸的, 则由式 (4.25) 定义的向量 $(GO_i(N, v, \Gamma, \mathscr{L}))_{i \in N}$ 是 $C(N, v, \Gamma, \mathscr{L})$ 中的一个元素. 即 $(GO_i(N, v, \Gamma, \mathscr{L}))_{i \in N} \in C(N, v, \Gamma, \mathscr{L})$.

证明   类似于 Shapley[14], 我们给出如下证明.

不失一般性, 假定 $C = \{\varnothing, \{k_1\}, \{k_1, k_2\}, \{k_1, k_2, \cdots, k_{m-1}\}, M\} \in \Delta(M, \mathscr{L}_M)$ 和 $C = \{\varnothing, \{i_1^{k_l}\}, \{i_1^{k_l}, i_2^{k_l}\}, \cdots, \{i_1^{k_l}, i_2^{k_l}, \cdots, i_{b_{k_l}}^{k_l}\}\} \in \Delta(B_{k_l}, \mathscr{L}_{B_{k_l}}), l \in M.$ 令

$$x_1 = v(i_1^{k_1}),$$
$$x_2 = v(i_1^{k_1}, i_2^{k_1}) - v(i_1^{k_1}),$$
$$\cdots$$
$$x_{b_{k_1}} = v(B_{k_1}) - v(B_{k_1} \backslash i_{b_{k_1}}^{k_1}),$$
$$x_{b_{k_1}+1} = v(B_{k_1} \cup i_1^{k_2}) - v(B_{k_1}),$$
$$\cdots$$
$$x_n = v(N) - v(N \backslash i_{b_{k_m}}^{k_m}).$$

不难证明 $(x_i)_{i \in N} \in C(N, v, \Gamma, \mathscr{L})$. 由式 (4.25), 得到 $(GO_i(N, v, \Gamma, \mathscr{L}))_{i \in N}$ 是 $C(N, v, \Gamma, \mathscr{L})$ 上 $c(M) \sum_{k \in M} c(B_k)!$ 个元素的凸组合. 由于 $C(N, v, \Gamma, \mathscr{L})$ 是一个凸集, 得到 $(GO_i(N, v, \Gamma, \mathscr{L}))_{i \in N} \in C(N, v, \Gamma, \mathscr{L})$. 证毕.

例 4.5   在一个公司中, 有 5 个工人合作完成一项任务. 令 $N = \{1, 2, 3, 4, 5\}$ 分别表示这 5 个工人. 对任意 $S \subseteq N$, $v(S)$ 表示由 S 中工人在单位时间内创造的产值 (元). 例如, $v(1) = 3$ 表示工人 1 单位时间创造的价值为 3 元. 由于他们的技术水平和工序不同, 这 5 个工人分成了两组 $B_1 = \{1, 2, 3\}$ 和 $B_2 = \{4, 5\}$. 相应联盟的产值如表 4.3 所示.

表 4.3   相应联盟的产值

S	$v(S)$	S	$v(S)$	S	$v(S)$	S	$v(S)$
$\{1\}$	3	$\{1, 2\}$	10	$\{1, 4, 5\}$	20	$\{2, 3, 4, 5\}$	35
$\{2\}$	4	$\{1, 3\}$	8	$\{2, 4, 5\}$	20	$\{1, 2, 3, 4\}$	25
$\{3\}$	2	$\{2, 3\}$	12	$\{3, 4, 5\}$	22	$\{1, 2, 3, 5\}$	32
$\{4\}$	5	$\{4, 5\}$	15	$\{1, 2, 4, 5\}$	30	$\{1, 2, 3, 4, 5\}$	40
$\{5\}$	3	$\{1, 2, 3\}$	18	$\{1, 3, 4, 5\}$	30		

若联盟 B_1 和 B_2 间有序关系, 联盟 B_1 和 B_2 中的局中人间也有序关系. 即后面的工人只有当前面的工人完成他们的工作后才能执行自己的工作.

根据工人的工作特性和技术水平, B_1, B_2 和 M 上的可行联盟分别形成一个凸几何, 记为 $\mathscr{L}_{B_1}=\{\varnothing, \{1\}, \{2\}, \{1,2\}, \{2,3\}, \{1,2,3\}\}$, $\mathscr{L}_{B_2} = \{\varnothing, \{4\}, \{4,5\}\}$ 和 $\mathscr{L}_M = \{\varnothing, \{1\}, \{1,2\}\}$.

由上面所给定义知 $v \in G(N, \Gamma, \mathscr{L})$, 其中 $\Gamma = \{B_1, B_2\}$ 和 $M = \{1,2\}$. 由 $\mathscr{L}_M$, 得到: B_2 中的工人只有当 B_1 中的工人完成了他们的工作后才能执行自己的工作. 由式 (4.25), 得到工人的广义 Owen 值如下:

$$GO_1(N, v, \Gamma, \mathscr{L}) = 5, GO_2(N, v, \Gamma, \mathscr{L}) = 5, GO_3(N, v, \Gamma, \mathscr{L}) = 8,$$
$$GO_4(N, v, \Gamma, \mathscr{L}) = 7, GO_5(N, v, \Gamma, \mathscr{L}) = 15.$$

由 $v \in G(N, \Gamma, \mathscr{L})$ 的凸性, 得到 $(GO_i(N, v, \Gamma, \mathscr{L}))_{i \in N}$ 是核心中的一个元素.

4.3.3　广义对称联盟 Banzhaf 值

类似于 Biblao 等的研究成果[84], 记 $\xi_k = |\{H \in \mathscr{L}_M : k \in exH\}|$ 且 $\xi_k(R) = |\{H \in \mathscr{L}_M : k \in exH, R \subseteq H\}|$. 例如: 记局中人集合 $N = \{1,2,3,4,5,6\}$, $\Gamma = \{B_1, B_2, B_3\}$ 是 N 上的一个联盟结构, 其中 $B_1=\{1,2,3\}$, $B_2=\{4,5\}$ 和 $B_3=\{6\}$. 若 $\mathscr{L}_{B_1} = \{\varnothing, \{1\}, \{2\}, \{1,2\}, \{1,3\}, \{2,3\}, \{1,2,3\}\}$ 和 $S=\{1,3\}$, 则 $h_S^{B_1}(1) = 1/4$, $h_S^{B_1}(2) = 0$ 且 $h_S^{B_1}(3) = 3/4$. 此外, 若 $\mathscr{L}_M = \{\varnothing, \{1\}, \{1,2\}, \{1,3\}, \{1,2,3\}\}$ 且 $H=\{1,3\}$, 则 $\xi_1 = 1$, $\xi_2 = \xi_3 = 2$, $\xi_1(H) = 0$, $\xi_2(H) = 1$ 和 $\xi_3(H) = 2$.

类似于凸几何上具有联盟结构的广义 Owen 值, Meng 等 [112] 定义了广义对称联盟 Banzhaf 值如下所示:

$$\begin{aligned} GB_i(N, v, \Gamma, L) &= \sum_{k \in exR, R \in \mathscr{L}_M} \sum_{i \in exS, S \in \mathscr{L}_{B_k}} \frac{1}{\xi_k} \frac{c(S \backslash i) c([S, B_k])}{c(B_k)} \\ &\quad (v(Q \cup S) - v((Q \cup S) \backslash i)) \quad \forall i \in N, \end{aligned} \tag{4.27}$$

其中, $Q = \bigcup_{l \in R \backslash k} B_l$.

记 $v \in G(N, \Gamma, \mathscr{L})$ 和 $i \in N$. i 称为 $L(N, \Gamma, \mathscr{L})$ 上关于 v 的一个零元, 若对任意 $T \in L(N, \Gamma, \mathscr{L})$ 满足 $i \in exT$, 得到 $v(T \backslash i) = v(T)$.

零元性 (GNP): 记 $f : G(N, \Gamma, \mathscr{L}) \to \mathbf{R}^n$, 若 i 为 $L(N, \Gamma, \mathscr{L})$ 上关于 $v \in G(N, \Gamma, \mathscr{L})$ 的一个零元, 则 $f_i(N, v, \Gamma, \mathscr{L}) = 0$;

联盟结构上的强等级性-2(HSU2): 记 $f : G(N, \Gamma, \mathscr{L}) \to \mathbf{R}^n$, 有

$$\frac{\xi_k(H)}{\xi_k} \sum_{j \in B_p} f_j(N, u_T, \Gamma, \mathscr{L}) = \frac{\xi_p(H)}{\xi_p} \sum_{i \in B_k} f_i(N, u_T, \Gamma, \mathscr{L}),$$

其中, $k, p \in H \in \mathscr{L}_M$.

拟联盟上的全幂性 (QSP): 记 $f: G(N, \Gamma, \mathscr{L}) \to \mathbf{R}^n$, 有

$$\sum_{i \in N} f_i(N, v, \Gamma, \mathscr{L}) = \sum_{k \in M} \sum_{R \in \mathscr{L}_M, k \in exR} \frac{1}{\xi_k} (v^B(R) - v^B(R \backslash k)).$$

定理 4.9　令 f 是 $G(N, \Gamma, \mathscr{L})$ 上的一个联盟值. f 满足线性性质 (L), 零元性 (GNP), 联盟内的强等级性 (HSC), 联盟结构上的强等级性-2(HSU-2) 和拟联盟上的全幂性 (QSP) 当且仅当 f 是 $G(N, \Gamma, \mathscr{L})$ 上的广义对称联盟 Banzhaf 值, 即 $f = GB$.

证明　由式 (4.27) 易知, GB 满足线性性质 (L), 零元性 (GUP) 和联盟内的强等级性 (HSC); 联盟结构上的强等级性-2(HSU2): 由联盟内的强等级性 (HSC) 知, 当 $k \notin exH$ 或 $p \notin exH$ 时, 联盟结构上的强等级性-2(HSU2) 成立. 当 $k, p \in exH$, 得到:

$$\sum_{i \in B_k} GB_i(N, u_T, \Gamma, \mathscr{L})$$

$$= \sum_{i \in B_k} \sum_{k \in exR, R \in \mathscr{L}_M} \frac{1}{\xi_k} \sum_{i \in exW, W \in \mathscr{L}_{B_k}} \frac{c(W \backslash i) c([W, B_k])}{c(B_k)} (u_T(Q \cup W) - u_T((Q \cup W) \backslash i))$$

$$= \sum_{k \in exR, H \subseteq R \in \mathscr{L}_M} \frac{1}{\xi_k} \sum_{i \in B_k} \sum_{i \in exW, S \subseteq W \in \mathscr{L}_{B_k}} \frac{c(W \backslash i) c([W, B_k])}{c(B_k)}$$

$$= \sum_{k \in exR, H \subseteq R \in \mathscr{L}_M} \frac{1}{\xi_k} \sum_{i \in B_k} h_S^{B_k}(i)$$

$$= \frac{\xi_k(H)}{\xi_k}.$$

类似地, 得到 $\sum_{j \in B_p} GB_j(N, u_T, \Gamma, \mathscr{L}) = \dfrac{\xi_p(H)}{\xi_p}$. 故结论成立.

拟联盟上的全幂性 (QSP): 由式 (4.27) 有

$$\sum_{i \in N} GB_i(N, v, \Gamma, \mathscr{L})$$

$$= \sum_{i \in N} \sum_{k \in exR, R \in \mathscr{L}_M} \sum_{i \in exS, S \in \mathscr{L}_{B_k}} \frac{1}{\xi_k} \frac{c(S \backslash i) c([S, B_k])}{c(B_k)} (v(Q \cup S) - v((Q \cup S) \backslash i))$$

$$= \sum_{k \in M} \sum_{k \in exR, R \in \mathscr{L}_M} \sum_{i \in B_k} \sum_{i \in exS, S \in \mathscr{L}B_k} \frac{1}{\xi_k} \frac{c(S \backslash i) c([S, B_k])}{c(B_k)} (v(Q \cup S) - v((Q \cup S) \backslash i))$$

$$= \sum_{k \in M} \sum_{k \in exR, R \in \mathscr{L}_M} \frac{1}{\xi_k} \sum_{i \in B_k} \sum_{i \in exS, S \in \mathscr{L}B_k} \frac{c(S \backslash i) c([S, B_k])}{c(B_k)} (v^Q(S) - v^Q(S \backslash i))$$

$$= \sum_{k \in M} \sum_{k \in exR, R \in \mathscr{L}_M} \frac{1}{\xi_k} v^Q(B_k)$$

$$= \sum_{k \in M} \sum_{k \in exR, R \in \mathscr{L}_M} \frac{1}{\xi_k} (v^B(R) - v^B(R \backslash k)),$$

其中, $v^Q(S) = v(Q \cup S) - v(Q)$ 满足 $S \in L_{B_k}$.

唯一性. 由定理 4.7 的唯一性证明和线性性质 (L), 只需证明式 (4.27) 在一致对策上的唯一性即可. 对任意 $T \in L(N, \Gamma, \mathscr{L}) \backslash \varnothing$, 定义一致对策 u_T. 记 $M' = \{k \in M : B_k \cap T \neq \varnothing\}$ 和 $B'_k = B_k \cap T$, 其中 $k \in M$. 定义 Γ 上的一致商对策 u_T^B 如下所示:

$$u_T^B(R) = \begin{cases} 1 & M' \subseteq R, \\ 0 & 否则, \end{cases}$$

其中, $R \subseteq M$.

令 f 是 $(N, u_T, \Gamma, \mathscr{L})$ 上满足上述公理的一个联盟解. 由零元性 (GNP), 对任意 $i \notin T$ 得到: $f_i(N, u_T, \Gamma, \mathscr{L}) = 0$. 由拟联盟上的全幂性 (QSP) 得到:

$$\begin{aligned} \sum_{i \in N} f_i(N, u_T, \Gamma, \mathscr{L}) &= \sum_{k \in M} \sum_{R \in \mathscr{L}_M, k \in exR} \frac{1}{\xi_k} (u_T^B(R) - u_T^B(R \backslash k)) \\ &= \sum_{k \in M} \sum_{M' \subseteq R \in \mathscr{L}_M, k \in exR} \frac{1}{\xi_k} (u_T^B(R) - u_T^B(R \backslash k)) \\ &= \sum_{k \in M} \frac{\xi_k(M')}{\xi_k} \\ &= \sum_{k \in exM'} \frac{\xi_k(M')}{\xi_k}. \end{aligned} \tag{4.28}$$

由联盟结构上的强等级性-2(HSU2) 得到:

$$\sum_{i \in B_k} f_i(N, u_T, \Gamma, \mathscr{L}) = \frac{\xi_k(M')}{\xi_k} \sum_{j \in B_p} f_j(N, u_T, \Gamma, \mathscr{L}) \bigg/ \frac{\xi_p(M')}{\xi_p},$$

其中, $p \in exM'$.

因此,

$$\begin{aligned} \sum_{i \in N} f_i(N, u_T, \Gamma, \mathscr{L}) &= \sum_{k \in M} \sum_{i \in B_k} f_i(N, u_T, \Gamma, \mathscr{L}) \\ &= \sum_{k \in M} \frac{\xi_k(M')}{\xi_k} \sum_{j \in B_p} f_j(N, u_T, \Gamma, \mathscr{L}) \bigg/ \frac{\xi_p(M')}{\xi_p} \end{aligned}$$

$$= \frac{\sum\limits_{j \in B_p} f_j(N, u_T, \Gamma, \mathscr{L})}{\dfrac{\xi_p(M')}{\xi_p}} \sum_{k \in exM'} \frac{\xi_k(M')}{\xi_k},$$

其中, $p \in exM'$.

由式 (4.28) 得到:

$$\sum_{j \in B_p} f_j(N, u_T, \Gamma, \mathscr{L}) = \begin{cases} \dfrac{\xi_p(M')}{\xi_p} & p \in exM', \\ 0 & \text{否则}. \end{cases}$$

由联盟内的强等级性 (HSC) 得到:

$$f_j(N, u_T, \Gamma, \mathscr{L}) = \begin{cases} \dfrac{h^{B_k}_{B'_k}(j)}{h^{B_k}_{B'_k}(i)} f_i(N, u_T, \Gamma, \mathscr{L}) & i, j \in exB'_k, \\ 0 & \text{否则}. \end{cases}$$

固定 $i \in exS$, 得到:

$$\begin{aligned}
\frac{\xi_k(M')}{\xi_k} &= \sum_{j \in B_k} f_j(N, u_T, \Gamma, \mathscr{L}) \\
&= \sum_{j \in B_k \setminus i} \frac{h^{B_k}_{B'_k}(j)}{h^{B_k}_{B'_k}(i)} f_i(N, u_T, \Gamma, \mathscr{L}) + f_i(N, u_T, \Gamma, \mathscr{L}) \\
&= \frac{\sum\limits_{j \in B_k} h^{B_k}_{B'_k}(j)}{h^{B_k}_{B'_k}(i)} f_i(N, u_T, \Gamma, \mathscr{L}).
\end{aligned}$$

由 $\sum\limits_{j \in B_k} h^{B_k}_{B'_k}(j) = 1$, 得到:

$$f_i(N, u_T, \Gamma, \mathscr{L}) = h^{B_k}_{B'_k}(i) \frac{\xi_k(M')}{\xi_k} \quad \forall i \in exB'_k.$$

另一方面, 由式 (4.27) 得到:

$$\varphi_i(N, u_T, \Gamma, \mathscr{L}) = \begin{cases} h^{B_k}_S(i) \dfrac{\xi_k(M')}{\xi_k} & i \in exB'_k, \\ 0 & \text{否则} \end{cases}$$

因此, f 和 GB 在 u_T 上是相等的. 证毕.

例 4.6 令局中人集合 $N = \{1, 2, 3, 4, 5\}$, $\Gamma = \{B_1, B_2\}$ 是 N 上的一个联盟结构, 其中 $B_1 = \{1, 2, 3\}$, $B_2 = \{4, 5\}$. 联盟结构 Γ 上的凸几何 $\mathscr{L}_M =$

$\{\varnothing, \{1\}, \{1,2\}\}$, 各联盟上的凸几何分别为 $\mathscr{L}_{B_1} = \{\varnothing, \{1\}, \{1,2\}, \{1,3\}, \{1,2,3\}\}$ 和 $\mathscr{L}_{B_2} = \{\varnothing, \{5\}, \{4,5\}\}$. 则这是一个凸几何上具有联盟结构的合作对策, 即 $v \in G(N, \Gamma, \mathscr{L})$. 相应联盟的联盟值如表 4.4 所示.

表 4.4　各联盟的联盟值

S	$v(S)$	S	$v(S)$	S	$v(S)$
$\{1\}$	2	$\{1,3\}$	5	$\{1,2,3,5\}$	18
$\{1,2\}$	5	$\{1,2,3\}$	12	$\{1,2,3,4,5\}$	25

由式 (4.28) 得到: 局中人的广义对称联盟 Banzhaf 值分别为:

$$GB_1(N, v, \Gamma, \mathscr{L}) = 2, GB_2(N, v, \Gamma, \mathscr{L}) = GB_3(N, v, \Gamma, \mathscr{L}) = 5,$$

$$GB_4(N, v, \Gamma, \mathscr{L}) = 7, GB_5(N, v, \Gamma, \mathscr{L}) = 6.$$

4.3.4　比例团结联盟值

不同于 Meng 和 Zhang[110] 所给的具有联盟结构凸几何上的合作对策, Meng 和 Zhang[113] 提出另一凸几何上具有联盟结构的合作对策模型, 并探讨了所给合作对策模型上的比例团结联盟值.

定义 4.5　令 $\mathscr{L}$ 是有限局中人集合 N 上的一个凸几何, 且 Γ 是 $\mathscr{L}$ 上的一个联盟结构. 对凸几何 $\mathscr{L}$, 若 $\mathscr{L}_M$ 满足定义 4.1 中的条件, 则得到一个 2-型凸几何.

例如, 在美国 (US)、日本 (J) 和韩国 (SK) 军事联盟中, 如果没有美国 (US) 的参与, 日本 (J) 和韩国 (SK) 在该军事联盟中没有合作关系. 因此, 它们三者形成的可行联盟可表示为: $\mathscr{L}=\{\varnothing, \{US\}, \{J\}, \{SK\}, \{US, J\}, \{US, SK\}, \{US, J, SK\}\}$. 由凸几何的定义知, $\mathscr{L}$ 是一个凸几何. 若这三个国家进一步想知道它们各自的海, 空军在该联盟中的贡献, 则得到一个 2-型凸几何. 若记美国, 日本和韩国的海, 空军分别为局中人 $N=\{1, 2, 3, 4, 5, 6\}$, 由于没有局中人 $\{1, 2\}$ 的参与, 局中人 $\{3, 4, 5, 6\}$ 间没有合作关系, 易知它们的海, 空军间的合作也形成一个凸几何.

需要指出的是: 2-型凸几何合作模型不同于 Meng 和 Zhang[110] 提出的凸几何上具有联盟结构的合作对策. 对于 2-型凸几何: 对优先联盟没有要求, 且局中人集合上的凸几何确定联盟结构上的凸几何. 对于凸几何上具有联盟结构的合作对策: 联盟结构上的凸几何确定局中人上的凸几何.

例如: 令 $N=\{1, 2, 3, 4, 5\}$ 且 $\mathscr{L}=\{\varnothing, \{1\}, \{3\}, \{4\}, \{5\}, \{1,2\}, \{1,3\}, \{3,4\}, \{4,5\}, \{1,2,3\}, \{1,3,4\}, \{3,4,5\}, \{1,2,3,4\}, \{1,3,4,5\}, N\}$ 是一个凸几何. 此外, 令 $\Gamma = \{B_1, B_2, B_3\}$ 是一个联盟结构满足 $B_1 = \{1,2\}$, $B_2 = \{3,4\}$ 和 $B_3 = \{5\}$, 则 $\mathscr{L}_M = \{\varnothing, \{1\}, \{2\}, \{3\}, \{1,2\}, \{2,3\}, M\}$, 其中 $M=\{1, 2, 3\}$. 这是一个 2-型凸几何结构. 然而, 由于 $\{1,2,4\} \notin \mathscr{L}$, 故它不是 Meng 和 Zhang[110] 提出的凸几何上具有联

盟结构的合作模型. 另一方面, 对联盟结构 $\Gamma = \{B_1, B_2, B_3\}$ 和 $\mathscr{L}$, 有 $\mathscr{L}_{B_1} = \{\varnothing, \{1\}, \{1,2\}\}$, $\mathscr{L}_{B_2} = \{\varnothing, \{3\}, \{4\}, \{3,4\}\}$, $\mathscr{L}_{B_3} = \{\varnothing, \{5\}\}$ 和 $\mathscr{L}_M = \{\varnothing, \{1\}, \{2\}, \{3\}, \{1,2\}, \{2,3\}, M\}$. 然而, 根据 Meng 和 Zhang[110], 得到: $L(N, \Gamma, \mathscr{L}) = \{\varnothing, \{1\}, \{3\}, \{4\}, \{5\}, \{1,2\}, \{3,4\}, \{3,5\}, \{4,5\}, \{1,2,3\}, \{1,2,4\}, \{1,3,4\}, \{2,3, 4\}, \{3,4,5\}, \{1,2,3,4\}, \{1,3,4,5\}, \{2,3,4,5\}, N\}$. 其不同于 N 上的凸几何 $\mathscr{L}$.

凸几何上的合作对策 $v \in G(N, \mathscr{L})$ 称为单调的, 若对任意 $S, T \in \mathscr{L}$ 满足 $S \subseteq T$, 有 $v(S) \leqslant v(T)$. 记 $G^+(N, \Gamma, \mathscr{L})$ 为所有具有 2-型凸几何结构的合作对策.

定义 4.6 令 $v \in G^+(N, \Gamma, \mathscr{L})$ 和 $\mathscr{L}_M$ 是联盟结构 Γ 上的一个凸几何. 若对任意 $R \in \mathscr{L}_M$, 有 $v^B(R) = v(\bigcup_{r \in R} B_r)$, 则称 v^B 是一个商对策.

为探讨 $G^+(N, \Gamma, \mathscr{L})$ 上的团结联盟值, 首先让我们考虑 $G(N, \mathscr{L})$ 上的单调凸几何合作对策 $G^+(N, \mathscr{L})$ 上的团结值.

类似于 Nowak 和 Radzik[114], 定义 $G(N, \mathscr{L})$ 上的伪一致对策 ω_S 如下:

$$\omega_S(T) = \begin{cases} \dfrac{c(S)c([S,T])}{c(T)} & S \subseteq T \in \mathscr{L}, \\ 0 & \text{否则}. \end{cases} \tag{4.29}$$

若 $\mathscr{L} = P(N)$, 则式 (4.29) 退化为 Nowak 和 Radzik 定义的一致对策. 类似于 Nowak 和 Radzik[114] 中的引理 2.2, 我们给出如下叙述. 令 $k = |\mathscr{L}| - 1$. 易知 $G(N, \mathscr{L})$ 是一个 k-维线性空间. 令 $S_1, S_2, \cdots, S_k$ 是一个包含 $\mathscr{L}$ 中所有非空元素的固定序列, 且满足 $1 = s_1 \leqslant s_2 \leqslant \cdots \leqslant s_k = n$. 此外, 令 $A = (a_{ij})_{k \times k}$ 定义为 $a_{ij} = \omega_{S_i}(S_j)(i, j = 1, 2, \cdots, k)$. 由式 (4.29) 知, A 是一个上三角矩阵且所有对角元素等于 1. 因此, $\det A \neq 0$, 这意味着对策 $\{\omega_{S_i}: i = 1, 2, \cdots, k\}$ 包含 k-维线性空间 k 个独立向量. 集合 $\{\omega_S: S \in \mathscr{L}, S \neq \varnothing\}$ 是 $G(N, \mathscr{L})$ 的一个基. 即对任意 $v \in G(N, \mathscr{L})$, 存在常数 $\lambda_S(\varnothing \neq S \in \mathscr{L})$ 满足 $v = \sum_{\varnothing \neq S \in \mathscr{L}} \lambda_S \omega_S$.

引理 4.2 对任意非空联盟 $S \in \mathscr{L}$, 式 (4.29) 所定义的伪一致对策 ω_S 有如下性质:

$$\sum_{j \in ex(T)} \frac{c(T \backslash j)}{c(T)} (\omega_S(T) - \omega_S(T \backslash j)) = 0,$$

其中, $T \in \mathscr{L}$ 满足 $S \neq T$.

证明 对任意 $\varnothing \neq T \in \mathscr{L}$, 若 $S \not\subset T$, 则结论显然成立; 若 $S \subset T$, 则

$$\sum_{j \in ex(T)} \frac{c(T \backslash j)}{c(T)} (\omega_S(T) - \omega_S(T \backslash j))$$

$$= \sum_{j \in ex(T)} \frac{c(T \backslash j)}{c(T)} \left(\frac{c(S)c([S,T])}{c(T)} - \frac{c(S)c([S,T \backslash j])}{c(T \backslash j)} \right)$$

$$
\begin{aligned}
=&\frac{c(S)c([S,T])}{c(T)} - \sum_{j\in ex(T)\setminus S} \frac{c(T\setminus j)}{c(T)}\frac{c(S)c([S,T\setminus j])}{c(T\setminus j)}\\
=&\frac{c(S)c([S,T])}{c(T)} - \sum_{j\in ex(T)\setminus S} \frac{c(S)c([S,T\setminus j])}{c(T)}\\
=&\frac{c(S)}{c(T)}\left(c([S,T]) - \sum_{j\in ex(T)\setminus S} c([S,T\setminus j])\right)\\
=&\frac{c(S)}{c(T)}\left(c([S,T]) - c([S,T])\right)\\
=&0.
\end{aligned}
$$

证毕.

记 $f: G^+(N,\mathcal{L}) \to \mathbf{R}_+^n$. 类似于 Nowak 和 Radzik[114], 给出凸几何上团结联盟值性质如下:

可加性 (CADD): 令 $v,w \in G^+(N,\mathcal{L})$, 有 $f(N,v+w,\mathcal{L}) = f(N,v,\mathcal{L}) + f(N,w,\mathcal{L})$.

有效性 (CEFF): 令 $v \in G^+(N,\mathcal{L})$, 则 $v(N) = \sum_{i\in N} f_i(N,v,\mathcal{L})$.

A-零元性质 (A-NP): 令 $v \in G^+(N,\mathcal{L})$. 若 $i \in N$ 是一个 A-零元, 即对任意 $T \in L$ 满足 $i \in ex(T)$, $\ell^{av}(T) = \sum_{i\in ex(T)} \frac{c(T\setminus j)}{c(T)}(v(T) - v(T\setminus j)) = 0$, 则 $f_i(N,v,\mathcal{L}) = 0$.

链公理 (CCA): 对任意 $S \in \mathcal{L}$ 和所有 $i,j \in ex(S)$, 有

$$
c(S\setminus j)f_i(N,\omega_S,\mathcal{L}) = c(S\setminus i)f_j(N,\omega_S,\mathcal{L}).
$$

$G^+(N,\mathcal{L})$ 上的团结联盟值 $Sl : G^+(N,\mathcal{L}) \to \mathbf{R}_+^n$ 定义如下:

$$
Sl_i(N,v,\mathcal{L}) = \sum_{T\in\mathcal{L}, i\in ex(T)} \frac{c(T\setminus i)c([T,N])}{c(N)}\ell^{av}(T) \quad \forall i\in N, \tag{4.30}
$$

其中, $\ell^{av}(T)$ 如 A-零元性质 (A-NP) 所示 .

定理 4.10　令函数 $f: G^+(N,\mathcal{L}) \to \mathbf{R}_+^n$. 若 f 满足可加性 (CADD), 有效性 (CEFF), A-零元性质 (A-NP) 和链公理 (CCA), 则 f 是定义在 $G^+(N,\mathcal{L})$ 上的团结联盟值, 即 $f = Sl$.

证明　由式 (4.30) 易知, Sl 满足可加性 (CADD) 和 A-零元性质 (A-NP).

有效性 (CEFF):

$$
\sum_{i\in N} Sl_i(N,v,\mathcal{L}) = \sum_{i\in N} Sl_i\left(N, \sum_{\varnothing\neq S\in\mathcal{L}} \lambda_S\omega_S, \mathcal{L}\right)
$$

$$\begin{aligned}
&= \sum_{i \in N} \sum_{\varnothing \neq S \in \mathscr{L}} \lambda_S Sl_i(N, \omega_S, \mathscr{L}) \\
&= \sum_{i \in N} \sum_{\varnothing \neq S \in \mathscr{L}} \lambda_S \frac{c(S \backslash i) c([S, N])}{c(N)} \\
&= \sum_{i \in N} \sum_{\varnothing \neq S \in \mathscr{L}} \lambda_S \omega_S(N) \\
&= v(N).
\end{aligned}$$

链公理 (CCA), 由引理 4.2, 得到:

$$Sl_i(N, \omega_S, \mathscr{L}) = \frac{c(S \backslash i) c([S, N])}{c(N)}, \quad Sl_j(N, \omega_S, \mathscr{L}) = \frac{c(S \backslash j) c([S, N])}{c(N)}.$$

唯一性. 由可加性 (CADD), 只需证明 f 在伪一致对策上的唯一性即可. 对任意 $\varnothing \neq S \in \mathscr{L}$, 由有效性 (CEFF) 得到:

$$\sum_{i \in N} f_i(\xi, \omega_S) = \omega_S(N) = \frac{c(S) c([S, N])}{c(N)}.$$

由引理 4.2 知, 对任意 $i \in N \backslash ex(S)$, 局中人 i 是关于 ω_S 的一个 A-零元局中人. 因此,

$$\sum_{i \in ex(S)} f_i(N, \omega_S, \mathscr{L}) = \frac{c(S) c([S, N])}{c(N)}.$$

由链公理 (CCA) 得到:

$$f_j(N, \omega_S, \mathscr{L}) = \frac{c(S \backslash j) f_i(N, \omega_S, \mathscr{L})}{c(S \backslash i)}.$$

固定 $i \in ex(S)$,

$$\begin{aligned}
\sum_{j \in ex(S)} f_j(N, \omega_S, \mathscr{L}) &= f_i(N, \omega_S, \mathscr{L}) + \sum_{j \in ex(S) \backslash i} \frac{c(S \backslash j) f_i(N, \omega_S, \mathscr{L})}{c(S \backslash i)} \\
&= f_i(N, \omega_S, \mathscr{L}) + \sum_{j \in ex(S) \backslash i} \frac{c(S \backslash j)}{c(S \backslash i)} f_i(N, \omega_S, \mathscr{L}) \\
&= f_i(N, \omega_S, \mathscr{L}) + \frac{\sum\limits_{j \in ex(S) \backslash i} c(S \backslash j)}{c(S \backslash i)} f_i(N, \omega_S, \mathscr{L}) \\
&= \frac{\sum\limits_{j \in ex(S)} c(S \backslash j)}{c(S \backslash i)} f_i(N, \omega_S, \mathscr{L})
\end{aligned}$$

$$= \frac{c(S)}{c(S\backslash i)} f_i(N, \omega_S, \mathscr{L}).$$

因此, 对任意 $i \in ex(S)$,

$$
\begin{aligned}
f_i(N, \omega_S, \mathscr{L}) &= \frac{c(S\backslash i)}{c(S)} \sum_{j \in ex(S)} f_j(N, \omega_S, \mathscr{L}) \\
&= \frac{c(S\backslash i)}{c(S)} \frac{c(S)c([S, N])}{c(N)} \\
&= \frac{c(S\backslash i)c([S, N])}{c(N)}.
\end{aligned}
$$

证毕.

类似于式 (4.30), 对任意 $R \in \mathscr{L}_M \backslash \varnothing$, 伪一致对策 ε_R^B 定义为:

$$
\varepsilon_R^B(H) = \begin{cases} \dfrac{c(R)c([R, H])}{c(H)} & R \subseteq H \in \mathscr{L}_M, \\ 0 & 否则. \end{cases} \tag{4.31}
$$

不难得到: $\{\varepsilon_R^B : R \in \mathscr{L}_M \backslash \varnothing\}$ 是 $\mathscr{L}_M$ 上关于 v^B 的一个基. 即定义在 $\mathscr{L}_M$ 上的任意 v^B, 存在常数 γ_R $(R \in \mathscr{L}_M \backslash \varnothing)$ 满足 $v^B = \sum_{R \in \mathscr{L}_M \backslash \varnothing} \gamma_R \varepsilon_R^B$.

引理 4.3　对任意非空联盟 $R \in \mathscr{L}_M$, 式 (4.31) 中定义的伪一致对策 ε_R^B 有如下性质

$$
\sum_{l \in ex(H)} \frac{c(H\backslash l)}{c(H)} (\varepsilon_R^B(H) - \varepsilon_R^B(H\backslash l)) = 0 \quad \forall H \in \mathscr{L}_M : H \neq R. \tag{4.32}
$$

定义 4.7　令 v^B 是定义在 $\mathscr{L}_M$ 上的商对策. 联盟 $k \in M$ 称为商对策 v^B 上的一个 A-零联盟, 若对任意 $H \in \mathscr{L}_M$ 满足 $k \in ex(H)$, 有 $\ell^{av}(H) = \sum_{l \in ex(H)} \dfrac{c(H\backslash l)}{c(H)} (v(H) - v(H\backslash l)) = 0$.

记 $f: G^+(N, \Gamma, \mathscr{L}) \to \mathbf{R}_+^n$. 为探讨 $G^+(N, \Gamma, \mathscr{L})$ 上联盟团结值的存在唯一性, 定义性质如下:

2-型凸几何有效性 (2-CE): 令 $v \in G^+(N, \Gamma, \mathscr{L})$, 有 $v(N) = \sum_{i \in N} f_i(N, v, \Gamma, \mathscr{L})$

A-强零元性质 (A-SNP): 令 $v \in G^+(N, \Gamma, \mathscr{L})$ 和 $B_k \in \Gamma$ 满足 $i \in B_k$, 则 $f_i(N, v, \Gamma, \mathscr{L}) = 0$ 当且仅当局中人 i 是关于 $v \in G^+(N, \mathscr{L})$ 的一个 A-零元, 即对任意 $S \in \mathscr{L}$ 满足 $i \in ex(S)$, 有 $\ell^{av}(S) = 0$ 或 k 是关于 v^B 的一个 A-零元.

联盟上的链公理 (CAU): 对任意 $S \in \mathscr{L}$ 满足 $i, j \in ex(S)$ 和 $i, j \in B_k$, 有

$$
c(S\backslash j) f_i(N, \omega_S, \Gamma, \mathscr{L}) = c(S\backslash i) f_j(N, \omega_S, \Gamma, \mathscr{L}).
$$

商对策上的链公理 (CAU): 对任意 $R \in L_M$ 和所有 $k, l \in ex(R)$, 有

$$c(R \backslash k) \sum_{i \in B_l} f_i(N, \omega_S, \Gamma, \mathscr{L}) = c(R \backslash l) \sum_{j \in B_k} f_j(N, \omega_S, \Gamma, \mathscr{L}).$$

2-型凸几何加权可加性 (2-CWA): 令 $v, w \in G^+(N, \Gamma, L)$, 则

$$h(N, v + w, \Gamma, \mathscr{L}) = h(N, v, \Gamma, \mathscr{L}) + h(N, w, \Gamma, \mathscr{L}),$$

其中, 对所有 $i \in N$ 满足 $i \in B_k$, 且

$$h_i(N, v, \Gamma, \mathscr{L}) = \begin{cases} f_i(N, v, \Gamma, \mathscr{L}) \dfrac{\sum\limits_{j \in B_k} f_j(N, v, \Gamma^n, \mathscr{L})}{f_k(M, v^B, L_M)} & k \text{ 不是 } v^B \text{ 上的一个 A-零元}, \\ f_i(N, v, \Gamma^n, \mathscr{L}) & \text{否则}. \end{cases}$$

类似的定义对 $h(N, w, \Gamma, \mathscr{L})$ 和 $h(N, v + w, \Gamma, \mathscr{L})$ 同样成立, 其中 Γ^n 如前面所示, 表示有 n 个优先联盟, 即每个局中人形成一个优先联盟.

基于上面探讨, 定义 $G^+(N, \Gamma, \mathscr{L})$ 上的比例联盟团结值如下所示:

$$\begin{aligned} &PSS_i(N, v, \Gamma, L) \\ &= \begin{cases} Sl_k(M, v^B, \mathscr{L}_M) \dfrac{Sl_i(N, v, \mathscr{L})}{\sum\limits_{j \in B_k} Sl_j(N, v, \mathscr{L})} & k \text{ 不是 } v^B \text{ 上的一个 A-零元}, \\ & \qquad\qquad\qquad\qquad\qquad\qquad \forall i \in N, \\ 0 & \text{否则}, \end{cases} \end{aligned}$$

$$\tag{4.33}$$

其中, $i \in B_k$, $Sl(M, v^B, \mathscr{L}_M)$ 是定义在 $\mathscr{L}_M$ 上关于商对策 v^B 的团结联盟值, 且 $Sl(N, v, \mathscr{L})$ 是关于原单调对策 $v \in G^+(N, \mathscr{L})$ 的团结联盟值.

定理 4.11   记函数 $f : G^+(N, \Gamma, \mathscr{L}) \to \mathbf{R}_+^n$. 若 f 满足 2-型凸几何有效性 (2-CE), A-强零元性质 (A-SNP), 联盟上的链公理 (CAU), 商对策上的链公理 (CAU) 和 2-型凸几何加权可加性 (2-CWA), 则 f 是 $G^+(N, \Gamma, \mathscr{L})$ 上的比例联盟团结值, 即 $f = PSS$.

证明   存在性. 由式 (4.33) 知, PSS 满足 A-强零元性质 (A-SNP) 和 2-型凸几何加权可加性 (2-CWA).

2-型凸几何有效性 (2-CE): 由式 (4.33) 得到:

$$\begin{aligned} \sum_{i \in N} PSS_i(N, v, \Gamma, \mathscr{L}) &= \sum_{i \in N} Sl_k(M, v^B, \mathscr{L}_M) \frac{Sl_i(N, v, \mathscr{L})}{\sum\limits_{j \in B_k} Sl_j(N, v, \mathscr{L})} \\ &= \sum_{k \in M} Sl_k(M, v^B, \mathscr{L}_M) \sum_{i \in B_k} \frac{Sl_i(N, v, \mathscr{L})}{\sum\limits_{j \in B_k} Sl_j(N, v, \mathscr{L})} \end{aligned}$$

$$= \sum_{k \in M} Sl_k(M, v^B, \mathscr{L}_M)$$
$$= v^B(M) = v(N).$$

联盟上的链公理 (CAU): 由引理 4.2 得到:

$$Sl_i(N, \omega_S, \mathscr{L}) = \frac{c(S \backslash i) c([S, N])}{c(N)}, \quad Sl_j(N, \omega_S, \mathscr{L}) = \frac{c(S \backslash j) c([S, N])}{c(N)}.$$

由式 (4.33) 得到:

$$PSS_i(N, \omega_S, \Gamma, \mathscr{L}) = Sl_k(M, \varepsilon_R^B, \mathscr{L}_M) \frac{Sl_i(N, \omega_S, \mathscr{L})}{\displaystyle\sum_{a \in B_k} Sl_a(N, \omega_S, \mathscr{L})},$$

$$PSS_j(N, \omega_S, \Gamma, \mathscr{L}) = Sl_k(M, \varepsilon_R^B, \mathscr{L}_M) \frac{Sl_j(N, \omega_S, \mathscr{L})}{\displaystyle\sum_{a \in B_k} Sl_a(N, \omega_S, \mathscr{L})},$$

其中, $R = \{l \in M | B_l \cap S \neq \varnothing\}$.

因此, $\dfrac{PSS_i(N, \omega_S, \Gamma, \mathscr{L})}{PSS_j(N, \omega_S, \Gamma, \mathscr{L})} = \dfrac{c(S \backslash i)}{c(S \backslash j)}$. 即 $c(S \backslash j) PSS_i(N, \omega_S, \Gamma, \mathscr{L}) = c(S \backslash i) PSS_j$ $(N, \omega_S, \Gamma, \mathscr{L})$.

商对策上的链公理 (CAU): 由引理 4.3 得到:

$$Sl_k(M, \varepsilon_R^B, \mathscr{L}_M) = \frac{c(R \backslash k) c([R, M])}{c(M)} \quad \forall R \in \mathscr{L}_M, \forall k \in M : k \in ex(R).$$

由联盟上的链公理 (CAU) 得到:

$$\sum_{i \in B_l} PSS_i(N, \omega_S, \Gamma, \mathscr{L}) = \sum_{i \in B_l} Sl_l(M, \varepsilon_R^B, \mathscr{L}_M) \frac{Sl_i(N, \omega_S, \mathscr{L})}{\displaystyle\sum_{a \in B_l} Sl_a(N, \omega_S, \mathscr{L})}$$
$$= Sl_l(M, \varepsilon_R^B, \mathscr{L}_M) = \frac{c(R \backslash l) c([R, M])}{c(M)}$$

和

$$\sum_{j \in B_k} PSS_j(N, \omega_S, \Gamma, \mathscr{L}) = \sum_{j \in B_k} Sl_k(M, \varepsilon_R^B, \mathscr{L}_M) \frac{Sl_j(N, \omega_S, \mathscr{L})}{\displaystyle\sum_{a \in B_k} Sl_a(N, \omega_S, \mathscr{L})}$$
$$= Sl_k(M, \varepsilon_R^B, \mathscr{L}_M) = \frac{c(R \backslash k) c([R, M])}{c(M)}.$$

因此, $c(R \backslash k) \displaystyle\sum_{i \in B_l} f_i(N, \omega_S, \Gamma, \mathscr{L}) = c(R \backslash l) \sum_{j \in B_k} f_j(N, \omega_S, \Gamma, \mathscr{L}).$

唯一性. 令 f 是 $G^+(N, \Gamma, \mathscr{L})$ 上满足定理 4.11 中性质的解. 若 $\Gamma = \Gamma^n$, 由 2-型凸几何加权可加性 (2-CWA) 得到:

$$h_i(N, v, \Gamma^n, \mathscr{L}) = f_i(N, v, \Gamma^n, \mathscr{L}) \quad \forall i \in N.$$

因此, f 满足可加性. 由 2-型凸几何有效性 (2-CE), A-强零元性质 (A-SNP) 和商对策上的链公理 (CAU) 得到:

$$f_i(N, v, \Gamma^n, \mathscr{L}) = \begin{cases} \displaystyle\sum_{i \in ex(S), S \in L} \frac{\lambda_S c(S \backslash i) c([S, N])}{c(N)} & i \text{ 不是 } v \text{ 上的一个 A-零元}, \\ 0 & \text{否则}. \end{cases}$$

因此, $Sl(N, v, \mathscr{L}) = Sl(N, v, \Gamma^n, \mathscr{L}) = f(N, v, \Gamma^n, \mathscr{L})$ 且 $f(M, v^B, \mathscr{L}_M) = Sl(M, v^B, \mathscr{L}_M)$.

对任意 $S \in \mathscr{L} \backslash \varnothing$, 令 $v = \lambda_S \omega_S$ 满足 $\lambda_S \neq 0$. 由 2-型凸几何有效性 (2-CE) 得到:

$$\sum_{i \in N} f_i(N, \lambda_S \omega_S, \Gamma^n, L) = \lambda_S \omega_S(N) = \frac{\lambda_S c(S) c([S, N])}{c(N)}.$$

由 A-强零元性质 (A-SNP) 和商对策上的链公理 (CAU) 得到:

$$\sum_{i \in B_k} f_i(N, \lambda_S \omega_S, \Gamma, \mathscr{L}) = \begin{cases} \dfrac{\lambda_S c(S) c([S, N])}{c(N)} \dfrac{c(R \backslash k)}{c(R)} & k \in ex(R), \\ 0 & \text{否则}, \end{cases}$$

其中, $R = \{l \in M | B_l \cap S \neq \varnothing\}$.

此外, 由 A-强零元性质 (A-SNP) 和联盟上的链公理 (CAU) 得到:

$$f_i(N, \lambda_S \omega_S, \Gamma, \mathscr{L}) = \begin{cases} \dfrac{\lambda_S c(S) c([S, N])}{c(N)} \dfrac{c(R \backslash k)}{c(R)} \dfrac{c(B'_k \backslash i)}{c(B'_k)} & i \in ex(B'_k), \\ 0 & \text{其它}, \end{cases} \tag{4.34}$$

其中, $B'_k = B_k \cap S \neq \varnothing$ 满足 $k \in ex(R)$.

由定理 4.11 的性质得到:

$$Sl_k(M, \varepsilon_R^B, \mathscr{L}_M) = \begin{cases} \displaystyle\sum_{k \in ex(R), R \in \mathscr{L}_M} \frac{\gamma_R c(R \backslash k) c([R, M])}{c(M)} & k \text{ 不是 } v^B \text{ 上的一个 A-零元}, \\ 0 & \text{其它}. \end{cases} \tag{4.35}$$

由定理 4.7, 不难得到: 任意 $v \in G^+(N, \Gamma, \mathscr{L})$ 可表示为: $v = \displaystyle\sum_{\varnothing \neq S \in \mathscr{L}} \lambda_S \omega_S$, 其中

$$\lambda_S = \sum_{k \in ex(R), H = H' \cup k, H' \subseteq [R \backslash ex(R), R \backslash k]} (-1)^{r-h} \left(\sum_{A \subseteq [C \backslash ex(C), C]} (-1)^{c-a} v(A \cup Q) \right),$$

r 和 h 分别表示 R 和 H 的势指标, $Q = \bigcup_{l \in H'} B_l$ 和 $S = C \bigcup_{\substack{l \in R \setminus k, \\ k \in ex(R), R \in \mathcal{L}_M}} B_l$ 满足 $\varnothing \neq C \in \mathcal{L} \cap B_k$.

由 2-型凸几何加权可加性 (2-CWA) 得到:

$$f_i(N, v, \Gamma, \mathcal{L}) \frac{\sum\limits_{j \in B_k} Sl_j(N, v, \Gamma^n, \mathcal{L})}{Sl_k(M, v^B, \mathcal{L}_M)}$$

$$= f_i(N, v, \Gamma, \mathcal{L}) \frac{\sum\limits_{j \in B_k} f_j(N, v, \Gamma^n, \mathcal{L})}{f_k(M, v^B, \mathcal{L}_M)}$$

$$= h_i(N, v, \Gamma, \mathcal{L})$$

$$= \sum_{\varnothing \neq S \in L} h_i(N, \lambda_S \omega_S, \Gamma, \mathcal{L})$$

$$= \sum_{S \in L, i \in ex(S)} f_i(N, \lambda_S \omega_S, \Gamma, \mathcal{L}) \frac{\sum\limits_{j \in ex(B'_k)} Sl_j(N, \lambda_S \omega_S, \Gamma^n, \mathcal{L})}{Sl_k(M, \lambda_S \omega_S^B, \mathcal{L}_M)}.$$

因此,

$$f_i(N, v, \Gamma, \mathcal{L}) = \sum_{S \in \mathcal{L}, i \in ex(S)} f_i(N, \lambda_S \omega_S, \Gamma, \mathcal{L}) \frac{\sum\limits_{j \in ex(B'_k)} Sl_j(N, \lambda_S \omega_S, \Gamma^n, \mathcal{L})}{Sl_k(M, \lambda_S \omega_S^B, \mathcal{L}_M)}$$

$$\frac{\sum\limits_{j \in B_k} Sl_j(N, v, \Gamma^n, \mathcal{L})}{Sl_k(M, v^B, \mathcal{L}_M)} \quad \forall i \in N.$$

由定理 4.10, 式 (4.34) 和式 (4.35) 得到 f 的唯一性. 证毕.

类似于 2-型凸几何上合作对策 $G^+(N, \Gamma, \mathcal{L})$ 的比例团结联盟值 PSS, Meng 等 [113] 进一步探讨了比例联盟 Shapley 值, 其具体表达式如下所示:

$$PUS_i(N, v, \Gamma, \mathcal{L})$$
$$= \begin{cases} G_k(M, v^B, \mathcal{L}_M) \dfrac{G_i(N, v, \mathcal{L})}{\sum\limits_{j \in B_k} G_j(N, v, \mathcal{L})} & k \text{ 不是 } v^B \text{ 上的一个 A-零元}, \\ & \hspace{4em} \forall i \in N, \\ 0 & \text{否则}, \end{cases}$$
$$\tag{4.36}$$

其中, $i \in B_k$, $G(M, v^B, \mathcal{L}_M)$ 是定义在 $\mathcal{L}_M$ 上关于商对策 v^B 的 Shapley 值, 且 $G(N, v, \mathcal{L})$ 是关于原单调对策 $v \in G^+(N, \mathcal{L})$ 的 Shapley 值.

强零元性质 (SNP): 令 $v \in G^+(N, \Gamma, \mathcal{L})$ 和 $B_k \in \Gamma$ 满足 $i \in B_k$, 则 $f_i(N, v, \Gamma, \mathcal{L}) = 0$ 当且仅当局中人 i 是关于 $v \in G^+(N, \mathcal{L})$ 的一个零元, 即对任意 $S \in \mathcal{L}$ 满足

$i \in ex(S)$, 有 $v(S) - v(S\backslash i) = 0$; 或 k 是关于 v^B 的一个零元, 即对任意 $R \in \mathscr{L}_M$ 满足 $k \in ex(R)$, 有 $v^B(R) - v^B(R\backslash k) = 0$.

加权可加性 (WWA): 令 $v, w \in G^+(N, \Gamma, \mathscr{L})$, 则

$$h(N, v + w, \Gamma, \mathscr{L}) = h(N, v, \Gamma, \mathscr{L}) + h(N, w, \Gamma, \mathscr{L}),$$

其中, 对所有 $i \in N$ 满足 $i \in B_k$, 有

$$h_i(N, v, \Gamma, \mathscr{L}) = \begin{cases} f_i(N, v, \Gamma, \mathscr{L}) \dfrac{\sum\limits_{j \in B_k} f_j(N, v, \Gamma^n, \mathscr{L})}{f_k(M, v^B, \mathscr{L}_M)} & k \text{ 不是 } v^B \text{ 上的一个零元}, \\ f_i(N, v, \Gamma^n, \mathscr{L}) & \text{否则}. \end{cases}$$

类似的定义对 $h(N, w, \Gamma, \mathscr{L})$ 和 $h(N, v + w, \Gamma, \mathscr{L})$ 同样成立, 其中 Γ^n 如前面所示, 表示有 n 个优先联盟, 即每个局中人形成一个优先联盟.

定理 4.12　记函数 $f : G^+(N, \Gamma, \mathscr{L}) \to \Re^n_+$. 若 f 满足 2-型凸几何有效性 (2-CE), 强零元性质 (SNP), 联盟内的强等级性 (HSC), 联盟上的强等级性 (HSU) 和加权可加性 (WWA), 则 f 是 $G^+(N, \Gamma, \mathscr{L})$ 上的比例联盟 Shapley 值, 即 $f = PUS$.

证明　存在性. 由式 (4.36) 知, PUS 满足 2-型凸几何有效性 (2-CE), 强零元性质 (SNP) 和加权可加性 (WWA).

联盟内的强等级性 (HSC): 由 Bilbao 和 Edelman[111] 中的性质 1 得到:

$$G_i(N, u_S, \mathscr{L}) = \begin{cases} h_S(i) & i \in ex(S), \\ 0 & \text{其它}, \end{cases} \quad \forall S \in \mathscr{L} \backslash \varnothing.$$

由式 (4.36), 若 $k \in M$ 是关于 u_R^B 在 $R = \{l \in M | B_l \cap S \neq \varnothing\}$ 上的一个零元, 则结论显然成立; 否则,

$$PUS_i(N, u_S, \Gamma, \mathscr{L}) = G_k(M, u_R^B, \mathscr{L}_M) \frac{G_i(N, u_S, \mathscr{L})}{\sum\limits_{a \in B_k} G_a(N, u_S, \mathscr{L})}$$

和

$$PUS_j(N, u_S, \Gamma, \mathscr{L}) = G_k(M, u_R^B, \mathscr{L}_M) \frac{G_j(N, u_S, \mathscr{L})}{\sum\limits_{a \in B_k} G_a(N, u_S, \mathscr{L})}.$$

因此, $h_S(i) PUS_j(N, u_S, \Gamma, \mathscr{L}) = h_S(j) PUS_i(N, u_S, \Gamma, \mathscr{L})$.

联盟上的强等级性 (HSU): 类似于联盟内的强等级性 (HSC), 对任意 $R = \{l \in M | B_l \cap S \neq \varnothing\}$, 有

$$G_k(M, u_R^B, \mathscr{L}_M) = \begin{cases} h_R(k) & k \in ex(R), \\ 0 & \text{否则}. \end{cases}$$

由式 (4.36), 若 $k \notin ex(M)$ 是关于 u_R^B 在 $R=\{l \in M | B_l \cap S \neq \varnothing\}$ 上的一个零联盟, 则结论显然成立; 否则,

$$\sum_{i \in B_k} PUS_i(N, u_S, \Gamma, \mathscr{L}) = \sum_{i \in B_k} G_k(M, u_R^B, \mathscr{L}_M) \frac{G_i(N, u_S, \mathscr{L})}{\sum\limits_{a \in B_k} G_a(N, u_S, \mathscr{L})} = G_k(M, u_R^B, \mathscr{L}_M),$$

$$\sum_{j \in B_p} PUS_j(N, u_S, \Gamma, \mathscr{L}) = \sum_{j \in B_p} G_p(M, u_R^B, \mathscr{L}_M) \frac{G_j(N, u_S, \mathscr{L})}{\sum\limits_{a \in B_p} G_a(N, u_S, \mathscr{L})} = G_p(M, u_R^B, \mathscr{L}_M).$$

因此, $h_R(k) \sum\limits_{j \in B_p} PUS_j(N, u_S, \Gamma, \mathscr{L}) = h_R(p) \sum\limits_{i \in B_k} PUS_i(N, u_S, \Gamma, \mathscr{L}).$

唯一性. 由定理 4.12 中性质得到:

$$PUS_i(N, v, \Gamma^n, \mathscr{L}) = G_i(N, v, \mathscr{L}) = \sum_{S \in \mathscr{L}, i \in ex(S)} \lambda_S h_S(i) \quad \forall i \in N$$

和

$$G_k(M, v^B, \mathscr{L}_M) = \sum_{R \in \mathscr{L}_M, k \in ex(R)} \lambda_R h_R(k) \quad \forall k \in M.$$

类似于定理 4.11, 不难得到 f 可唯一表示为:

$$f_i(N, v, \Gamma, \mathscr{L}) = \sum_{S \in \mathscr{L}, i \in ex(S)} \lambda_S h_R(k) h_{B_k'}(i) \frac{\sum\limits_{j \in ex(B_k')} h_S(j)}{h_R(k)} \frac{\sum\limits_{j \in B_k} \varphi_j(N, v, \Gamma^n, \mathscr{L})}{\varphi_k(M, v^B, \mathscr{L}_M)} \quad \forall i \in N,$$

其中, $R=\{l \in M | B_l \cap S \neq \varnothing\}$, $B_k' = B_k \cap S \neq \varnothing$ 满足 $k \in ex(R)$ 和 $i \in B_k'$. 证毕.

4.4　扩展系统上具有联盟结构的合作对策

基于具有联盟结构的合作对策和扩展系统上的合作对策, Meng 等 [116] 进一步探讨了扩展系统上具有联盟结构的合作对策.

4.4.1　基本概念

类似于局中人集合 N 上扩展系统的概念, 我们可类似得到优先联盟结构 $M = \{1, 2, \cdots, m\}$ 上的扩展系统. 记为 $(M, \mathscr{H}_M)$, 其中 $\mathscr{H}_M$ 满足定义 3.43 中的条件. 从 R 到 K 的最大链数目记为 $c(R, K)$, $c(R)$ 表示从 $\varnothing$ 到 R 的最大链数.

由定义 3.43 知, 当我们将局中人集合 N 限制在 B_k 上时, 得到扩展系统 $(B_k, \mathscr{H}_{B_k})$, 其中 $\mathscr{H}_{B_k} \subseteq 2^{B_k}$ 是一个满足定义 3.44 中条件的集系统. 一个具有联盟结构的扩展系统指 $M = \{1, 2, \cdots, m\}$ 和每一个优先联盟 $B_k \in \Gamma (k \in M)$ 的子集分别构成

一个扩展系统, 表示为 $(N, \Gamma, \mathscr{H})$. 令 $L(N, \Gamma, \mathscr{H}) = \{S | S = T \bigcup_{l \in R \in \mathscr{H}_M, k \in R^*} B_l, \forall T \in \mathscr{H}_{B_k}, \forall k \in M\}$, 其中 $R^* = \{k \in M \backslash R : R \cup k \in \mathscr{H}_M\}$. 即 $L(N, \Gamma, \mathscr{H})$ 表示关于 $(N, \Gamma, \mathscr{H})$ 所形成的所有可行联盟. 记 $G(N, \Gamma, H)$ 为扩展系统上具有联盟结构的合作对策的全体. 没有特别说明, 我们总是假定 $M \in \mathscr{H}_M$ 和 $B_k \in \mathscr{H}_{B_k} (k \in M)$.

例如, 有两个供应商 S_1, S_2 和一个制造商 M 组成的供应链协作模型, 则它们的合作可用一个扩展系统表示为: $(N, \mathscr{H}) = \{\varnothing, \{S_1\}, \{S_2\}, \{S_1, M\}, \{S_2, M\}, N\}$, 其中 $N = \{S_1, S_2, M\}$. 假定每个企业由 4 个部门组成: 一个市场采购部门, 两个生产制造部门和一个市场销售部门. 若我们进一步考察每个企业中各部门的贡献, 则得到一个扩展系统上具有联盟结构的合作对策. 例如, 考察供应商 S_1 的 4 个部门, 分别记为: $\{S_1\text{-P}\}, \{S_1\text{-Mfg}_1\}, \{S_1\text{-Mfg}_2\}$ 和 $\{S_1\text{-Mrk}\}$. 则 S_1 中四个部门间的合作可表示为: $(S_1, \mathscr{H}_{S_1}) = \{\varnothing, \{S_1\text{-P}\}, \{S_1\text{-P}, S_1\text{-Mfg}_1\}, \{S_1\text{-P}, S_1\text{-Mfg}_2\}, \{S_1\text{-P}, S_1\text{-Mfg}_1, S_1\text{-Mfg}_2\}, \{S_1\text{-P}, S_1\text{-Mfg}_1, S_1\text{-Mrk}\}, \{S_1\text{-P}, S_1\text{-Mfg}_2, S_1\text{-Mrk}\}, \{S_1\}\}$. 由扩展系统的定义知: $\mathscr{H}_{S_1}$ 是 S_1 上的一个扩展系统.

类似于 Faigle 和 Kern[81] 及 Bilbao 和 Ordonez[102] 中关于扩展系统的基本概念, 我们给出如下符号表示.

对任意 $i \in S$ 满足 $S \in \mathscr{H}_{B_k}$, 等级强度 $h_S^{B_k}(i)$ 表示为:

$$h_S^{B_k}(i) = \frac{|\{C \in \mathrm{Ch}(\mathscr{H}_{B_k}) : S \subseteq C(i)\}|}{c(B_k)},$$

其中, $\mathrm{Ch}(\mathscr{H}_{B_k})$ 是 $\mathscr{H}_{B_k}$ 中的最大链集合, $c(B_k) = |\mathrm{Ch}(\mathscr{H}_{B_k})|$ 表示 $\mathrm{Ch}(\mathscr{H}_{B_k})$ 中最大链的条数. 类似的, 对任意 $k \in R$ 满足 $R \in \mathscr{H}_M$, 等级强度 $h_R^M(k)$ 表示为:

$$h_R^M(k) = \frac{|\{C \in \mathrm{Ch}(\mathscr{H}_M) : R \subseteq C(k)\}|}{c(M)},$$

其中, $C(k) = \{l \in M, \forall l \in R, l \leqslant k\}$, $\mathrm{Ch}(\mathscr{H}_M)$ 是 $\mathscr{H}_M$ 中的最大链集合, $c(M) = |\mathrm{Ch}(\mathscr{H}_M)|$ 表示 $\mathrm{Ch}(\mathscr{H}_M)$ 中最大链的条数.

例 4.7 令 $N = \{1, 2, 3, 4, 5\}$ 和 $\Gamma = \{B_1, B_2\}$ 是局中人集合 N 上的一个联盟结构, 其中 $B_1 = \{1, 2, 3\}$ 和 $B_2 = \{4, 5\}$. 若 $\mathscr{H}_{B_1} = \{\varnothing, \{1\}, \{3\}, \{1, 2\}, \{2, 3\}, B_1\}$, $H_{B_2} = \{\varnothing, \{4\}, \{5\}, B_2\}$ 和 $\mathscr{H}_M = \{\varnothing, \{2\}, M\}$, 则得到一个具有联盟结构的扩展系统. 对 $B_1 = \{1, 2, 3\}$, 有 $h_S^{B_1}(3) = 1/2$, 若 $R = \{2\}$, 得到: $h_R^M(2) = 1$.

定义 4.8 令 $v \in G(N, \Gamma, \mathscr{H})$, $T \in L(N, \Gamma, \mathscr{H})$ 称为一个支撑, 若对任意 $S \in L(N, \Gamma, \mathscr{H})$, 有 $v(S \cap T) = v(S)$.

由于 v 定义在 $L(N, \Gamma, \mathscr{H})$ 上, 对任意 $S \cap T \notin L(N, \Gamma, \mathscr{H})$, $v(S \cap T)$ 可以是任意实数. 在这种情形下, 由支撑的定义, 我们可假定 $v(S \cap T) = v(S)$. 例如, 在例 4.7 中, 若 $\mathscr{H}_M = \{\varnothing, \{1\}, M\}$, $T = \{1, 2\}$ 和 $S = \{2, 3\}$, 则 $S \cap T = \{2\} \notin \mathscr{H}_{B_1} \in L(N, \Gamma, \mathscr{H})$. 由于 $\{2\}$ 是一个虚拟联盟, $v(2)$ 不真实存在. 此时我们可考虑 $v(2) = v(2, 3)$.

4.4.2　广义 Owen 值

类似于 Meng 和 Zhang[110] 及 Bilbao 和 Ordonez[102], Meng 等 [116] 定义了扩展系统上具有联盟结构合作对策上的广义 Owen 值如下所示:

$$AO_i(N, \Gamma, v, \mathscr{H}) = \sum_{\{R \in \mathscr{H}_M : k \in R*\}} \sum_{\{S \in \mathscr{H}_{B_k} : i \in S*\}} \frac{c(R)c(R \cup k, M)}{c(M)} \frac{c(S)c(S \cup i, B_k)}{c(B_k)}$$

$$(v(Q \cup S \cup i) - v(Q \cup S)) \quad \forall i \in N, \tag{4.37}$$

其中, $S^* = \{i \in B_k \backslash S : S \cup i \in \mathscr{H}_{B_k}\}$ 和 $Q = \bigcup_{l \in R} B_l$.

引理 4.4　令 $v \in G(N, \Gamma, \mathscr{H})$, 则存在唯一的集系数 $\{c_T : \varnothing \neq T \in L(N, \Gamma, \mathscr{H})\}$ 满足 $v = \sum_{\varnothing \neq T \in L(N, \Gamma, \mathscr{H})} c_T u_T$, 其中 u_T 是一个一致对策. 此外,

$$c_T = \sum_{\{H \in \mathscr{H}_M : H \subseteq R\}} (-1)^{r-h} \left(\sum_{\{D \in \mathscr{H}_{B_k} : D \subseteq A\}} (-1)^{a-d} v(Q \cup D) \right),$$

其中, $T = A \bigcup_{l \in R \in \mathscr{H}_M, k \in R^*} B_l$, $A \in \mathscr{H}_{B_k} \backslash \varnothing$ 和 $Q = \bigcup_{l \in H} B_l$, r 和 h 分别表示 R 和 H 的势指标.

证明　对任意 $S \in L(N, \Gamma, \mathscr{H}) \backslash \{\varnothing\}$, 不失一般性, 假定 $S = E \bigcup_{l \in P \in \mathscr{H}_M, k \in P^*} B_l$, 其中 $E \in \mathscr{H}_{B_k} \backslash \varnothing$. 得到:

$$\left(\sum_{\varnothing \neq T \in L(N, \Gamma, \mathscr{H})} c_T u_T \right) (S)$$

$$= \sum_{\varnothing \neq T \in L(N, \Gamma, \mathscr{H})} c_T u_T(S) = \sum_{\varnothing \neq T \in L(N, \Gamma, \mathscr{H}), T \subseteq S} c_T$$

$$= \sum_{\varnothing \neq T \in L(N, \Gamma, \mathscr{H}), T \subseteq S} \left(\sum_{\{H \in \mathscr{H}_M : H \subseteq R\}} (-1)^{r-h} \left(\sum_{\{D \in \mathscr{H}_{B_k} : D \subseteq A\}} (-1)^{a-d} v(Q \cup D) \right) \right)$$

$$= \sum_{\{R \in \mathscr{H}_M : R \subseteq P\}} \sum_{\{H \in \mathscr{H}_M : H \subseteq R\}} (-1)^{r-h} \left(\sum_{\{A \in \mathscr{H}_{B_k} : A \subseteq E\}} \sum_{\{D \in \mathscr{H}_{B_k} : D \subseteq A\}} (-1)^{a-d} v(Q \cup D) \right)$$

$$= \sum_{\{R \in \mathscr{H}_M : R \subseteq P\}} \sum_{\{H \in \mathscr{H}_M : H \subseteq R\}} (-1)^{r-h} \left(\sum_{\{D \in \mathscr{H}_{B_k} : D \subseteq E\}} \sum_{\{A \in \mathscr{H}_{B_k} : A \subseteq E\}} (-1)^{a-d} v(Q \cup D) \right).$$

由莫比乌斯函数的性质得到:

$$\sum_{\{D \in \mathscr{H}_{B_k} : D \subseteq E\}} \sum_{\{A \in \mathscr{H}_{B_k} : A \subseteq E\}} (-1)^{a-d} v(Q \cup D) = v(E \cup Q)$$

和

$$\sum_{\{R\in\mathscr{H}_M:R\subseteq P\}}\sum_{\{H\in\mathscr{H}_M:H\subseteq R\}}(-1)^{r-h}v(E\cup Q)$$
$$=\sum_{\{H\in\mathscr{H}_M:H\subseteq P\}}\sum_{\{R\in\mathscr{H}_M:R\subseteq P\}}(-1)^{r-h}v(E\cup Q)$$
$$=v(E\cup\bigcup_{l\in P\in\mathscr{H}_M,k\in P_*}B_l)$$
$$=v(S). \qquad 证毕.$$

令 $f:G(N,\Gamma,\mathscr{H})\to\mathrm{R}^n$. 类似于 Owen[39], Faigle 和 Kern[81] 及 Bilbao 和 Ordonez[102], 我们给出如下性质:

线性性质 (AL): 令 $v_1,v_2\in G(N,\Gamma,\mathscr{H})$ 和 $\alpha,\beta\in\mathrm{R}$, 有

$$f(N,\Gamma,\alpha v_1+\beta v_2,\mathscr{H})=\alpha f(N,\Gamma,v_1,\mathscr{H})+\beta f(N,\Gamma,v_2,\mathscr{H}).$$

支集性质 (ACP): 令 $v\in G(N,\Gamma,\mathscr{H})$. 若 T 是一个支集, 则 $v(T)=\sum\limits_{i\in T}f_i(N,\Gamma,v,\mathscr{H})$.

联盟内的强等级性 (AHSC): 令 $v\in G(N,\Gamma,\mathscr{H})$. 对任意 $T\in L(N,\Gamma,\mathscr{H})$, 不失一般性, 假定 $T=S\bigcup_{l\in R\in\mathscr{H}_M,k\in R^*}B_l$ 满足 $S\in\mathscr{H}_{B_k}\setminus\varnothing$. 对任意 $i,j\in S$, 有

$$h_S^{B_k}(j)f_i(N,\Gamma,u_T,\mathscr{H})=h_S^{B_k}(i)f_j(N,\Gamma,u_T,\mathscr{H}).$$

联盟结构的强等级性 (AHSU): 令 $v\in G(N,\Gamma,\mathscr{H})$. 对任意 $\mathscr{H}\in\mathscr{H}_M$ 和 $k,p\in H$, 有

$$h_H^M(k)\sum_{j\in B_p}f_j(N,\Gamma,u_T,\mathscr{H})=h_H^M(p)\sum_{i\in B_k}f_i(N,\Gamma,u_T,\mathscr{H}),$$

其中, $T\in L(N,\Gamma,\mathscr{H})$ 满足 $T\subseteq\bigcup_{l\in H}B_l$.

引理 4.5 令 $v\in G(N,\Gamma,\mathscr{H})$. 广义 Owen 值定义在一致对策 u_T 上, 可表示为

$$AO_i(N,\Gamma,u_T,\mathscr{H})=\begin{cases} h_R^M(k)h_S^{B_k}(i) & 若\ i\in S,\\ 0 & 否则, \end{cases}$$

其中, $T=S\bigcup_{l\in R\in H_M,k\in R^*}B_l$ 和 $S\in\mathscr{H}_{B_k}\setminus\varnothing$.

证明 由式 (4.37) 得到:

$$AO_i(N,\Gamma,u_T,\mathscr{H})$$
$$=\frac{1}{c(M)}\sum_{H\in\mathrm{Ch}(\mathscr{H}_M)}\left(\frac{1}{c(B_k)}\sum_{C\in\mathrm{Ch}(\mathscr{H}_{B_k})}(u_T(Q\cup C(i))-u_T((Q\cup C(i))\setminus i))\right).$$

情形 1: 若 $T \not\subset Q \cup C(i)$, 则 $u_T(Q \cup C(i)) - u_T((Q \cup C(i)) \backslash i) = 0$.

情形 2: 若 $T \subseteq Q \cup C(i)$ 和 $i \notin S$, 则 $T \subseteq Q \cup C(i)$ 意味着 $T \subseteq (Q \cup C(i)) \backslash i$, 且

$$u_T(Q \cup C(i)) - u_T((Q \cup C(i)) \backslash i) = 0.$$

情形 3: 若 $T \subseteq Q \cup C(i)$ 和 $i \in S$, 得到 $u_T(Q \cup C(i)) - u_T((Q \cup C(i)) \backslash i) = 1$.

因此, 对每个链 $C \in \mathrm{Ch}(\mathscr{H}_{B_k})$ 和 $H \in \mathrm{Ch}(\mathscr{H}_M)$, 有

$$(u_T)_{B_k}(C(i)) - (u_T)_{B_k}(C(i) \backslash i) = u_S(C(i)) - u_S(C(i) \backslash i) = 1$$

且

$$u_T^B(H(k)) - u_T^B(H(k) \backslash k) = u_{R'}(H(k)) - u_{R'}(H(k) \backslash k) = 1,$$

其中, $S \subseteq C(i)$, $R' \subseteq H(k)$, $R' = R \cup k$ 和 $u_{R'}(H) = \begin{cases} 1 & R' \subseteq H, \\ 0 & \text{否则}. \end{cases}$

即

$$u_T(Q \cup C(i)) - u_T((Q \cup C(i)) \backslash i)$$
$$= (u_S(C(i)) - u_S(C(i) \backslash i))(u_{R'}(H(k)) - u_{R'}(H(k) \backslash k)).$$

故 $AO_i(N, \Gamma, u_T, \mathscr{H}) = h_R^M(k) h_S^{B_k}(i)$. 证毕.

定理 4.13　令 $f : G(N, \Gamma, \mathscr{H}) \to \mathbf{R}^n$. f 是满足线性性质 (AL), 支集性质 (ACP), 联盟内的强等级性 (AHSC) 和联盟结构的强等级性 (AHSU) 的唯一分配指标.

证明　存在性. 由式 (4.37) 易知, AO 满足线性性质 (AL).

支集性质 (ACP): 由定义 4.8 和式 (4.37) 得到:

$$AO_i(N, v, \Gamma, \mathscr{H}) = 0 \quad \forall i \in N \backslash T.$$

当 $i \in T$ 时, 对任意 $S \in \mathscr{H}_{B_k}$, 令 $v^Q(S) = v(Q \cup S) - v(Q)$. 得到:

$$\sum_{i \in T} AO_i(N, v, \Gamma, \mathscr{H}) = \sum_{i \in N} AO_i(N, v, \Gamma, \mathscr{H})$$
$$= \sum_{i \in N} \sum_{\{R \in \mathscr{H}_M : k \in R^*\}} \sum_{\{S \in \mathscr{H}_{B_k} : i \in S^*\}} \frac{c(R) c(R \cup k, M)}{c(M)} \frac{c(S) c(S \cup i, B_k)}{c(B_k)}$$
$$(v(Q \cup S \cup i) - v(Q \cup S))$$
$$= \sum_{i \in N} \sum_{\{R \in \mathscr{H}_M : k \in R^*\}} \sum_{\{S \in \mathscr{H}_{B_k} : i \in S^*\}} \frac{c(R) c(R \cup k, M)}{c(M)} \frac{c(S) c(S \cup i, B_k)}{c(B_k)}$$
$$(v^Q(S \cup i) - v^Q(S))$$

$$= \sum_{k \in M} \sum_{\{R \in \mathscr{H}_M : k \in R^*\}} \frac{c(R)c(R \cup k, M)}{c(M)} \sum_{i \in B_k} \sum_{\{S \in \mathscr{H}_{B_k} : i \in S^*\}} \frac{c(S)c(S \cup i, B_k)}{c(B_k)}$$

$$\left(v^Q(S \cup i) - v^Q(S) \right)$$

$$= \sum_{k \in M} \sum_{\{R \in \mathscr{H}_M : k \in R^*\}} \frac{c(R)c(R \cup k, M)}{c(M)} v^Q(B_k)$$

$$= \sum_{k \in M} \sum_{\{R \in \mathscr{H}_M : k \in R^*\}} \frac{c(R)c(R \cup k, M)}{c(M)} \left(v^B(R \cup k) - v^B(R) \right)$$

$$= v^B(M) = v(N) = v(T).$$

由引理 4.5 知, 联盟内的强等级性 (AHSC) 成立.

由引理 4.5 得到:

$$AO_i(N, \Gamma, u_T, \mathscr{H}) = h_H^M(k) h_S^{B_k}(i)$$

和

$$AO_j(N, \Gamma, u_T, \mathscr{H}) = h_H^M(p) h_E^{B_P}(j).$$

由支集性质 (ACP) 得到:

$$\sum_{i \in B_k} AO_i(N, \Gamma, u_T, \mathscr{H}) = \sum_{i \in B_k} h_H^M(k) h_S^{B_k}(i) = h_H^M(k)$$

和

$$\sum_{j \in B_p} AO_j(N, \Gamma, u_T, \mathscr{H}) = \sum_{j \in B_p} h_H^M(p) h_E^{B_P}(j) = h_H^M(p).$$

因此, 联盟结构的强等级性 (AHSU) 成立.

唯一性. 由引理 4.4 和线性性质 (AL), 只需证明 AO 在一致对策 u_T 上的唯一性即可, 其中 $T \in L(N, \Gamma, \mathscr{H})$ 满足 $T \neq \varnothing$. 令 $M' = \{k \in M : B_k \cap T \neq \varnothing\}$ 和 $B_k' = B_k \cap T, k \in M$. 在 M 上定义一致商对策 u_T^B 如下所示:

$$u_T^B(R) = \begin{cases} 1 & M' \subseteq R, \\ 0 & 否则, \end{cases}$$

其中, $R \subseteq M$.

令 f 是定义在 $(N, \Gamma, u_T, \mathscr{H})$ 上满足定理中性质的一个解. 由支集性质 (ACP) 和联盟结构的强等级性 (AHSU) 得到:

$$\sum_{i \in B_k} f_i(N, u_T, \Gamma, \mathscr{H}) = \begin{cases} 0 & k \notin M', \\ h_{M'}^M(k) & k \in M'. \end{cases}$$

对任意 $k \subseteq M'$, 由联盟内的强等级性 (AHSC) 得到:

$$h_{B_k'}^{B_k}(j)f_i(N, \Gamma, u_T, \mathscr{H}) = h_{B_k'}^{B_k}(i)f_j(N, \Gamma, u_T, \mathscr{H}).$$

由于 $\displaystyle\sum_{i \in B_k'} h_{B_k'}^{B_k}(i) = 1$, 得到:

$$f_i(N, \Gamma, u_T, \mathscr{H}) = \begin{cases} 0 & i \in B_k \backslash B_k', \\ h_{M'}^{M}(k)h_{B_k'}^{B_k}(i) & i \in B_k'. \end{cases}$$

由引理 4.5 知, f 和 AO 在 u_T 上相等. 证毕.

类似于 Bilbao 和 Ordonez[102] 所定义的同一对策. 对任意 $S \in L(N, \Gamma, \mathscr{H}) \backslash \varnothing$, 同一对策 $\delta_S : L(N, \Gamma, \mathscr{H}) \to \mathrm{R}$ 定义为:

$$\delta_S(T) = \begin{cases} 1 & S = T, \\ 0 & \text{否则}. \end{cases}$$

由式 (4.37) 易知, $G(N, \Gamma, \mathscr{H})$ 上的广义 Owen 值可等价表示为:

$$\begin{aligned} AO_i(N, \Gamma, v, \mathscr{H}) = \sum_{\{R \in \mathscr{H}_M : k \in R^*\}} \sum_{\{S \in \mathscr{H}_{B_k} : i \in exS\}} \frac{c(R)c(R \cup k, M)}{c(M)} \frac{c(S \backslash i)c(S, B_k)}{c(B_k)} \\ (v(Q \cup S) - v((Q \cup S) \backslash i)) \quad \forall i \in N, \end{aligned} \tag{4.38}$$

其中, $exS = \{i \in S : S \backslash i \in \mathscr{H}_{B_k}\}$.

类似于 Bilbao 和 Ordonez[102], Meng 和 Zhang[115] 引入了 $G(N, \Gamma, \mathscr{H})$ 上的链公理如下所示:

联盟上的链公理 (ACAC): 令 $v \in G(N, \Gamma, \mathscr{H})$. 对任意 $T \in L(N, \Gamma, \mathscr{H})$, 不失一般性, 假定 $T = S \bigcup_{l \in R \in \mathscr{H}_M, k \in R^*} B_l$ 满足 $S \in \mathscr{H}_{B_k} \backslash \varnothing$. 对所有 $i, j \in exS$, 有

$$c(S \backslash i)f_j(N, \Gamma, \delta_S, \mathscr{H}) = c(S \backslash j)f_i(N, \Gamma, \delta_S, \mathscr{H}).$$

定理 4.14　令 $f : G(N, \Gamma, \mathscr{H}) \to \mathrm{R}^n$. f 是满足线性性质 (AL), 支集性质 (ACP), 联盟上的链公理 (ACAC) 和联盟结构的强等级性 (AHSU) 的唯一分配指标.

定理 4.15　定理 4.13 与定理 4.14 所给的公理体系是等价的.

证明　要证定理 4.13 与定理 4.14 所给公理体系的等价性, 只需证明联盟上的链公理 (ACAC) 和联盟内的强等级性 (AHSC) 的等价性即可.

AHSC→ACAC: 由 $h_S^{B_k}(i) = \displaystyle\sum_{\{S \in \mathscr{H}_{B_k} : i \in exS, T \cap B_k \subseteq S\}} \frac{c(S \backslash i)c(S, B_k)}{c(B_k)}$ 和联盟内的强等级性 (AHSC) 得到:

$$\sum_{\{S \in \mathscr{H}_{B_k} : i \in exS, T \cap B_k \subseteq S\}} \frac{c(S \backslash i)c(S, B_k)}{c(B_k)} f_j(N, \Gamma, u_{T \cap B_k}, \mathscr{H})$$

$$= \sum_{\{S\in\mathscr{H}_{B_k}:j\in exS,T\cap B_k\subseteq S\}} \frac{c(S\backslash j)c(S,B_k)}{c(B_k)} f_i(N,\Gamma,u_{T\cap B_k},\mathscr{H}).$$

由于 $u_{T\cap B_k} = \sum_{T\cap B_k\subseteq S}\delta_S$ 得到: $f_i(N,\Gamma,u_T,\mathscr{H}) = f_i\left(N,\Gamma,\sum_{T\cap B_k\subseteq S}\delta_S,\mathscr{H}\right)$.
由线性性质 (AL) 得到:

$$f_i(N,\Gamma,u_T,\mathscr{H}) = \sum_{T\cap B_k\subseteq S} f_i(N,\Gamma,\delta_S,\mathscr{H}).$$

由支集性质 (ACP) 得到: $f_i(N,\Gamma,\delta_S,\mathscr{H}) \neq 0$ 当且仅当 $i\in exS$. 因此,

$$f_i(N,\Gamma,u_T,\mathscr{H}) = \sum_{\{S\in\mathscr{H}_{B_k}:i\in exS,T\cap B_k\subseteq S\}} f_i(N,\Gamma,\delta_S,\mathscr{H})$$

和

$$\sum_{\{S\in\mathscr{H}_{B_k}:i\in exS,T\cap B_k\subseteq S\}} \frac{c(S\backslash i)c(S,B_k)}{c(B_k)} \sum_{\{S\in\mathscr{H}_{B_k}:j\in exS,T\cap B_k\subseteq S\}} f_j(N,\Gamma,\delta_S,\mathscr{H})$$

$$= \sum_{\{S\in\mathscr{H}_{B_k}:j\in exS,T\cap B_k\subseteq S\}} \frac{c(S\backslash j)c(S,B_k)}{c(B_k)} \sum_{\{S\in\mathscr{H}_{B_k}:i\in exS,T\cap B_k\subseteq S\}} f_i(N,\Gamma,\delta_S,\mathscr{H}).$$

故,

$$\sum_{\{S\in\mathscr{H}_{B_k}:i\in exS,T\cap B_k\subseteq S\}} \sum_{\{S\in\mathscr{H}_{B_k}:j\in exS,T\cap B_k\subseteq S\}} \frac{c(S\backslash i)c(S,B_k)}{c(B_k)} f_j(N,\Gamma,\delta_S,\mathscr{H})$$

$$= \sum_{\{S\in\mathscr{H}_{B_k}:j\in exS,T\cap B_k\subseteq S\}} \sum_{\{S\in\mathscr{H}_{B_k}:i\in exS,T\cap B_k\subseteq S\}} \frac{c(S\backslash j)c(S,B_k)}{c(B_k)} f_i(N,\Gamma,\delta_S,\mathscr{H}).$$

由 S 的任意性, 得到:

$$\frac{c(S\backslash i)c(S,B_k)}{c(B_k)} f_j(N,\Gamma,\delta_S,\mathscr{H}) = \frac{c(S\backslash j)c(S,B_k)}{c(B_k)} f_i(N,\Gamma,\delta_S,\mathscr{H}).$$

即 $c(S\backslash i)f_j(N,\Gamma,\delta_S,\mathscr{H}) = c(S\backslash j)f_i(N,\Gamma,\delta_S,\mathscr{H})$;

　　由上面的证明易知: 由联盟上的链公理 (ACAC) 可得到联盟内的强等级性 (AHSC). 证毕.

　　类似于 Young[20] 关于经典合作对策上 Shapley 函数的强单调性, Meng 和 Zhang[115] 定义了 $G(N,\Gamma,\mathscr{H})$ 上的强单调性如下所示:

　　强单调性 (ASM): 令 $v,w\in G(N,\Gamma,\mathscr{H})$. 对任意 $S\in L(N,\Gamma,\mathscr{H})\backslash\varnothing$ 满足 $i\in S^*$, 若 $v(S\cup i)-v(S)\geqslant w(S\cup i)-w(S)$, 则 $f_i(N,\Gamma,v,\mathscr{H})\geqslant f_i(N,\Gamma,w,\mathscr{H})$.

　　定理 4.16　　令 $f:G(N,\Gamma,\mathscr{H})\to \mathrm{R}^n$. 则 f 是满足支集性质 (ACP), 联盟内的强等级性 (AHSC), 联盟结构的强等级性 (AHSU) 和强单调性 (ASM) 的唯一分配指标.

证明　由定理 4.13 和式 (4.37) 易知, AO 满足定理 4.16 中的性质. 接下来, 让我们证明其唯一性. 由引理 4.4, 对任意 $v \in G(N, \Gamma, \mathscr{H})$, v 可表示为:

$$v = \sum_{\varnothing \neq T \in L(N, \Gamma, \mathscr{H})} c_T u_T. \tag{4.39}$$

定义 I 为 v 按式 (4.39) 的某一表达式的非零项的最小数目. 类似于 Young[20], 利用数学归纳法证明.

(I) 若对任意 $T \in L(N, \Gamma, \mathscr{H}) \backslash \varnothing$, $c_T = 0$, 易知,

$$f_i(N, \Gamma, v, \mathscr{H}) = 0 \quad \forall i \in N.$$

(II) 若存在 $T \in L(N, \Gamma, \mathscr{H}) \backslash \varnothing$ 满足 $c_T \neq 0$, 得到: $v = c_T u_T$. 由支集性质 (ACP), 联盟内的强等级性 (AHSC) 和联盟结构的强等级性 (AHSU) 得到:

$$f_i(N, \Gamma, c_T u_T, \mathscr{H}) = \begin{cases} 0 & i \in B_k \backslash B'_k, \\ c_T h_{M'}^M(k) h_{B'_k}^{B_k}(i) & i \in B'_k, \end{cases}$$

其中, M' 和 B'_k 如定理 4.13 所示.

(III) 当 v 有 I 非零项时, 假定 f 是唯一的. 当 v 有 $I+1$ 非零项时, 得到:

$$v = \sum_{r=1}^{I+1} c_{T_r} u_{T_r},$$

其中, $T_r \in L(N, \Gamma, \mathscr{H}) \backslash \varnothing$ 满足 $c_{T_r} \neq 0$.

令 $T = \bigcap_{r=1}^{I+1} T_r$, 对任意 $i \in N \backslash T$, 构建对策

$$w = \sum_{r:(T_r)_i \neq 0} c_{T_r} u_{T_r}.$$

则 w 之多有 I 非零项, 由于

$$v(S \cup i) - v(S) = w(S \cup i) - w(S) \quad \forall S \in L(N, \Gamma, \mathscr{H}) : i \in S^*, i \in N \backslash T.$$

由归纳法和强单调性 (ASM) 得到:

$$f_i(N, \Gamma, w, \mathscr{H}) = f_i(N, \Gamma, v, \mathscr{H}) = \begin{cases} 0 & \text{否则}, \\ \sum_{r:(T_r)_i \neq 0} c_{T_r} h_{M_{T_r}}^M(k) h_{B_{T_r}^k}^{B_k}(i) & i \in B_{T_r}^{k*}, \end{cases}$$

其中, $M_{T_r} = \{k \in M : B_k \cap T_{T_r} \neq \varnothing\}$ 和 $B_{T_r}^k = B_k \cap T_{T_r}$, $k \in M$.

对任意 $i \in T$, 由支集性质 (ACP), 联盟内的强等级性 (AHSC) 和联盟结构的强等级性 (AHSU) 得到:

$$f_i(N, \Gamma, v, \mathscr{H}) = \sum_{r=1}^{I+1} c_{T_r} h_{M_{T_r}}^M(k) h_{B_{T_r}^k}^{B_k}(i).$$

证毕.

例 4.8 为获得更多的利益, 有 5 家公司决定合作, 分别记为 1, 2, 3, 4 和 5. 由于它们的技术水平和工作分工不同, 它们不能自由合作. 为赢得联盟优势, 这 5 家公司形成两个联盟 $B_1 = \{1, 2, 3\}$ 和 $B_2 = \{4, 5\}$. 同具有联盟结构的合作对策一样, B_1 和 B_2 的任意非空子集不能合作. 例如, $\{1, 2\}$ 和 $\{4\}$ 不能合作, 否则, 按照联盟协议, 它们将受到惩罚.

企业 4 和 5 只有当企业 1, 2 和 3 完成了它们的生产后才能执行它们的生产工作. 即对于某一产品的生产, 企业 1, 2 和 3 的生产工序要先于企业 4 和 5. 因此, 当 B_1 和 B_2 合作时, 可以形成的联盟是 $\varnothing, \{B_1\}$ 和 $\{B_1, B_2\}$. 同理, 企业 1, 2 和 3 形成的联盟为 $\varnothing, \{1\}, \{3\}, \{1, 2\}, \{2, 3\}$ 和 B_1, 企业 4 和 5 形成的联盟为 $\varnothing, \{4\}$ 和 B_2. 相应的联盟值 (百万美元/周) 如表 4.5 所示. 因此, v 是一个扩展系统上具有联盟结构的合作对策, 其中 $\Gamma = \{B_1, B_2\}$, $\mathscr{H}_{B_1} = \{\varnothing, \{1\}, \{3\}, \{1, 2\}, \{2, 3\}, B_1\}$, $\mathscr{H}_{B_2} = \{\varnothing, \{4\}, B_2\}$ 和 $\mathscr{H}_M = \{\varnothing, \{1\}, \{1, 2\}\}$.

表 4.5　联盟值　　　　　　　　(单位: 百万美元/周)

S	$v(S)$	S	$v(S)$	S	$v(S)$
$\{1\}$	2	$\{2, 3\}$	6	$\{1, 2, 3, 4, 5\}$	22
$\{3\}$	1	$\{1, 2, 3\}$	10		
$\{1, 2\}$	5	$\{1, 2, 3, 4\}$	15		

由表 4.5 知, 当企业 1 和 2 合作时, 它们的收益是 5 百万美元/周. 由式 (4.37) 得到局中人的广义 Owen 值为:

$$AO_1(N, \Gamma, v, \mathscr{H}) = 3, AO_2(N, \Gamma, v, \mathscr{H}) = 4, AO_3(N, \Gamma, v, \mathscr{H}) = 3,$$

$$AO_4(N, \Gamma, v, \mathscr{H}) = 5, AO_5(N, \Gamma, v, \mathscr{H}) = 7.$$

4.4.3　广义对称 Banzhaf 值

由于对任意 $H \in \mathscr{H}_M$ 满足 $k \notin H$, $H \cup k \in \mathscr{H}$ 当且仅当 $k \in ex\{H \cup k\}$, 记

$$\xi_k = |\{H \in \mathscr{H}_M : k \in exH\}| \text{ 和 } \xi_k(H) = |\{R \in \mathscr{H}_M : k \in exR, H \subseteq R\}|.$$

例 4.9　令 $N = \{1, 2, 3, 4, 5\}$ 和 $\Gamma = \{B_1, B_2\}$ 是 N 上的一个联盟结构, 其中 $B_1 = \{1, 2, 3\}$ 和 $B_2 = \{4, 5\}$. 若 $\mathscr{H}_{B_1} = \{\varnothing, \{1\}, \{2\}, \{1, 3\}, \{2, 3\}, B_1\}$, $\mathscr{H}_{B_2} =$

$\{\varnothing, \{4\}, B_2\}$ 和 $\mathscr{H}_M = \{\varnothing, \{1\}, M\}$, 则这是一个具有联盟结构的扩展系统. 对 $S = \{1, 2, 3\}$, 得到 $h_S^{B_1}(1) = h_S^{B_1}(2) = 1/2$, 若 $R = \{1\}$, 得到 $\xi_2 = \xi_2(R) = 1$.

　　基于 Alonso-Meijide 和 Fiestras-Janeiro[48] 关于具有联盟结构合作对策上的对称 Banzhaf 联盟值及 Bilbao 和 Ordónez[102] 关于扩展系统上 Shapley 函数的研究, Meng 和 Zhang[116] 定义了扩展系统上具有联盟结构合作对策上的广义对称 Banzhaf 值, 如下所示:

$$AB_i(N, v, \Gamma, \mathscr{H}) = \sum_{\{H \in \mathscr{H}_M : k \in exH\}} \sum_{\{S \in \mathscr{H}_{B_k} : i \in S^*\}} \frac{1}{\xi_k} \frac{c(S)c(S \cup i, B_k)}{c(B_k)}$$
$$(v(Q \cup S \cup i) - v(Q \cup S)) \quad \forall i \in N, \tag{4.40}$$

其中, $Q = \bigcup_{l \in H \setminus k} B_l$.

　　例 4.10　令 $N = \{1, 2, 3, 4, 5\}$ 和 $\Gamma = \{B_1, B_2\}$ 是 N 上的一个联盟结构, 其中, $B_1 = \{1, 2, 3\}$ 和 $B_2 = \{4, 5\}$. 相应的扩展系统定义为 $\mathscr{H}_M = \{\varnothing, \{1\}, M\}$, $\mathscr{H}_{B_1} = \{\varnothing, \{1\}, \{3\}\{1, 2\}, \{2, 3\}, B_1\}$ 和 $\mathscr{H}_{B_2} = \{\varnothing, \{4\}, B_2\}$. 各联盟值如表 4.6 所示. 这是一个扩展系统上具有联盟结构的合作对策, 即 $v \in G(N, \Gamma, \mathscr{H})$.

表 4.6　联盟值

S	$v(S)$	S	$v(S)$	S	$v(S)$
$\{1\}$	2	$\{2, 3\}$	5	$\{1, 2, 3, 4\}$	15
$\{3\}$	1	$\{1, 2, 3\}$	10	$\{1, 2, 3, 4, 5\}$	23
$\{1, 2\}$	3				

由式 (4.40) 得到各局中人的广义对称 Banzhaf 值如下所示:

$$AB_1(N, v, \Gamma, \mathscr{H}) = 3.5, AB_2(N, v, \Gamma, \mathscr{H}) = 2.5, AB_3(N, v, \Gamma, \mathscr{H}) = 4,$$
$$AB_4(N, v, \Gamma, \mathscr{H}) = 5, AB_5(N, v, \Gamma, \mathscr{H}) = 8.$$

类似于具有联盟结构合作对策上的对称 Banzhaf 值, Meng 和 Zhang[116] 定义了如下性质:

　　零元性质 (ANP): 令 $v \in G(N, \Gamma, \mathscr{H})$ 和 $i \in N$. 若对任意 $S \in L(N, \Gamma, \mathscr{H})$ 满足 $i \in S^*$, 有 $v(S \cup i) = v(S)$, 则 $f_i(N, v, \Gamma, \mathscr{H}) = 0$.

　　联盟结构上的强等级性-2(AHSU2): 令 $v \in G(N, \Gamma, \mathscr{H})$. 对任意 $T \in L(N, \Gamma, \mathscr{H}) \setminus \varnothing$, 有

$$\frac{\xi_k(H)}{\xi_k} \sum_{j \in B_p} f_j(N, u_T, \Gamma, \mathscr{H}) = \frac{\xi_p(H)}{\xi_p} \sum_{i \in B_k} f_i(N, u_T, \Gamma, \mathscr{H}),$$

其中, $k, p \in H = \{k \in M : B_k \cap T \neq \varnothing\}$.

拟联盟全幂性 (QCTP): 令 $v \in G(N, \Gamma, \mathscr{H})$, 则

$$\sum_{i \in N} f_i(N, v, \Gamma, \mathscr{H}) = \sum_{k \in M} \sum_{\{R \in \mathscr{H}_M : k \in exR\}} \frac{1}{\xi_k} (v^B(R) - v^B(R \backslash k)).$$

定理 4.17　　函数 $f : G(N, \Gamma, \mathscr{H}) \to \mathbf{R}_+^n$ 满足线性性质 (AL), 零元性质 (ANP), 联盟内的强等级性 (AHSC), 联盟结构上的强等级性-2(AHSU2) 和拟联盟全幂性 (QCTP) 当且仅当 $f = AB$.

证明　　由式 (4.40) 易知, AB 满足线性性质 (AL) 和零元性质 (ANP).
联盟内的强等级性 (AHSC): 由式 (4.40) 得到:

$$AB_i(N, \Gamma, u_T, \mathscr{H})$$

$$= \sum_{\{H \subseteq \mathscr{H}_M : k \in exH\}} \frac{1}{\xi_k} \left(\frac{1}{c(B_k)} \sum_{C \in \mathrm{Ch}(\mathscr{H}_{B_k})} (u_T(Q \cup C(i)) - u_T((Q \cup C(i)) \backslash i)) \right)$$

$$= \sum_{\{H \subseteq R \subseteq \mathscr{H}_M : k \in exR\}} \frac{1}{\xi_k} \left(\sum_{\{C \in \mathrm{Ch}(\mathscr{H}_{B_k}) : S \subseteq C(i)\}} \frac{1}{c(B_k)} \right)$$

$$= \frac{\xi_k(H)}{\xi_k} h_i^{B_k}(S).$$

类似的, 得到 $AB_j(N, \Gamma, u_T, \mathscr{H}) = \frac{\xi_k(H)}{\xi_k} h_j^{B_k}(S)$.

联盟结构上的强等级性-2 (AHSU2): 由联盟内的强等级性 (AHSC) 得到:

$$\sum_{i \in B_k} AB_i(N, \Gamma, u_T, \mathscr{H}) = \sum_{i \in B_k} \frac{\xi_k(H)}{\xi_k} h_i^{B_k}(S) = \frac{\xi_k(H)}{\xi_k}.$$

类似的, 得到 $\sum_{j \in B_p} AB_j(N, \Gamma, u_T, \mathscr{H}) = \frac{\xi_p(H)}{\xi_p}$.

拟联盟全幂性 (QCTP): 由式 (4.40) 得到:

$$\sum_{i \in N} AB_i(N, v, \Gamma, \mathscr{H})$$

$$= \sum_{i \in N} \sum_{\{H \in \mathscr{H}_M : k \in exH\}} \sum_{\{S \in \mathscr{H}_{B_k} : i \in S^*\}} \frac{1}{\xi_k} \frac{c(S)c(S \cup i, B_k)}{c(B_k)} (v(Q \cup S \cup i) - v(Q \cup S))$$

$$= \sum_{k \in M} \sum_{\{H \in \mathscr{H}_M : k \in exH\}} \frac{1}{\xi_k} \sum_{i \in B_k} \sum_{S \in \mathscr{H}_{B_k} : i \in S^*} \frac{c(S)c(S \cup i, B_k)}{c(B_k)} (v(Q \cup S \cup i) - v(Q \cup S))$$

$$= \sum_{k \in M} \sum_{\{H \in \mathscr{H}_M : k \in exH\}} \frac{1}{\xi_k} (v(Q \cup B_k) - v(Q))$$

$$= \sum_{k \in M} \sum_{\{H \in \mathscr{H}_M : k \in exH\}} \frac{1}{\xi_k} (v^B(H) - v^B(H \backslash k)).$$

唯一性. 由定理 4.16 知, 只需证明在一致对策上的唯一性即可. 对任意 $T \in L(N, \Gamma, \mathscr{H}) = \backslash \varnothing$ 和 $c_T \geqslant 0$, 令 $M' = \{k \in M : B_k \cap T \neq \varnothing\}$ 和 $B'_k = B_k \cap T, k \in M$, 定义 M 上的一致商对策如下:

$$u_T^B(R) = \begin{cases} 1 & M' \subseteq R, \\ 0 & \text{否则,} \end{cases}$$

其中, $R \subseteq M$.
由零元性质 (ANP) 得到:

$$f_i(N, c_T u_T, \Gamma, \mathscr{H}) = 0 \quad \forall i \notin T.$$

由拟联盟全幂性 (QCTP) 得到:

$$\begin{aligned} \sum_{i \in N} f_i(N, c_T u_T, \Gamma, \mathscr{H}) &= \sum_{k \in M} \sum_{\{R \in \mathscr{H}_M : k \in exR\}} \frac{c_T}{\xi_k} (u_T^B(R) - u_T^B(R \backslash k)) \\ &= \sum_{k \in M} \sum_{\{M' \subseteq R \in \mathscr{H}_M : k \in exR\}} \frac{c_T}{\xi_k} (u_T^B(R) - u_T^B(R \backslash k)) \\ &= \sum_{k \in M'} \frac{c_T \xi_k(M')}{\xi_k}. \end{aligned} \quad (4.41)$$

由联盟结构上的强等级性-2(AHSU2) 得到:

$$\sum_{i \in B_k} f_i(N, c_T u_T, \Gamma, \mathscr{H}) = \frac{\xi_k(M')}{\xi_k} \sum_{j \in B_p} f_j(N, c_T u_T, \Gamma, \mathscr{H}) \left/ \frac{\xi_p(M')}{\xi_p} \right.,$$

其中, $p \in M'$.
固定 $p \in M'$ 得到:

$$\begin{aligned} \sum_{i \in N} f_i(N, c_T u_T, \Gamma, \mathscr{H}) &= \sum_{k \in M} \sum_{i \in B_k} f_i(N, c_T u_T, \Gamma, \mathscr{H}) \\ &= \sum_{k \in M} \frac{\xi_k(M')}{\xi_k} \sum_{j \in B_p} f_j(N, c_T u_T, \Gamma, \mathscr{H}) \left/ \frac{\xi_p(M')}{\xi_p} \right. \\ &= \frac{\displaystyle\sum_{j \in B_p} f_j(N, c_T u_T, \Gamma, \mathscr{H})}{\dfrac{\xi_p(M')}{\xi_p}} \sum_{k \in M'} \frac{\xi_k(M')}{\xi_k}. \end{aligned}$$

由式 (4.41) 得到:

$$\sum_{j \in B_k} f_j(N, c_T u_T, \Gamma, \mathscr{H}) = \begin{cases} \dfrac{c_T \xi_k(M')}{\xi_k} & k \in M', \\ 0 & \text{否则}. \end{cases}$$

由联盟内的强等级性 (AHSC) 得到:

$$f_j(N, c_T u_T, \Gamma, \mathscr{H}) = \begin{cases} h_{B_k'}^{B_k}(i) \dfrac{c_T \xi_k(M')}{\xi_k} & i \in B_k', \\ 0 & \text{否则}. \end{cases}$$

若 $c_T < 0$, 类似于 $c_T \geqslant 0$, 得到 f 关于对策 $-c_T u_T$ 是唯一的, 表示为:

$$f_j(N, c_T u_T, \Gamma, \mathscr{H}) = \begin{cases} -h_{B_k'}^{B_k}(i) \dfrac{c_T \xi_k(M')}{\xi_k} & i \in B_k', \\ 0 & \text{否则}. \end{cases}$$

因此,

$$f_i(N, v, \Gamma, \mathscr{H})$$
$$= \sum_{i \in T \in L(N, \Gamma, \mathscr{H}), c_T \geqslant 0} h_{B_k'}^{B_k}(i) \frac{c_T \xi_k(M')}{\xi_k} - \sum_{i \in T \in L(N, \Gamma, \mathscr{H}), c_T < 0} \left(-h_{B_k'}^{B_k}(i) \frac{c_T \xi_k(M')}{\xi_k} \right)$$
$$= \sum_{i \in T \in L(N, \Gamma, \mathscr{H})} h_{B_k'}^{B_k}(i) \frac{c_T \xi_k(M')}{\xi_k} \quad \forall i \in N.$$

证毕.

4.5 小 结

本章主要探讨了具有联盟结构的限制合作对策. 通过本章论述读者容易发现, 具有联盟结构的限制合作对策是对具有联盟结构合作对策和限制交流合作对策的推广. 需要说明的是: 目前关于此类合作对策的研究成果不是很多, 其理论及应用研究都不十分完善, 许多问题值得进一步探讨.

前面探讨的具有联盟结构的限制合作对策都是基于优先联盟形成对局中人集合一个划分的前提下展开的. 而更为一般的情形是: 局中人不止参与到一个优先联盟, 而是可以参与到多个优先联盟, 如拟阵上的合作对策. 为与具有联盟限制的合作对策相区分, 我们称局中人可以参与到多个优先联盟的合作对策为具有广义联盟结构的合作对策. 同时, 进一步考虑局中人间存在的合作限制, 而不能自由结合形成联盟并获得收益的情形.

第5章 多选择合作对策

前几章无论是经典合作对策, 还是具有联盟限制的合作对策, 都是基于每个局中人只有两个选择或两个参与水平的基础上, 即要么将自己所拥有的某一资源全部投入合作中, 要么完全不参与. 在本章中, 探讨具有多个选择或多个参与水平的合作对策, 即多选择合作对策. 多选择合作对策是指局中人参与合作时拥有多种选择或多个参与水平的合作对策. 多选择合作对策同样分为: 经典多选择合作对策, 具有联盟限制的多选择合作对策. 目前关于多选择合作对策的探讨主要集中在局中人可以自由结合形成联盟并获得联盟收益的经典多选择合作对策上.

5.1 基 本 概 念

令 $N = \{1, 2, \cdots, n\}$ 表示局中人集合, 对任意的局中人 $i \in N$ 有 $m_i + 1$ 个参与水平. 用 $M_i = \{0, 1, \cdots, m_i\}$ 表示局中人 $i \in N$ 的水平空间. 对任意 $i \in N$, 记 $M_i^+ = M_i \backslash \{0\}$. 函数 $v: \prod_{i \in N} M_i \backslash \{0, \cdots, 0\} \to \mathrm{R}^+$ 满足 $v(0, \cdots, 0) = 0$, 称为 $\prod_{i \in N} M_i \backslash \{0, \cdots, 0\}$ 上的一个特征函数. 对任意 $s = (s_1, s_2, \cdots, s_n) \in M = \prod_{i \in N} M_i$, $v(s)$ 表示联盟 s 的收益; 任意 $i \in N$, s_i 表示局中人 i 在联盟 s 中的参与水平. 用一个三维有序向量 (N, m, v) 来表示一个多选择合作对策, 其中 $m = (m_1, m_2, \cdots, m_n)$. 在不至于引起混淆的情形下, 简记为 v. 令 MC^N 表示局中人集合 N 上的多选择合作对策的全体. 对任意 $s \in M$, 用 $\mathrm{ind}s$ 表示 s 的指标集, 即 $\mathrm{ind}s = \{i \in N | s_i > 0\}$. $\mathrm{e}^{\mathrm{ind}s}$ 是 N 上的一个 n 维向量, 满足 $\mathrm{e}_i^{\mathrm{ind}s} = 1$, 若 $i \in \mathrm{ind}s$, 否则 $\mathrm{e}_i^{\mathrm{ind}s} = 0$. 对任意 $s, t \in M$, 有 $s \wedge t = (s_i \wedge t_i)_{i \in N}$ 和 $s \vee t = (s_i \vee t_i)_{i \in N}$. 此外, $s \oplus t = (s_i + t_i)_{i \in N}$. $s \leqslant t$ 当且仅当对任意 $i \in N$, 有 $s_i \leqslant t_i$. 对任意 $s \in M$, $|s| = \sum_{i \in N} s_i$.

定义 5.1 设 $v \in MC^N$, 称 v 为凸多选择合作对策, 若

$$v(s \vee t) + v(s \wedge t) \geqslant v(s) + v(t) \quad \forall s, t \in M.$$

定义 5.2 向量 $w = \left((w_{1i_1})_{i_1 \in M_1^+}, (w_{2i_2})_{i_2 \in M_2^+}, \cdots, (w_{ni_n})_{i_n \in M_n^+} \right)$ 称为 $v \in MC^N$ 的一个分配, 若 w 满足:

$$\sum_{i \in N} \sum_{j=1}^{m_i} w_{ij} = v(m),$$

$$w_{ih} \geqslant v(he^i) - v((h-1)e^i) \quad \forall i \in N, \quad h \in M_i^+,$$

其中, $(w_{kj})_{1 \leqslant j \leqslant m_k} = (w_{k1}, w_{k2}, \cdots, w_{km_k})(k \in N)$. $v \in MC^N$ 上分配的全体记为 $I(N, m, v)$.

定义 5.3 设向量 x, y 是 $v \in MC^N$ 上的两个分配, 若存在 $s \in M \backslash \{e^\varnothing\}$, 使得:

$$v(s) \geqslant \sum_{i \in \text{ind} s} \sum_{j=1}^{s_i} x_{ij},$$

$$x_{ij} > y_{ij} \quad \forall i \in \text{ind} s, \quad \forall 0 < j \leqslant s_i \in M_i^+,$$

则称 x 关于 s 优超 y, 记为 $x \succ_s y$.

定义 5.4 设 $v \in MC^N$, $C(N, m, v)$ 称为 v 的核心, 其中

$$C(N, m, v) = \left\{ w \in (\mathrm{R}^+)^{\sum\limits_{i \in N} m_i} \,\middle|\, \sum_{i \in N} \sum_{j=1}^{m_i} w_{ij} = v(m), \ \sum_{i \in \text{ind} s} \sum_{j=1}^{s_i} w_{ij} \geqslant v(s), \forall s \in M \right\}.$$

定义 5.5 设 $v \in MC^N$, $t \in M$ 称为 M 上关于 v 的一个支撑, 若对任意 $s \in M$, 有 $v(s \wedge t) = v(s)$.

定义 5.6 设 $v \in MC^N$, $i \in N$ 称为 M 上关于 v 的一个零元, 若对任意 $k \in M_i^+$ 和 $s \in M$ 满足 $s_i = 0$, 有 $v(s \vee k) = v(s)$; 若 $v(s \vee k) = v(s) + v(k)$, 则称 $i \in N$ 为 M 上关于 v 的一个哑元.

定义 5.7 向量 $x = \left((x_{1j})_{j \in M_1^+}, (x_{2j})_{j \in M_2^+}, \cdots, (x_{nj})_{j \in M_n^+} \right)$ 称为 $v \in MC^N$ 上的一个多选择人口单调分配机制 (MPMAS), 若 x 满足:

$$\sum_{i \in N} \sum_{j=1}^{m_i} x_{ij}(m) = v(m),$$

$$x_{ij}(s) \leqslant x_{ij}(t), \quad \forall i \in \text{ind} s, \forall 0 \leqslant j \leqslant s_i, s, t \in M, s \leqslant t, s_i = t_i,$$

其中, $x_{ij}(m), x_{ij}(s), x_{ij}(t)$ 分别表示局中人 i 关于联盟 m, s, t 在参与水平 j 时的收益.

定义 5.8 设 E 是 $v \in MC^N$ 上的分配组成的集合, 即 $E \subseteq I(N, m, v)$.

(1) 若对任意 $x, y \in E$, x 与 y 之间没有优超关系, 则称 E 是内部稳定的.

(2) 若对任意 $x \in I(N, m, v) \backslash E$, 存在 $y \in E$ 和 $s \in M \backslash \{e^\varnothing\}$, 满足 $y \succ_s x$, 则称 E 是外部稳定的.

若 E 既是外部稳定的又是内部稳定的, 则称 E 是稳定集.

5.2　Shapley 函数

本节主要给出多选择合作对策上的一些支付指标, 特别是基于 Shapley 函数扩展而来的多选择合作对策上的 Shapley 函数. 目前关于多选择合作对策上支付指标的研究, 主要是对经典合作对策上支付指标的推广. 受局中人参与水平的影响, 关于多选择合作对策上解的探讨比较复杂.

5.2.1　HR Shapley 函数

Hsiao 和 Raghavan[117] 较早注意到局中人在参与合作时, 可能有多个选择. 作者通过对一些实际合作问题的研究, 提出多选择合作对策概念. 需要指出的是: Hsiao 和 Raghavan 所给的多选择合作对策模型中, 不同局中人具有相同的参与水平. 不失一般性, 设每个局中人具有 $m+1$ 个参与水平. 为探讨局中人在不同参与水平下的收益, Hsiao 和 Raghavan 给每一个参与水平一个权重 ω 满足 $\omega(0)=0$ 且 $\omega(1) \leqslant \omega(2) \leqslant \cdots \leqslant \omega(m)$, 其 $\omega(k)$ 表示第 k 个参与水平的权重. 记 $\phi : MC^N \to R_+^{m \times n}$.

权重比例性 (WP): 记 $\omega(0), \omega(1), \cdots, \omega(m)$ 为已知权重. 若 $v \in MC^N$ 定义为:

$$
v(y) = \begin{cases} c > 0 & y \geqslant x, \\ 0 & \text{否则}, \end{cases}
$$

则 $\phi_{ij}(N, m, v)$ 关于权重 $\omega(j)$ 成比例.

权重比例性 (WP) 的含义是: 对于一个二元对策 $(0, c)$, 一个局中人的收益与其相应参与水平所对应的权重成比例.

支撑性 (MCP): 若 $t \in M$ 是关于 $v \in MC^N$ 的一个支撑, 则

$$
\sum_{i \in \mathrm{ind}\,t} \phi_{it_i}(N, m, v) = v(m).
$$

可加性 (MADD): 记 $v, w \in MC^N$. 若对任意 $s \in M$, 有 $v(s) + w(s) = (v+w)(s)$, 则

$$
\phi(N, m, v + w) = \phi(N, m, v) + \phi(N, m, w).
$$

参与水平无效性 (IEPL): 对给定的 $t \in M \backslash \varnothing$ 和任意 $s \not\geqslant t$, 有 $v(s) = 0$. 则

$$
\phi_{ij}(N, m, v) = 0 \quad \forall i \in N, \forall j < t_i.
$$

参与水平无效性 (IEPL) 指对于局中人那些参与水平小于最小具有非零收益的参与水平是无效的.

引理 5.1 记 $v \in MC^N$ 定义为

$$v(y) = \begin{cases} c \neq 0 & y \geqslant x, \\ 0 & \text{否则}. \end{cases}$$

则 x 是关于 v 的最小支撑.

定理 5.1 若 $\omega(0), \omega(1), \cdots, \omega(m)$ 是给定的, 则存在唯一的函数 $\phi: MC^N \to \mathbb{R}_+^{m \times n}$ 满足权重比例性 (WP), 支撑性 (MCP), 可加性 (MADD) 和参与水平无效性 (IEPL).

证明 唯一性. 对任意 $t \in M \backslash \varnothing$, 定义关于 t 的一致对策如下:

$$u_t(s) = \begin{cases} 1 & t \leqslant s, \\ 0 & \text{其它}. \end{cases}$$

则 t 是关于 u_t 的一个支撑, 由支撑性 (MCP) 得到:

$$\sum_{i \in \text{ind}t} \phi_{it_i}(N, m, u_t) = u_t(m) = 1.$$

对任意给定的 $k \in N$ 和 $t_k \in \{0, 1, \cdots, m-1\}$, 令 $t' = \{t_1, \cdots, t_{k-1}, t_k+1, t_{k+1}, \cdots, t_n\}$. 易知, t' 也是关于 u_t 的一个支撑. 由支撑性 (MCP) 得到:

$$\sum_{i \in \text{ind}t \backslash k} \phi_{it_i}(N, m, u_t) + \phi_{kt_k+1}(N, m, u_t) = u_t(m) = 1.$$

因此, $\phi_{kt_k+1}(N, m, u_t) = \phi_{kt_k}(N, m, u_t)$. 类似的,

$$\phi_{ij}(N, m, u_t) = \phi_{it_i}(N, m, u_t) \quad \forall i \in N, \forall j \geqslant t_i. \tag{5.1}$$

由参与水平无效性 (IEPL) 得到:

$$\phi_{ij}(N, m, u_t) = 0 \quad \forall i \in N, \forall j < t_i. \tag{5.2}$$

由权重比例性 (WP), 式 (5.1) 和式 (5.2) 得到:

$$\phi_{ij}(N, m, u_t) = \begin{cases} \dfrac{\omega(j)}{\displaystyle\sum_{l=1}^{m} \omega(l)} & j \geqslant t_i, \\ 0 & \text{否则}. \end{cases} \tag{5.3}$$

注意到:

$$\phi_{ij}(N, m, \alpha u_t) = \begin{cases} \alpha \dfrac{\omega(j)}{\displaystyle\sum_{l=1}^{m} \omega(l)} & j \geqslant t_i, \\ 0 & \text{否则}. \end{cases} \tag{5.4}$$

下证, $\{u_t:\ t \in M \backslash \varnothing\}$ 是关于 MC^N 的一个基. 假定存在常数 $\alpha_t \neq 0$, 满足 $\sum\limits_{t \in M \backslash \varnothing} \alpha_t u_t \equiv 0$. 选择 t' 使得 $\sum\limits_{i=1}^{n} t'_i = \min\left\{\sum\limits_{i=1}^{n} t_i | \alpha_t \neq 0\right\}$. 则有三种情形:

情形 1. $\sum\limits_{i=1}^{n} t_i < \sum\limits_{i=1}^{n} t'_i \Rightarrow \alpha_t = 0$.

情形 2. $\sum\limits_{i=1}^{n} t_i > \sum\limits_{i=1}^{n} t'_i \Rightarrow u_t(t') = 0$.

情形 3. $\sum\limits_{i=1}^{n} t_i = \sum\limits_{i=1}^{n} t'_i \Rightarrow t' = t$ 或 $t' \ngeq t$. 当 $t' \ngeq t$ 时, $u_t(t') = 0$. 因此,

$$\sum_{i=1}^{n} \alpha_t u_t(t') = \alpha_{t'} u_{t'}(t') = \alpha_{t'} \neq 0,$$

矛盾.

综上得到: $\{u_t:\ t \in M \backslash \varnothing\}$ 是关于 MC^N 的一个基. 任意 $v \in MC^N$, v 可表示为:

$$v = \sum_{t \in M \backslash \varnothing} \alpha_t u_t.$$

由于 ϕ 满足可加性 (MADD), 由式 (5.4) 得到:

$$\phi(N, m, v) = \phi\left(N, m, \sum_{t \in M \backslash \varnothing} \alpha_t u_t\right) = \sum_{t \in M \backslash \varnothing} \alpha_t \phi(N, m, u_t). \tag{5.5}$$

由式 (5.3) 和式 (5.5) 知, ϕ 是唯一的.

下证, 由式 (5.3) 和式 (5.5) 得到的分配指标 ϕ 满足定理 5.1 中性质. 易知权重比例性 (WP) 和可加性 (MADD) 显然成立. 接下来证明另外两个性质.

给定 $t \in M$. 对任意 $s \in M$ 和 $v \in MC^N$, 定义 $h : MC^N \to MC^N$, 其中 $h(v)(s) = v(s \wedge t)$. 得到:

$$h(u_z)(s) = u_z(s \wedge t) = \begin{cases} 1 & s \wedge t \geqslant z, \\ 0 & \text{否则}. \end{cases}$$

注意到, 若 $z \leqslant t$, 则 $s \wedge t \geqslant z$ 当且仅当 $s \geqslant z$, 且对任意 $t \in M$, $z \ngeq t \Rightarrow s \wedge t \ngeq z$. 故,

$$h(u_z) = \begin{cases} u_z & t \geqslant z, \\ 0 & \text{否则}. \end{cases}$$

此外, 易知 h 是线性的, 且 $B = \{u_s | s \leqslant t\}$ 生成 h 的值域, 表示为 $R(h)$.

对每一个 $u_s \in B$, 得到:

$$\sum_{i \in \text{ind}t} \phi_{it_i}(N, m, u_s) = \sum_{i \in \text{ind}s} \phi_{is_i}(N, m, u_s) = \sum_{i \in \text{ind}s} \frac{\omega(s_i)}{\sum_{k=1}^{n} \omega(s_k)} = 1 = u_s(m).$$

另一方面, 若 t 是 v 的一个支撑, 则 $v \in R(h)$, 故 $\sum_{i \in \text{ind}t} \phi_{it_i}(N, m, v) = v(m)$. 因此, 支撑性 (MCP) 成立.

给定 $t^* \in M$, 令 $v \in MC^N$ 满足 $v(s)=0$, 其中 $s \not\geqslant t^*$. 令 $v = \sum_{t \in M \setminus \varnothing} \alpha_t u_t$. 记 $\succcurlyeq$ 为集合 $\{t|t \not\geqslant t^*\}$ 上的一个全序, 定义 $t \succcurlyeq s$ 当且仅当 $\sum_{i=1}^{n} t_i \geqslant \sum_{i=1}^{n} s_i$. 因此, $t \equiv s$ 当且仅当 $\sum_{i=1}^{n} t_i = \sum_{i=1}^{n} s_i$.

现在, 选择 t^0 满足 $\sum_{i=1}^{n} t_i^0 = \min\left\{\sum_{i=1}^{n} t_i | t \not\geqslant t^*\right\}$, 得到:

情形 1. $t \geqslant t^* \Rightarrow t^0 \not\geqslant t \Rightarrow u_t(t^0) = 0$.

情形 2. $t \not\geqslant t^*$ 和 $\sum_{i=1}^{n} t_i > \sum_{i=1}^{n} t_i^0 \Rightarrow t^0 \not\geqslant t \Rightarrow u_t(t^0) = 0$.

情形 3. $t \not\geqslant t^*$ 和 $\sum_{i=1}^{n} t_i = \sum_{i=1}^{n} t_i^0 \Rightarrow t^0 = t$(或 $t^0 \not\geqslant t$ 且 $t \not\geqslant t^0$) $\Rightarrow$ 若 $t \neq t^0$, $u_t(t^0) = 0$.

因此, 对任意 t^0 满足 $\sum_{i=1}^{n} t_i^0 = \min\left\{\sum_{i=1}^{n} t_i | t \not\geqslant t^*\right\}$, 有 $\sum_{t \in M \setminus \varnothing} \alpha_t u_t(t^0) = \alpha_{t^0} = v(t^0)$. 再次, 选择 t^1 满足 $\sum_{i=1}^{n} t_i^1 = \min\left\{\sum_{i=1}^{n} t_i | t \not\geqslant t^*, \sum_{i=1}^{n} t_i^0 \neq \sum_{i=1}^{n} t_i\right\}$. 由于 $\alpha_{t^0} = 0$, 重复上述过程可得: $\alpha_{t^1} = 0$, 其中 t^1 满足 $\sum_{i=1}^{n} t_i^1 = \min\left\{\sum_{i=1}^{n} t_i | t \not\geqslant t^*, \sum_{i=1}^{n} t_i^0 \neq \sum_{i=1}^{n} t_i\right\}$.

重复上述过程得到: $\alpha_{t^0} = 0, \alpha_{t^1} = 0, \alpha_{t^2} = 0, \cdots$, 且由于 $\succcurlyeq$ 为集合 $\{t|t \not\geqslant t^*\}$ 上的一个全序知: 若 $t \not\geqslant t^*$, 则 $\alpha_t = 0$. 因此, $v = \sum_{t \geqslant t^*} \alpha_t u_t$. 由于 $t \geqslant t^* \Rightarrow$ 对任意 $j < t_i^*$ 和任意 $i \in N$, $\phi_{ij}(N, m, u_t) = 0$.

进一步得到:

$$\phi_{ij}(N, m, v) = 0 \quad \forall i \in N, \forall j < t_i^*.$$

证毕.

对给定的 $\omega(0), \omega(1), \ldots, \omega(m)$ 及任意 $s \in M$, 定义 $||s||_\omega = \sum_{i=1}^{n} \omega(s_i)$. 对给定的 $s \in M$ 和 $i \in N$, 定义 $A_i(s) = \{p | s_p \neq m, p \neq i\}$.

定理 5.2　对给定的 $\omega(0), \omega(1), \cdots, \omega(m)$, 函数 $\phi: MC^N \to \mathrm{R}_+^{m \times n}$ 满足定理 5.1 中的性质. 则 ϕ 可表示为:

$$
HR_{ij}(N, m, v) = \sum_{k=1}^{j} \sum_{s_i = k, s \in M} \left(\sum_{T \subseteq A_i(s)} (-1)^{|T|} \frac{\omega(i)}{||s||_\omega + \sum_{l \in T} (\omega(l+1) - \omega(l))} \right)
$$
$$
(v(s) - v(s - e^i)) \qquad \forall i \in N, \forall j \in M_i^+, \tag{5.6}
$$

其中, $|T|$ 表示联盟 T 中的元素个数.

证明　由定理 5.1 知, 映射 $\phi: MC^N \to \mathrm{R}_+^{m \times n}$ 可唯一线性表示为式 (5.3). 接下来只需证明式 (5.6) 也满足这些条件. 易知式 (5.6) 是线性的, 故只需证明对任意 $s \in M \backslash \varnothing$ 和每一个 $i \in N$, 式 (5.6) 成立即可.

给定 $s \in M$ 和 $i \in N$, 对所有 $t \not\geqslant s$, 由 $u_s(t) - u_s(t - e^i) = 0$, 且所有 j, $l < s_i, u_s(t|t_i = j) = u_s(t|t_i = l) = 0$, 有

$$
HR_{ij}(N, m, u_s) = 0 \quad \forall j < s_i,
$$

因此, 只需检验

$$
HR_{is_i}(N, m, u_s) = \sum_{t_i = s_i, t \geqslant s} \sum_{T \subseteq A_i(t)} \left((-1)^{|T|} \frac{\omega(t_i)}{||t||_\omega + \sum_{l \in T} (\omega(t_l + 1) - \omega(t_l))} \right)
$$
$$
(u_s(t) - u_s(t - e^i)), \tag{5.7}
$$

其中, $u_s(t) - u_s(t - e^i) = 1$ 当且仅当 $t \geqslant s$ 和 $t_i = s_i$.

此外, 对所有 $j \geqslant s_i$ 及所有 $t \geqslant s$, $u_s(t|t_i = j) = u_s(t|t_i = s_i) = 1$. 因此, 对所有 $j > s_i$ 及所有 $t \geqslant s$, $u_s(t|t_i = j) - u_s(t|t_i = j - 1) = 0$.

故,

$$
HR_{ij}(N, m, u_s) = HR_{is_i}(N, m, u_s) \quad \forall j > s_i.
$$

只需证明对任意 $s \in M \backslash \varnothing$, 式 (5.7) 退化为

$$
HR_{ij}(N, m, u_s) = \frac{\omega(s_i)}{||s||_\omega} \quad \forall i \in N. \tag{5.8}
$$

采用数学归纳法证明式 (5.8) 成立.

第一步. 对任意 $s \in M$, 当 $\displaystyle\sum_{i=1}^{n} s_i = mn$, $s = \{m, m, \cdots, m\}$时. 对任意 $i \in N$, 得到: $A_i(s) = \varnothing$.

由于 $t = s$ 是唯一满足 $t \geqslant s$ 的联盟, 由式 (5.7) 得到:

$$HR_{ij}(N, m, u_s) = \sum_{t=s} \sum_{T=\varnothing} (-1)^0 \frac{\omega(t_i)}{||t||_\omega} = \frac{\omega(t_i)}{||t||_\omega} = \frac{\omega(s_i)}{||s||_\omega}.$$

此时结论成立.

第二步. 假定式 (5.8) 对所有 $\displaystyle\sum_{i=1}^{n} s_i \geqslant p+1$ 成立. 下证, 当 $\displaystyle\sum_{i=1}^{n} s_i = p$ 时, 结论成立.

为书写方便, 记

$$C_i(t) = \sum_{T \subseteq A_i(t)} \left((-1)^{|T|} \frac{\omega(t_i)}{||t||_\omega + \sum_{l \in T} (\omega(t_l + 1) - \omega(t_l))} \right).$$

则式 (5.7) 可表示为: $\displaystyle HR_{is_i}(N, m, u_s) = \sum_{t_i = s_i, t \geqslant s} C_i(t).$

假定 $\displaystyle\sum_{i=1}^{n} s_i = p$. 对任意给定的 $i \in N$, 记 $A_i(s) = S$. 由容斥原理得到:

$$\sum_{t_i = s_i, t \geqslant s} C_i(t) = \sum_{t_i = s_i, t = s} C_i(t) + \sum_{|T|=1, T \subseteq S} (-1)^{|T|+1} \sum_{t_i = s_i, t \geqslant s + e^T} C_i(t)$$
$$+ \sum_{|T|=2, T \subseteq S} (-1)^{|T|+1} \sum_{t_i = s_i, t \geqslant s + e^T} C_i(t) + \cdots$$
$$+ \sum_{T=S} (-1)^{|T|+1} \sum_{t_i = s_i, t \geqslant s + e^T} C_i(t).$$

对所有 $T \neq \varnothing$, 若 $s + e^T = s^*$, 则 $\displaystyle\sum_{i=1}^{n} s_i^* = \sum_{i=1}^{n} s_i + |T| \geqslant p+1$. 而对 $\displaystyle\sum_{i=1}^{n} s_i + |T| \geqslant p+1$, 由假设得到:

$$\sum_{t_i = s_i, t \geqslant s + e^T} C_i(t) = \frac{\omega(s_i)}{||t + e^T||_\omega} = \frac{\omega(s_i)}{||t||_\omega + \sum_{l \in T} (\omega(t_l + 1) - \omega(t_l))}.$$

然而,

$$\sum_{t_i = s_i, t \geqslant s} C_i(t) = \sum_{t_i = s_i, t = s} C_i(t) + \sum_{T \subseteq S \setminus \varnothing} (-1)^{|T|+1} \frac{\omega(s_i)}{||s||_\omega + \sum_{l \in T} (\omega(s_l + 1) - \omega(s_l))}$$

$$=C_i(s) + \sum_{T \subseteq A_i(s) \setminus \varnothing} (-1)^{|T|+1} \frac{\omega(s_i)}{||s||_\omega + \sum_{l \in T} (\omega(s_l + 1) - \omega(s_l))}$$

$$= \sum_{T \subseteq A_i(s)} \left((-1)^{|T|} \frac{\omega(s_i)}{||s||_\omega + \sum_{l \in T} (\omega(s_l + 1) - \omega(s_l))} \right)$$

$$+ \sum_{T \subseteq A_i(s) \setminus \varnothing} \left((-1)^{|T|+1} \frac{\omega(s_i)}{||s||_\omega + \sum_{l \in T} (\omega(s_l + 1) - \omega(s_l))} \right)$$

$$= \frac{\omega(s_i)}{||s||_\omega} = HR_{ij}(N, m, u_s).$$

因此, 由归纳法知式 (5.8) 成立.　　　　　　　　　　　　　　　　　　　证毕.

特别的, 当每个局中人只有两个参与水平 0 和 1, 且 $\omega(0)=0$ 和 $\omega(1)=1$ 时, 不难得到: $HR(N, m, v) = Sh(N, v)$. 关于上述多选择合作对策模型及分配指标的应用请参考文献 [117].

基于 Ortmann[118,119] 与 Calvo 和 Santos[120] 关于经典合作对策上位势性 (P) 和均衡贡献性 (BC) 的探讨, Hwang 和 Liao[121] 将它们推广到多选择合作对策上, 探讨了 HR Shapley 函数的公理体系. 具体描述如下:

对任意 $x \in M$, 任意 $i \in N$ 和任意 $S \subseteq N$, x_{-i} 指 $x_{N \setminus \{i\}}$, x_S 表示 x 在 S 上的限制; 对任意 $x \in M$, 记 $y = (x_{-i}, j)$ 满足 $y_{-i} = x_{-i}$ 且 $y_i = j$. 此外, 对 $p \in N$ 和 $l \in M_p$, x_{-ip} 表示 $x_{N \setminus \{i,p\}}$ 且 $(x_{-ip}, j, l) = ((x_{-i}, j)_{-p}, l)$.

记 $P : MC^N \to \mathrm{R}^{m \times n}$. 对任意 $i \in N$ 和 $j \in M_i$, 定义

$$D^{i,j} P(N, m, v) = P(N, (m_{-i}, j), v) - P(N, (m_{-i}, 0), v). \tag{5.9}$$

定义 5.9　记 $\phi : MC^N \to \mathrm{R}_+^{m \times n}$, 称函数 ϕ 满足位势性 (MPP), 若存在函数 $P : MC^N \to \mathrm{R}^{m \times n}$, 对任意 $i \in N$ 和 $j \in M_i$, $\phi_{i,j}(N, m, v) = D^{i,j} P(N, m, v)$.

函数 $P : MC^N \to \mathfrak{R}^{m \times n}$ 称为 0-规范的, 若 $P(N, 0^n, v) = 0$; 函数 P 称为有效的, 若 $\sum_{i \in N} D^{i,m_i} P(N, m, v) = v(m)$.

定理 5.3　函数 $\phi : MC^N \to \mathrm{R}_+^{m \times n}$ 满足唯一的 0-规范且有效的位势函数 P 当且仅当 $\phi(N, m, v) = HR(N, m, v)$, 即对任意 $i \in N$ 和 $j \in M_i$,

$$HR_{i,j}(N, m, v) = D^{i,j} P(N, m, v).$$

证明　由式 (5.9) 和 P 的有效性得到:

$$P(N, m, v) = \frac{1}{n} \left[v(m) + \sum_{i \in N} P(N, (m_{-i}, 0), v) \right]. \tag{5.10}$$

由递归法不难得到存在性成立. 此外, 易知 P 由式 (5.10) 唯一确定. 令

$$P(N, m, v) = \sum_{s \in M \backslash \varnothing} \frac{a^s}{|S|}. \tag{5.11}$$

由式 (5.11) 知, P 满足有效性. 因此式 (5.11) 定义了一个唯一的 0-规范且有效的位势函数. 由于 HP Shapley 函数可表示为:

$$HR_{i,j}(N, m, v) = \sum_{s \in M \backslash \varnothing, 0 < s_i \leqslant j} \frac{a^s}{|S|}. \qquad\qquad 证毕.$$

有效性 (MEFF): 记 $v \in MC^N$, 有 $\sum_{i \in N} \phi_{im_i}(N, m, v) = v(m)$.

均衡贡献性 (MBC): 记 $v \in MC^N$. 对任意 $i, k \in N$, 有

$$\phi_{i,j}(N, (m_{-k}, l), v) - \phi_{i,j}(N, (m_{-k}, 0), v) = \phi_{k,l}(N, (m_{-i}, j), v) - \phi_{k,l}(N, (m_{-i}, 0), v),$$

其中, $j \in M_i$ 和 $l \in M_k$.

个体扩展的独立性 (IIE): 记 $v \in MC^N$. 对任意 $i \in N$ 和 $j \in M_i$, 有

$$\phi_{i,j}(N, (m_{-i}, j), v) = \phi_{i,j}(N, (m_{-i}, j+1), v) = \cdots = \phi_{i,j}(N, (m_{-i}, m), v).$$

Hwang 和 Liao[121] 进一步阐述了上述性质成立的弱化条件, 并定义了如下弱有效性 (WMEFF) 指, 当 $n=1$ 时, ϕ 满足有效性 (MEFF); 从上均衡贡献性 (UMBC) 指, 当 $j = m_i$ 和 $l = m_k$ 时, ϕ 满足均衡贡献性 (MBC); 弱个体扩展的独立性 (WIIE) 指, 当 $n=1$ 时, ϕ 满足个体扩展的独立性 (IIE).

双射函数 $\sigma : MC^N \to \left\{1, 2, \cdots, \sum_{i \in N} m_i\right\}$ 称为 M 上一个可行序, 若对任意 $i \in N$ 和 $j \in \{1, 2, \cdots, m_i - 1\}$, 有 $\sigma(i, j) < \sigma(i, j+1)$. 令 σ 和 σ' 是 M 上的两个可行序, σ' 称为 σ 的一个变换, 若存在两个相邻的数 $\sigma(i, j)$ 和 $\sigma(k, l)$ 使得 $\sigma'(k, l) = \sigma(i, j)$, $\sigma'(i, j) = \sigma(k, l)$ 且 $\sigma'(p, q) = \sigma(p, q)$. 记 σ 是 M 上一个可行序且 $k \in \left\{1, 2, \cdots, \sum_{i \in N} m_i\right\}$. 按照可行序 σ 第 k 步后的行动向量表示为 $s^{\sigma, k}$, 其中对任意 $i \in N$, 有

$$s_i^{\sigma, k} = \max\left(\{j \in M_i^+ | \sigma(i, j) \leqslant k\} \cup \{0\}\right).$$

定义 5.10 记 $\phi : MC^N \to \mathrm{R}_+^{m \times n}$. 称函数 ϕ 满足路径独立性 (PI), 若对任意 $v \in MC^N$ 和 M 上的可行序 σ, σ', 有

$$\sum_{i \in N} \sum_{j=1}^{m_i} \left[\phi_{i,j}(N, s^{\sigma, \sigma(i,j)}, v) - \phi_{i,j-1}(N, s^{\sigma, \sigma(i,j)}, v)\right]$$

$$= \sum_{i \in N} \sum_{j=1}^{m_i} \Big[\phi_{i,j}(N, s^{\sigma', \sigma'(i,j)}, v) - \phi_{i,j-1}(N, s^{\sigma', \sigma'(i,j)}, v) \Big].$$

定义 5.11　记 $\phi : MC^N \to \mathrm{R}_+^{m \times n}$ 和 $v \in MC^N$. 定义辅助多选择合作对策 (N, m, v_ϕ) 如下:

$$v_\phi(s) = \sum_{i \in S} \phi_{i,s_i}(N, s, v) \quad \forall s \in M.$$

定理 5.4　记 $\phi : MC^N \to \mathrm{R}_+^{m \times n}$. 下述条件等价:

(i) ϕ 满足位势性;

(ii) ϕ 满足均衡贡献性 (MBC) 和弱个体扩展的独立性 (WIIE);

(iii) ϕ 满足从上均衡贡献性 (UMBC) 和个体扩展的独立性 (IIE);

(iv) ϕ 满足路径独立性 (PI) 和个体扩展的独立性 (IIE);

(v) 对任意 $v \in MC^N$, $\phi(N, m, v) = HR(N, m, v_\phi)$.

记 $\phi : MC^N \to \mathrm{R}_+^{m \times n}$ 和 $S \subseteq N$. 对于 ϕ, S 和 m, 缩减对策 $(S, m_S, v_{S,m}^\phi)$ 定义为:

$$v_{S,m}^\phi(x) = v(x, m_{N \setminus S}) - \sum_{i \in N \setminus S} \phi_{i,m_i}(N, (x, m_{N \setminus S}), v),$$

其中, $x \in M^S$.

一致性 (MCON): 记 $\phi : MC^N \to \mathrm{R}_+^{m \times n}$. 若对任意 $v \in MC^N$, $S \subseteq N$, $i \in S$ 和 $j \in M_i^+$, 有 $\phi_{i,j}(S, m_S, v_{S,m}^\phi) = \phi_{i,j}(N, m, v)$.

引理 5.2　令 $v \in MC^N$ 和 $S \subseteq N \setminus \varnothing$. 记 $(S, m_S, v_{S,m}^{HR})$ 是关于 HR 的缩减对策. 若 $v = \sum\limits_{x \in M \setminus \varnothing} a^x u_x$, 则 $v_{S,m}^{HR}$ 可表示为:

$$v_{S,m}^{HR} = \sum_{y \in M^S \setminus \varnothing} a^y u_{y_S},$$

其中, 对任意 $y \in M^S \setminus \varnothing$, $a^y = \sum\limits_{t \leqslant m_S} \dfrac{|Y|}{|Y| + |T|} a^{(y,t)}(v)$.

证明　由已知得到:

$$v_{S,m}^{HR}(y) = v(y, m_S) - \sum_{k \in S} HR_{k,m_k}(N, (y, m_S), v)$$

$$= \sum_{k \in Y} HR_{k,y_k}(N, (y, m_S), v)$$

$$= \sum_{k \in Y} \sum_{z \leqslant (y, m_S), 0 < z_k \leqslant y_k} \frac{a^z(v)}{|Z|}$$

$$= \sum_{k \in Y} \left[\sum_{z \leqslant (y, m_S), z_k = 1} \frac{a^z(v)}{|Z|} + \cdots + \sum_{z \leqslant (y, m_S), z_k = y_k} \frac{a^z(v)}{|Z|} \right]$$

$$= \sum_{k \in Y} \left[\sum_{p \leqslant y, p_k = 1} \sum_{t \leqslant m_S} \frac{a^{(p.t)}(v)}{|P| + |T|} + \cdots + \sum_{p \leqslant y, p_k = y_k} \sum_{t \leqslant m_S} \frac{a^{(p.t)}(v)}{|P| + |T|} \right]$$

$$= \sum_{p \leqslant y} \sum_{t \leqslant m_S} \frac{|P|}{|P| + |T|} a^{(p.t)}(v).$$

令 $\overline{a}^y = \sum_{t \leqslant m_S} \frac{|Y|}{|Y| + |T|} a^{(y,t)}(v)$, 得到: $v_{S,m}^{HR} = \sum_{y \in M^S \setminus \varnothing} \overline{a}^y u_{y_S}$. 即 $\overline{a}^y = a^y$. 证毕.

定理 5.5 MC^N 上的 Shapley 分配函数 HR 满足一致性 (MCON).

证明 由引理 5.2 得到:

$$HR_{i,j}(S, m_S, v_{S,m}^{HR}) = \sum_{y \leqslant m_S, y_i = j} \frac{a^y}{|Y|}$$

$$= \sum_{y \leqslant m_S, y_i = j} \frac{1}{|Y|} \cdot \sum_{t \leqslant m_S} \frac{|Y|}{|Y| + |T|} a^{(y,t)}$$

$$= \sum_{y \leqslant m_S, y_i = j} \sum_{t \leqslant m_S} \frac{a^{(y,t)}}{|Y| + |T|}$$

$$= \sum_{x \in M, x_i = j} \frac{a^x}{|X|}$$

$$= HR_{i,j}(N, m, v).$$

证毕.

定理 5.6 记 $\phi : MC^N \to \mathrm{R}_+^{m \times n}$.

(i) ϕ 满足有效性 (MEFF), 从上均衡贡献性 (UMBC) 和个体扩展的独立性 (IIE) 当且仅当 $\phi = HR$;

(ii) ϕ 满足有效性 (MEFF), 均衡贡献性 (MBC) 和弱个体扩展的独立性 (WIIE) 当且仅当 $\phi = HR$.

证明 由定理 5.4 易知, (i) 与 (ii) 等价. 此外, 由定理 5.4 存在性成立; 对于唯一性的证明. 由于 ϕ 满足从上均衡贡献性 (UMBC) 和个体扩展的独立性 (IIE), 由定理 5.4 知: $\phi(N, m, v) = HR(N, m, v_\phi)$. 由 v_ϕ 的定义知: $v_\phi = v$. 因此, $\phi = HR$. 证毕.

引理 5.3 记 $\phi : MC^N \to \mathrm{R}_+^{m \times n}$. 若 ϕ 满足弱有效性 (WMEFF) 和一致性 (MCON), 则 ϕ 满足有效性 (MEFF).

证明 当 $n = 1$ 时, 结论成立. 当 $n \geqslant 2$ 时, 令 $k \in N$, 考虑关于 ϕ 的缩减对策

$\left(\{k\}, m_{\{k\}}, v_{\{k\},m}^{\phi}\right)$. 由 $v_{\{k\},m}^{\phi}$ 的定义得到:

$$v_{\{k\},m}^{\phi}(m_j) = v(m) - \sum_{i \in N \setminus k} \phi_{i,m_i}(N, m, v).$$

由 ϕ 满足一致性 (MCON), 对 $l \in M_k^+$, 得到:

$$\phi_{k,l}(N, m, v) = \phi_{k,l}\left(\{k\}, m_{\{k\}}, v_{\{k\},m}^{\phi}\right).$$

由弱有效性 (WMEFF) 知, $\phi_{k,m_k}(N, m, v) = v_{\{k\},m}^{\phi}(m_k)$.

因此, $\sum_{i \in N} \phi_{i,m_i}(N, m, v) = v(m)$. 即 ϕ 满足有效性 (MEFF). 证毕.

引理 5.4　记 $\phi: MC^N \to \mathrm{R}_+^{m \times n}$, 则 $(S, y, v_{S,m}^{\phi}) = (S, y, v_{S,(y,m_{N \setminus S})}^{\phi})$, 其中 $y \in M^S$.

引理 5.5　记 $\phi: MC^N \to \mathrm{R}_+^{m \times n}$. 若 ϕ 满足弱个体扩展的独立性 (WIIE) 和一致性 (MCON), 则 ϕ 满足个体扩展的独立性 (IIE).

证明　令 $i \in N$ 和 $j \in M_i^+ \setminus \{m_i\}$. 对任意 $k = 0, 1, \cdots, m_i - j$, 记 $y^k = (m_{-i}, j + k)$. 对所有 k, 考虑子对策 (N, y^k, v) 的缩减对策 $(\{i\}, j + k, v_{\{i\},y^k}^{\phi})$ 以及子对策 (N, y^0, v) 的缩减对策 $\left(\{i\}, j, v_{\{i\},y^0}^{\phi}\right)$. 由引理 5.4 知, $\left(\{i\}, j, v_{\{i\},y^k}^{\phi}\right) = \left(\{i\}, j, v_{\{i\},y^0}^{\phi}\right)$. 因此, 由弱个体扩展的独立性 (WIIE) 和一致性 (MCON) 知,

$$\begin{aligned}
\phi_{i,j}\left(N, (m_{-i}, j + k), v\right) &= \phi_{i,j}\left(N, y^k, v\right) = \phi_{i,j}\left(\{i\}, j + k, v_{\{i\},y^k}^{\phi}\right) \\
&= \phi_{i,j}\left(\{i\}, j, v_{\{i\},y^k}^{\phi}\right) = \phi_{i,j}\left(\{i\}, j, v_{\{i\},y^0}^{\phi}\right) \\
&= \phi_{i,j}\left(N, y^0, v\right) = \phi_{i,j}\left(N, (m_{-i}, j), v\right).
\end{aligned}$$

证毕.

定理 5.7　记 $\phi: MC^N \to \mathrm{R}_+^{m \times n}$.

(i) ϕ 满足弱有效性 (WMEFF), 从上均衡贡献性 (UMBC), 弱个体扩展的独立性 (WIIE) 和一致性 (MCON) 当且仅当 $\phi = HR$;

(ii) ϕ 满足弱有效性 (WMEFF), 弱个体扩展的独立性 (WIIE), 均衡贡献性 (MBC) 和一致性 (MCON) 当且仅当 $\phi = HR$.

标准二人对策 (MST): 记 $\phi: MC^N \to \mathrm{R}_+^{m \times n}$ 满足 $n = 2$, 有 $\phi(N, m, v) = HR(N, m, v)$.

定理 5.8　记 $\phi: MC^N \to \mathrm{R}_+^{m \times n}$. ϕ 满足标准二人对策 (MST) 和一致性 (MCON) 当且仅当 $\phi = HR$.

5.2.2 *DP* Shapley 函数

Derks 和 Peter[122] 通过对具有限制合作对策上 Shapley 的研究, 探讨了 Hsiao 和 Raghavan 所给多选择合作对策模型上的 *DP* Shapley 函数如下所示:

$$DP_{ij}(N,m,v) = \sum_{s \in M, s_i \geqslant j} \frac{\Delta_v(s)}{\sum_{i \in N} s_i} \quad \forall i \in N, \forall j \in M_i^+, \tag{5.12}$$

其中, $s \neq e^{\varnothing}$ 且 $\Delta_v(s) = v(s) - \sum_{t \leqslant s, t \neq s} \Delta_v(t)$.

为说明 *DP* Shapley 函数的合理性, Derks 和 Peter [122] 建立了 *DP* Shapley 函数的如下公理体系:

有效性-2(MEFF2): 记 $\phi : MC^N \to \mathrm{R}_+^{m \times n}$, 有 $\sum_{i \in N} \sum_{j=1}^{m_i} \phi_{ij}(N,m,v) = v(m)$.

强单调性 (SMON): 记 $\phi : MC^N \to \mathrm{R}_+^{m \times n}$. 对 $v, w \in MC^N$, 有

$$v(s_{-i}, j) - v(s_{-i}, j-1) \geqslant w(s_{-i}, j) - w(s_{-i}, j-1) \quad \forall s \in M, j \in M_i^+,$$

则 $\phi_{ij}(N,m,v) \geqslant \phi_{ij}(N,m,w)$.

否定性质 (MVP): 记 $\phi : MC^N \to \mathrm{R}_+^{m \times n}$. 对所有 $i_1, i_2 \in N$, 若 $j_1 \in M_{i_1}^+$ 和 $j_2 \in M_{i_2}^+$ 是否定水平, 则 $\phi_{i_1 j_1}(N,m,v) = \phi_{i_2 j_2}(N,m,v)$.

此处, $j \in M_i^+$ 称为一个否定水平, 若对任意 $s \in M$ 满足 $s_i < j$, $v(s) = 0$.

定理 5.9 记 $\phi : MC^N \to \mathrm{R}_+^{m \times n}$. ϕ 满足有效性-2(MEFF2), 强单调性 (SMON) 和否定性质 (MVP) 当且仅当 $\phi = DP$.

由 Young[20] 关于经典合作对策上 Shapley 函数公理体系的探讨易知, 定理 5.9 成立. 后来, Klijn et al.[123] 进一步展开对 *DP* Shapley 函数公理体系的研究. 需要指出的是: 大多数性质都是对相应经典合作对策上性质的推广.

哑元性 (MDUM): 记 $\phi : MC^N \to \mathrm{R}_+^{m \times n}$ 和 $i \in N$. 若 $j \in M_i^+$ 是局中人 i 的一个 "哑水平", 则 $\phi_{ij}(N,m,v) = 0$.

此处, $j \in M_i^+$ 称为局中人 i 的一个 "哑水平", 若对任意 $s \in M$, $v(s_{-i}, j-1) = v(s_{-i}, l)$, 其中 $j \leqslant l \leqslant m_i$.

由定理 5.9 易知, *DP* 是满足可加性 (MADD), 有效性-2(MEFF2), 哑元性 (MDUM) 和否定性质 (MVP) 的唯一分配指标.

同等损失性 (MELP): 记 $\phi : MC^N \to \mathrm{R}_+^{m \times n}$ 和 $i \in N$. 对任意 $l \in M_i^+ \backslash m_i$, 有

$$\phi_{il}(N,m,v) - \phi_{il}(N, m - e^i, v) = \phi_{im_i}(N,m,v).$$

从上均衡贡献性-2(UMBC2): 记 $v \in MC^N$. 对任意 $i_1, i_2 \in N$, 有

$$\phi_{i_1 m_{i_1}}(N,m,v) - \phi_{i_1 m_{i_1}}(N, m - e^{i_2}, v) = \phi_{i_2 m_{i_2}}(N,m,v) - \phi_{i_2 m_{i_2}}(N, m - e^{i_1}, v).$$

定理 5.10　记 $\phi : MC^N \to \mathrm{R}_+^{m \times n}$. ϕ 满足有效性-2(MEFF2), 同等损失性 (MELP) 和从上均衡贡献性-2(UMBC2) 当且仅当 $\phi = DP$.

证明　由定理 5.9 知, 只需证明 ϕ 满足同等损失性 (MELP) 和从上均衡贡献性 2(UMBC2). 对任意 $s \in M \backslash \varnothing$, 有

$$
DP_{ij}(N, m, u_s) = \begin{cases} \dfrac{1}{\displaystyle\sum_{k \in N} s_k} & j \leqslant s_i, \\ 0 & j > s_i, \end{cases}
$$

且

$$
DP_{ij}(N, m - e^i, u_s) = \begin{cases} \dfrac{1}{\displaystyle\sum_{j \in N} s_j} & j \leqslant s_i < m_i, \\ 0 & j > s_i 或 m_i = s_i. \end{cases}
$$

由上面的两个式子知 ϕ 满足同等损失性 (MELP).

此外, 由

$$
DP_{im_i}(N, m, u_s) = \begin{cases} \dfrac{1}{\displaystyle\sum_{k \in N} s_k} & m_i = s_i, \\ 0 & m_i > s_i, \end{cases}
$$

和

$$
DP_{im_i}(N, m - e^j, u_s) = \begin{cases} \dfrac{1}{\displaystyle\sum_{k \in N} s_k} & m_j > s_j 且 m_i = s_i, \\ 0 & 否则. \end{cases}
$$

很容易证明 ϕ 满足从上均衡贡献性-2(UMBC2).

唯一性. 假定有两个解 ϕ^1 和 ϕ^2 满足定理 5.10 中的性质. 下证 $\phi^1 = \phi^2$. 对 $\displaystyle\sum_{i \in N} m_i$ 采用归纳法证明 $\phi^1 = \phi^2$. 当 $\displaystyle\sum_{i \in N} m_i = 0$ 时, 易知结论成立. 假定当 $\displaystyle\sum_{i \in N} m_i = p - 1$ 时, 结论成立, 其中 $p \geqslant 1$. 下证, 当 $\displaystyle\sum_{i \in N} m_i = p$ 时, 结论成立.

由同等损失性 (MELP) 和假设知,

$$
\begin{aligned}
\phi_{ij}^1(N, m, v) - \phi_{im_i}^1(N, m, v) &= \phi_{ij}^1(N, m - e^i, v) \\
&= \phi_{ij}^2(N, m - e^i, v) \\
&= \phi_{ij}^2(N, m, v) - \phi_{im_i}^2(N, m, v),
\end{aligned}
$$

其中, $j \neq m_i$.

故,

$$\phi_{ij}^1(N, m-e^i, v) - \phi_{ij}^2(N, m-e^i, v) = \phi_{im_i}^1(N, m, v) - \phi_{im_i}^2(N, m, v) \quad \forall i \in N, \forall j \in M_i^+.$$
(5.13)

此外, 由从上均衡贡献性-2(UMBC2) 和假设知,

$$\begin{aligned}
\phi_{i_1 m_{i_1}}^1(N, m, v) - \phi_{i_2 m_{i_2}}^1(N, m, v) &= \phi_{i_1 m_{i_1}}^1(N, m-e^{i_2}, v) - \phi_{i_2 m_{i_2}}^1(N, m-e^{i_1}, v) \\
&= \phi_{i_1 m_{i_1}}^2(N, m-e^{i_2}, v) - \phi_{i_2 m_{i_2}}^2(N, m-e^{i_1}, v) \\
&= \phi_{i_1 m_{i_1}}^2(N, m, v) - \phi_{i_2 m_{i_2}}^2(N, m, v).
\end{aligned}$$

故,

$$\phi_{i_1 m_{i_1}}^1(N, m, v) - \phi_{i_1 m_{i_1}}^2(N, m, v) = \phi_{i_2 m_{i_2}}^1(N, m, v) - \phi_{i_2 m_{i_2}}^2(N, m, v) \quad \forall i_1, i_2 \in N.$$
(5.14)

由式 (5.13) 和式 (5.14) 知,

$$\phi_{ij}^1(N, m-e^i, v) - \phi_{ij}^2(N, m-e^i, v) = c \quad \forall i \in N, \forall j \in M_i^+,$$

其中, c 是一个常数. 由有效性-2(MEFF2) 知: $c=0$. 故, $\phi^1 = \phi^2$. 证毕.

类似于从上均衡贡献性-2(UMBC2), Klijn 等[123] 进一步引入从下均衡贡献性-2(LMBC2).

从下均衡贡献性-2(LMBC2): 记 $v \in MC^N$. 对任意 $i_1, i_2 \in N$, 得到:

$$\phi_{i_1 1}(N, m, v) - \phi_{i_1 1}(N, m-e^{i_2}, v) = \phi_{i_2 1}(N, m, v) - \phi_{i_2 1}(N, m-e^{i_1}, v).$$

由定理 5.10 易知, DP 是满足有效性-2(MEFF2), 同等损失性 (MELP) 和从下均衡贡献性-2(LMBC2) 的唯一分配指标.

强均衡贡献性 (MSBC): 记 $v \in MC^N$. 对任意 $i_1, i_2 \in N$, 得到:

$$\begin{aligned}
&\phi_{i_1 k_{i_1}}(N, m, v) - \phi_{i_1 k_{i_1}}(N, m-(m_{i_2}-k_{i_2}+1)e^{i_2}, v) \\
&= \phi_{i_2 k_{i_2}}(N, m, v) - \phi_{i_2 k_{i_2}}(N, m-(m_{i_1}-k_{i_1}+1)e^{i_1}, v),
\end{aligned}$$

其中, $k_{i_1} \in M_{i_1}^+$ 和 $k_{i_2} \in M_{i_2}^+$.

弱同等损失性 (MWELP): 记 $\phi : MC^N \to \mathbb{R}_+^{m \times n}$. 若 $m = m_i e^i$, 则对任意 $l \in M_i^+ \backslash m_i$, 有

$$\phi_{il}(N, m, v) - \phi_{il}(N, m-e^i, v) = \phi_{im_i}(N, m, v).$$

定理 5.11 记 $\phi : MC^N \to \mathbb{R}_+^{m \times n}$. ϕ 满足有效性-2(MEFF2), 弱同等损失性 (MWELP) 和强均衡贡献性 (MSBC) 当且仅当 $\phi = DP$.

证明　由定理 5.9 和 DP 易知, 存在性成立. 对唯一性证明采用反证法. 假设存在两个不同的分配指标 ϕ^1 和 ϕ^2 满足定理 5.11 中性质. 对局中人的参与水平采用归纳法证明 $\phi^1 = \phi^2$. 当 $\sum\limits_{i \in N} m_i = 0$ 时, 易知结论成立. 假定当 $\sum\limits_{i \in N} m_i = p - 1$ 时, 结论成立, 其中 $p \geqslant 1$. 下证, 当 $\sum\limits_{i \in N} m_i = p$ 时, 结论成立.

由强均衡贡献性 (MSBC) 和归纳法知,

$$
\begin{aligned}
\phi^1_{i_1 k_{i_1}}(N, m, v) - \phi^1_{i_2 k_{i_2}}(N, m, v) =\; & \phi^1_{i_1 k_{i_1}}(N, m - (m_{i_2} - k_{i_2} + 1)e^{i_2}, v) \\
& - \phi^1_{i_2 k_{i_2}}(N, m - (m_{i_1} - k_{i_1} + 1)e^{i_1}, v) \\
=\; & \phi^2_{i_1 k_{i_1}}(N, m - (m_{i_2} - k_{i_2} + 1)e^{i_2}, v) \\
& - \phi^2_{i_2 k_{i_2}}(N, m - (m_{i_1} - k_{i_1} + 1)e^{i_1}, v) \\
=\; & \phi^2_{i_1 k_{i_1}}(N, m, v) - \phi^2_{i_2 k_{i_2}}(N, m, v).
\end{aligned}
$$

故,

$$
\phi^1_{i_1 k_{i_1}}(N, m, v) - \phi^2_{i_1 k_{i_1}}(N, m, v) = \phi^1_{i_2 k_{i_2}}(N, m, v) - \phi^2_{i_2 k_{i_2}}(N, m, v), \tag{5.15}
$$

其中, $i_1, i_2 \in N$ 且 $k_{i_1} \in M^+_{i_1}, k_{i_2} \in M^+_{i_2}$.

令 $i_1 \in N$ 满足 $m_{i_1} > 0$. 若存在 $i_2 \in N$ 使得 $m_{i_2} > 0$, 则由式 (5.15) 知, 对任意 $k, l \in M^+_{i_1}$, 得到:

$$
\begin{aligned}
\phi^1_{i_1 k}(N, m, v) - \phi^2_{i_1 k}(N, m, v) & = \phi^1_{i_2 1}(N, m, v) - \phi^2_{i_2 1}(N, m, v) \\
& = \phi^1_{i_1 l}(N, m, v) - \phi^2_{i_1 l}(N, m, v).
\end{aligned}
$$

若不存在 $i_2 \in N$ 使得 $m_{i_2} > 0$, 则由弱同等损失性 (MWELP) 和归纳法, 对任意 $k \in M^+_{i_1} \backslash m_{i_1}$, 得到:

$$
\begin{aligned}
\phi^1_{i_1 k}(N, m, v) - \phi^1_{i_1 m_{i_1}}(N, m, v) & = \phi^1_{i_1 k}(N, m - e^{i_1}, v) = \phi^2_{i_1 k}(N, m - e^{i_1}, v) \\
& = \phi^2_{i_1 k}(N, m, v) - \phi^2_{i_1 m_{i_1}}(N, m, v).
\end{aligned}
$$

故,

$$
\phi^1_{i_1 k}(N, m, v) - \phi^2_{i_1 k}(N, m, v) = \phi^1_{i_1 m_{i_1}}(N, m, v) - \phi^2_{i_1 m_{i_1}}(N, m, v) \quad \forall k \in M^+_{i_1}.
$$

综上所述, 对任意 $k, l \in M^+_{i_1}$, 有

$$
\phi^1_{i_1 k}(N, m, v) - \phi^2_{i_1 k}(N, m, v) = \phi^1_{i_1 l}(N, m, v) - \phi^2_{i_1 l}(N, m, v).
$$

由式 (5.15) 得到:

$$\phi_{i_1 k}^1(N, m, v) - \phi_{i_1 k}^2(N, m, v) = c \quad \forall k \in M_{i_1}^+,$$

其中, c 是一个常数. 由有效性-2(MEFF2) 知, $c = 0$. 故 $\phi^1 = \phi^2$. 证毕.

此外, 类似于多选择合作对策上的 *HR* Shapley 函数, Hwang 和 Liao[124] 利用位势函数和一致性探讨了 *DP* Shapley 函数公理体系.

5.2.3　*Van* Shapley 函数

不同于 Hsiao 和 Raghavan 所介绍的多选择合作对策模型, van den Nouweland 等[125] 探讨了更为一般情形下的多选择合作对策, 不同局中人可以拥有不同的参与水平数. 对于此类合作对策, 作者介绍了一些相关分配指标, 如核心, 统治核心, Weber 集等. 此外, 对于凸多选择合作对策, 作者进一步探讨了它们间的相互关系. 同时, 作者从可行序的角度出发, 定义了多选择合作对策上的 *Van* Shapley 函数如下:

$$Van(N, m, v) = \frac{\prod_{i \in N}(m_i!)}{\left(\sum_{i \in N} m_i\right)!} \sum_{\sigma} v^{\sigma}, \tag{5.16}$$

其中, σ 是关于 v 的一个可行序.

由式 (5.16) 可进一步得到:

$$Van_{ij}(N, m, v) = \sum_{s \in M, s_i = j} h_{ij}(s)(v(s) - v(s - e^i)) \quad \forall i \in N, \forall j \in M_i^+, \tag{5.17}$$

其中, $h_{ij}(s) = \left(\dfrac{\left(\sum\limits_{k:(s|s_i-1)_k \neq 0} s_k\right)! \left(\sum\limits_{k \in N}(m_k - s_k)\right)!}{\prod\limits_{k:(s|s_i-1)_k \neq 0}(s_k!) \prod\limits_{k \in N}(m_k - s_k)!} \right) \Bigg/ \dfrac{\left(\sum\limits_{k \in N} m_k\right)!}{\prod\limits_{k \in N}(m_k!)}$, $s|s_i -$

$1 = (s_1, \cdots, s_{i-1}, s_i - 1, s_{i+1}, \cdots, s_n)$. $\left(\sum\limits_{k:(s|s_i-1)_k \neq 0} s_k\right)! \Bigg/ \prod\limits_{k:(s|s_i-1)_k \neq 0}(s_k!)$ 表示从

$e^{\varnothing}$ 到 s 的可行序数, $\left(\sum\limits_{k \in N}(m_k - s_k)\right)! \Big/ \prod\limits_{k \in N}(m_k - s_k)!$ 表示从 s 到 $m = (m_1, \cdots, m_n)$ 的可行序数.

对任意 $s \in M$, 记 $||s|| = \sum\limits_{i \in \text{ind} s} s_i$. Calvo 和 Santos[126] 认为相同局中人以不同的参与水平合作时, 得到一个复制对策, 相应的局中人称为复制局中人. 基于该思

想, 作者介绍了 *Van* Shapley 函数的另一种等价表示形式:

$$Van_i(N, m, v) = \sum_{s \leqslant m - e^i} \frac{||s||!(||m|| - ||s|| - 1)!}{||m||!} \prod_{k \in \text{ind}s} C^{s_k}_{(m - e^{\{i\}})_k}$$

$$\left(v(s + e^i) - v(s)\right) \quad \forall i \in N, \tag{5.18}$$

其中, $C_a^b = \dfrac{a!}{b!(a-b)!}$ 满足 $a, b \in \mathbf{N}$ 且 $a \geqslant b$.

记 $P : MC^N \to \mathbf{R}^{m \times n}$. 对任意 $s \in M$ 满足 $i \in \text{ind}s$ 和 $j \in M_i^+$ 定义

$$D^i P(N, s, v) = P(N, s, v) - P(N, s - e^i, v). \tag{5.19}$$

定义 5.12　记 $\phi : MC^N \to \mathbf{R}_+^{\sum_{i \in N} m_i}$, 称函数 ϕ 满足 C-位势性 (C-MPP), 若存在函数 $P : MC^N \to \mathbf{R}_+^{\sum_{i \in N} m_i}$, 对任意 $s \in M$, 有

$$\sum_{i \in \text{ind}s} s_i \cdot D^i P(N, s, v) = v(s),$$

$$P(N, 0^n, v) = 0.$$

定理 5.12　在 MC^N 上存在一个唯一的位势函数.

证明　由位势函数的定义知, P 可等价表示为:

$$P(N, s, v) = \frac{1}{\sum\limits_{i \in \text{ind}s} s_i} \left[v(s) + \sum_{i \in \text{ind}s} s_i \cdot P(N, s - e^i, v) \right].$$

由递归法和 $P(N, 0^n, v) = 0$, 不难得到, P 是唯一的. 证毕.

Calvo 和 Santos[126] 进一步给出了式 (5.18) 的两个性质如下:

有效性-3(MEFF3): 记 $\phi : MC^N \to \mathbf{R}_+^{\sum_{i \in N} m_i}$. 对任意 $s \in M$, 有

$$\sum_{i \in \text{ind}s} s_i \cdot \phi_i(N, s, v) = v(s).$$

定理 5.13　函数 $\phi : MC^N \to \mathbf{R}_+^{\sum_{i \in N} m_i}$ 满足 C-位势性 (C-MPP) 和有效性-3(MEFF3) 当且仅当 $\phi = Van$.

均衡贡献性-2(MBC2): 记 $\phi : MC^N \to \mathbf{R}_+^{\sum_{i \in N} m_i}$, 对任意 $s \in M$ 满足 $\text{ind}s \geqslant 2$, 有

$$\phi_i(N, s, v) - \phi_i(N, s - e^j, v) = \phi_j(N, s, v) - \phi_j(N, s - e^i, v),$$

其中, $i, j \in \text{ind}s$.

定理 5.14 函数 $\phi: MC^N \to \mathrm{R}_+^{\sum_{i \in N} m_i}$ 满足有效性-3(MEFF3) 和均衡贡献性-2(MBC2) 当且仅当 $\phi(N, m, v) = Van(N, m, v)$.

证明 由式 (5.18) 知, Van 满足有效性-3(MEFF3). 对于均衡贡献性-2(MBC2), 由定理 5.12 得到:

$$
\begin{aligned}
Van_i(N, s, v) - Van_i(N, s - e^j, v) &= D^i P(N, s, v) - D^i P(N, s - e^j, v) \\
&= P(N, s, v) - P(N, s - e^i, v) - P(N, s - e^j, v) \\
&\quad + P(N, s - e^{\{i,j\}}, v) \\
&= D^j P(N, s, v) - D^j P(N, s - e^i, v) \\
&= Van_j(N, s, v) - Van_j(N, s - e^i, v).
\end{aligned}
$$

令 ϕ 是定义在 MC^N 上满足定理 5.14 中性质的一个解. 定义函数 $Q: MC^N \to \mathrm{R}_+^{\sum_{i \in N} m_i}$ 如下:

(i) $Q(N, 0^n, v) = 0$,

(ii) $\phi_i(N, s, v) = Q(N, s, v) - Q(N, s - e^i, v)$ $\forall s \in M, i \in \mathrm{inds}$.

下证 Q 满足定理 5.14 中的性质. 令 $i, j \in \mathrm{inds}$. 由归纳假设得到:

$$
\begin{aligned}
&Q(N, s - e^i, v) + \phi_i(N, s, v) - Q(N, s - e^j, v) - \phi_j(N, s, v) \\
&= Q(N, s - e^i, v) - Q(N, s - e^j, v) + \phi_i(N, s, v) - \phi_j(N, s, v) \\
&= Q(N, s - e^i, v) + Q(N, s - e^{\{i,j\}}, v) - Q(N, s - e^{e^{\{i,j\}}}, v) \\
&\quad - Q(N, s - e^j, v) + \phi_i(N, s, v) - \phi_j(N, s, v) \\
&= \phi_j(N, s - e^i, v) - \phi_i(N, s - e^j, v) + \phi_i(N, s, v) - \phi_j(N, s, v).
\end{aligned}
$$

由均衡贡献性-2(MBC2) 得到:

$$
\phi_j(N, s - e^i, v) - \phi_i(N, s - e^j, v) + \phi_i(N, s, v) - \phi_j(N, s, v) = 0.
$$

此外, 由 $Q(N, 0^n, v) = 0$ 和有效性-3(MEFF3) 得到:

$$
\begin{aligned}
\sum_{i \in \mathrm{inds}} s_i \cdot Q_i(N, s, v) &= \sum_{i \in \mathrm{inds}} s_i \cdot \left[Q(N, s, v) - Q(N, s - e^i, v) \right] \\
&= \sum_{i \in \mathrm{inds}} s_i \cdot \phi_i(N, s, v) = v(s).
\end{aligned}
$$

Q 是一个位势函数. 由定理 5.12 知, $\phi_i(N, s, v) = D^i Q(N, s, v)$. 故 $\phi = Van$. 证毕.

对任意 $s \in M \backslash \{e^\varnothing\}$, 多选择合作对策 (N, m, v) 上关于 s 的同一对策定义为:

$$
\delta_s(t) = \begin{cases} 1 & s = t, \\ 0 & \text{其它.} \end{cases}
$$

表示为 (N, m, δ_s).

当 ϕ 的定义域推广到 van den Nouweland 等所探讨的多选择合作对策时, 即 $\phi: MC^N \to \mathrm{R}_+^{\sum_{i \in N} m_i}$. 便得到: 有效性-2(MEFF2) 和强单调性 (SMON).

准对称性 (QS): 对任意 $v \in MC^N$ 和 $i_1, i_2 \in N$, 若 $j_1 = t_1 \in M_{i_1}^+$, $j_2 = t_2 \in M_{i_2}^+$, 则

$$\sum_{t \leqslant x, x_{i_2} = j_2} h_{i_2 j_2}(x) \phi_{i_1 j_1}(N, m, v) = \sum_{t \leqslant x, x_{i_1} = j_1} h_{i_1 j_1}(x) \phi_{i_2 j_2}(N, m, v),$$

其中, $t \in M \backslash \{e^\varnothing\}$ 是一个否定联盟, 即 $v(s) = \begin{cases} v(t) & \forall s \in M, t \leqslant s, \\ 0 & \text{其它}. \end{cases}$

哑元性-2(DUM2): 对任意 $v \in MC^N$ 和 $i \in N$, 若 $j \in M_i^+$ 是局中人 i 的一个 "零水平", 则 $\phi_{ij}(N, m, v) = 0$.

此处, $j \in M_i^+$ 称为局中人 i 的一个 "零水平" 是指: 对任意 $s \in \prod_{k \in N \backslash \{i\}} M_k$, 有

$$v(s \vee (j - i)e^i) = v(s \vee je^i).$$

定理 5.15　记 $\phi: MC^N \to \mathrm{R}_+^{\sum_{i \in N} m_i}$. ϕ 满足有效性-2(MEFF2), 强单调性 (SMON) 和准对称性 (QS) 当且仅当 $\phi = Van$.

证明　首先证明 Van 满足这些性质. 由式 (5.17) 易知, Van 满足有效性-2(MEFF2) 和强单调性 (SMON). 下证, Van 满足准对称性 (QS). 由式 (5.17) 得到:

$$
\begin{aligned}
Van_{i_1 j_1}(N, m, v) &= \sum_{s \in M, s_{i_1} = j_1} h_{i_1 j_1}(s)(v(s) - v(s - e^i)) \\
&= \sum_{t \leqslant s \in M, s_{i_1} = j_1} h_{i_1 j_1}(s)(v(s) - v(s - e^i)) \\
&= \sum_{t \leqslant s \in M, s_{i_1} = j_1} h_{i_1 j_1}(s) v(t).
\end{aligned}
$$

类似的,

$$Van_{i_2 j_2}(N, m, v) = \sum_{t \leqslant s \in M, s_{i_2} = j_2} h_{i_2 j_2}(s) v(t).$$

故, 准对称性 (QS) 成立.

唯一性. 根据 Young[20] 中的定理 2, 给出如下证明.

由强单调性 (SMON) 得到: 若对任意 $s \in M \backslash \{e^\varnothing\}$ 满足 $s_i = 0$, 有

$$v(s \vee je^i) - v(s \vee (j - 1)e^i) = w(s \vee je^i) - w(s \vee (j - 1)e^i),$$

则

$$\phi_{ij}(N,m,v) = \phi_{ij}(N,m,w),\tag{5.20}$$

其中，$i \in N$ 和 $j \in M_i^+$.

对定义在 M 上的零多选择合作对策 $w \in MC^N$，对任意 $s \in M$ 满足 $s_i = 0$，有 $w(s \vee je^i) - w(s \vee (j-1)e^i) = 0$ 成立，其中 $i \in N$ 和 $j \in M_i^+$. 得到：任意 $t \in M\backslash\{e^\varnothing\}$ 是一个否定联盟，由有效性-2(MEFF2) 和准对称性 (QS)，对任意 $i \in N$ 及任意 $j \in M_i^+$，得到 $\phi_{ij}(N,m,w) = 0$.

由式 (5.20) 知，对任意 $v \in MC^N$，若 $v(s \vee (j-i)e^i) - v(s \vee je^i) = 0$，对任意 $s \in M$ 满足 $s_i = 0$ 成立. 对任意 $i \in N$ 及任意 $j \in M_i^+$，有 $\phi_{ij}(N,m,w) = 0$. 即 ϕ 满足哑元性-2(DUM2). 根据 Klijn 等 [123] 对多选择合作对策的探讨知，对任意 $v \in MC^N$，v 可表示为：

$$v = \sum_{t \in N} \alpha_t u_t,\tag{5.21}$$

其中，u_t 是如上所述的一致对策且 $t \neq e^\varnothing$，α_t 定义为 $\alpha_{e^\varnothing} = 0$ 和 $\alpha_t = v(t) - \sum_{s \leqslant t, s \neq t} \alpha_s$. 故式 (5.17) 可表示为：

$$Van_{ij}(N,m,v) = \begin{cases} \sum_{t \in M, t_i = j} \alpha_t h_{ij}(t) & \forall i \in N, t_i = j \in M_i^+, \\ 0 & \text{其它}. \end{cases}$$

设式 (5.21) 中关于 $v \in MC^N$ 的非零项的最小个数为 I.

情形 (i)：若 $I = 0$，则对任意 $i \in N$，每一个 $j \in M_i^+$ 都是哑水平，得到：

$$\phi_{ij}(N,m,v) = 0;$$

情形 (ii)：若 $I = 1$，则存在 $t \in M\backslash\{e^\varnothing\}$，使得 $v = \alpha_t u_t$，其中 $\alpha_t \neq 0$. 得到：

$$\phi_{ij}(N,m,v) = 0 \quad \forall i \in N, j \in M_i^+,$$

其中，$t_i \neq j$.

当 $j = t_i \in M_i^+$ 时，由有效性-2(MEFF2)，准对称性 (QS) 且 $t \in M\backslash\{e^\varnothing\}$ 是一个否定联盟得到：

$$\phi_{ij}(N,m,v) = \alpha_t h_{ij}(t) \quad \forall i \in \text{ind}t.$$

故，当 $I = 0$ 或 $I = 1$ 时，有 $\phi = Van$.

假定当 $I = I$ 时，有 $\phi = Van$. 下证，当 $I = I + 1$ 时，结论成立. 由假设知，v 可表示为：

$$v = \sum_{r=1}^{I+1} \alpha_{t_r} u_{t_r},$$

其中，$\alpha_{t_r} \neq 0$，$t_r \in M\backslash\{e^\varnothing\}$ 和 $r \in \{1,2,\cdots,I+1\}$.

令 $t = \wedge_{r=1}^{I+1} t_r$, 对任意 $i \in N$, 构建对策

$$w = \sum_{r:(t_r)_i \neq t_i, (t_r)_i \in M_i^+} \alpha_{t_r} u_{t_r}.$$

则对策 w 上非零项的个数至多为 I. 由于

$$v(s \vee je^i) - v(s \vee (j-1)e^i) = w(s \vee je^i) - w(s \vee (j-1)e^i) \quad \forall i \in N, j \in M_i^+,$$

其中, $s \in M \backslash \{e^\varnothing\}$ 满足 $s_i = 0, t_i \neq j$.

由假设和强单调性 (SMON) 得到:

$$\phi_{ij}(N, m, w) = \phi_{ij}(N, m, v) = \sum_{r:(t_r)_i = j} \alpha_{t_r} h_{ij}(t_r) = Van_{ij}(N, m, v),$$

其中, $j \in M_i^+$ 且 $t_i \neq j$.

对任意 $i \in \text{ind} t$ 且 $t_i = j \in M_i^+$, 由有效性-2(MEFF2), 准对称性 (QS) 且 t 是否定联盟得到:

$$\phi_{ij}(N, m, v) = \sum_{r=1}^{I+1} \alpha_{t_r} h_{ij}(t_r) = Van_{ij}(N, m, v).$$

证毕.

正如 Young[20] 所指出的那样, 强单调性可被独立性条件代替, 即一个局中人的收益只依赖于他的边际贡献, 多选择合作对策上的边际贡献叙述如下:

边际贡献性 (MMC): 对 $v, w \in MC^N$, 有

$$v(s \vee je^i) - v(s \vee (j-1)e^i) = w(s \vee je^i) - w(s \vee (j-1)e^i) \quad \forall s \in M \backslash \{e^\varnothing\},$$

其中, $s_i = 0$, 则 $\phi_{ij}(N, m, v) = \phi_{ij}(N, m, w)$.

定理 5.16 记 $\phi : MC^N \to \mathrm{R}_+^{\sum_{i \in N} m_i}$.

(i) ϕ 满足有效性-2(MEFF2), 边际贡献性 (MMC) 和准对称性 (QS) 当且仅当 $\phi = Van$.

(ii) ϕ 满足有效性-2(MEFF2), 可加性 (MADD), 哑元性-2(DUM2) 和准对称性 (QS) 当且仅当 $\phi = Van$.

类似于经典情形, 不加证明的给出多选择合作对策上支撑的两个性质如下:

性质 5.1 对 $v \in MC^N$. $t \in M$ 是 M 上关于 v 的一个支撑, 则对任意 $t' \in M$ 满足 $t \leqslant t'$, t' 也是 M 上关于 v 的一个支撑.

性质 5.2 对 $v \in MC^N$. $t \in M$ 是 M 上关于 v 的一个支撑, 则对任意 $i \in N \backslash \text{ind} t$, i 是一个零元.

由性质 5.1 知, 若 $t \in M$ 是 M 上关于 v 的一个支撑, 则对任意 $i \in N$ 满足 $t_i < j \in M_i^+$, 有 $\phi_{ij}(N, m, v) = 0$, 即 $j \in M_i^+$ 是一个哑水平, 其中 $t_i < j$. 由性质 5.2 知, 若 $i \in N$ 是一个零元, 则任意 $j \in M_i^+$ 都是 "零水平".

根据 Faigle 和 Kern[81] 关于经典 Shapley 函数公理特征的等级性和 Bilbao[83] 关于凸几何上 Shapley 函数公理特征的链公理, 分别给出多选择合作对策上的有关性质如下:

线性性质 (ML): 对任意 $\alpha, \beta \in \mathrm{R}$ 和 $v, w \in MC^N$, 有

$$\phi(N, m, \alpha v + \beta w) = \alpha \phi(N, m, v) + \beta \phi(N, m, w).$$

支集性质 (MC): 若 $t \in M$ 是 M 上关于 $v \in MC^N$ 的一个支撑, 则

$$\sum_{i \in \mathrm{ind}t} \sum_{j=1}^{t_i} \phi_{ij}(N, m, v) = v(t).$$

等级性 (MHST): 对任意 $s \in M \backslash \{e^\varnothing\}$ 和 $i, j \in \mathrm{ind}s$, 有

$$\sum_{s \leqslant r \in M, r_i = s_i} h_{is_i}(r) \phi_{js_j}(N, m, u_s) = \sum_{s \leqslant r \in M, r_j = s_j} h_{js_j}(r) \phi_{is_i}(N, m, u_s),$$

其中, u_s 是如上所述的一致对策.

定理 5.17　记 $\phi: MC^N \to \mathrm{R}_+^{\sum_{i \in N} m_i}$.

(i) ϕ 满足线性性质 (ML), 支集性质 (MC) 和等级性 (MHST) 当且仅当 $\phi = Van$.

(ii) ϕ 满足线性性质 (ML), 有效性-2(MEFF2), 哑元性-2(DUM2) 和等级性 (MHST) 当且仅当 $\phi = Van$.

链性质 (MCA): 对任意 $s \in M \backslash \{e^\varnothing\}$ 和 $i, j \in \mathrm{ind}s$, 有

$$c[0, s|s_i - 1] \phi_{js_j}(N, m, \delta_s) = c[0, s|s_j - 1] \phi_{is_i}(N, m, \delta_s),$$

其中, δ_s 是如上定义的同一对策, $c[0, s|s_i - 1] = \left(\sum_{k:(s|s_i-1)_k \neq 0} s_k \right)! \Big/ \prod_{k:(s|s_i-1)_k \neq 0} (s_k!)$

和 $c[0, s|s_j - 1] = \left(\sum_{k:(s|s_j-1)_k \neq 0} s_k \right)! \Big/ \prod_{k:(s|s_j-1)_k \neq 0} (s_k!)$.

定理 5.18　记 $\phi: MC^N \to \mathrm{R}_+^{\sum_{i \in N} m_i}$.

(i) ϕ 满足线性性质 (ML), 支集性质 (MC) 和链性质 (MCA) 当且仅当 $\phi = Van$.

(ii) ϕ 满足线性性质 (ML), 有效性-2(MEFF2), 哑元性-2(DUM2) 和链性质 (MCA) 当且仅当 $\phi = Van$.

此外, Hwang 和 Liao[124] 将一致性公理推广到 van den Nouweland 等 [122] 所探讨的多选择合作对策模型中, 探讨了 Van 基于一致性的公理体系.

性质 5.3　设 $v \in MC^N$, 若对任意 $s \in M \backslash \{e^\varnothing\}$ 满足 $s_i = j \in M_i^+$, 有

$$v(s) - v(s - e^i) = v(je^i) - v((j-1)e^i),$$

则 $Van_{ij}(N, m, v) = v(je^i) - v((j-1)e^i)$.

设 $v \in MC^N$, 若对任意 $s \in M \backslash \{e^\varnothing\}$ 及 $s_i \in M_i^+$, 有

$$v(s) - v(s - e^i) = v(s_i) - v(s_i - 1).$$

由性质 5.3 知, $\sum_{j=1}^{m_i} Van_{ij}(N, m, v) = v(m_i e^i)$.

推论 5.1　设 $v \in MC^N$. 若对任意 $s \in \prod_{j \in N \backslash \{i\}} M_j^+$ 及 $j, k \in M_i^+$, 有

$$v(s \vee je^i) - v(s \vee (j-1)e^i) = v(s \vee ke^i) - v(s \vee (k-1)e^i),$$

则 $Van_{ij}(N, m, v) = Van_{ik}(N, m, v)$.

性质 5.4　设 $v \in MC^N$. 对任意 $i, j \in N$ 满足 $m_i = m_j$, 有

$$v(s) - v(s - e^i) = v(t) - v(t - e^j),$$

其中, $s \in M \backslash \{e^\varnothing\}$ 满足 $s_i = k \in M_i^+$, 且 $s_i = t_j$, $s_j = t_i$. 对任意 $l \in N \backslash \{i, j\}$, 有 $s_l = t_l$, 则 $Van_{ik}(N, m, v) = Van_{jk}(N, m, v)$.

定理 5.19　设 $v \in MC^N$ 是凸的. 对任意 $i \in N$ 和任意 $j \in M_i^+$ 满足 $v(je^i) \geqslant v((j-1)e^i)$, 则 $(Van_{ij}(N, m, v))_{i \in N, j \in M_i^+}$ 是一个 MPMAS.

定理 5.20　设 $v \in MC^N$ 是凸多选择合作对策, 则 $C(N, m, v) \neq \varnothing$.

定理 5.21　设 $v \in MC^N$ 是凸合作对策, 则 $Van(N, m, v) \in C(N, m, v)$.

证明　对 N 上的任意置换 π, 表示为

$$\begin{aligned}
x_{\pi ij} = &v(m_{\pi 1}e^{\pi 1}, m_{\pi 2}e^{\pi 2}, \cdots, m_{\pi i-1}e^{\pi i-1}, je^{\pi i}) \\
&- v(m_{\pi 1}e^{\pi 1}, m_{\pi 2}e^{\pi 2}, \cdots, m_{\pi i-1}e^{\pi i-1}, (j-1)e^{\pi i}),
\end{aligned}$$

其中, $\pi i \in \pi N$ 且 $j \in M_i^+$. 由定理 5.20 知:

$$x = ((x_{\pi 11}, \cdots, x_{\pi 1 m_{\pi 1}}), (x_{\pi 21}, \cdots, x_{\pi 2 m_{\pi 2}}), \cdots, (x_{\pi n1}, \cdots, x_{\pi n m_{\pi n}})) \in C(N, m, v).$$

由式 (5.16) 知, $Van(N, m, v)$ 是 $C(N, m, v)$ 中 $\left(\sum_{i \in N} m_i\right)! \Big/ \prod_{i \in N} m_i!$ 个元素的凸组合. 而 $C(N, m, v)$ 是一个凸集, 故 $Van(N, m, v) \in C(N, m, v)$. 证毕.

定理 5.20 的证明是对经典合作对策上的核心非空证明的推广. 由定理 5.20 和定理 5.21 知, 多选择合作对策上的 Shapley 函数与核心的关系与经典情形相一致.

例 5.1 美国和北约发动的利比亚战争, 对于美国和北约来说就是一个多选择合作对策. 美国对于利比亚的参战方式可以有多个选择, 如直接派战机和战舰对利比亚军事目标进行打击, 派无人机和预警机为北约其它盟国提供战场信息, 向利比亚反政府武装提供装备等. 而北约其它主要对利比亚实施军事打击的国家如法国和英国也有多个选择, 如派战机对军事目标进行打击, 派军事人员训练利比亚反政府武装和派遣地面部队等. 记美国和北约其它成员国分别为: 1, 2. 即局中人集合 $N = \{1,2\}$. 美国主要有三个选择: 直接派战机和战舰对利比亚军事目标进行打击, 派无人机和预警机为北约其它同盟国提供战场信息和向利比亚反政府武装提供装备, 分别记为 $\{1, 2, 3\}$. 而北约其它成员主要有两个选择: 派遣地面部队和派战机对军事目标进行打击, 分别记为 $\{1, 2\}$. 各国将所作选择从两方面进行评价, 并作为它们所形成联盟的收益, 这两方面为: 打击效果和自身的损失. 若已知各局中人对可能作出的选择并形成联盟的收益如表 5.1 所示. 则此问题可转化为一个多选择合作对策, 其中 $N = \{1,2\}$ 和 $m = \{3,2\}$.

表 5.1 联盟收益值

s	$v(s)$	s	$v(s)$	s	$v(s)$
(1,0)	1	(3,0)	3	(2,2)	18
(0,1)	1	(1,1)	4	(3,1)	15
(2,0)	2	(2,1)	8	(3,2)	30
(0,2)	2	(1,2)	10		

试计算美国和北约其它成员国各选择关于 Van Shapley 函数的收益. 由式 (5.17) 得到:

$$Van_{11}(N,m,v) = 2.3, Van_{12}(N,m,v) = 4.3, Van_{13}(N,m,v) = 9.3,$$
$$Van_{21}(N,m,v) = 3.7, Van_{22}(N,m,v) = 10.3,$$

其中, $Van_{11}(N,m,v) = 2.3$ 表示局中人 1 关于选择 1 的收益.

对于经典合作对策 $v \in G(N)$, 当 $v \in G(N)$ 是凸合作对策时, 可表示为:

$$v(A \cup i) - v(A) \geqslant v(B \cup i) - v(B),$$

其中, $B \subseteq A \subseteq N \backslash \{i\}$.

上述结论对于多选择合作对策是否成立? 类似于经典合作对策, 给出定义如下:

定义 5.13 $v \in MC^N$ 称为同水平凸多选择合作对策, 若对任意 $s \in M \backslash \{e^{\varnothing}\}$ 满足 $t \leqslant s$ 和 $t_i = s_i$, 有 $v(s) - v(s - e^i) \geqslant v(t) - v(t - e^i)$ 成立, 其中 $i \in \text{ind}t$.

定理 5.22　　$v \in MC^N$ 是凸多选择合作对策当且仅当 $v \in MC^N$ 是同水平凸多选择合作对策.

定义 5.14　　$v \in MC^N$ 称为水平凸多选择合作对策, 若对任意 $s \in M \setminus \{e^\varnothing\}$ 满足 $t \leqslant s$, 有 $v(s) - v(s - e^i) \geqslant v(t) - v(t - e^i)$ 成立, 其中 $i \in \text{ind} t$.

由定义 5.13 和定义 5.14 不难得到: 若 $v \in MC^N$ 是水平凸的, 则 $v \in MC^N$ 是凸的. 反之不成立. 同样, 若 $v \in MC^N$ 是水平凸的, 则 $v \in MC^N$ 是同水平凸的. 反之也不成立.

例 5.2　　令局中人集合 $N = \{1, 2\}$ 且 $m = \{2, 2\}$, $v \in MC^N$ 上联盟的收益值如表 5.2 所示:

表 5.2　联盟收益值

s	$v(s)$	s	$v(s)$
(1,0)	1	(1,1)	4
(0,1)	1	(1,2)	6
(2,0)	2	(2,1)	8
(0,2)	2	(2,2)	10

不难得到例 5.2 中的 $v \in MC^N$ 是凸或同水平凸的, 由 $v(2, 2) - v(2, 1) = 2 < 3 = v(1, 1) - v(1, 0)$ 知, $v \in MC^N$ 不是水平凸多选择合作对策.

推论 5.2　　令 $v \in MC^N$ 是 (同) 水平凸的, 则 $Van(N, m, v) \in C(N, m, v)$.

定理 5.23　　令 $v \in MC^N$ 是凸多选择合作对策, $C(N, m, v)$ 是 v 的核心. 则 $C(N, m, v)$ 是唯一的稳定集.

推论 5.3　　令 $v \in MC^N$ 是 (同) 水平凸的, 则 v 的核心 $C(N, m, v)$ 是唯一的稳定集.

除上面介绍的 3 个分配指标外, Shen 和 Wu[127] 研究了多选择合作对策上的加权 Shapley 函数; Peters 和 Zank[128] 定义了多选择合作对策上的平均主义解; Hwang 和 Liao[129] 探讨了多选择合作对策上的加权 Shapley 函数加权相关一致解. 感兴趣的读者请参考相关文献.

5.3　具有联盟结构的多选择合作对策

类似于经典合作对策, 局中人为获得联盟优势而形成对局中人集合的一族联盟或一个联盟结构, 即具有联盟结构的多选择合作对策. 由于局中人有多个参与水平, 它们按不同的参与方式合作, 可以得到不同的具有联盟结构的多选择合作对策, 如 Albizuri[130]、Meng 和 Zhang[131].

5.3.1 具有联盟结构的多选择合作对策-I

基于具有联盟结构的经典合作对策的研究, Albizuri[130] 提出了具有联盟结构的多选择合作对策模型, 并探讨了此类合作对策上的一个多选择联盟值. 由于该值可看成是对 Owen 值在多选择合作对策上的应用, 为方便, 我们称之为多选择 Owen 值. 具体描述如下:

局中人集合 N 上的一族联盟 $\mathcal{B} = \{s^1, \cdots, s^g\}$ 称为一个联盟结构, 若其满足

$$\sum_{k=1}^{g} s_i^k = m_i \quad \forall i \in N,$$

且对所有 $s^k, s^l \in \mathcal{B}$ 满足 $s^k \neq s^l$, 有 $\mathrm{ind} s_i^k \neq \mathrm{ind} s_i^l$.

从上面的描述易知, 具有不同参与水平的相同局中人不能形成不同的联盟. 此外, 局中人将自己的所有参与水平划分到其所在的联盟中. 这意味着, 局中人可以参与到多个联盟.

记 $\mathcal{B}^i = \{s \in \mathcal{B} : i \in \mathrm{ind} s\}$. $\mathcal{B}$ 称为退化的, 若对任意 $s \in \mathcal{B}$ 和 $i \in N$, $s_i = 0$ 或 m_i. 一个具有联盟结构的多选择合作对策用四元组 $(N, m, v, \mathcal{B})$ 表示, 其全体记为 $MC^{\mathcal{B}N}$. 对任意 $i \in N$ 和 $s \in \mathcal{B}^i$, 定义一个代表 i^s, 记 $R_{\mathcal{B}}(N)$ 为代表集合 $\{i^s | i \in N, s \in \mathcal{B}^i\}$ 的所有置换组成的集合, 满足对于同一个 $s \in \mathcal{B}^i$ 中的代表依次出现. 给定 $R \in R_{\mathcal{B}}(N)$, i^s 和 $p \in N$, 令

$$m_R(p, i^s) = \sum_{s':O_R(p^{s'}) \leqslant O_R(i^s)} s_p',$$

其中, $O_R(p^{s'})$ 和 $O_R(i^s)$ 表示 $p^{s'}$ 和 i^s 在 R 中位置. 若不存在 s' 满足 $O_R(p^{s'}) \leqslant O_R(i^s)$, 则认为 $m_R(p, i^s) = 0$. 令

$$R[i^s] = \sum_{p \in N} m_R(p, i^s) e^p.$$

局中人 i 在 R 中的边际贡献定义为:

$$C_i(v, R) = \sum_{s \in \mathcal{B}^i} \left(v(R[i^s]) - v(R[i^s] - s_i e^i) \right).$$

1. Albizuri 多选择联盟值

记 $P_{\mathcal{B}}$ 为 $R_{\mathcal{B}}(N)$ 上的一个概率分布. Albizuri[130] 定义了 $MC^{\mathcal{B}N}$ 上的一个多选择联盟值如下:

$$MO_i(N, m, v, \mathcal{B}) = E_{P_{\mathcal{B}}}(C_i(v, .)). \tag{5.22}$$

即局中人 i 的收益等于其边际贡献的期望值.

由式 (5.22), 不难得到 MO 可表示为:

$$MO_i(N, m, v, \mathcal{B}) = \frac{1}{|R_\mathcal{B}(N)|} \sum_{R \in R_\mathcal{B}(N)} C_i(v, R) \quad \forall i \in N.$$

记 $\phi : MC^{\mathcal{B}N} \to \mathrm{R}_+^{\sum_{i \in N} m_i}$. 为探讨 MO 值满足的公理体系, Albizuri[130] 给出了如下性质:

联盟有效性 (CEFF): 记 $(N, m, v, \mathcal{B}) \in MC^{\mathcal{B}N}$, 有 $\sum\limits_{i \in N} \phi_i(N, m, v, \mathcal{B}) = v(m)$.

联盟可加性 (CADD): 记 $(N, m, v, \mathcal{B}), (N, m, v', \mathcal{B}) \in MC^{\mathcal{B}N}$, 有

$$\phi(N, m, v + v', \mathcal{B}) = \phi(N, m, v, \mathcal{B}) + \phi(N, m, v', \mathcal{B}).$$

个人对称性 (ISP): 若 $\mathcal{B}$ 是退化的, $i, p \in N$ 关于 $(N, m, v, \mathcal{B})$ 是对称的且存在 $s \in \mathcal{B}$ 满足 $i, p \in \mathrm{ind} s$, 则 $\phi_i(N, m, v, \mathcal{B}) = \phi_p(N, m, v, \mathcal{B})$.

联盟零元性 (CNP): 若 $i \in N$ 是 $(N, m, v, \mathcal{B})$ 上的一个零元, 则 $\phi_i(N, m, v, \mathcal{B}) = 0$.

记 $\mathcal{B}$ 为一个退化的联盟结构, $s^k, s^l \in \mathcal{B}$ 关于 $(N, m, v, \mathcal{B}) \in MC^{\mathcal{B}N}$ 称为对称的, 若

$$v(s \oplus \underset{t \in \mathcal{C}}{\oplus} t) = v(s' \oplus \underset{t \in \mathcal{C}}{\oplus} t) \quad \forall \mathcal{C} \subseteq \mathcal{B} \backslash \{s^k, s^l\}.$$

联盟对称性 (MCS): 记 $\mathcal{B}$ 为一个退化的联盟结构, $s^k, s^l \in \mathcal{B}$ 关于 $(N, m, v, \mathcal{B}) \in MC^{\mathcal{B}N}$ 是对称的, 则

$$\sum_{i \in N: i \in \mathrm{ind} s} \phi_i(N, m, v, \mathcal{B}) = \sum_{i \in N: i \in \mathrm{ind} s'} \phi_i(N, m, v, \mathcal{B}).$$

对 $i \in N$ 和相应的参与水平 m_i, 令局中人 $n+1$ 和 $n+2$ 的参与水平分别为 m_{n+1} 和 m_{n+2} 满足 $m_{n+1} + m_{n+2} \leqslant m_i$. 考虑局中人集合

$$N' = \begin{cases} \{N \backslash \{i\}\} \cup \{n+1, n+2\} & m_{n+1} + m_{n+2} = m_i, \\ N \cup \{n+1, n+2\} & m_{n+1} + m_{n+2} < m_i, \end{cases}$$

且对局中人 $p \in N' \backslash \{i, n+1, n+2\}$, 其参与水平为 m_p. 局中人 $n+1$ 和 $n+2$ 的参与水平分别为 m_{n+1} 和 m_{n+2}. 当 $m_{n+1} + m_{n+2} < m_i$ 时, 局中人 i 的参与水平为 $m_i - m_{n+1} - m_{n+2}$. 对定义在局中人集合 N' 上的多选择合作对策记为 $MC^{N'}$. 记 $v \in MC^N$, 则其在 $MC^{N'}$ 上关于 v 的多选择合作对策 $v_{-i, n+1, n+2}^{m_{n+1}, m_{n+2}} \in MC^{N'}$ 定义为:

$$v_{-i, n+1, n+2}^{m_{n+1}, m_{n+2}}(s) = v(s - s_{n+1} e^{n+1} + s_{n+1} e^i - s_{n+2} e^{n+2} + s_{n+2} e^i) \quad \forall s \in \prod_{i \in N'} m_i.$$

对于联盟结构 $\mathcal{B}$, $i \in N$ 和 $s, s' \in \mathcal{B}$ 满足 $\mathrm{ind} s \neq 0, \mathrm{ind} s' \neq 0$, 记 $\mathcal{B}_{-i, n+1, n+2}^{s, s'}$ 为 N' 上的联盟结构 $\{\mathcal{B} \backslash \{s, s'\}\} \cup \{s^{n+1}, (s')^{n+2}\}$, 其中 s^{n+1} 和 $(s')^{n+2}$ 定义为:

$$s_p^{n+1} = \begin{cases} s_i e^{n+1} & p = i, \\ s_p & p \neq i, \end{cases} \quad 和 \quad (s')_p^{n+2} = \begin{cases} (s')_i e^{n+2} & p = i, \\ (s')_p & p \neq i. \end{cases}$$

由 $\mathcal{B}^{s,s'}_{-i,n+1,n+2}$ 的定义知, $\mathcal{B}^{s,s'}_{-i,n+1,n+2}$ 与 $\mathcal{B}$ 的不同在于局中人 $n+1$ 和 $n+2$ 分别起到局中人 i 在 s 和 s' 中的作用. 为书写方便, 对任意 $c \in \mathcal{B} \backslash \{s, s'\}$, $c_{n+1} = c_{n+2} = 0$.

联盟融合性 (CMP): 令 $\mathcal{B}$ 是一个联盟结构, $i \in N$ 和 $s, s' \in \mathcal{B}$ 满足 $\text{ind} s \neq 0$, $\text{ind} s' \neq 0$. 则

$$\phi_p(N, m, v, \mathcal{B}) = \phi_p(N', m', v^{m_{n+1}, m_{n+2}}_{-i,n+1,n+2}, \mathcal{B}^{s,s'}_{-i,n+1,n+2}) \quad \forall p \in N \backslash i,$$

其中, $m' = \prod\limits_{i \in N'} m_i$.

引理 5.6　令 $\mathcal{B}$ 是一个退化联盟结构, 则在 $MC^{\mathcal{B}N}$ 上至多存在一个函数满足联盟有效性 (CEFF), 联盟可加性 (CADD), 个人对称性 (ISP), 联盟零元性 (CNP) 和联盟对称性 (MCS).

证明　记 ϕ 为满足引理中性质的一个解. 由联盟可加性 (CADD), 只需证明在 cu_t 上的唯一性即可, 其中 $c \in \mathrm{R}$, $t \in M \backslash \varnothing$.

若 $i \in N$ 满足 $t_i = 0$, 则 $i \in N$ 是关于 cu_t 的一个零元. 由联盟零元性 (CNP) 知,

$$\phi_i(N, m, cu_t, \mathcal{B}) = 0.$$

令 $s, s' \in \mathcal{B}$ 满足 $s_i \neq 0 \neq s'_p$, 其中 $i, p \in N$. 由于 $\mathcal{B}$ 是退化的, 得到:

$$cu_t(s \oplus \mathop{\oplus}\limits_{x \in \mathcal{C}} x) = cu_t(s' \oplus \mathop{\oplus}\limits_{x \in \mathcal{C}} x) \quad \forall \mathcal{C} \subseteq \mathcal{B} \backslash \{s^k, s^l\}.$$

因此, s 和 s' 关于 cu_t 是对称的.

由联盟对称性 (MCS) 和联盟有效性 (CEFF) 得到:

$$\sum_{i \in N : s_i \neq 0} \phi_i(N, m, cu_t, \mathcal{B}) = \frac{c}{c_0}, \tag{5.23}$$

其中, $c_0 = \{s \in \mathcal{B} : \text{存在 } i \in N \text{ 满足 } s_i \neq 0\}$.

由个人对称性 (ISP) 和式 (5.22), 若 $s_i \neq 0$, 则

$$\phi_i(N, m, cu_t, \mathcal{B}) = \frac{c}{|p \in N, s_p \neq 0|c_0}.$$

证毕.

引理 5.7　函数 MO 满足联盟有效性 (CEFF), 联盟可加性 (CADD), 个人对称性 (ISP), 联盟零元性 (CNP), 联盟对称性 (MCS) 和联盟融合性 (CMP).

证明　由 MO 的表达式易知, MO 满足联盟可加性 (CADD). 由于对所有 $R \in R_{\mathcal{B}}(N)$, $\sum\limits_{i \in N} \sum\limits_{R \in R_{\mathcal{B}}(N)} C_i(v, R) = v(m)$. 故联盟有效性 (CEFF) 成立. 若 $i \in N$ 是关于 v 的一个零元, 则

$$v(R[i^s]) - v(R[i^s] - s_i e^i) = 0 \quad \forall R \in R_{\mathcal{B}}(N), \forall s \in \mathcal{B}^i.$$

因此, $C_i(v,R) = 0$ 且 $MO_i(N,m,v,\mathcal{B}) = 0$. 即 MO 满足联盟零元性 (CNP).

若 $\mathcal{B}$ 是退化的且存在 $s \in \mathcal{B}$ 满足 $s_i \neq 0 \neq s_p$, 则存在一个从 $R_{\mathcal{B}}(N)$ 到 $R_{\mathcal{B}}(N)$ 上的一一映射, 使得对每一个 $R \in R_{\mathcal{B}}(N)$ 得到 $R' \in R_{\mathcal{B}}(N)$ 满足局中人 i 和 p 互换. 此外, 若 i 和 p 关于 v 是对称的, 则

$$v(R[i^s]) - v(R[i^s] - s_i e^i) = v(R'[p^s]) - v(R'[p^s] - s_p e^p).$$

故 MO 满足个人对称性 (ISP).

若 $\mathcal{B}$ 是退化的且 $s, s' \in \mathcal{B}$, 则存在一个从 $R_{\mathcal{B}}(N)$ 到 $R_{\mathcal{B}}(N)$ 上的一一映射, 使得对每一个 $R \in R_{\mathcal{B}}(N)$ 得到 $R' \in R_{\mathcal{B}}(N)$ 满足 s 和 s' 中的元素互换, 而 R 上其它联盟中的元素位置不变. 此外, 若 s 和 s' 关于 v 是对称的, 则

$$\sum_{i \in N: s_i \neq 0} v(R[i^s]) - v(R[i^s] - s_i e^i) = \sum_{i \in N: s_i' \neq 0} v(R'[i^{s'}]) - v(R'[i^{s'}] - s_i' e^i).$$

即 $\sum\limits_{i \in N: s_i \neq 0} C_i(v,R) = \sum\limits_{i \in N: s_i' \neq 0} C_i(v,R')$. MO 满足联盟对称性 (MCS).

令 $i \in N$ 和 $s, s' \in \mathcal{B}$ 满足 $s_i \neq 0 \neq s_i'$, 且 $R \in R_{\mathcal{B}}(N)$. 考虑 $\mathcal{B}^{s,s'}_{-i,n+1,n+2}, v^{s_i,s_i'}_{-i,n+1,n+2}$ 和关于 R 的置换 R', 其中, 用 $(n+1)^s$ 替换 i^s, 用 $(n+2)^{s'}$ 替换 $i^{s'}$. 注意到, 对所有 $p \in N \backslash i$ 和所有 $c \in \mathcal{B}$ 满足 $c_p \neq 0$,

$$v(R[p^c]) - v(R[p^c] - s_p e^p) = v^{s_i,s_i'}_{-i,n+1,n+2}(R'[p^d]) - v^{s_i,s_i'}_{-i,n+1,n+2}(R'[p^d] - d_p e^p),$$

其中, $d = \begin{cases} c & c \neq s, s', \\ s^{n+1} & c = s, \\ (s')^{n+2} & c = s'. \end{cases}$

即 MO 满足联盟融合性 (CMP). 证毕.

推论 5.4　记 MO_D 为 MO 限定在退化联盟结构 $\mathcal{B}$ 上的函数, 则 MO_D 满足引理 5.7 中的性质.

定理 5.24　记 $\phi : MC^{\mathcal{B}N} \to \mathrm{R}_+^{\sum_{i \in N} m_i}$. ϕ 是满足联盟有效性 (CEFF), 联盟可加性 (CADD), 个人对称性 (ISP), 联盟零元性 (CNP), 联盟对称性 (MCS) 和联盟融合性 (CMP) 的唯一分配函数, 且 $\phi = MO$.

证明　由上面的引理知, 只需证明, 对 $MC^{\mathcal{B}N}$ 上满足定理中所给性质的解 ϕ 是确定的. 对 c 采用归纳法证明, 其中 $c = \sum\limits_{s,s' \in \mathcal{B}, s \neq s'} |\{i \in N : s_i \neq 0 \neq s_i'\}|$.

当 $c=0$ 时, 即 $\mathcal{B}$ 是退化的, 由引理 5.6 和引理 5.7, 得到 $\phi = MO_D$. 假定, 当 $c \leqslant \tilde{c}$ 时, ϕ 是确定的. 下证 $c > \tilde{c}$ 时, ϕ 是确定的. 若 $c > \tilde{c}$, 则存在 $i \in N$ 和 $s, s' \in \mathcal{B}$ 满足 $s_i \neq 0 \neq s_i'$. 此外, 存在 $p \in N \backslash i$. 由联盟融合性 (CMP) 得到:

$$\phi_p(N,m,v,\mathcal{B}) = \phi_p(N,m,v^{s_i,s_i'}_{-i,n+1,n+2}, \mathcal{B}^{s,s'}_{-i,n+1,n+2}) \quad \forall p \in N \backslash i.$$

由假设知, $\phi_p(N, m, v_{-i,n+1,n+2}^{s_i,s_i'}, \mathcal{B}_{-i,n+1,n+2}^{s,s'})$ 是确定的, 故 $\phi_p(N, m, v, \mathcal{B})$ 是确定的. 由联盟有效性 (CEFF) 知, ϕ 是确定的. 证毕.

类似于具有联盟结构经典合作对策上的 Owen 值, Jones 和 Wilson[132] 注意到, MO 可进一步表示为:

$$MO_i(N, m, v, \mathcal{B}) = \sum_{s^k \in \mathcal{B}^i} \sum_{R \subseteq \text{inds}^k \setminus i} \sum_{H \subseteq G \setminus k} \frac{h!(g - h - 1)!}{g!} \frac{r!(|\text{inds}^k| - r - 1)!}{|\text{inds}^k|!}$$
$$\times \left[v\left(z \oplus s^k e^{R \cup \{i\}} \right) - v\left(z \oplus s^k e^R \right) \right] \quad \forall i \in N, \tag{5.24}$$

其中, $G = \{1, 2, \cdots, g\}, z = \underset{l \in H}{\oplus} s^l.$

2. Jones 和 Wilson 多选择联盟值

此外, Jones 和 Wilson[132] 进一步探讨了 Albizuri 所给的具有联盟结构多选择合作对策上的三个多选择联盟分配指标. 由于它们分别是 Banzhaf 联盟值, 对称 Banzhaf 联盟值和改进 Banzhaf 联盟值在多选择合作对策上的推广, 我们分别将它们表示为 MB, MSB 和 MIB, 其具体表达式分别为:

多选择 Banzhaf 联盟值:

$$MB_i(N, m, v, \mathcal{B}) = \sum_{s^k \in \mathcal{B}^i} \sum_{R \subseteq \text{inds}^k \setminus i} \sum_{H \subseteq G \setminus k} \frac{1}{2^{g-1}} \frac{1}{2^{|\text{inds}^k| - 1}}$$
$$\times \left[v\left(z \oplus s^k e^{R \cup \{i\}} \right) - v\left(z \oplus s^k e^R \right) \right] \quad \forall i \in N. \tag{5.25}$$

多选择对称 Banzhaf 联盟值:

$$MSB_i(N, m, v, \mathcal{B}) = \sum_{s^k \in \mathcal{B}^i} \sum_{R \subseteq \text{inds}^k \setminus i} \sum_{H \subseteq G \setminus k} \frac{1}{2^{g-1}} \frac{r!(|\text{inds}^k| - r - 1)!}{|\text{inds}^k|!}$$
$$\times \left[v\left(z \oplus s^k e^{R \cup \{i\}} \right) - v\left(z \oplus s^k e^R \right) \right] \quad \forall i \in N. \tag{5.26}$$

多选择改进 Banzhaf 联盟值:

$$MIB_i(N, m, v, \mathcal{B}) = \sum_{s^k \in \mathcal{B}^i} \sum_{R \subseteq \text{inds}^k \setminus i} \sum_{H \subseteq G \setminus k} \frac{h!(g - h - 1)!}{g!} \frac{1}{2^{|\text{inds}^k| - 1}}$$
$$\times \left[v\left(z \oplus s^k e^{R \cup \{i\}} \right) - v\left(z \oplus s^k e^R \right) \right] \forall i \in N. \tag{5.27}$$

例 5.3 记 $N = \{1, 2, 3, 4\}$, $m_1 = m_2 = 3$, $m_3 = 2$, $m_4 = 4$, 且联盟结构定义为 $\mathcal{B} = \{s^1, s^2, s^3\}$, 其中 $s^1 = (0, 1, 1, 2)$, $s^2 = (1, 1, 1, 1)$ 和 $s^3 = (2, 1, 0, 1)$. 多选择合作对策 v 定义如下: 若 $x = \underset{k \in H}{\oplus} s^k$, $H \subseteq G = \{1, 2, 3\}$, 则 $v(x) = v(\underset{k \in H}{\oplus} s^k)$. 各联盟收益值

如表 5.3 所示. 一般来说, 对任意给定的 $x \in M$, $v(x) = \max_{H\subseteq G,\ \underset{k\in H}{\oplus} s^k \leqslant x} v(\underset{k\in H}{\oplus} s^k)$. 例如 x= (2, 2, 2, 3), 由于 $s^1 \oplus s^2 \leqslant x$ 和 $v(s^1 \oplus s^2) = \max_{H\subseteq G,\ \underset{k\in H}{\oplus} s^k \leqslant x} v(\underset{k\in H}{\oplus} s^k)$, 故 v(2, 2, 2, 3)=12.

表 5.3　联盟收益值

x	$v(x)$	x	$v(x)$
$\varnothing$	0	$s^1 \oplus s^3$	10
s^1	4	$s^1 \oplus s^2$	12
s^2	6	$s^2 \oplus s^3$	14
s^3	5	$s^1 \oplus s^2 \oplus s^3$	17

上述多选择合作对策可解释为: 四个局中人分别代表它们各自企业, 将某一固定资源投向三个项目. 每一个项目需要来自各公司资源的某一特定组合, 用三个联盟来表示这三个项目. 联盟的价值由公司行动所完成的项目决定.

由所定义联盟结构 $\mathcal{B}$ 知, $\mathcal{B}^1 = \{s^2, s^3\}$, $\mathcal{B}^2 = \mathcal{B}^4 = \{s^1, s^2, s^3\}$ 和 $\mathcal{B}^3 = \{s^1, s^2\}$. 故共有 $\sum_{i=1}^{4} |\mathcal{B}^i| = 10$ 个代表. 其中一个可能序为: $R = 2^1 4^1 3^1 2^3 4^3 1^3 1^2 2^2 3^2 4^2$, 故共有 $R_{\mathcal{B}}(N) = g! \prod_{k\in G} \text{inds}^k! = 3!3!3!4! = 5183$ 个可能序.

此外, 由式 (5.24)$\sim$ 式 (5.27) 得到各公司的不同收益值如表 5.4 所示.

表 5.4　联盟收益值

局中人	MO	MB	MSB	MIB
{1}	94/18	135/32	257/48	100/24
{2}	76/18	97/32	217/48	68/24
{3}	60/18	81/32	173/48	56/24
{4}	76/18	97/32	864/48	68/24

类似于具有联盟结构的经典合作对策, Jones 和 Wilson[132] 通过定义相应的性质, 探讨了所给联盟分配指标的公理体系.

联盟全幂性 (MCTP): 记 $(N, m, v, \mathcal{B}) \in MC^{\mathcal{B}N}$, 有

$$\sum_{i\in N} \phi_i(N, m, v, \mathcal{B}) = \frac{1}{2^{g-1}} \sum_{k\in G} \sum_{H\subseteq G\setminus k} (v^s(H \cup k) - v^s(H)),$$

其中, v^s 是定义在 G 上的多选择商对策, 即对任意 $H \subseteq G$, $v^s(H) = v(\underset{l\in H}{\oplus} s^l)$.

定理 5.25　记 $\phi : MC^{\mathcal{B}N} \to \mathrm{R}_+^{\sum_{i\in N} m_i}$. (i) 对退化联盟结构 $\mathcal{B}$, ϕ 是满足联盟可加性 (CADD), 个人对称性 (ISP), 联盟零元性 (CNP), 联盟对称性 (MCS) 和联

盟全幂性 (MCTP) 的唯一分配函数, 且 $\phi = MSB$. (ii) 若 ϕ 进一步满足联盟融合性 (CMP), 则 ϕ 是定义在所有联盟结构 $\mathcal{B}$ 上的唯一分配指标, 且 $\phi = MSB$.

证明　(i) 当 $\mathcal{B}$ 是退化联盟结构时, 由式 (5.26) 易知, 存在性成立. 下证, 唯一性. 假定 ϕ 是退化联盟结构 $\mathcal{B}$ 上满足所给性质的一个联盟解. 由联盟可加性 (CADD), 只需证明, 关于一致对策 u_t 的唯一性即可, 其中 $t \in M\backslash\varnothing$. 定义 $t^k = t \wedge s^k$. 若 $t^k = \varnothing$, 由联盟零元性 (CNP) 得到: $\sum\limits_{i\in\mathrm{ind}s^k} \phi_i(N, m, u_t, \mathcal{B}) = 0$. 此外, 若 $t^k \neq \varnothing \neq t^l$, 由联盟对称性 (MCS) 得到:

$$\sum_{i\in\mathrm{ind}s^k} \phi_i(N, m, u_t, \mathcal{B}) = \sum_{i\in\mathrm{ind}s^l} \phi_i(N, m, u_t, \mathcal{B}).$$

由联盟全幂性 (MCTP) 得到:

$$\sum_{i\in N} \phi_i(N, m, u_t, \mathcal{B}) = \sum_{k\in G:t^k\neq\varnothing} \sum_{i\in\mathrm{ind}s^k} \phi_i(N, m, u_t, \mathcal{B})$$

$$= \frac{1}{2^{g-1}} \sum_{k\in G} \sum_{H\subseteq G\backslash k} [u_t^s(H\cup k) - u_t^s(H)]$$

$$= \frac{|k\in G:t^k\neq\varnothing|}{2^{g-1}} \cdot 2^{g-|k\in G:t^k\neq\varnothing|}.$$

因此,

$$\sum_{i\in\mathrm{ind}s^k} \phi_i(N, m, u_t, \mathcal{B}) = \frac{1}{2^{|k\in G:t^k\neq\varnothing|-1}}, \quad \forall k \in \{k\in G:t^k\neq\varnothing\}.$$

若 $i \notin \mathrm{ind}t^k$, 由联盟零元性 (CNP) 得到: $\phi_i(N, m, u_t, \mathcal{B}) = 0$. 若 $i_1, i_2 \in \mathrm{ind}t^k$, 则由个人对称性 (ISP) 得到: $\phi_{i_1}(N, m, u_t, \mathcal{B}) = \phi_{i_2}(N, m, u_t, \mathcal{B})$. 因此,

$$\phi_i(N, m, u_t, \mathcal{B}) = \frac{1}{2^{|k\in G:t^k\neq\varnothing|-1}} \frac{1}{|\mathrm{ind}t^k|} \quad \forall i \in \mathrm{ind}t^k.$$

(ii) 当 $\mathcal{B}$ 不是退化联盟结构时, 由 (i) 知, 只需证明 MSB 的联盟融合性 (CMP) 即可. 由 $\mathcal{B}_{-i,n+1,n+2}^{s^{k_1},s^{k_2}}$ 和 $v_{-i,n+1,n+2}^{m_{n+1},m_{n+2}}$ 的定义知, 对任意 $s^k \in \mathcal{B}^i$ 满足 $p \in \mathrm{ind}s^k, s^k \neq s^{k_1}, s^k \neq s^{k_2}$, 易知,

$$v\left(\bigoplus_{l\in H} s^l \oplus s^k e^R\right) = v_{-i,n+1,n+2}^{m_{n+1},m_{n+2}}\left(\bigoplus_{l\in H} t^l \oplus s^k e^R\right) \quad \forall H \subseteq G\backslash k, \quad \forall R \subseteq \mathrm{ind}s^k,$$

其中, $t^l \in \mathcal{B}_{-i,n+1,n+2}^{s^{k_1},s^{k_2}}$, $s^{n+1} = t^{k_1}$ 和 $s^{n+2} = t^{k_2}$.

对 $p \in \mathrm{ind}s^{n+1} = \mathrm{ind}t^{k_1}$, 有

$$\sum_{R \subseteq \mathrm{ind}t^{k_1} \backslash p} \sum_{H \subseteq G \backslash k_1} \frac{1}{2^{g-1}} \frac{r!(|\mathrm{ind}t^{k_1}| - r - 1)!}{|\mathrm{ind}t^{k_1}|!}$$

$$\times \left[v_{-i,n+1,n+2}^{m_{n+1},m_{n+2}} \left(z \oplus t^{k_1} e^{R \cup \{p\}} \right) - v_{-i,n+1,n+2}^{m_{n+1},m_{n+2}} \left(z \oplus t^{k_1} e^{R} \right) \right]$$

$$= \sum_{R \subseteq \mathrm{ind}t^{k_1} \backslash \{p,n+1\}} \sum_{H \subseteq G \backslash k_1} \frac{1}{2^{g-1}} \frac{r!(|\mathrm{ind}t^{k_1}| - r - 1)!}{|\mathrm{ind}t^{k_1}|!}$$

$$\times \left[v_{-i,n+1,n+2}^{m_{n+1},m_{n+2}} \left(z \oplus s^{k_1} e^{R \cup \{p\}} \right) - v_{-i,n+1,n+2}^{m_{n+1},m_{n+2}} \left(z \oplus s^{k_1} e^{R} \right) \right]$$

$$+ \sum_{R \subseteq \mathrm{ind}t^{k_1} \backslash \{p,n+1\}} \sum_{H \subseteq G \backslash k_1} \frac{1}{2^{g-1}} \frac{(r+1)!(|\mathrm{ind}t^{k_1}| - r)!}{|\mathrm{ind}t^{k_1}|!}$$

$$\times \left[v_{-i,n+1,n+2}^{m_{n+1},m_{n+2}} \left(z \oplus s^{k_1} e^{R \cup \{p\}} \oplus s_{n+1} e^{k_1} \right) - v_{-i,n+1,n+2}^{m_{n+1},m_{n+2}} \left(z \oplus s^{k_1} e^{R} \oplus s_{n+1} e^{k_1} \right) \right]$$

$$= \sum_{R \subseteq \mathrm{ind}s^{k_1} \backslash \{p,i\}} \sum_{H \subseteq G \backslash k_1} \frac{1}{2^{g-1}} \frac{r!(|\mathrm{ind}t^{k_1}| - r - 1)!}{|\mathrm{ind}t^{k_1}|!} \left[v \left(z \oplus s^{k_1} e^{R \cup \{p\}} \right) - v \left(z \oplus s^{k_1} e^{R} \right) \right]$$

$$+ \sum_{R \subseteq \mathrm{ind}t^{k_1} \backslash \{p,i\}} \sum_{H \subseteq G \backslash k_1} \frac{1}{2^{g-1}} \frac{(r+1)!(|\mathrm{ind}t^{k_1}| - r)!}{|\mathrm{ind}t^{k_1}|!}$$

$$\times \left[v \left(z \oplus s^{k_1} e^{R \cup \{p\}} \oplus s_i e^{k_1} \right) - v \left(z \oplus s^{k_1} e^{R} \oplus s_i e^{k_1} \right) \right]$$

$$= \sum_{R \subseteq \mathrm{ind}s^{k_1} \backslash p} \sum_{H \subseteq G \backslash k_1} \frac{1}{2^{g-1}} \frac{r(|\mathrm{ind}s^{k_1}| - r - 1)!}{|\mathrm{ind}s^{k_1}|!} \left[v \left(z \oplus s^{k_1} e^{R \cup \{p\}} \right) - v \left(z \oplus s^{k_1} e^{R} \right) \right].$$

对 $p \in \mathrm{ind}s^{n+2} = \mathrm{ind}t^{k_2}$, 同理可得:

$$\sum_{R \subseteq \mathrm{ind}t^{k_2} \backslash p} \sum_{H \subseteq G \backslash k_2} \frac{1}{2^{g-1}} \frac{r!(|\mathrm{ind}t^{k_2}| - r - 1)!}{|\mathrm{ind}t^{k_2}|!}$$

$$\times \left[v_{-i,n+1,n+2}^{m_{n+1},m_{n+2}} \left(z \oplus t^{k_2} e^{R \cup \{p\}} \right) - v_{-i,n+1,n+2}^{m_{n+1},m_{n+2}} \left(z \oplus t^{k_2} e^{R} \right) \right]$$

$$= \sum_{R \subseteq \mathrm{ind}s^{k_2} \backslash p} \sum_{H \subseteq G \backslash k_2} \frac{1}{2^{g-1}} \frac{r(|\mathrm{ind}s^{k_2}| - r - 1)!}{|\mathrm{ind}s^{k_2}|!} \left[v \left(z \oplus s^{k_2} e^{R \cup \{p\}} \right) - v \left(z \oplus s^{k_2} e^{R} \right) \right].$$

由式 (5.26) 知, 结论成立. 唯一性证明, 类似于定理 5.24. 证毕.

为探讨其余两个具有联盟结构多选择合作对策上的分配指标, Jones 和 Wilson[132]引入 "团结" 对策概念. 给定局中人 i_1 和 i_2, 对 $(N, m, v, \mathcal{B}) \in MC^{\mathcal{BN}}$, 定义团结对策 $v^{i_1 \to i_2}$: $v^{i_1 \to i_2}(s) = \begin{cases} v(s_{-i_1}, 0_{i_1}) & s_{i_2} = 0, \\ v(s_{-i_1}, m_{i_1}) & s_{i_2} > 0, \end{cases}$ 其中 $s \in M$. 在团结对策 $v^{i_1 \to i_2}$ 中, 若局中人 i_2 不参与合作, 则局中人 i_1 也不参与合作; 若局中

人 i_2 参与合作, 则局中人 i_1 以最高水平参与合作. 由团结对策的定义不难得到: $(v^{i_1 \to i})^{i_2 \to i} = v^{\{i_1, i_2\} \to i}$, 其中

$$v^{\{i_1, i_2\} \to i}(s) = \begin{cases} v(s_{-i_1, -i_2}, 0_{i_1}, 0_{i_2}) & s_i = 0, \\ v(s_{-i_1, -i_2}, m_{i_1}, m_{i_2}) & s_i > 0, \end{cases} \quad \forall s \in M.$$

类似的, 可得到局中人 $i_1, i_2, \cdots, i_p$ 关于局中人 i 的团结对策 $v^{\{i_1, i_2, \cdots, i_p\} \to i}$.

团结传递性 (DTP): 记 $(N, m, v, \mathcal{B}) \in MC^{\mathcal{BN}}$ 和退化联盟结构 $\mathcal{B}$. 对 $i_1, i_2 \in \text{inds}^k$, 有

$$\phi_{i_2}(N, m, v^{i_1 \to i_2}, \mathcal{B}) = \phi_{i_2}(N, m, v, \mathcal{B}) + \phi_{i_1}(N, m, v, \mathcal{B}).$$

团结对称性 (DSP): 记 $(N, m, v, \mathcal{B}) \in MC^{\mathcal{BN}}$ 和退化联盟结构 $\mathcal{B}$. s^k 和 s^l 是两个对称联盟, 且 $i_1 \in \text{inds}^k$ 和 $i_2 \in \text{inds}^l$, 则 $\phi_{i_1}(N, m, v^{\text{inds}^k \setminus i_1 \to i_1}, \mathcal{B}) = \phi_{i_2}(N, m, v^{\text{inds}^l \setminus i_2 \to i_2}, \mathcal{B})$.

团结全幂性 (DTPP): 记 $(N, m, v, \mathcal{B}) \in MC^{\mathcal{BN}}$ 和退化联盟结构 $\mathcal{B}$. 对任意 $s^k \in \mathcal{B}$ 和 $i_k \in \text{inds}^k$, 有

$$\sum_{k \in G} \phi_{i_k}(N, m, v^{\text{inds}^k \setminus i_k \to i_k}, \mathcal{B}) = \frac{1}{2^{m-1}} \sum_{k \in G} \sum_{H \subseteq G \setminus k} (v^s(H \cup k) - v^s(H)).$$

引理 5.8　记 $\phi: MC^{\mathcal{BN}} \to \text{R}_+^{\sum_{i \in N} m_i}$ 和退化联盟结构 $\mathcal{B}$. ϕ 是满足联盟可加性 (CADD), 个人对称性 (ISP), 联盟零元性 (CNP), 团结传递性 (DTP), 团结对称性 (DSP) 和团结全幂性 (DTPP) 的唯一分配指标, 且 $\phi = MB$.

证明　由式 (5.25) 易知, MB 满足联盟可加性 (CADD), 个人对称性 (ISP) 和联盟零元性 (CNP).

团结传递性 (DTP): 由 $\mathcal{B}$ 的退化性和式 (5.25) 得到:

$$MB_i(N, v^{i' \to i}, \mathcal{B}) = \sum_{H \subseteq G \setminus k} \sum_{R \subseteq \text{inds}^k \setminus i} \frac{1}{2^{g-1}} \frac{1}{2^{|\text{inds}^k| - 1}}$$
$$\times \left[v^{i' \to i} \left(\text{z} \oplus s^k e^{R \cup \{i\}} \right) - v^{i' \to i} \left(\text{z} \oplus s^k e^R \right) \right] \quad \forall i \in N,$$

其中, 对任意 $s^k \in \mathcal{B}$ 和任意 $i_k \in \text{inds}^k$, 有 $s_{i_k} = m_{i_k}$.

(i) 若 $i' \notin R$, 则

$$v^{i' \to i} \left(\text{z} \oplus s^k e^{R \cup \{i\}} \right) = v^{i' \to i} \left(\text{z} \oplus s^k e^{R \cup \{i\}} \oplus 0 e^{i'} \right) = v \left(\text{z} \oplus s^k e^R \oplus m_i e^i \oplus m_{i'} e^{i'} \right),$$

且 $v^{i' \to i} \left(\text{z} \oplus s^k e^R \right) = v \left(\text{z} \oplus s^k e^R \oplus 0 e^{i'} \oplus 0 e^i \right)$;

(ii) 若 $i' \in R$, 则

$$v^{i' \to i} \left(\text{z} \oplus s^k e^R \right) = v \left(\text{z} \oplus s^k e^{R \setminus \{i'\}} \oplus m_{i'} e^{i'} \oplus 0 e^i \right) = v \left(\text{z} \oplus s^k e^{R \setminus \{i'\}} \oplus 0 e^{i'} \oplus 0 e^i \right),$$

且 $v^{i' \to i}\left(z \oplus s^k e^{R \cup \{i\}}\right) = v\left(z \oplus s^k e^{\{R \cup \{i\}\} \setminus i'} \oplus m_{i'} e^{i'}\right) = v\left(z \oplus s^k e^{R \setminus i'} \oplus m_i e^i \oplus m_{i'} e^{i'}\right)$. 故,

$$
\begin{aligned}
MB_i(N, v^{i' \to i}, \mathcal{B}) &= \sum_{H \subseteq G \setminus k} \sum_{R \subseteq \text{inds}^k \setminus i} \frac{1}{2^{g-1}} \frac{1}{2^{|\text{inds}^k|-1}} \\
&\quad \times \left[v^{i' \to i}\left(z \oplus s^k e^{R \cup \{i\}}\right) - v^{i' \to i}\left(z \oplus s^k e^R\right) \right] \\
&= \sum_{H \subseteq G \setminus k} \sum_{R \subseteq \text{inds}^k \setminus \{i, i'\}} \frac{1}{2^{g-1}} \frac{1}{2^{|\text{inds}^k|-1}} 2 \\
&\quad \times \left[v\left(z \oplus s^k e^R \oplus m_i e^i \oplus m_{i'} e^{i'}\right) - v\left(z \oplus s^k e^R \oplus 0 e^{i'} \oplus 0 e^i\right) \right] \\
&= \sum_{H \subseteq G \setminus k} \frac{1}{2^{g-1}} \frac{1}{2^{|\text{inds}^k|-1}} \Bigg\{ \sum_{R \subseteq \text{inds}^k \setminus i} \left[v\left(z \oplus s^k e^R \oplus m_i e^i\right) - v\left(z \oplus s^k e^R\right) \right] \\
&\quad + \sum_{R \subseteq \text{inds}^k \setminus i'} \left[v\left(z \oplus s^k e^R \oplus m_{i'} e^{i'}\right) - v\left(z \oplus s^k e^R\right) \right] \Bigg\} \\
&= MB_i(N, v, \mathcal{B}) + MB_{i'}(N, v, \mathcal{B}).
\end{aligned}
$$

团结对称性 (DTP): 由式 (5.25) 得到:

$$
\begin{aligned}
MB_{i_1}(N, v^{\text{inds}^k \setminus i_1 \to i_1}, \mathcal{B}) &= \sum_{H \subseteq G \setminus k} \sum_{R \subseteq \text{inds}^k \setminus i_1} \frac{1}{2^{g-1}} \frac{1}{2^{|\text{inds}^k|-1}} \\
&\quad \times \left[v^{\text{inds}^k \setminus i_1 \to i_1}\left(z \oplus s^k e^{R \cup \{i\}}\right) - v^{\text{inds}^k \setminus i_1 \to i_1}\left(z \oplus s^k e^R\right) \right] \\
&= \sum_{H \subseteq G \setminus k} \sum_{R \subseteq \text{inds}^k \setminus i_1} \frac{1}{2^{g-1}} \frac{1}{2^{|\text{inds}^k|-1}} \\
&\quad \times \left[v^{\text{inds}^k \setminus i_1 \to i_1}\left(z \oplus s^k\right) - v^{\text{inds}^k \setminus i_1 \to i_1}(z) \right] \\
&= \sum_{H \subseteq G \setminus k} \frac{1}{2^{g-1}} \left[v^s(H \cup k) - v^s(H) \right].
\end{aligned}
$$

同理可得: $MB_{i_2}(N, v^{\text{inds}^l \setminus i_2 \to i_2}, \mathcal{B}) = \sum\limits_{H \subseteq G \setminus l} \dfrac{1}{2^{g-1}} \left[v^s(H \cup l) - v^s(H) \right]$.

由 s^k 和 s^l 的对称性得到: $MB_{i_1}(N, v^{\text{inds}^k \setminus i_1 \to i_1}, \mathcal{B}) = MB_{i_2}(N, v^{\text{inds}^l \setminus i_2 \to i_2}, \mathcal{B})$.

由团结对称性 (DTP) 易知: 团结全幂性 (DTPP) 成立;

　　唯一性. 假设存在另一个解 ϕ 满足定理中的性质. 由团结全幂性 (DTPP), 对一致对策 u_t 得到:

$$
\sum_{k \in G} \phi_{i_k}(N, m, u_t^{\text{inds}^k \setminus i_k \to i_k}, \mathcal{B}) = \frac{1}{2^{m-1}} \sum_{k \in G} \sum_{H \subseteq G \setminus k} \left(u_t^s(H \cup k) - u_t^s(H) \right)
$$

$$= \frac{|l \in G : s^l \wedge t \neq \varnothing|}{2^{m-1}} 2^{m-|l \in G : s^l \wedge t \neq \varnothing|}$$

$$= \frac{|l \in G : s^l \wedge t \neq \varnothing|}{2^{|l \in G : s^l \wedge t \neq \varnothing|-1}}.$$

由联盟零元性 (CNP) 和团结传递性 (DTP) 得到: 若 $k \notin \{l \in G : s^l \wedge t \neq \varnothing\}$, 则 $\phi_{i_k}(N, m, u_t^{\mathrm{ind}s^k \backslash i_k \to i_k}, \mathcal{B}) = 0$, 其中 $i^k = \mathrm{ind}s^k$; 若 $k, k' \in \{l \in G : s^l \wedge t \neq \varnothing\}$, 由团结对称性 (DSP) 得到: $\phi_{i_k}(N, m, u_t^{\mathrm{ind}s^k \backslash i_k \to i_k}, \mathcal{B}) = \phi_{i_{k'}}(N, m, u_t^{\mathrm{ind}s^{k'} \backslash i_{k'} \to i_{k'}}, \mathcal{B})$. 故,

$$\phi_{i_k}(N, m, u_t^{\mathrm{ind}s^k \backslash i_k \to i_k}, \mathcal{B}) = \frac{1}{2^{|l \in G : s^l \wedge t \neq \varnothing|-1}} \quad \forall k \in \{l \in G : s^l \wedge t \neq \varnothing\}.$$

下面计算 $\phi_i(N, m, u_t, \mathcal{B})$ 的值, 其中 $i \in \mathrm{ind}(t \wedge s^k)$. 不失一般性, 设 $\mathrm{ind}(t \wedge s^k) = \{i, j_j, j_2, \cdots, j_{p-1}\}$. 由个人对称性 (ISP) 和团结传递性 (DTP) 得到:

$$\phi_i(N, m, u_t, \mathcal{B}) = \frac{1}{2} \phi_i(N, m, u_t^{j_1 \to i}, \mathcal{B}) = \frac{1}{2^2} \phi_i(N, m, u_t^{\{j_1, j_2\} \to i}, \mathcal{B}) = \cdots$$

$$= \frac{1}{2^{p-1}} \phi_i(N, m, u_t^{\{j_1, j_2, \cdots, j_{p-1}\} \to i}, \mathcal{B}) = \frac{1}{2^{p-1}} \phi_i(N, m, u_t^{\mathrm{ind}s^k \backslash i \to i}, \mathcal{B})$$

$$= \frac{1}{2^{|l \in G : s^l \wedge t \neq \varnothing|-1}} \frac{1}{2^{p-1}}.$$

证毕.

团结有效性 (DEFF): 记 $(N, m, v, \mathcal{B}) \in MC^{\mathcal{B}N}$ 和退化联盟结构 $\mathcal{B}$. 对任意 $s^k \in \mathcal{B}$ 和 $i_k \in \mathrm{ind}s^k$, 有 $\sum_{k \in G} \phi_{i_k}(N, m, v^{\mathrm{ind}s^k \backslash i_k \to i_k}, \mathcal{B}) = v(m)$.

引理 5.9 记 $\phi : MC^{\mathcal{B}N} \to \mathrm{R}_+^{\sum_{i \in N} m_i}$ 和退化联盟结构 $\mathcal{B}$. ϕ 是满足联盟可加性 (CADD), 个人对称性 (ISP), 联盟零元性 (CNP), 团结传递性 (DTP), 团结对称性 (DSP) 和团结有效性 (DEFF) 的唯一分配指标, 且 $\phi = MIB$.

证明 由式 (5.27) 和引理 5.8 知, MIB 满足联盟可加性 (CADD), 个人对称性 (ISP), 联盟零元性 (CNP), 团结传递性 (DTP) 和团结对称性 (DSP).
团结有效性 (DEFF): 由式 (5.27) 和引理 5.8 得到:

$$\sum_{k \in G} MIB_{i_k}(N, m, v^{\mathrm{ind}s^k \backslash i_k \to i_k}, \mathcal{B}) = \sum_{k \in G} \sum_{H \subseteq G \backslash k} \frac{h!(g - h - 1)!}{g!}$$
$$\times [v^s(H \cup k) - v^s(H)] = v^s(G) = v(m).$$

唯一性. 由团结有效性 (DEFF) 得到: $\sum_{k \in G} MIB_{i_k}(N, m, u_t^{\mathrm{ind}s^k \backslash i_k \to i_k}, \mathcal{B}) = u_t(m) = 1$. 因此, 由联盟零元性 (CNP) 和团结传递性 (DTP) 得到:

$$MIB_{i_k}(N, m, u_t^{\mathrm{ind}s^k \backslash i_k \to i_k}, \mathcal{B}) = 0 \quad \forall k \notin \{l \in G : s^l \wedge t \neq \varnothing\}.$$

若 $k, k' \in \{l \in G : s^l \wedge t \neq \varnothing\}$, 由团结对称性 (DSP) 得到:

$$\phi_{i_k}(N, m, u_t^{\mathrm{ind}s^k \backslash i_k \to i_k}, \mathcal{B}) = \phi_{i_{k'}}(N, m, u_t^{\mathrm{ind}s^{k'} \backslash i_{k'} \to i_{k'}}, \mathcal{B}).$$

故,

$$\phi_{i_k}(N, m, u_t^{\mathrm{ind}s^k \backslash i_k \to i_k}, \mathcal{B}) = \frac{1}{|l \in G : s^l \wedge t \neq \varnothing|} \quad \forall k \in \{l \in G : s^l \wedge t \neq \varnothing\}.$$

类似于引理 5.8 可得:

$$\phi_{i_k}(N, m, u_t, \mathcal{B}) = \frac{1}{|l \in G : s^l \wedge t \neq \varnothing|} \frac{1}{2^{|\mathrm{ind}t^k| - 1}} \quad \forall i_k \in \mathrm{ind}t^k, t^k = t \wedge s^k \neq \varnothing. \text{ 证毕.}$$

有效融合性 (EFFM): 记 $(N, m, v, \mathcal{B}) \in MC^{\mathcal{BN}}$. 对所有联盟结构 $\mathcal{B}$ 和局中人 i 满足 $i \in s$ 和 $i \in s'$, 有

$$\phi_j(N, m, v, \mathcal{B}) = \phi_j(N, m, v_{-i,n+1,n+2}^{s_i,s_i'}, \mathcal{B}_{-i,n+1,n+2}^{s,s'}) \quad \forall j \neq i,$$

且

$$\begin{aligned}
\phi_i(N, m, v, \mathcal{B}) =\ & \phi_n(N, m, v_{-i,n+1,n+2}^{s_i,s_i'}, \mathcal{B}_{-i,n+1,n+2}^{s,s'}) \\
& + \phi_{n+1}(N, m, v_{-i,n+1,n+2}^{s_i,s_i'}, \mathcal{B}_{-i,n+1,n+2}^{s,s'}) \\
& + \phi_{n+2}(N, m, v_{-i,n+1,n+2}^{s_i,s_i'}, \mathcal{B}_{-i,n+1,n+2}^{s,s'}).
\end{aligned}$$

定理 5.26　记 $\phi : MC^{\mathcal{BN}} \to \mathrm{R}_+^{\sum_{i \in N} m_i}$. (i) ϕ 是满足联盟可加性 (CADD), 个人对称性 (ISP), 联盟零元性 (CNP), 团结传递性 (DTP), 团结对称性 (DSP), 团结全幂性 (DTPP) 和有效融合性 (EFFM) 的唯一分配指标, 且 $\phi = MB$; (ii) ϕ 是满足联盟可加性 (CADD), 个人对称性 (ISP), 联盟零元性 (CNP), 团结传递性 (DTP), 团结对称性 (DSP), 团结有效性 (DEFF) 和有效融合性 (EFFM) 的唯一分配指标, 且 $\phi = MIB$.

5.3.2　具有联盟结构的多选择合作对策-II

由 5.3.1 知, Albizuri 所给具有联盟结构的多选择合作对策模型要求: 相同局中人不能以不同的参与水平形成多个联盟. 目前关于此类多选择合作对策分配指标的研究, 主要是集中于各局中人所有参与水平的总收益, 而对于局中人在各参与水平下的收益却不能得到体现. 为此, Meng 和 Zhang[131] 基于具有联盟结构的经典合作对策, 提出了另一具有联盟结构的多选择合作对策模型. 其基本概念如下:

记 $\Gamma = \{B_1, B_2, \cdots, B_h\}$ 称为局中人集合 N 上的一个联盟结构, 其中 $Q = \{1, 2, \cdots, h\}$. 对任意 $B_k \in \Gamma$, 令 $b_k \in M$ 是关于 B_k 的 "最大联盟", 即对任意

$i \in B_k$, 有 $(b_k)_i = m_i$, 否则 $(b_k)_i = 0$. 则 $\{b_1, b_2, \cdots, b_h\}$ 是关于 m 的一个划分. 用 (N, m, Γ) 表示局中人集合 N 上关于 M 的一个联盟结构.

说明: 在本节中, 对任意 $B_k \in \Gamma$ 和任意 $s \leqslant b_k$, 当联盟 $\mathrm{ind}s$ 中的局中人与 $N \backslash B_k$ 上的局中人合作时, 只能与 $N \backslash B_k$ 中局中人所组成联盟的并, 关于 $N \backslash B_k$ 中局中人的最高参与水平合作.

例 5.4　令 $N = \{1, 2, 3, 4\}$, $m = \{2, 2, 2, 1\}$ 和 $\Gamma = \{B_1, B_2\}$, 其中 $B_1 = \{1, 2\}$ 和 $B_2 = \{3, 4\}$. 对 B_1 和 $s = (1, 2, 0, 0) \leqslant b_1$, 当局中人 $\{1, 2\}$ 与局中人 $\{3, 4\}$ 合作时, $s = (1, 2, 2, 1)$ 是相对于 s 的唯一可行联盟.

定义 5.15　s 称为 (N, m, Γ) 上的一个可行联盟, 若存在 $B_k \in \Gamma$ 和 $\cup_{l \in R \subseteq P \backslash k} B_l$ 满足 $s = t_1 \vee t_2$, 其中 $t_1 \leqslant b_k$, $t_2 = \vee_{l \in R \subseteq P \backslash k} b_l$ 和 $P = \{1, 2, \cdots, h\}$. 记 (N, m, Γ) 上全体可行联盟集为 $Fe(N, m, \Gamma)$.

例 5.5　令 $N = \{1, 2, 3\}$, $m = \{2, 2, 1\}$ 和 $\Gamma = \{B_1, B_2\}$, 其中 $B_1 = \{1\}$ 和 $B_2 = \{2, 3\}$. 有

$$Fe(N, m, \Gamma) = \{(1, 0, 0), (0, 1, 0), (0, 0, 1), (2, 0, 0), (0, 2, 0), (0, 1, 1), (0, 2, 1),$$
$$(2, 1, 0), (2, 2, 0), (2, 0, 1), (2, 1, 0), (2, 2, 0), (2, 2, 1)\}.$$

定义 5.16　设 $v \in MC^N$ 和 $\Gamma = \{B_1, B_2, \cdots, B_h\}$, v^B 称为 Γ 上的一个商对策, 若对任意 $R \subseteq Q$, 有 $v^B(R) = v(\vee_{l \in R} b_l)$ 成立.

对任意 $v \in MC^N$, 记 (N, m, v, Γ) 为 (N, m, Γ) 上关于 $v \in MC^N$ 的一个具有联盟结构多选择合作对策, 其全体记为 MC^{CN}.

定义 5.17　设 $v \in MC^{CN}$, 称 v 为具有联盟结构的凸多选择合作对策, 若

$$v(s \vee t) + v(s \wedge t) \geqslant v(s) + v(t) \quad \forall s, t \in Fe(N, m, \Gamma).$$

1. 多选择扩展 Owen 联盟值

基于上面所给基本概念, Meng 和 Zhang[131] 探讨了上述具有联盟结构多选择合作对策上的一个分配指标: 扩展 Owen 联盟值. 该分配值在优先联盟间按照 Shapley 值分配; 在优先联盟内部按 Van Shapley 值对局中人进行分配.

MC^{CN} 上的扩展 Owen 联盟值 $\psi^{Sh, Van} : MC^{CN} \to \mathrm{R}_+^{(m_i)_{i \in N}}$ 定义为:

$$\psi_{ij}^{Sh, Van}(N, m, v, \Gamma) = \sum_{R \subseteq Q \backslash k} \sum_{s \leqslant b_k, s_i = j} \frac{r!(p - r - 1)!}{p!} h_{ij}^{B_k}(s)$$
$$(v(s \vee t) - v(s \vee t - e^i)) \quad \forall i \in N, j \in M_i^+ \quad (5.28)$$

其中, p, r 分别表示 Q 和 R 的势指标, $t = \vee_{l \in R} b_l$, $h_{ij}^{B_k}(s)$ 表示 $h_{ij}(s)$ 限制在 B_k 上

时关于 s 的系数. 即

$$h_{ij}^{B_k}(s) = \left(\frac{\left(\sum\limits_{g:(s|s_i-1)_g \neq 0} s_g \right)! \left(\sum\limits_{g \in B_k} (m_g - s_g) \right)!}{\prod\limits_{g:(s|s_i-1)_g \neq 0} (s_g!) \prod\limits_{g \in B_k} ((m_g - s_g)!)} \right) \Bigg/ \left(\frac{\left(\sum\limits_{g \in B_k} m_g \right)!}{\prod\limits_{g \in B_k} (m_g!)} \right),$$

$s|s_i - 1 = (s_{k_1}, \cdots, s_i - 1, \cdots, s_{k_t})$ 和 $B_k = \{k_1, \cdots, i, \cdots, k_t\}$.

当每个局中人只有两个参与水平 1 和 0 时, 式 (5.28) 退化为具有联盟结构的经典合作对策上的 Owen 联盟值. 对具有联盟结构的经典合作对策, 当联盟结构中有 n 个联盟时, Owen 联盟值就是 Shapley 函数. 此结论在多选择合作对策上不再成立, 即对任意 $v \in MC^{CN}$, 当联盟结构中有 n 个联盟时, $\psi^{Sh,Van}$ 与 Van 不一定相等.

例 5.6　记局中人集合 $N = \{1,2\}, m = \{2,2\}$ 和 $\varGamma = \{B_1, B_2\}$, 其中 $B_1 = \{1\}$, $B_2 = \{2\}$. 若 $v \in MC^{CN}$ 上各联盟的收益值为:

$$v(1,0) = v(0,1) = 1, v(2,0) = v(0,2) = 3, v(1,1) = 5,$$
$$v(1,2) = 8, v(2,1) = 10, v(2,2) = 15.$$

由式 (5.28) 得到:

$$\psi_{11}^{Sh,Van}(N,m,v,\varGamma) = 3, \psi_{12}^{Sh,Van}(N,m,v,\varGamma) = 4.5,$$
$$\psi_{21}^{Sh,Van}(N,m,v,\varGamma) = 4, \psi_{22}^{Sh,Van}(N,m,v,\varGamma) = 3.5.$$

由式 (5.16) 得到:

$$Van_{11}(N,m,v) = 2.67, Van_{12}(N,m,v) = 5.5,$$
$$Van_{21}(N,m,v) = 3, Van_{22}(N,m,v) = 3.83.$$

在该例中, 多选择合作对策 $v \in MC^{CN}$ 上有 2 个局中人和两个联盟, 但 $\psi \neq \varPhi$.

接下来, 展开对 MC^{CN} 上扩展 Owen 联盟值的公理化探讨. 令 $\phi : MC^{CN} \to \mathrm{R}_+^{(m_i)_{i \in N}}$, Meng 和 Zhang[131] 给出了如下性质:

可加性 (CMADD): 记 $v, w \in MC^{CN}$, 有

$$\phi(N,m,v+w,\varGamma) = \phi(N,m,v,\varGamma) + \phi(N,m,w,\varGamma).$$

有效性 (CMEFF): 记 $v \in MC^{CN}$, 有 $\sum\limits_{i \in N} \sum\limits_{j=1}^{m_i} \phi_{ij}(N,m,v,\varGamma) = v(m)$.

零元性 (CMNP): 记 $v \in MC^{CN}$. 对任意 $i \in N$, 若 $j \in M_i^+$ 是一个 "零水平", 则 $\phi_{ij}(N, m, v, \Gamma) = 0$.

联盟内的强等级性 (CMHST): 令 $v \in MC^{CN}$. 对任意 $B_k \in \Gamma$ 和任意 $i, j \in B_k$, 有

$$\sum_{s \wedge b_k \leqslant x \leqslant b_k, x_j = s_j} h_{js_j}^{B_k}(x)\phi_{is_i}(N, m, u_s, \Gamma) = \sum_{s \wedge b_k \leqslant x \leqslant b_k, x_i = s_i} h_{is_i}^{B_k}(x)\phi_{js_j}(N, m, u_s, \Gamma),$$

其中, $s \in Fe(N, m, v, \Gamma)$ 满足 $s_i \in M_i^+$ 和 $s_j \in M_j^+$.

商对策上的对称性 (CMSQ): 令 $v \in MC^{CN}$ 和 $B_k, B_s \in \Gamma$, 若对任意 $R \subseteq Q\backslash\{k, s\}$, 有 $v^B(R \cup k) = v^B(R \cup s)$, 则

$$\sum_{i \in B_k}\sum_{l=1}^{m_i} \phi_{il}(N, m, v, \Gamma) = \sum_{j \in B_s}\sum_{h=1}^{m_j} \phi_{jh}(N, m, v, \Gamma).$$

定理 5.27 记 $\phi: MC^{CN} \to \mathrm{R}_+^{(m_i)_{i \in N}}$. 函数 ϕ 满足可加性 (CMADD), 有效性 (CMEFF), 零元性 (CMNP), 联盟内的强等级性 (CMHST) 和商对策上的对称性 (CMSQ) 当且仅当 $\phi = \psi^{Sh,Van}$.

证明 存在性. 由式 (5.28) 知, 可加性 (CMADD) 和零元性 (CMNP) 显然成立. 下证, $\psi^{Sh,Van}$ 满足其它性质.

有效性 (CMEFF): 由式 (5.28) 得到:

$$\sum_{i=1}^{N}\sum_{j=1}^{m_i} \psi_{ij}^{Sh,Van}(N, m, v, \Gamma) = \sum_{i=1}^{N}\sum_{j=1}^{m_i}\sum_{R \subseteq Q\backslash k}\sum_{s \leqslant b_k, s_i = j}$$
$$\times \frac{r!(p-r-1)!}{p!} h_{ij}^{B_k}(s)(v(s \vee t) - v(s \vee t - e^i)).$$

对任意 $s \leqslant b_k$, 令 $v^t(s) = v(s \vee t) - v(t)$, 其中 t 如式 (5.28) 所示. 得到:

$$\sum_{i=1}^{N}\sum_{j=1}^{m_i} \psi_{ij}^{Sh,Van}(N, m, v, \Gamma) = \sum_{i=1}^{N}\sum_{j=1}^{m_i}\sum_{R \subseteq Q\backslash k}\sum_{s \leqslant b_k, s_i = j} \frac{r!(p-r-1)!}{p!}$$
$$\times h_{ij}^{B_k}(s)(v^t(s) - v^t(s - e^i))$$
$$= \sum_{k \in Q}\sum_{R \subseteq Q\backslash k} \frac{r!(p-r-1)!}{p!}v^t(b_k)$$
$$= \sum_{k \in Q}\sum_{R \subseteq Q\backslash k} \frac{r!(p-r-1)!}{p!}(v(b_k \vee t) - v(t))$$
$$= \sum_{k \in Q}\sum_{R \subseteq Q\backslash k} \frac{r!(p-r-1)!}{p!}(v^B(R \cup k) - v^B(R))$$
$$= v^B(Q) = v(\vee_{k \in Q} b_k) = v(m).$$

联盟内的强等级性 (CMHST): 由式 (5.28) 得到:

$$
\begin{aligned}
\psi_{is_i}^{Sh,Van}(N,m,u_s,\Gamma) &= \sum_{R\subseteq Q\backslash k}\sum_{x\leqslant b_k,x_i=s_i}\frac{r!(p-r-1)!}{p!} \\
&\quad \times h_{is_i}^{B_k}(x)(u_s(x\vee t)-u_s(x\vee t-e^i)) \\
&= \sum_{Q'\backslash k\subseteq R\subseteq Q\backslash k}\sum_{s\wedge b_k\leqslant x\leqslant b_k,x_i=s_i}\frac{r!(p-r-1)!}{p!}h_{is_i}^{B_k}(x) \\
&= \sum_{Q'\backslash k\subseteq R\subseteq Q\backslash k}\frac{r!(p-r-1)!}{p!}\sum_{s\wedge b_k\leqslant x\leqslant b_k,x_i=s_i}h_{is_i}^{B_k}(x) \\
&= \frac{1}{p'}\sum_{s\wedge b_k\leqslant x\leqslant b_k,x_i=s_i}h_{is_i}^{B_k}(x),
\end{aligned}
$$

其中, $\dfrac{1}{p'}=\displaystyle\sum_{Q'\backslash k\subseteq R\subseteq Q\backslash k}\dfrac{r!(p-r-1)!}{p!}$, p' 是 $Q'=\{l\in Q|b_l\wedge s\neq\varnothing\}$ 的势指标.

同理可得:

$$
\psi_{js_j}^{Sh,Van}(N,m,u_s,\Gamma)=\frac{1}{p'}\sum_{s\wedge b_k\leqslant x\leqslant b_k,x_j=s_j}h_{js_j}^{B_k}(x).
$$

即 $\psi^{Sh,Van}$ 满足联盟内的强等级性 (CMHST);

由有效性 (CMEFF) 的证明得到:

$$
\sum_{i\in B_k}\sum_{l=1}^{m_i}\psi_{il}^{Sh,Van}(N,m,v,\Gamma)=\sum_{R\subseteq Q\backslash k}\frac{r!(p-r-1)!}{p!}(v^B(R\cup k)-v^B(R))
$$

和

$$
\sum_{j\in B_s}\sum_{h=1}^{m_i}\psi_{jh}^{Sh,Van}(N,m,v,\Gamma)=\sum_{R\subseteq Q\backslash s}\frac{r!(p-r-1)!}{p!}(v^B(R\cup s)-v^B(R)).
$$

对任意 $R\subseteq Q\backslash\{k,s\}$, 由 $v^B(R\cup k)=v^B(R\cup s)$ 知, 商对策上的对称性 (CMSQ) 成立.

唯一性. 令 ϕ 是 MC^{CN} 上满足上述性质的一个联盟解. 下证, 对任意 $i\in N$ 和 $j\in M_i^+$, 有 $\phi_{ij}(N,m,v,\Gamma)=\psi_{ij}^{Sh,Van}(N,m,v,\Gamma)$.

由 Derks 和 Peters[122] 中的引理 3.1 知, 只需证明, 对任意 $s\in Fe(N,m,\Gamma)$, ϕ 和 $\psi^{Sh,Van}$ 在一致对策 u_s 上相等即可. 令 $Q'=\{l\in Q|b_l\wedge s\neq\varnothing\}$ 和 $B_l'=B_l\cap\mathrm{ind}s$. 定义商对策 (Q,u_s^B) 如下:

$$
u_s^B(R)=\begin{cases}1 & Q'\subseteq R,\\0 & Q'\not\subseteq R,\end{cases}
$$

其中, $R \subseteq Q$.

由 ϕ 满足零元性 (CMNP) 得到: 对任意 $i \in N \backslash \text{ind}s$ 和 $j \in M_i^+$, 及 $i \in \text{ind}s$ 和 $j \in M_i^+$ 满足 $j \neq s_i$, 有 $\phi_{ij}(N, m, u_s, \Gamma) = 0$. 由有效性 (CMEFF), 零元性 (CMNP) 和商对策上的对称性 (CMSQ) 得到:

$$\sum_{i \in B_k'} \phi_{is_i}(N, m, u_s, \Gamma) = \begin{cases} \dfrac{1}{p'} & k \in Q', \\ 0 & k \notin Q', \end{cases}$$

其中, $i \in \text{ind}s$ 满足 $j = s_i \in M_i^+$. 由有效性 (CMEFF) 和联盟内的强等级性 (CMHST) 得到:

$$\phi_{ij}(N, m, u_s, \Gamma) = \begin{cases} \dfrac{1}{p'} \displaystyle\sum_{s \wedge b_k \leqslant x \leqslant b_k, x_i = s_i} h_{is_i}^{B_k}(x) & j = s_i \in M_i^+, \\ 0 & \text{其它}. \end{cases}$$

另一方面, 由式 (5.28) 得到:

$$\psi_{ij}^{Sh, Van}(N, m, u_s, \Gamma) = \begin{cases} \dfrac{1}{p'} \displaystyle\sum_{s \wedge b_k \leqslant x \leqslant b_k, x_i = s_i} h_{is_i}^{B_k}(x) & j = s_i \in M_i^+, \\ 0 & \text{其它}. \end{cases}$$

知 $\phi(N, m, u_s, \Gamma) = \psi^{Sh, Van}(N, m, u_s, \Gamma)$. 证毕.

线性性质 (CML): 记 $v, w \in MC^{CN}$. 对任意 $\alpha, \beta \in \text{R}$, 有

$$\phi(N, m, \alpha v + \beta w, \Gamma) = \alpha \phi(N, m, v, \Gamma) + \beta \phi(N, m, w, \Gamma).$$

支集性质 (CMC): 记 $v \in MC^{CN}$. 若 $t \in M$ 是 (N, m, Γ) 上关于 $v \in MC^{CN}$ 的一个支撑, 则 $\displaystyle\sum_{i \in \text{ind}t} \sum_{j=1}^{t_i} \phi_{ij}(N, m, v, \Gamma) = v(t)$.

定理 5.28　记 $\phi : MC^{CN} \to \text{R}_+^{(m_i)_{i \in N}}$.

(i) 函数 ϕ 满足可加性 (CMADD), 支集性质 (CMC), 联盟内的强等级性 (CMHST) 和商对策上的对称性 (CMSQ) 当且仅当 $\phi = \psi^{Sh, Van}$;

(ii) 函数 ϕ 满足线性性质 (CML), 支集性质 (CMC), 联盟内的强等级性 (CMHST) 和商对策上的对称性 (CMSQ) 当且仅当 $\phi = \psi^{Sh, Van}$.

链性质 (CMCA): 记 $v \in MC^{CN}$. 对任意 $B_k \in \Gamma$ 和 $i, j \in B_k$ 满足 $s_i \in M_i^+$ 和 $s_j \in M_j^+$, 有

$$c^{B_k}[0, s|s_i - 1] \phi_{js_j}(N, m, \delta_s, \Gamma) = c^{B_k}[0, s|s_j - 1] \phi_{is_i}(N, m, \delta_s, \Gamma),$$

且

$$((p'+l-1)!(p-p'-l)!)\,\phi_{is_i}(N,m,\delta_s,\Gamma) = ((p'-1)!(p-p')!)\,\phi_{is_i}(N,m,\delta_{s'},\Gamma),$$

其中, $s,s' \in Fe(N,m,\Gamma)$ 满足 $s \vee_{r=0}^l b_r = s'$ 和 $s \wedge (\vee_{r=0}^l b_r) = e^{\varnothing}$. $s|s_i - 1$ 和 $s|s_j - 1$ 如式 (5.28) 所示, $c^{B_k}[0, s|s_i-1] = \left(\sum\limits_{g:(s|s_i-1)_g \neq 0} s_g \right)! \Big/ \prod\limits_{g:(s|s_i-1)_g \neq 0} (s_g!)$ 且

$$c^{B_k}[0, s|s_j-1] = \left(\sum\limits_{g:(s|s_j-1)_g \neq 0} s_g \right)! \Big/ \prod\limits_{g:(s|s_j-1)_g \neq 0} (s_g!), \ p' \ 是 \ Q' = \{l \in Q | b_l \wedge s \neq \varnothing\}$$

的势指标.

定理 5.29　记 $\phi : MC^{CN} \to \mathrm{R}_+^{(m_i)_{i \in N}}$.

(i) 函数 ϕ 满足线性性质 (CML), 有效性 (CMEFF), 零元性 (CMNP), 链性质 (CMCA) 和商对策上的对称性 (CMSQ) 当且仅当 $\phi = \psi^{Sh,Van}$;

(ii) 函数 ϕ 满足可加性 (CMADD), 支集性质 (CMC), 链性质 (CMCA) 和商对策上的对称性 (CMSQ) 当且仅当 $\phi = \psi^{Sh,Van}$;

(iii) 函数 ϕ 满足线性性质 (CML), 支集性质 (CMC), 链性质 (CMCA) 和商对策上的对称性 (CMSQ) 当且仅当 $\phi = \psi^{Sh,Van}$.

类似于 Young[20] 关于经典合作对策上 Shapley 函数的公理体系的探讨, Meng 和 Zhang[131] 给出了如下性质.

强单调性 (CMSMON): 记 $v,w \in MC^{CN}$. 若对任意 $i \in N$ 和 $s \in Fe(N,m,\Gamma)$ 满足 $s_i = 0$, 有 $v(s \vee je^i) - v(s \vee (j-1)e^i) \geqslant w(s \vee je^i) - w(s \vee (j-1)e^i)$, 其中 $j \in M_i^+$, 则

$$\phi_{ij}(N,m,v,\Gamma) \geqslant \phi_{ij}(N,m,w,\Gamma).$$

否定性质 (VETO): 记 $v \in MC^{CN}$. 对任意 $B_k \in \Gamma$ 和 $i_1, i_2 \in B_k \cap \mathrm{ind}t$, 若 $j_1 = t_{i_1} \in M_{i_1}^+$ 和 $j_2 = t_{i_2} \in M_{i_2}^+$, 则

$$\sum_{t \wedge b_k \leqslant x \leqslant b_k, x_{i_2}=j_2} h_{i_2 j_2}^{B_k}(x)\phi_{i_1 j_1}(N,m,v,\Gamma) = \sum_{t \wedge b_k \leqslant x \leqslant b_k, x_{i_1}=j_1} h_{i_1 j_1}^{B_k}(x)\phi_{i_2 j_2}(N,m,v,\Gamma),$$

其中, $t \in Fe(N,m,\Gamma)$ 是一个否定联盟.

此处, $t \in Fe(N,m,\Gamma)$ 是一个否定联盟指: $v(s) = \begin{cases} v(t) & s \in Fe(N,m,\Gamma), t \leqslant s, \\ 0 & 其它. \end{cases}$

定理 5.30　记 $\phi : MC^{CN} \to \mathrm{R}_+^{(m_i)_{i \in N}}$. 函数 ϕ 满足有效性 (CMEFF), 强单调性 (CMSMON), 否定性质 (VETO) 和商对策上的对称性 (CMSQ) 当且仅当 $\phi = \psi^{Sh,Van}$.

性质 5.5 (独立水平)　记 $v \in MC^{CN}$. 若对任意 $i \in N$ 和任意 $s \in Fe(N, m, \Gamma)$ 满足 $s_i = j \in M_i^+$, 有 $v(s) - v(s_i - (j-1)e^i) = v(je^i)$, 则 $\psi_{ij}(N, m, v, \Gamma) = v(je^i)$.

例 5.7　设局中人集合 $N = \{1, 2, 3, 4\}$, $m = \{2, 3, 2, 1\}$ 和 $\Gamma = \{B_1, B_2\}$, 其中 $B_1 = \{1, 2\}$ 和 $B_2 = \{3, 4\}$. $v \in MC^{CN}$ 上的联盟收益如表 5.5 所示.

表 5.5　联盟收益值

s	$v(s)$	s	$v(s)$	s	$v(s)$	s	$v(s)$
(1, 0, 0, 0)	1	(1, 1, 0, 0)	5	(1, 0, 2, 1)	10	(1, 1, 2, 1)	5
(0, 1, 0, 0)	1	(0, 0, 1, 1)	5	(2, 0, 2, 1)	12	(1, 2, 2, 1)	20
(0, 0, 1, 0)	1	(1, 2, 0, 0)	8	(0, 1, 2, 1)	12	(1, 3, 2, 1)	25
(0, 0, 0, 1)	1	(2, 1, 0, 0)	8	(0, 2, 2, 1)	15	(2, 1, 2, 1)	20
(2, 0, 0, 0)	2	(0, 0, 2, 1)	8	(0, 3, 2, 1)	18	(2, 3, 1, 1)	20
(0, 2, 0, 0)	2	(2, 2, 0, 0)	10	(2, 3, 0, 1)	15	(2, 2, 2, 1)	30
(0, 0, 2, 0)	2	(1, 3, 0, 0)	10	(2, 3, 1, 0)	18	(2, 3, 2, 1)	40
(0, 3, 0, 0)	3	(2, 3, 0, 0)	15	(2, 3, 2, 0)	20		

由式 (5.28) 得到:

$$\psi_{11}^{Sh, Van}(N, m, v, \Gamma) = 3.45, \psi_{12}^{Sh, Van}(N, m, v, \Gamma) = 6.75, \psi_{21}^{Sh, Van}(N, m, v, \Gamma) = 3.55,$$

$$\psi_{22}^{Sh, Van}(N, m, v, \Gamma) = 4, \psi_{23}^{Sh, Van}(N, m, v, \Gamma) = 5.75, \psi_{31}^{Sh, Van}(N, m, v, \Gamma) = 2.83,$$

$$\psi_{32}^{Sh, Van}(N, m, v, \Gamma) = 8.17, \psi_{41}^{Sh, Van}(N, m, v, \Gamma) = 5.5,$$

且

$$\sum_{i=1}^{4} \sum_{j=1}^{m_i} \psi_{ij}^{Sh, Van}(N, m, v, \Gamma) = v(m) = 40.$$

定义 5.18　向量 $x = \left((x_{1i})_{i \in M_1^+}, (x_{2i})_{i \in M_2^+}, \cdots, (x_{ni})_{i \in M_n^+} \right)$ 称为 MC^{CN} 上的一个具有联盟结构的多选择人口单调分配机制 (CMPMAS), 若 x 满足:

$$\sum_{i \in N} \sum_{j=1}^{m_i} x_{ij}(m) = v(m),$$

$$x_{ij}(s) \leqslant x_{ij}(t) \quad \forall i \in \text{ind} s, 0 \leqslant j \leqslant s_i, s, t \in Fe(N, m, \Gamma) s.t. s \leqslant t, s_i = t_i,$$

其中, $x_{ij}(m), x_{ij}(s), x_{ij}(t)$ 分别表示局中人 i 关于联盟 m, s, t 在参与水平 j 时的收益.

定理 5.31　设 $v \in MC^{CN}$ 是凸的, 对任意 $i \in N$ 和任意 $j \in M_i^+$ 满足 $v(je^i) \geqslant v((j-1)e^i)$, 则 $\left(\psi_{ij}^{Sh, Van}(N, m, v, \Gamma) \right)_{i \in N, j \in M_i^+}$ 是一个 CMPMAS.

定义 5.19　记 $v \in MC^{CN}$. v 上的核心 $C(N, m, v, \Gamma)$ 定义为:

$$C(N, m, v, \Gamma)$$

$$= \left\{ x \in \mathbb{R}_+^{(m_i)i \in N} \,\middle|\, \sum_{i \in \text{ind}_s} \sum_{j=1}^{s_i} x_{ij} \geqslant v(s), \forall s \in Fe(N, m, \Gamma), \sum_{i \in N} \sum_{j=1}^{m_i} x_{ij} = v(m) \right\}.$$

定理 5.32　设 $v \in MC^{CN}$ 是凸的, 则 $C(N, m, v, \Gamma) \neq \varnothing$.

定理 5.33　设 $v \in MC^{CN}$ 是凸的, 则 $\psi^{Sh, Van}(N, m, v, \Gamma) \in C(N, m, v, \Gamma)$.

2. 多选择扩展 Banzhaf-Owen 联盟值

此外, Meng 等[133] 探讨了 MC^{CN} 上的另一分配指标: 扩展 Banzhaf-Owen 联盟值.

MC^{CN} 上的扩展 Banzhaf-Owen 联盟值 $\psi^{Ba, Van} : MC^{CN} \to \mathbb{R}_+^{(m_i)i \in N}$ 定义为:

$$\psi_{ij}^{Ba, Van}(N, m, v, \Gamma) = \sum_{R \subseteq Q \setminus k} \sum_{s \leqslant b_k, s_i = j} \frac{1}{2^{h-1}}$$
$$\times h_{ij}^{B_k}(s)(v(s \vee t) - v(s \vee t - e^i)) \quad \forall i \in N, j \in M_i^+, (5.29)$$

其中, $p, t, h_{ij}^{B_k}(s)$ 分别如式 (5.28) 所示.

当每个局中人只有两个参与水平 1 和 0 时, 式 (5.29) 退化为具有联盟结构的经典合作对策上的 Banzhaf-Owen 联盟值. 当 (N, m, Γ) 上只有 1 个联盟时, 式 (5.29) 退化为 Van Shapley 函数.

例 5.8　设 $N = \{1, 2, 3\}$, $m = \{2, 1, 2\}$ 和 $\Gamma = \{B_1, B_2\}$, 其中 $B_1 = \{1, 2\}$ 和 $B_2 = \{3\}$, (N, m, v, Γ) 上可行联盟的收益值如表 5.6 所示.

表 5.6　联盟收益值

s	$v(s)$	s	$v(s)$	s	$v(s)$	s	$v(s)$
(1, 0, 0)	1	(0, 0, 2)	3	(1, 0, 2)	6	(1, 1, 2)	12
(0, 1, 0)	1	(1, 1, 0)	4	(0, 1, 2)	6	(2, 1, 1)	12
(0, 0, 1)	1	(2, 1, 0)	6	(2, 0, 2)	8	(2, 1, 2)	15
(2, 0, 0)	3						

由式 (5.29) 得到:

$$\psi_{11}^{Ba, Van}(N, m, v, \Gamma) = 17/6, \psi_{12}^{Ba, Van}(N, m, v, \Gamma) = 14/6, \psi_{21}^{Ba, Van}(N, m, v, \Gamma) = 23/6,$$
$$\psi_{31}^{Ba, Van}(N, m, v, \Gamma) = 7/2, \psi_{32}^{Ba, Van}(N, m, v, \Gamma) = 5/2.$$

记 $\phi : MC^{CN} \to \mathbb{R}_+^{(m_i)i \in N}$. 基于具有联盟结构的经典合作对策上对称 Banzhaf 函数公理体系的研究, Meng 等[133] 定义了如下性质:

联盟全幂性 (CMCTP): 设 $v \in MC^{CN}$, 则

$$\sum_{i \in N} \sum_{j=1}^{m_i} \phi_{ij}(N, m, v, \Gamma) = \frac{1}{2^{p-1}} \sum_{k \in Q} \sum_{R \subseteq Q \backslash k} (v^B(R \cup k) - v^B(R)).$$

定理 5.34   记 $\phi: MC^{CN} \to \mathrm{R}_+^{(m_i)_{i \in N}}$. 函数 ϕ 满足可加性 (CMADD), 联盟的全幂性 (CMCTP), 零元性 (CMNP), 联盟内的强等级性 (CMHST) 和商对策上的对称性 (CMSQ) 当且仅当 $\phi = \psi^{Ba, Van}$.

证明   由式 (5.29) 知, $\psi^{Ba, Van}$ 满足可加性 (CMADD) 和零元性 (CMNP). 对于联盟全幂性 (CMCTP), 由式 (5.29) 知,

$$\sum_{i \in N} \sum_{j=1}^{m_i} \psi_{ij}^{Ba, Van}(N, m, v, \Gamma) = \sum_{i \in N} \sum_{j=1}^{m_i} \sum_{R \subseteq Q \backslash k} \sum_{s \leqslant b_k, s_i = j}$$
$$\times \frac{1}{2^{p-1}} h_{ij}^{B_k}(s)(v(s \vee t) - v(s \vee t - e^i)).$$

对任意 $s \leqslant b_k$, 令 $v^t(s) = v(t \vee s) - v(t)$, 得到:

$$\sum_{i \in N} \sum_{j=1}^{m_i} \psi_{ij}^{Ba, Van}(N, m, v, \Gamma) = \sum_{i \in N} \sum_{j=1}^{m_i} \sum_{R \subseteq Q \backslash k} \sum_{s \leqslant b_k, s_i = j} \frac{1}{2^{p-1}} h_{ij}^{B_k}(s)(v^t(s) - v^t(s - e^i))$$

$$= \frac{1}{2^{p-1}} \sum_{k \in P} \sum_{R \subseteq Q \backslash k} \sum_{i \in B_k} \sum_{j=1}^{m_i} \sum_{s \leqslant b_k, s_i = j} h_{ij}^{B_k}(s)(v^t(s) - v^t(s - e^i))$$

$$= \frac{1}{2^{p-1}} \sum_{k \in Q} \sum_{R \subseteq Q \backslash k} v^t(b_k)$$

$$= \frac{1}{2^{p-1}} \sum_{k \in Q} \sum_{R \subseteq Q \backslash k} (v(t \vee b_k) - v(t))$$

$$= \frac{1}{2^{p-1}} \sum_{k \in Q} \sum_{R \subseteq Q \backslash k} (v(R \cup k) - v(R));$$

由式 (5.29) 得到:

$$\psi_{is_i}^{Ba, Van}(N, m, u_s, \Gamma) = \sum_{R \subseteq Q \backslash k} \sum_{x \leqslant b_k, s_i = x_i} \frac{1}{2^{p-1}} h_{is_i}^{B_k}(x)(u_s(x \vee t) - u_s(x \vee t - e^i)$$

$$= \sum_{Q^s \backslash k \subseteq R \subseteq Q \backslash k} \sum_{s \wedge b_k \leqslant x \leqslant b_k, s_i = x_i} \frac{1}{2^{p-1}} h_{is_i}^{B_k}(x)(u_s(x \vee t) - u_s(x \vee t - e^i))$$

$$= \frac{1}{2^{p_s - 1}} \sum_{s \wedge b_k \leqslant x \leqslant b_k, s_i = x_i} h_{is_i}^{B_k}(x)$$

和

$$\psi_{js_j}^{Ba, Van}(N, m, u_s, \Gamma) = \frac{1}{2^{p_s - 1}} \sum_{s \wedge b_k \leqslant x \leqslant b_k, s_j = x_j} h_{js_j}^{B_k}(x),$$

其中, p_s 是 $P^s = \{l \in Q | s \wedge b_l \neq e^\varnothing\}$ 的势指标. 故联盟内的强等级性 (CMHST) 成立;

由上面的证明知:

$$\sum_{i \in B_k} \sum_{l=1}^{m_i} \psi_{il}^{Ba,Van}(N,m,v,\Gamma) = \sum_{R \subseteq Q \backslash k} \frac{1}{2^{p-1}}(v^B(R \cup k) - v^B(R)),$$

和

$$\sum_{j \in B_d} \sum_{h=1}^{m_i} \psi_{jh}^{Ba,Van}(N,m,v,\Gamma) = \sum_{R \subseteq Q \backslash d} \frac{1}{2^{p-1}}(v^B(R \cup d) - v^B(R)).$$

由已知条件知, 商对策上的对称性 (CMSQ) 成立.

唯一性. 设 ϕ 是 MC^{CN} 上满足上述性质的一个解, 类似于定理 5.27, 只需证, 对任意 $s \in Fe(N,m,\Gamma)$, ϕ 和 $\psi^{Ba,Van}$ 在一致对策 u_s 上相等即可. 由零元性 (CMNP) 知, 对任意 $i \in N \backslash \mathrm{inds}$, $j \in M_i^+$ 和 $i \in \mathrm{inds}$, $j \in M_i^+$ 满足 $j \neq s_i$, 有 $\phi_{ij}(N,m,u_s,\Gamma) = 0$. 对任意 $i \in \mathrm{inds}$ 满足 $s_i \in M_i^+$, 由联盟全幂性 (CMCTP) 和商对策上的对称性 (CMSQ) 得到:

$$\sum_{i \in B_k'} \phi_{is_i}(N,m,u_s,\Gamma) = \begin{cases} \dfrac{1}{2^{p_s-1}} & k \in P^s, \\ 0 & k \notin P^s. \end{cases}$$

由联盟内的强等级性 (CMHST) 知,

$$\phi_{ij}(N,m,u_s,\Gamma) = \begin{cases} \dfrac{1}{2^{p_s-1}} \displaystyle\sum_{s \wedge b_k \leqslant x \leqslant b_k, x_i = s_i} h_{is_i}^{B_k}(x) & j = s_i \in M_i^+, \\ 0 & \text{其它} \end{cases}$$

由存在性的证明知, $\phi(N,m,u_s,\Gamma) = \psi^{Ba,Van}(N,m,u_s,\Gamma)$. 证毕.

类似于 Lehrer[25], 定义 (N,m,Γ) 上关于商对策 v^B 的 "缩减" 对策的概念. 对任意不同指标 $k,l \in Q$, 令 $g = \{k,l\}$. "缩减" 商对策 v_g^B 定义为:

$$v_g^B(R) = v^B(R), \quad v_g^B(R \cup \{g\}) = v^B(R \cup g) \quad \forall R \subseteq Q \backslash g.$$

即 v_g^B 是定义在 $(Q \backslash g) \cup \{g\}$ 上的商对策. 显然 v_g^B 上的指标为 $h-1$ 个. 类似于 Nowak[27], 给出如下性质.

商对策上的 2-有效性 (2-EQ): 记 $v \in MC^{CN}$, 有

$$\phi_k(N,m,v^B,\Gamma) + \phi_l(N,m,v^B,\Gamma) = \phi_g(N,m,v_g^B,\Gamma).$$

联盟内的有效性 (CMEU): 记 $v \in MC^{CN}$. 对任意 $B_k \in \Gamma$, 有

$$\phi_k(N,m,v^B,\Gamma) = \sum_{i \in B_k} \sum_{j=1}^{m_i} \phi_{ij}(N,m,v,\Gamma).$$

商对策上的边际贡献性 (CMMQ): 记 $v, w \in MC^{CN}$ 和 $k \in Q$. 对任意 $R \subseteq Q\backslash k$, 有 $v^B(R\cup k)-v^B(R)=w^B(R\cup k)-w^B(R)$, 则 $\varphi_k(N, m, v^B, \Gamma)=\varphi_k(N, m, w^B, \Gamma)$.

商对策上的哑元性 (CMDP): 记 $v \in MC^{CN}$ 和 $k \in Q$. 对任意 $R \subseteq Q\backslash k$, 有 $v^B(R \cup k) = v^B(R) + v^B(k)$, 则 $\varphi_k(N, m, v^B, \Gamma) = v^B(k)$.

定理 5.35　记 $\varphi : MC^{CN} \rightarrow \mathrm{R}_+^{(m_i)_{i \in N}}$. 函数 φ 满足商对策上的 2-有效性 (2-EQ), 联盟内的有效性 (CMEU), 商对策上的边际贡献 (CMMQ), 商对策上的哑元性 (CMDP), 否定性质 (VETO) 和商对策上的对称性 (CMSQ) 当且仅当 $\varphi = \psi^{Ba,Van}$.

定理 5.36　设 $v \in MC^{CN}$ 是凸的. 对任意 $i \in N$ 和任意 $j \in M_i^+$ 满足 $v(je^i) \geqslant v((j-1)e^i)$, 则 $\left(\psi_{ij}^{Ba,Van}(N, m, v, \Gamma)\right)_{i \in N, j \in M_i^+}$ 是一个 CMPMAS.

5.4　拟阵上的多选择合作对策

在本节中, 主要探讨一类特殊可行联盟上的多选择合作对策 —— 拟阵上多选择合作对策.

记 $(N, m, v, \mathcal{M})$ 为一个拟阵上的多选择合作对策, 其全体记为 $CM^{\mathcal{M}N}$, 在不至于引起混淆的情形下, 简记为 v.

类似于 Bilbao 等[81] 关于拟阵上经典合作对策 Shapley 函数的论述, 结合 van den Nouweland 等[125] 所给多选择合作对策上的 Shapley 函数, 给出拟阵上多选择合作对策的 Shapley 函数如下所示:

$$\psi_{ij}(N, m, v, \mathcal{M}) = \sum_{B_k \in \mathcal{B}_i(\mathcal{M})} P(B_k) \sum_{s \leqslant b_k, s_i = j} h_{ij}^{B_k}(s)(v(s)-v(s-e^i)) \quad \forall i \in N, j \in M_i^+,$$
(5.30)

其中, $h_{ij}^{B_k}(s) = \left(\dfrac{\left(\sum\limits_{g:(s|s_i-1)_g \neq 0} s_g\right)!}{\prod\limits_{g:(s|s_i-1)_g \neq 0}(s_g!)} \dfrac{\left(\sum\limits_{g \in B_k}(m_g-s_g)\right)!}{\prod\limits_{g \in B_k}((m_g-s_g)!)}\right) \Bigg/ \dfrac{\left(\sum\limits_{g \in B_k} m_g\right)!}{\prod\limits_{g \in B_k}(m_g!)}$ 是关于

联盟 s 在 B_k 上限制, $s|s_i-1 = (s_{k_1}, \cdots, s_i-1, \cdots, s_{k_t})$ 且 $\{k_1, \cdots, i, \cdots, k_t\} \subseteq B_k$. 由式 (5.30) 知:

$$\psi_{ij}(N, m, v, \mathcal{M}) = \sum_{B_k \in \mathcal{B}_i(\mathcal{M})} P(B_k)\psi_{ij}^{B_k}(B_k, v_{B_k}) \quad \forall i \in N j \in M_i^+,$$

其中,

$$\psi_{ij}^{B_k}(B_k, v_{B_k}) = \sum_{s \leqslant b_k, s_i = j} h_{ij}^{B_k}(s)(v(s) - v(s - e^i)) \quad \forall i \in N, j \in M_i^+.$$

接下来对所给表达式满足的公理体系进行探讨, 即关于解的公理化描述, 一个解的公理化探讨至关重要, 它是解的合理性, 公平性和客观性的理论依据, 也是判断一个解优劣的标准. 令 ϕ 是 $CM^{\mathcal{MN}}$ 上的一个解. 首先, 结合 Shapley[3] 对经典合作对策上 Shapley 函数的公理化描述, 给出拟阵上多选择合作对策 Shapley 函数的性质如下:

概率有效性 (PMEFF): 记 $v \in CM^{\mathcal{MN}}$, 有

$$\sum_{i \in N} \sum_{j=1}^{m_i} \phi_{ij}(N, m, v, \mathcal{M}) = \sum_{B_k \in \mathcal{B}(\mathcal{M})} P(B_k) v(b_k).$$

零水平 (MNL): 记 $v \in CM^{\mathcal{MN}}$. 对任意 $i \in N$ 及 $j \in M_i^+$, 若 j 是局中人 i 的一个 "零水平", 则 $\phi_{ij}(N, m, v, \mathcal{M}) = 0$.

拟对称性 (MQS): 记 $v \in CM^{\mathcal{MN}}$. 若 s 是关于 v 的一个否定联盟, 则对任意 $i_1, i_2 \in \mathrm{ind}s$, 有

$$\sum_{B_k \in \mathcal{B}_S(\mathcal{M})} P(B_k) \sum_{\substack{s \leqslant x \leqslant b_k, \\ x_{i_1} = s_{i_1} = j_1}} h_{i_1 j_1}^{B_k}(x) \phi_{i_2 j_2}(N, m, v, \mathcal{M})$$
$$= \sum_{B_k \in \mathcal{B}_S(\mathcal{M})} P(B_k) \sum_{\substack{s \leqslant x \leqslant b_k, \\ x_{i_2} = s_{i_2} = j_2}} h_{i_2 j_2}^{B_k}(x) \phi_{i_1 j_1}(N, m, v, \mathcal{M}).$$

线性性质 (ML): 记 $v, w \in CM^{\mathcal{MN}}$ 及任意 $\alpha, \beta \in \mathrm{R}$, 得到:

$$\phi(N, m, \alpha v + \beta w, \mathcal{M}) = \alpha \phi(N, m, v, \mathcal{M}) + \beta \phi(N, m, w, \mathcal{M}).$$

定理 5.37　记 $\phi : CM^{\mathcal{MN}} \to \mathrm{R}_+^{(m_i)_{i \in N}}$. 函数 ϕ 满足概率有效性 (PMEFF), 零水平 (MNL), 拟对称性 (MQS) 和线性性质 (ML) 当且仅当 $\phi = \psi$.

证明　存在性. 由式 (5.30) 知: 零水平 (MNL) 和线性性质 (ML) 显然成立; 概率有效性 (PMEFF): 由式 (5.30) 得到:

$$\sum_{i \in N} \sum_{j=1}^{m_i} \psi_{ij}(N, m, v, \mathcal{M}) = \sum_{i \in N} \sum_{j=1}^{m_i} \sum_{B_k \in \mathcal{B}_i(\mathcal{M})} P(B_k) \sum_{s \leqslant b_k, s_i = j} h_{ij}^{B_k}(s)(v(s) - v(s - e^i))$$
$$= \sum_{B_k \in \mathcal{B}(\mathcal{M})} P(B_k) \sum_{i \in B_k} \sum_{j=1}^{m_i} \sum_{s \leqslant b_k, s_i = j} h_{ij}^{B_k}(s)(v(s) - v(s - e^i))$$
$$= \sum_{B_k \in \mathcal{B}(\mathcal{M})} P(B_k) v(b_k),$$

其中, 第三个方程由式 (5.16) 的有效性得到.

拟对称性 (MQS): 由式 (5.30) 和已知条件得到:

$$
\psi_{i_1 j_1}(N, m, v, \mathcal{M}) = \sum_{B_k \in \mathcal{B}_{i_1}(\mathcal{M})} P(B_k) \sum_{x \leqslant b_k, x_{i_1} = j_1} h_{i_1 j_1}^{B_k}(x)(v(x) - v(x - e^{i_1}))
$$

$$
= \sum_{B_k \in \mathcal{B}_S(\mathcal{M})} P(B_k) \sum_{s \leqslant x \leqslant b_k, x_{i_1} = s_{i_1} = j_1} h_{i_1 j_1}^{B_k}(x)(v(x) - v(x - e^{i_1}))
$$

$$
= \sum_{B_k \in \mathcal{B}_S(\mathcal{M})} P(B_k) \sum_{s \leqslant x \leqslant b_k, x_{i_1} = s_{i_1} = j_1} h_{i_1 j_1}^{B_k}(x)v(s),
$$

同理可得: $\psi_{i_2 j_2}(N, m, v, \mathcal{M}) = \sum\limits_{B_k \in \mathcal{B}_S(\mathcal{M})} P(B_k) \sum\limits_{s \leqslant x \leqslant b_k, x_{i_2} = s_{i_2} = j_2} h_{i_2 j_2}^{B_k}(x)v(s).$ 故拟对称性 (MQS) 成立.

唯一性. 令 ϕ 是 $CM^{\mathcal{MN}}$ 上满足上述性质的一个解, 要证 $\phi(N, m, v, \mathcal{M}) = \psi(N, m, v, \mathcal{M})$, 由线性性质 (ML) 知, 只需证, ϕ 与 ψ 在一致对策上相等即可. 对任意 $s \in Fe(N, m, v, \mathcal{M})$, 定义 s 上的一致对策 u_s 如下:

$$
u_s(t) = \begin{cases} 1 & s \leqslant t, \\ 0 & \text{其它}. \end{cases}
$$

对任意 $i \in N$ 及 $s_i \neq j \in M_i^+$, 由零水平 (MNL) 得到: $\phi_{ij}(N, m, u_s, \mathcal{M}) = 0$; 对任意 $i \in S$ 及 $s_i \in M_i^+$, 由概率有效性 (PMEFF) 得到:

$$
\sum_{i \in S} \phi_{is_i}(N, m, u_s, \mathcal{M}) = \sum_{B_k \in \mathcal{B}_S(\mathcal{M})} P(B_k) u_s(b_k) = \sum_{B_k \in \mathcal{B}_S(\mathcal{M})} P(B_k).
$$

由于 s 是一个否定联盟, 由拟对称性 (MQS) 得到:

$$
\phi_{j s_j}(N, m, u_s, \mathcal{M}) = \frac{\sum\limits_{B_k \in \mathcal{B}_S(\mathcal{M})} P(B_k) \sum\limits_{s \leqslant x \leqslant b_k, x_j = s_j} h_{j s_j}^{B_k}(x)}{\sum\limits_{B_k \in \mathcal{B}_S(\mathcal{M})} P(B_k) \sum\limits_{s \leqslant x \leqslant b_k, x_i = s_i} h_{i s_i}^{B_k}(x)} \phi_{i s_i}(N, m, u_s, \mathcal{M}). \quad (5.31)
$$

在式 (5.30) 中, 固定 $i \in \mathrm{inds}$, 得到:

$$
\sum_{i \in S} \phi_{is_i}(N, m, u_s, \mathcal{M}) = \sum_{j \in S \setminus \{i\}} \phi_{j s_j}(N, m, u_s, \mathcal{M}) + \phi_{is_i}(N, m, u_s, \mathcal{M})
$$

$$
= \phi_{is_i}(N, m, u_s, \mathcal{M}) + \sum_{j \in S \setminus \{i\}} \frac{\sum\limits_{B_k \in \mathcal{B}_S(\mathcal{M})} P(B_k) \sum\limits_{s \leqslant x \leqslant b_k, x_j = s_j} h_{j s_j}^{B_k}(x)}{\sum\limits_{B_k \in \mathcal{B}_S(\mathcal{M})} P(B_k) \sum\limits_{s \leqslant x \leqslant b_k, x_i = s_i} h_{i s_i}^{B_k}(x)}
$$

$$
\times \phi_{is_i}(N, m, u_s, \mathcal{M})
$$

$$
= \frac{\displaystyle\sum_{j \in S} \sum_{B_k \in \mathcal{B}_S(\mathcal{M})} P(B_k) \sum_{s \leqslant x \leqslant b_k, x_j = s_j} h_{j s_j}^{B_k}(x)}{\displaystyle\sum_{B_k \in \mathcal{B}_S(\mathcal{M})} P(B_k) \sum_{s \leqslant x \leqslant b_k, x_i = s_i} h_{i s_i}^{B_k}(x)} \phi_{i s_i}(N, m, u_s, \mathcal{M})
$$

$$
= \frac{\displaystyle\sum_{B_k \in \mathcal{B}_S(\mathcal{M})} P(B_k) \sum_{j \in S} \sum_{s \leqslant x \leqslant b_k, x_j = s_j} h_{j s_j}^{B_k}(x)}{\displaystyle\sum_{B_k \in \mathcal{B}_S(\mathcal{M})} P(B_k) \sum_{s \leqslant x \leqslant b_k, x_i = s_i} h_{i s_i}^{B_k}(x)} \phi_{i s_i}(N, m, u_s, \mathcal{M}).
$$

由式 (5.16) 的有效性得到: 对任意 $B_k \in B(\mathcal{M})$, 有 $\displaystyle\sum_{j \in S} \sum_{s \leqslant x \leqslant b_k, x_j = s_j} h_{j s_j}^{B_k}(x) = 1$. 故,

$$
\sum_{j \in S} \phi_{i s_i}(N, m, u_s, \mathcal{M}) = \frac{\displaystyle\sum_{B_k \in \mathcal{B}_S(\mathcal{M})} P(B_k)}{\displaystyle\sum_{B_k \in \mathcal{B}_S(\mathcal{M})} P(B_k) \sum_{s \leqslant x \leqslant b_k, x_i = s_i} h_{i s_i}^{B_k}(x)} \phi_{i s_i}(N, m, u_s, \mathcal{M}).
$$

即

$$
\phi_{i s_i}(N, m, u_s, \mathcal{M}) = \sum_{B_k \in \mathcal{B}_S(\mathcal{M})} P(B_k) \sum_{s \leqslant x \leqslant b_k, x_i = s_i} h_{i s_i}^{B_k}(x).
$$

另一方面, 对任意 $i \in N$ 及 $s_i \neq j \in M_i^+$, 由式 (5.30) 知 $\psi_{ij}(N, m, u_s, \mathcal{M}) = 0$; 对任意 $i \in S$ 及 $s_i \in M_i^+$ 得到:

$$
\begin{aligned}
\psi_{i s_i}(N, m, u_s, \mathcal{M}) &= \sum_{B_k \in \mathcal{B}_i(\mathcal{M})} P(B_k) \sum_{s \leqslant x \leqslant b_k, x_i = s_i} h_{i s_i}^{B_k}(x)(u_s(x) - u_s(x - e^i)) \\
&= \sum_{B_k \in \mathcal{B}_S(\mathcal{M})} P(B_k) \sum_{s \leqslant x \leqslant b_k, x_i = s_i} h_{i s_i}^{B_k}(x) u_s(x) \\
&= \sum_{B_k \in \mathcal{B}_S(\mathcal{M})} P(B_k) \sum_{s \leqslant x \leqslant b_k, x_i = s_i} h_{i s_i}^{B_k}(x).
\end{aligned}
$$

故, $\phi(N, m, u_s, \mathcal{M}) = \psi(N, m, u_s, \mathcal{M})$. 证毕.

基联盟上的拟对称性 (BMSP): 记 $v \in CM^{\mathcal{M}N}$. 对任意 $B_k \in \mathcal{B}(\mathcal{M})$ 及 $s \leqslant b_k$, 若 s 是关于 v 的一个否定联盟, 则对任意 $i_1, i_2 \in \mathrm{inds}$, 有

$$
\begin{aligned}
&\sum_{s \leqslant x \leqslant b_k, x_{i_1} = s_{i_1} = j_1} h_{i_1 j_1}^{B_k}(x) \phi_{i_2 j_2}(N, m, v_{B_k}, \mathcal{M}) \\
&= \sum_{s \leqslant x \leqslant b_k, x_{i_2} = s_{i_2} = j_2} h_{i_2 j_2}^{B_k}(x) \phi_{i_1 j_1}(N, m, v_{B_k}, \mathcal{M}),
\end{aligned}
$$

其中, v_{B_k} 表示 v 在 B_k 上的限制.

定理 5.38   记 $\phi : CM^{\mathcal{MN}} \to \mathrm{R}_+^{(m_i)_{i \in N}}$. 函数 ϕ 满足概率有效性 (PMEFF), 零水平 (MNL), 基联盟上的拟对称性 (BMSP) 和线性性质 (ML) 当且仅当 $\phi = \psi$.

1985 年, Young[20] 认为经典合作对策上 Shapley 函数的线性性质或可加性要求太严格, 为此, Young 利用强单调性取代了线性性质 (可加性) 和哑元性, 并证明了 Shapley 函数的唯一性. 后来许多学者借助 Young 的思想探讨了其它分配指标唯一性, 例 Khmelnitskaya 和 Yanovskaya[43], Nowak[27] 等. 在前人研究的基础上, 给出 $CM^{\mathcal{MN}}$ 上强单调性公理如下:

强单调性 (MMSMON): 记 $v, w \in CM^{\mathcal{MN}}$. 若任意 $s \in Fe(N, m, v, \mathcal{M})$ 且 $s_i = 0$, 有 $v(s \vee je^i) - v(s \vee (j-1)e^i) \geqslant w(s \vee je^i) - w(s \vee (j-1)e^i)$, 则

$$\phi_{ij}(N, m, v, \mathcal{M}) \geqslant \phi_{ij}(N, m, w, \mathcal{M}),$$

其中, $j \in M_i^+$.

正如 Young[20] 所论述的那样对于 Shapley 函数强单调性的要求可以被另一个较弱的条件 —— 边际贡献性所代替. 类似于 Young 关于边际贡献性的论述, 给出 $CM^{\mathcal{MN}}$ 上的边际贡献性质如下:

边际贡献性 (MMC): 记 $v, w \in CM^{\mathcal{MN}}$. 对任意 $s \in Fe(N, m, v, \mathcal{M})$ 满足 $s_i = 0$ 有 $v(s \vee je^i) - v(s \vee (j-1)e^i) = w(s \vee je^i) - w(s \vee (j-1)e^i)$, 则

$$\phi_{ij}(N, m, v, \mathcal{M}) = \phi_{ij}(N, m, w, \mathcal{M}),$$

其中, $j \in M_i^+$.

定理 5.39   记 $\phi : CM^{\mathcal{MN}} \to \mathrm{R}_+^{(m_i)_{i \in N}}$.

(i) 函数 ϕ 满足概率有效性 (PMEFF), 拟对称性 (MQS) 和强单调性 (MMSMON) 当且仅当 $\phi = \psi$;

(ii) 函数 ϕ 满足概率有效性 (PMEFF), 拟对称性 (MQS) 和边际贡献性 (MMC) 当且仅当 $\phi = \psi$.

定义 5.20   设 $v \in CM^{\mathcal{MN}}$. 若对任意 $s, t \in Fe(N, m, v, \mathcal{M})$, 有

$$v(s \vee t) + v(s \wedge t) \geqslant v(s) + v(t),$$

则称 v 为拟阵上的凸多选择合作对策.

定义 5.21   对 $v \in CM^{\mathcal{MN}}$, 则 v 的核心 $C(N, m, v, \mathcal{M})$ 可表示为:

$$C(N, m, v, \mathcal{M}) = \left\{ x \, \middle| \, \sum_{i \in N} \sum_{j=1}^{m_i} x_{ij} = \sum_{B_k \in \mathcal{B}(\mathcal{M})} P(B_k) v(b_k), \sum_{i \in S} \sum_{j=1}^{s_i} x_{ij} \right.$$
$$\left. \geqslant \sum_{B_k \in \mathcal{B}_S(\mathcal{M})} P(B_k) v(s), \forall s \in Fe(N, m, v, \mathcal{M}) \right\}.$$

定义 5.22　对 $v \in CM^{MN}$ 及任意 $B_k \in \mathcal{B}(\mathcal{M})$, v 限制在 B_k 上的多选择合作对策的核心 $C(B_k, v_{B_k})$ 可表示为:

$$C(B_k, v_{B_k}) = \left\{ y \,\Big|\, \sum_{i \in B_k} \sum_{j=1}^{m_i} y_{ij} = v(b_k), \sum_{i \in S} \sum_{j=1}^{s_i} y_{ij} \geqslant v(s), \forall s \leqslant b_k \right\}.$$

定理 5.40　若 $v \in CM^{MN}$ 为拟阵上的凸多选择合作对策, 则 $C(N, m, v, \mathcal{M}) \neq \varnothing$.

证明　由 $v \in CM^{MN}$ 为拟阵上的凸多选择合作对策知, 对任意 $B_k \in \mathcal{B}(\mathcal{M})$, v 是限制在 B_k 上的凸多选择合作对策, 故 $C(B_k, v_{B_k}) \neq \varnothing$. 令

$$x_{ij} = \sum_{B_k \in \mathcal{B}_i(\mathcal{M})} P(B_k) y_{ij}^{B_k} \quad \forall i \in N, j \in M_i^+,$$

其中, $y^{B_k} = (y_{i1}^{B_k}, y_{i2}^{B_k}, \cdots, y_{im_i}^{B_k})_{i \in B_k} \in C(B_k, v_{B_k})$. 得到:

$$\sum_{i \in N} \sum_{j=1}^{m_i} x_{ij} = \sum_{i \in N} \sum_{j=1}^{m_i} \sum_{B_k \in \mathcal{B}_i(\mathcal{M})} P(B_k) y_{ij}^{B_k}$$

$$= \sum_{B_k \in \mathcal{B}(\mathcal{M})} P(B_k) \sum_{i \in B_k} \sum_{j=1}^{m_i} y_{ij}^{B_k} = \sum_{B_k \in \mathcal{B}(\mathcal{M})} P(B_k) v(b_k).$$

对任意 $s \in Fe(N, m, v, \mathcal{M})$, 有

$$\sum_{i \in S} \sum_{j=1}^{s_i} x_{ij} = \sum_{i \in S} \sum_{j=1}^{s_i} \sum_{B_k \in \mathcal{B}_i(\mathcal{M})} P(B_k) y_{ij}^{B_k} = \sum_{B_k \in \mathcal{B}_S(\mathcal{M})} P(B_k) \sum_{i \in \text{ind} s} \sum_{j=1}^{s_i} y_{ij}^{B_k}$$

$$\geqslant \sum_{B_k \in \mathcal{B}_S(\mathcal{M})} P(B_k) v(s).$$

由定义 5.21 知, $x = (x_{i1}, x_{i2}, \cdots, x_{im_i})_{i \in N} \in C(N, m, v, \mathcal{M}) \neq \varnothing$.

定理 5.41　若 $v \in CM^{MN}$ 为拟阵上的凸多选择合作对策, 则 v 的核心 $C(N, m, v, M)$ 可表示为:

$$C(N, m, v, \mathcal{M}) = \left\{ x \,\Big|\, \sum_{i \in N} \sum_{j=1}^{m_i} x_{ij} = \sum_{i \in N} \sum_{j=1}^{m_i} \sum_{B_k \in \mathcal{B}_i(\mathcal{M})} P(B_k) y_{ij}^{B_k}, \forall B_k \in \mathcal{B}(\mathcal{M}), \right.$$

$$\left. \forall y^{B_0} = (y_{i1}^{B_0}, y_{i2}^{B_0}, \cdots, y_{im_i}^{B_0})_{i \in B_k} \in C(B_k, v_{B_k}) \right\}.$$

定理 5.42　若 $v \in CM^{MN}$ 为拟阵上的凸多选择合作对策, 则 $\psi(N, m, v, \mathcal{M}) \in C(N, m, v, \mathcal{M})$.

5.5　小　　结

　　本章主要探讨了局中人有多个选择或多个参与水平的合作对策模型, 即多选择合作对策. 通过本章论述读者容易发现, 关于多选择合作对策解的研究要比经典合作对策复杂, 基于经典合作对策上 Shapley 函数推广而来的解有 4 个 [117,122,125,128]. 目前, 关于多选择合作对策的研究主要通过对经典合作对策研究的成果推广而来, 如具有联盟结构的多选择合作对策和拟阵上的多选择合作对策.

　　需要指出的是: 目前关于具有联盟结构的多选择合作对策的研究还不成熟, 文章中介绍的两类模型都存在一定的局限性. 因此, 关于此类多选择合作对策的研究有待进一步探讨. 同时, 目前关于可行联盟上多选择合作对策的探讨还很少, 本章所介绍的拟阵上的多选择合作对策只是其中的一种. 此外, 目前我们还没有发现有关具有联盟结构的可行联盟上多选择合作对策的研究. 总之, 目前关于多选择合作对策的探讨在理论及应用上都很不完善, 许多问题需进一步研究.

参 考 文 献

[1]   Von Neumann J, Morgenstern O. Theory of games and economic behavior. Princeton: Princeton University Press, 1944.

[2]   Shapley L S. A value for n–person games. Annals of Mathematics Studies, 1953, 28: 307–318.

[3]   Shapley L S. 1971.Cores of convex games. International Journal of Game Theory, 1: 11–26.

[4]   Gillies D B. Some theorems on n–person games. Princeton University, 1953.

[5]   Aumann R J, Shapley L S. Values of non-atomic games. Princeton: Princeton University Press, 1974.

[6]   Aumann R J, Hart S. Handbook of game theory with economic alications. New York: Elsevier Science Publishers, 2002.

[7]   Nash J F. Equilibrium points in n–person games. Proceedings of the National Academy of Sciences of the United States of America, 1950, 36 : 48–49.

[8]   Nash J F. Non–cooperative games. Annals of Mathematics, 1951, 54: 286–295.

[9]   Nash J F. The bargaining problem. Econometrica, 1950, 18: 155–162.

[10] Nash J F. Two person cooperative games. Econometrica, 1953, 21: 128–140.

[11] Selten R. Re–examination of the perfectness concept for equilibrium points in extensive game. International Journal of Game Theory, 1975, 4: 25–55.

[12] Harsanyi J C. Games with incomplete information played by Bayesian players, Parts I, II and III. Management Science, 1967–1968, 14: 159–182, 320–334, 486–502.

[13] Bondareva O N. Some alications of linear programming methods to the theory of cooperative games, in Russian .Problemy Kibernetiky, 1963, 10: 119–139.

[14] Shapley L S. Cores of convex games. International Journal of Game Theory, 1971, 1: 11–26.

[15] 谭春桥, 张强. 合作对策理论及应用. 北京: 科学出版社, 2011.

[16] Aumann R J, Maschler M. The bargaining set for cooperative games //Dresher M, Shapley L, Tucker A. Advances in game theory. Princeton: Princeton University Press, 1964: 442–476.

[17] Davis M, Maschler M. The kernel of a cooperative game. Naval Research Logistics Quaterly, 1965, 12: 223–259.

[18] Schmeidler D. The nucleolus of a characteristic function game. SIAM Journal of Applied Mathematics, 1969, 17: 1163–1170.

[19] Sprumont Y. Population monotonic allocation schemes for cooperative games with transferable utility. Games and Economic Behavior, 1990, 2: 378–394.

[20] Young H. Monotonic solutions of cooperative games. International Journal of Game Theory, 1985, 14: 65–72.

[21] Hart S, Mas–Colell A. Potential value and consistency. Econometrica, 1989, 57: 589–641.

[22] Harsanyi J. A bargaining model for the cooperative n–person game. Annals of Mathematics Study, 1959, 40: 325–355.

[23] Owen G. Multilinear extensions of games. Management Science, 1972, 18: 64–79.

[24] Banzhaf J. Weighted voting does not work: a mathematical analysis. Rutgers Law Review, 1965, 19: 317–343.

[25] Lehrer E. An axiomatization of the Banzhaf value . International Journal of Game Theory, 1988, 17: 89–99.

[26] Dubey P, Shapley LS. Mathematical properties of the Banzhafpower index. Mathematics of Operations Research, 1979, 4: 99–131.

[27] Nowak A S. On an axiomatization of the Banzahf value without the additivity axiom. International Journal of Game Theory, 1997, 26: 137–141.

[28] Owen G. Multilinear extensions and the Banzhaf value. Naval Research Logistics Quarterly, 1975, 22: 741–750.

[29] Nowak A S, Radzik T. A solidarity value for n–person transferable utility games. International Journal of Game Theory, 1994, 23: 43–48.

[30] Dubey P, Neyman A, Weber R J. Value theory without efficiency. Mathematics of Operations Research, 1981, 6: 122–128.

[31] Tijs S. Bounds for the core and the τ–value // Moeschlin O, Pallaschke D. Game Theory and Mathematical Economics, North–Holland, Amsterdam, 1981: 123–132.

[32] Tijs S. The first steps with Alexia, the average lexicographic value. CentER Discussion Paper 2005–123, Tilburg University, 2005.

[33] Klijina F, Slikkera M, Tijsa S, et al. The egalitarian solution for convex games: some characterizations. Mathematical Social Sciences, 2000, 40: 111–121.

[34] Khmelnitskaya A B. Marginalist and efficient values for TU games. Mathematical Social Sciences, 1999, 38: 45–54.

[35] van den Brink R, Funaki Y. Axiomatizations of a class of equal surplus sharing solutions for TU–games. Theory and Decision, 2009, 67: 303–340.

[36] Feldman B. The Proportional Value of a Cooperative Game. Econometric Society World Congress Contributed, 2000.

[37] Hart S, Kurz M. Endogenous formation of coalitions. Econometrica, 1983, 51: 1047–1064.

[38] Aumann R J, Drèze J H. Cooperative games with coalitional structure. International Journal of Game Theory, 1974, 3: 217–237.

[39] Owen G. Values of games with a priori unions //Henn R, Moeschlin O. Lecture Notes in Economics and Mathematical Systems. Essays in Honor of Oskar Morgenstern. Nueva York:Springer Verlag, 1977: 76–88.

[40] Peleg B. Introduction to the theory of cooperative games. Center for Research in Mathematical Economics and Game Theory. Jerusalem: The Hebrew University, 1989.

[41] Winter E. The consistency and potential for values of games with coalition structure. Games and Economic Behavior, 1992, 4: 132–144.

[42] Hamiache G. A new axiomatization of the Owen value for games with coalition structures. Mathematical Social Sciences, 1999, 37: 281–305.

[43] Khmelnitskaya A B, Yanovskaya E B. Owen coalitional value without additivity axiom. Mathematical Methods of Operations Research, 2007, 66: 255–261.

[44] Albizuri M J. Axiomatizations of the Owen value without efficiency. Mathematical Social Sciences, 2008, 55: 78–89.

[45] Winter E. The consistency and potential for values of games with coalition structure. Games and Economic Behavior, 1992, 4: 132–144.

[46] Owen G. Characterization of the Banzhaf–Coleman index. SIAM Journal of Applied Mathematics, 1978, 35: 315–327.

[47] Alonso–Meijide J M, Carreras F, Fiestras–Janeiro M G, et al. A comparative axiomatic characterization of the Banzhaf–Owen coalitional value. Decision Support Systems, 2007, 43: 701–712.

[48] Alonso–Meijide J M, Fiestras-Janeiro M G. Modification of the Banzhaf value for games with a coalition structure. Annals of Operations Research, 2002, 109: 213–227.

[49] Amer R, Carreras F, Gimenez J M. The modified Banzhaf value for games with a coalition structure: an axiomatic characterization. Mathematical Social Sciences, 2002, 43: 45–54.

[50] Calvo E, Gutiérrez E. A value for cooperative games with a coalition structure. Discussion Papers in Economic Behaviour, 2011.

[51] Kamijo Y. A two–step Shapley value in a cooperative game with a coalition structure. International Game Theory Review, 2009, 11: 207–214.

[52] Alonso–Meijide J M, Carreras F. The proportional coalitional Shapley value. Expert Systems with Application , 2011, 38: 6967–6979.

[53] Pulido M A, Sánchez–Soriano J. On the core, the Weber set and Convexity in games with a priori unions. European Journal of Operational Research, 2009, 193: 468–457.

[54] Albizuri M J, Aurrecoechea J, Zarzuelo J M. Configuration values: Extensions of the coalitional Owen value. Games and Economic Behavior, 2006, 57: 1–17.

[55] Albizuri MJ. Generalized coalitional semivalues. European Journal of Operational Research, 2009, 196: 578–584.

[56] Alonso–Meijide JM, Carreras F, Puente MA. Axiomatic characterizations of the symmetric coalitional binomial semivalues. Discrete Applied Mathematics, 2007, 155: 2282 –2293.

[57] Li SJ, Li XN, Zhang Q. The Extension of Owen coalition value. The Fourth International Conference on Natural Computation. Jinan, 2008: 377–381.

[58] van den Brink R, van der Laan G. A class of consistent share functions for games in coalition structure. Games and Economic Behavior, 2005, 51: 193–212.

[59] Gomez–Rua M, Vidal–Puga J. The axiomatic aroach to three values in games with coalition structure . European Journal of Operational Research, 2010, 207: 795–806.

[60] Hagen F U. An Owen–type proportional value for games in coalition structure. Working paper, 2010.

[61] Aumann R J, Dreze J H. Cooperative games with coalition structures. International Journal of Game Theory, 1974, 3: 217–237.

[62] Młdak A. Three additive solutions of cooperative games with a priori unions. Applicationes Mathematicae, 2003, 30: 69–87.

[63] Myerson R B. Graphs and cooperation in games. Mathematics of Operations Research, 1977, 2: 225–229.

[64] Myerson R B. Conference structures and fair allocation rules. International Journal of Game Theory, 1980, 9: 169–182.

[65] Borm P, Owen G, Tjis S. On the position value for communication situations. SIAM Journal on Discrete Mathematics, 1992, 5: 305–320.

[66] Owen G.Values of graph–restricted games. Siam Journal on Algebraic & Discrete Methods, 1986, 7: 210–220.

[67] Slikker M. A characterization of the position value. International Journal of Game Theory, 2005, 33: 505–514.

[68] Alonso–Meijide J M, Fiestras–Janeiro M G. The Banzhaf value and communication situations. Naval Research Logistics, 2006, 53: 198–203.

[69] Herings P J J, van der Laan G, Talman A J J, et al. The average tree solution for cooperative games with communication structure. Games and Economic Behavior, 2010, 68: 626–633.

[70] Herings P J J, van der Laan G, Talman A J J. The average tree solution for cycle–free graph games. Games and Economic Behavior, 2008, 62: 77–92.

[71] van den Nouweland A, Borm P, Tjis S. Allocation rules for hypergraph communication situations. International Journal of Game Theory, 1992, 20: 255–268.

[72] Gilles R P, Owen G, van den Brink R. Games with permission structures: The conjunctive aroach. International Journal of Game Theory, 1992, 20: 277–293.

[73] Gilles R P, Owen G. Cooperative games and disjunctive permission structures. Cent ER Discussion Paper 9920, Tilburg University, Tilburg, the Netherlands, 1999.

[74] Roth A E. Introduction to the Shapley value//Roth A E. The Shapley Value: Essays in Honor of Lloyd S. Shapley. Cambridge: Cambridge UP, 1988.

[75] van den Brink R, Gilles R P. Axiomatizations of the conjunctive permission value for games with permission structures. Games and Economic Behavior, 1996, 12: 113–126.

[76] van den Brink R. An Axiomatization of the disjunctive permission value for games with a permission structure. International Journal of Game Theory, 1997, 26: 27–43.

[77] Algaba E, Bilbao J M, Borm P, et al. The position value for union stable systems. Mathematical Methods of Operations Research, 2000, 52: 221–236.

[78] Algaba E, Bilbao J M, Borm P, et al. The Myerson value for union stable structures. Mathematical Methods of Operations Research, 2001, 54: 359–371.

[79] Hamiache G. A value with incomplete communication . Games and Economic Behavior, 1999, 26: 565–578.

[80] Bilbao J M, Jiménez N, López J J. A note on a value with incomplete communication. Games and Economic Behavior, 2006, 54: 419–429.

[81] Faigle U, Kern W. The Shapley value for cooperative games under precedence constraints. International Journal of Game Theory, 1992, 21: 249–266.

[82] Edelman P H, Jamison R E. The theory of convex geometries. Geometriae Dedicata, 1985, 19: 247–270.

[83] Bilbao J M. Axioms for the Shapley value on convex geometries. European Journal of Operational Research, 1998, 110: 368–376.

[84] Bilbao J M, Jimenez A, Lopez J J. The Banzhaf power index on convex geometries. Mathematical Social Sciences, 1998, 36: 157–173.

[85] Bilbao J M, Lebron E, Jimenez N. The core of games on convex geometries. European Journal of Operational Research, 1999, 119: 365–372.

[86] Okamoto Y. Some properties of the core on convex geometries. Mathematical Methods of Operations Research, 2002, 56: 377–386.

[87] Bilbao J M, Driessen T S H, Losada A J, et al. The Shapley value for games on matroids: The static model. Mathematical Methods of Operations Research, 2001, 53: 333–348.

[88] 何华, 孙浩. 拟阵上合作对策的单调解. 应用数学学报, 2008, 31: 52–60.

[89] 孟凡永, 张强. 拟阵上合作对策的 Banzhaf 函数. 运筹与管理, 2011, 20: 21–27.

[90] Bilbao J M, Driessen T S H, Losada A J, et al. The Shapley value for games on matroids: The dynamic model. Mathematical Methods of Operations Research, 2002, 56: 287–301.

[91] 孙浩, 何华. 拟阵上动态合作对策的单调解. 高校应用数学学报, 2009, 24: 102–110.

[92] Bilbao J M, Jiménez–Losada A, Lebrón E, et al. The τ–value for games on Matroids. Top, 2002, 10: 67–81.

[93] Dilworth RP. Lattices with unique irreducible decompositions. Annals Mathematics, 1940, 41: 771–777.

[94] Jiménez–Losada A. 1998.Valores para juegos sobre estructuras combinatorias. Ph. D. Dissertation at http://www.esi2.us.es/~ mbilbao/pdffiles/tesisan.pdf.

[95] Algaba E, Bilbao J M, van den Brink R, et al. Axiomatizations of the Shapley value for cooperative games on antimatroids. Mathematical Methods of Operations Research, 2003, 57: 49–65.

[96] Algaba E, Bilbao JM, van den Brink R. et al. An axiomatization of the Banzhaf value for cooperative games on antimatroids. Mathematical Methods of Operations Research, 2004, 59: 147–166.

[97] Korte B, Lóvasz L, Schrader R. Greedoids. Berlin, Heidelberg, New York: Spinger–Verlag, 1991.

[98] Derks J, Peters H. A Shapley value for games with restricted coalitions. International Journal of Game Theory, 1993, 21: 351–360.

[99] Bilbao J M, Jiménez–Losada A, Lebrón E, et al. Values for interior operator games. Annals of Operations Research, 2005, 137: 141–160.

[100] Bilbao J M, Fernandez J R, Lopez J J. On the complexity of computing values of restricted games. International Journal of Foundations of Computer Science, 2001, 13: 1–19.

[101] Bilbao J M. Cooperative games under augmenting systems. SIAM Journal of Discrete Mathematics, 2003, 17: 122–133.

[102] Bilbao J M, Ordónez M. Axiomatizations of the Shapley value for games on augmenting systems. European Journal of Operational Research, 2009, 196: 1008–1014.

[103] Bilbao J M, Ordónez M. The core and the Weber set of games on augmenting systems. Discrete Applied Mathematics, 2010, 158: 180–188.

[104] Pulido M A, Soriano J S. Characterization of the core in games with restricted cooperation. European Journal of Operational Research, 2006, 175: 860–869.

[105] Amer R, Giménez J M, Magãna A. A ranking for the nodes of directed graphs based on game theory. Special Issue: Sixth International Congress on Industrial Alied Mathematics:, ICIAM07, and GAMM Annual Meeting, Zürich, 2007.

[106] Vázquez–Brage M, García–Jurado I, Carreras F. The Owen value alied to games with graph–restricted communication. Games and Economic Behavior, 1996, 12: 42–53.

[107] Alonso–Meijide J M, Álvarez–Mozos M, Fiestras–Janeiro M G. Values of games with graph restricted communication and a priori unions. Mathematical Social Sciences, 2009, 58: 202–213.

[108] Khmelnitskaya A B. Values for graph–restricted games with coalition structure. Calcolo, 2007.

[109] van den Brink R, van der Laan G, Vasilev V. Component efficient solutions in line–graph games with alications. Economic Theory, 2007, 33: 349–364.

[110] Meng F Y, Zhang Q. Cooperative games on convex geometries with a coalition structure. Journal of Systems Science and Complexity, 2012, 25: 909–925.

[111] Bilbao J M, Edelman P H. The Shapley value on convex geometries. Discrete Applied Mathematics, 2000, 103: 33–40.

[112] Meng F Y, Chen X H, Zhang Q. A coalitional value for games on convex geometries with a coalition structure. Applied Mathematics and Computation, 2015, 266: 605–614.

[113] Meng F Y, Zhang Q, Chen X H. Proportional coalitional values for monotonic games on convex geometries with a coalition structure. Submitted.

[114] Nowak A S, Radzik T. A solidarity value for n–person transferable utility games. International Journal of Game Theory, 1994, 23: 43–48.

[115] Meng F Y, Zhang Q, Chen X H. The quasi–Owen value for games on augmenting systems with a coalition structure. Submitted.

[116] Meng F Y, Zhang Q, Chen X H. A value for games on augmenting systems with a coalition structure. Operational Research Letters, 2016, 44: 324–328.

[117] Hsiao C R, Raghavan T E S. Shapley value for multi–choice cooperative games. Games and Economic Behavior, 1993, 5: 240–256.

[118] Ortmann K M. Conservation of energy in nonatomic games. Working Paper 237, Institute of Mathematical Economics, University of Bielefeld, 1995.

[119] Ortmann K M. Preservation of differences, potential, conservity. Working Paper 236, Institute of Mathematical Economics, University of Bielefeld, 1995.

[120] Calvo E, Santos J C. The multichoice value. Working Paper, Department of Applied Economics, University of Pais Vasco, Spain, 1997.

[121] Hwang Y A, Liao Y H. Equivalence theorem, consistency and axiomatizations of a multi–choice value. Journal of Global Optimization, 2009, 45: 597–613.

[122] Derks J, Peters H. A Shapley value for games with restricted coalitions. International Journal of Game Theory, 1992, 21: 351–360.

[123] Klijn F, Slikker M, Zarzuelo J. Characterizations of a multi–choice value. International Journal of Game Theory, 1999, 28: 521–532.

[124] Hwang Y A, Liao Y H. Potentializability and consistency for multi–choice solutions. Spanish Economic Review, 2008, 10: 289–301.

[125] van den Nouweland A, Tijs S, Potters J, et al. Cores and related solution concepts for multi–choice games. ZOR–Mathematical Methods of Operations Research, 1995, 41: 289–311.

[126] Calvo E, Santos J C. A value for multichoice games. Mathematical Social Sciences, 2000, 40: 341–354.

[127] Shen C C, Wu Y K. Weighted Shapley value for multichoice game. Tunghai Science, 1999, 1: 1–18.

[128] Peters H, Zank H. The egalitarian solution for multichoice games. Annals of Operations Research, 2005, 137: 399–409.

[129] Hwang Y A, Liao Y H. Potential in multi–choice cooperative TU games. Asia–Pacific Journal of Operational Research, 2008, 25: 591–611.

[130] Albizuri M J. The multichoice coalition value. Annals of Operations Research, 2009, 172: 363–374.

[131] Meng F Y, Zhang Q. A coalitional value for multichoice games with a coalition structure. Applied Mathematics & Information Sciences, 2014, 8: 193–203.

[132] Jones M A, Wilson J M. Two–step coalition values for multichoice games. Mathematical Methods of Operations Research, 2013, 77: 65–99.

[133] Meng F Y, Tan C Q, Zhang Q. The generalized symmetric coalitional Banzhaf value for multichoice games with a coalition structure. Journal of Systems Science and Complexity, 2014, 27: 1064–1078.